新编高等院校计算机科学与技术规划教材

数据库原理及应用

（第4版）

钱雪忠　王月海　主　编

陈国俊　周　頔
徐　华　钱　瑛　副主编

北京邮电大学出版社
·北京·

内容简介

本书重点地介绍了数据库系统的基本概念、基本原理和基本设计方法，同时以 SQL Server 为背景介绍了数据库原理的应用。本书力求对传统的数据库理论和应用进行精炼，保留实用的部分，使其更为通俗易懂，更为简明与实用。

全书共有 8 章，主要内容包括：数据库系统概述、数据模型、数据库系统结构、关系数据理论、SQL 语言、关系数据库设计理论、数据库安全保护、数据库设计、SQL Server 数据库管理系统和 XML 应用基础等。

本书内容循序渐进、深入浅出，每章都给出了较多的实例，各章后有适量的习题以便于读者练习与巩固所学知识。

本书可作为计算机各专业及信息类、电子类等相关专业的本科、专科“数据库原理及应用”类课程的教材，也可以供参加自学考试人员、数据库应用系统开发设计人员、工程技术人员及其他相关人员参阅。

图书在版编目(CIP)数据

数据库原理及应用 / 钱雪忠，王月海主编. --4 版. --北京：北京邮电大学出版社，2015.4(2023.12 重印)
ISBN 978-7-5635-4291-8

Ⅰ. ①数…　Ⅱ. ①钱…②王…　Ⅲ. ①数据库系统　Ⅳ. ①TP311.13

中国版本图书馆 CIP 数据核字(2015)第 021598 号

书　　名：数据库原理及应用(第 4 版)
著作责任者：钱雪忠　王月海　主编
责 任 编 辑：徐振华　孙宏颖
出 版 发 行：北京邮电大学出版社
社　　址：北京市海淀区西土城路 10 号(邮编：100876)
发 行 部：电话：010-62282185　传真：010-62283578
E-mail：publish@bupt.edu.cn
经　　销：各地新华书店
印　　刷：保定市中画美凯印刷有限公司
开　　本：787 mm×1 092 mm　1/16
印　　张：18.5
字　　数：481 千字
版　　次：2005 年 9 月第 1 版　2007 年 8 月第 2 版　2010 年 8 月第 3 版　2015 年 4 月第 4 版
2023 年 12 月第 10 次印刷

ISBN 978-7-5635-4291-8　　定　价：38.00 元

前 言

数据库技术是计算机科学技术中发展最快的领域之一，也是应用最广的技术之一，它已成为计算机信息系统与应用系统的核心技术和重要基础。

随着计算机技术飞速发展及其应用领域的扩大，特别是计算机网络和Internet的发展，基于计算机网络和数据库技术的信息管理系统、应用系统得到了飞速的发展。当前，计算机的计算模式已由单用户→主从式或主机/终端式结构→C/S结构→B/S结构，而发展到了Web服务、网格与云计算时代，然而数据库及其技术一直是它们的后台与基础，并在发展中得到不断的完善改进与功能增强。目前，数据库技术已成为社会各行各业进行数据管理的必备技能。数据库技术相关的基本知识和基本技能是计算机及相关专业的必学内容。

“数据库原理及应用”课程就是为使学生全面掌握数据库技术而开设的专业基础课程。它现已是计算机各专业及信息类、电子类专业等的必修课程。该课程的主要目的是使学生在较好掌握数据库系统原理的基础上，能理论联系实际，使学生较全面透彻地掌握数据库应用技术。本书追求的目标也正是如此。

本书内容循序渐进、深入浅出、抓住要点、内容精选。

本书围绕数据库系统的基本原理与应用技术两个核心点展开。全书内容编排成8章，第1章集中介绍了数据库系统的基本概念、基本知识与基本原理，内容包括数据库系统概述、数据模型、数据库系统结构、数据库系统的组成、数据库技术的研究领域及其发展等；第2章借助数学的方法，较深刻透彻地介绍了关系数据库理论，内容包括关系模型、关系数据结构及形式化定义、关系的完整性、关系代数、关系演算等；第3章介绍了实用的关系数据库操作语言SQL，内容包括SQL语言的基本概念与特点，SQL语言的数据定义、数据查询、数据更新、数据控制、视图等功能介绍及嵌入式SQL语言应用初步；第4章是关于数据库设计理论方面的内容，主要介绍了规范化问题的提出、规范化、数据依赖的公理系统等；第5章是关于数据库统一管理与控制方面的内容，主要介绍了数据库的安全性、完整性控制、并发控制与封锁、数据库的恢复等；第6章介绍数据库设计方面的概念与开发设计过程，包括数据库设计概述及规范化数据库开发设计六步骤等；第7章以SQL Server数据库系统为背景，介绍了SQL Server数据库系统的变迁、新版SQL Server的核心Transact-SQL的全面简要介绍等；第8章简要介绍XML的基本知识、XML数据库及XML数据的XQuery查询操作等。可见本书精炼、核心与实用，内容适合数据库原理及应用类课程教学需要。

本书在第3版的基础上，在内容编排、叙述、图示释义等方面继续做改进，力求使书本理论知识深入浅出，更适合于教与学；增补了数据库行业发展趋势（NoSQL等）、候选码的求解、XML应用基础（新增一章）等新内容，使数据库原理知识更系统更完整；数据库应用技术方面，基于功能更强大的SQL Server新版本做了更新；注重更正了第3版中存在的不足。

本书每章除基本知识外，还有章节要点、小结、适量的练习题等，以配合对知识点的掌握。

讲授时可根据学生、专业、课时等情况对内容适当取舍,带有“ * ”的章节内容是取舍的首选对象。本套教材提供了 PPT 演示稿,可从出版社网站下载。实验教学请使用本书配套最新版实验指导书——《数据库原理及应用实验指导(第 3 版)》(钱雪忠主编,北京邮电大学出版社出版)。

本书可作为计算机各专业及信息类、电子类专业等的数据库相关课程教材,也可以供参加自学考试人员、数据库应用系统开发设计人员、工程技术人员及其他相关人员参阅。

本书由钱雪忠、王月海等主编,参编人员有钱雪忠、陈国俊、周頔、徐华、钱瑛、马晓梅、程建敏、李京、黄学光、王萌等。另外,钱恒、邓杰、任看看、施亮、孙志鹏、赵娜娜、冯振华等参与了校稿、技术支持等相关工作。编写中得到江南大学物联网工程学院数据库课程组教师们的大力协助与支持,使编者获益良多,谨此表示衷心的感谢。

由于时间仓促,编者水平有限,书中难免有错误、疏漏和欠妥之处,敬请广大读者与同行专家批评指正。

编　者

目　录

第1章 绪 论

本章要点

本章从数据库基本概念与知识出发，依次介绍了数据库系统的特点、数据模型的三要素及其常见数据模型、数据库系统的内部体系结构等重要概念与知识。本章的另一重点是围绕DBMS介绍其功能、组成与操作，还介绍了数据库技术的研究点及其发展变化情况。

1.1 数据库系统概述

数据库技术自从20世纪60年代中期产生以来，无论是理论还是应用方面都已变得相当的重要和成熟，成为计算机科学的重要分支。数据库技术是计算机领域发展最快的学科之一，也是应用很广、实用性很强的一门技术。目前，数据库技术已从第一代的网状、层次数据库系统，第二代的关系数据库系统，发展到以面向对象模型为主要特征的第三代数据库系统。

随着计算机技术飞速发展及其应用领域的扩大，特别是计算机网络和Internet的发展，基于计算机网络和数据库技术的信息管理系统，各类应用系统得到了突飞猛进地发展，如事务处理系统(TPS)、地理信息系统(GIS)、联机分析系统(OLAP)、决策支持系统(DSS)、企业资源规划(ERP)、客户关系管理(CRM)、数据仓库(DW)和数据挖掘(DM)等系统都是以数据库技术作为其重要的支撑。可以说，只要有计算机的地方，就在使用着数据库技术。因此，数据库技术的基本知识和基本技能正在成为信息社会人们的必备知识。

1.1.1 数据、数据库、数据库管理系统、数据库系统

数据、数据库、数据库管理系统、数据库系统是与数据库技术密切相关的4个基本概念，它们是我们首先要认识的。

1. 数据(Data)

(1) 数据的定义

数据是用来记录信息的可识别的符号，是信息的具体表现形式。

(2) 数据的表现形式

数据是数据库中存储的基本对象。数据在大多数人的第一印象中就是数字，其实数字只是其中一种最简单的表现形式，是数据的一种传统和狭义的理解。按广义的理解来说，数据的种类有很多，如文字、图形、图像、音频、视频、语言以及学校学生的档案管理等，这些都是数据，都可以转化为计算机可以识别的标识，并以数字化后的二进制形式存入计算机。

为了了解世界,交流信息,人们需要描述各种事物。在日常生活中直接用自然语言描述。在计算机中,为了存储和处理这些事物,就要抽出对这些事物感兴趣的特征组成一个记录来描述。例如,在学生档案中,如果人们最感兴趣的是学生的姓名、性别、年龄、出生年月,那么可以这样来描述某一学生:(赵一,女,23,1982.05)。目前数据库中的数据主要是以这样的结构化记录形式存在着。

(3) 数据与信息的联系

上面表示的学生记录就是一个数据。对于此记录来说,要表示特定的含义,必须对它给予解释说明,数据解释的含义称为数据的语义(即信息),数据与其语义是不可分的。可以这样认为:数据是信息的符号表示或载体,信息则是数据的内涵,是对数据的语义解释。

再如:"小明今年12岁了",数据"12"被赋予了特定的语义"岁",它才具有表达年龄信息的功能。

2. 数据库(DataBase,DB)

数据库,从字面意思来说就是存放数据的仓库。具体而言就是长期存放在计算机内的有组织的可共享的数据集合,可供多用户共享,数据库中的数据按一定的数据模型组织、描述和储存,具有尽可能小的冗余度和较高的数据独立性以及易扩展性。

数据库具有两个比较突出的特点。

① 把在特定的环境中与某应用程序相关的数据及其联系集中在一块并按照一定的结构形式进行存储,即集成性。

② 数据库中的数据能被多个应用程序的用户所使用,即共享性。

3. 数据库管理系统(DataBase Management System,DBMS)

数据库管理系统是数据库系统的核心组成部分,是对数据进行管理的大型系统软件,用户在数据库系统中的一些操作,例如,数据定义、数据操作、数据查询和数据控制,这些操作都是由数据库管理系统来实现的。

数据库管理系统主要包括以下几个功能。

(1) 数据定义

DBMS提供数据定义语言(Data Definition Language,DDL),用户通过它可以方便地对数据库中的数据对象(包括表、视图、索引、存储过程等)进行定义,定义相关的数据库系统的结构和有关的约束条件。

(2) 数据操作

DBMS提供数据操作语言(Data Manipulation Language,DML),通过DML操作数据实现对数据库的一些基本操作,如查询、插入、删除和修改等。其中,国际标准数据库操作语言——SQL——就是DML的一种。

(3) 数据库的运行管理

这一功能是数据库管理系统的核心所在。DBMS通过对数据库在建立、运用和维护时提供统一管理和控制,以保证数据安全、正确、有效地正常运行。DBMS主要通过数据的安全性控制、完整性控制、多用户应用环境的并发性控制和数据库数据的系统备份与恢复4个方面来实现对数据库的统一控制功能的。

(4) 数据库的建立和维护功能

数据库的建立和维护功能包括数据库初始数据的输入、转换功能、数据库的转储、恢复功能、重组织功能和性能监视、分析功能等。

(5) 其他功能

包括:DBMS 与网络中其他软件系统的通信;多个 DBMS 系统间的数据转换;异构数据库之间的互访和互操作;DBMS 开发工具的支持功能;DBMS Internet 网络功能。

常用的数据库管理系统有:Oracle、MS SQL Server、DB2、MySQL、PostgreSQL、Sybase、Informix、Ingres、ACCESS、VFP 系列、Kingbase ES、PBASE、EASYBASE、Openbase、Ipedo、Tamino 等。

4. 数据库系统(DataBase System,DBS)

数据库系统是指在计算机系统中引入数据库后的系统,其构成主要有数据库(及相关硬件)、数据库管理系统及其开发工具、应用系统、数据库管理员和各类用户这几部分。其中,在数据库的建立、使用和维护的过程中要有专门的人员来完成,这些人就被称为数据库管理员(DataBase Administrator,DBA)。

常用开发工具有:Java 语言、.NET 平台及语言如 C# 等、C 语言、PHP、VC++等。

数据库系统可以用图 1.1 表示。数据库系统在整个计算机系统中的地位如图 1.2 所示。

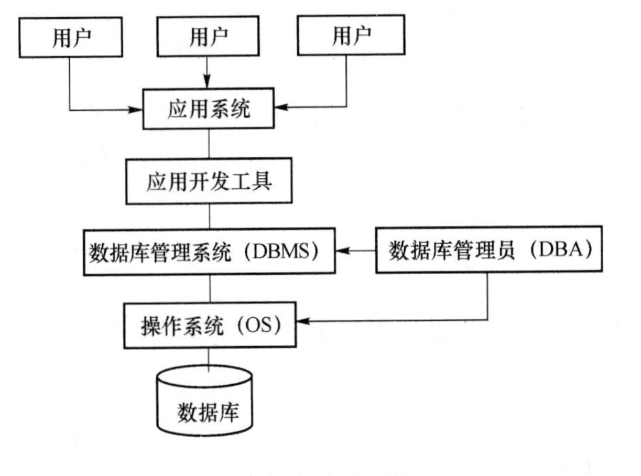

图 1.1　数据库系统

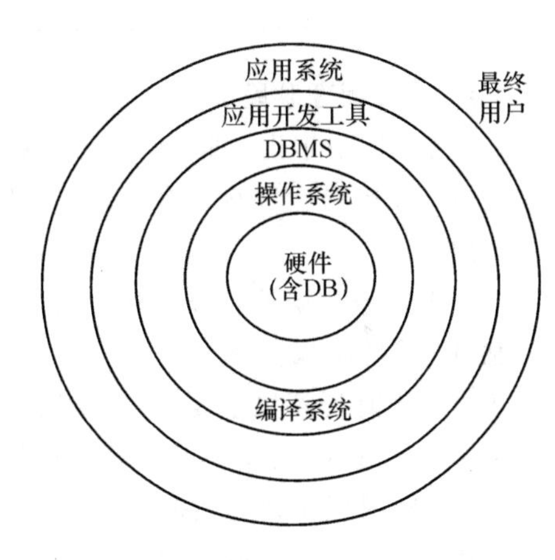

图 1.2　数据库在计算机系统中的地位

1.1.2　数据管理技术的产生和发展

谈数据管理技术,先要讲到数据处理,所谓数据处理是指对各种数据进行收集、存储、加工和传播的一系列活动的总和。数据管理则是数据处理的中心问题,为此,数据管理是指对数据进行分类、组织、编码、存储、检索和维护的管理活动总称。就用计算机来管理数据而言,数据管理是指数据在计算机内的一系列活动的总和。

随着计算机技术的发展,特别是在计算机硬件、软件与网络技术发展的前提下,人们对数据处理要求不断提高,在此情况下,数据管理技术也随之不断改进。人们借助计算机来进行数据管理虽是近五十多年的事,然而数据管理技术已经历了人工管理、文件系统及数据库系统 3 个发展阶段。这 3 个阶段的特点及其比较如表 1.1 所示。

表 1.1 数据管理3个阶段的比较

比较项目		人工管理阶段	文件系统阶段	数据库系统阶段
背景	应用背景	科学计算	科学计算、管理	大规模管理
	硬件背景	无直接存取存储设备	磁盘、磁鼓	大容量磁盘
	软件背景	没有操作系统	有文件系统	有数据库管理系统
	处理方式	批处理	联机实时处理、批处理	联机实时处理、分布处理、批处理
特点	数据的管理者	用户(程序员)	文件系统	数据库管理系统
	数据面向的对象	某一应用程序	某一应用	现实世界
	数据的共享程度	无共享,冗余度极大	共享性差,冗余度大	共享性好,冗余度小
	数据的独立性	不独立,完全依赖于程序	独立性差	具有高度的物理独立性和一定的逻辑独立性
	数据的结构化	无结构	记录内有结构、整体无结构	整体结构化,用数据模型描述
	数据控制能力	应用程序自己控制	应用程序自己控制	由数据库管理系统提供数据安全性、完整性、并发控制和恢复能力

1. 人工管理阶段

20世纪50年代中期以前,计算机主要用于科学计算。硬件设施方面,外存只有纸带、卡片、磁带,没有磁盘等直接存取设备;软件方面,没有操作系统和管理数据的软件;数据处理方式是批处理。

人工管理数据具有以下几个特点。

(1) 数据不保存

由于当时计算机主要用于科学计算,数据保存上并不做特别的要求,只是在计算某一个题目时将数据输入,用完就退出,对数据不保存,有时对系统软件也是这样。

(2) 应用程序管理数据

数据没有专门的软件进行管理,需要应用程序自己进行管理,应用程序中要规定数据的逻辑结构和设计物理结构(包括存储结构、存取方法、输入/输出方式等),因此程序员负担很重。

(3) 数据不共享

数据是面向应用的,一组数据只能对应一个程序。如果多个应用程序涉及某些相同的数据,则由于必须各自进行定义,无法进行数据的参照,因此程序间有大量的冗余数据。

(4) 数据不具有独立性

数据的独立性包括了数据的逻辑独立性和数据的物理独立性。当数据的逻辑结构或物理结构发生变化时,必须对应用程序做相应的修改。

在人工管理阶段,程序与数据之间的对应关系可用图1.3表示,可见两者间是一对一的紧密依赖关系。

2. 文件系统阶段

20世纪50年代后期到60年代中期,这时计算机已大量用于数据的管理。硬件方面,有了磁盘、磁鼓等直接存取存储设备;软件方面,操作系统中已经有了专门的管理软件,一般称为文件系统；处理方式有批处理、联机实时处理。

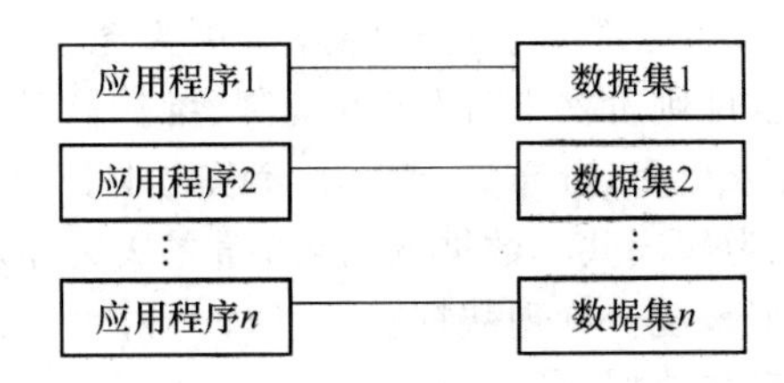

图 1.3 人工管理阶段应用程序与数据之间的对应关系

文件系统管理数据特点如下。

(1) 数据长期保存

由于计算机大量用于数据处理，数据需要长期保留在外存上反复进行查询、修改、插入和删除等操作。

(2) 文件系统管理数据

由专门的软件(即文件系统)进行数据管理，文件系统把数据组织成相互独立的数据文件，利用“按文件名访问，按记录进行存取”的管理技术，可以对文件进行修改、插入和删除等操作。文件系统实现了记录内的结构性，但大量文件之间整体无结构。程序和数据之间由文件系统提供存取方法进行转换，使应用程序与数据之间有了一定的独立性，程序员可以不必过多地考虑物理细节，将精力集中于应用程序算法。而且数据在存储上的改变不一定反映在程序上，大大节省了维护程序的工作量。但是，文件系统仍存在以下两个缺点。

(3) 数据共享性差，冗余度大

在文件系统中，一个文件基本上对应于一个应用程序，即文件仍然是面向应用的。当不同的应用程序具有部分相同的数据时，也必须建立各自的文件，而不能共享相同的数据，因此数据的冗余度大，浪费存储空间。同时由于相同数据的重复存储、各自管理，容易造成数据的不一致性，给数据的修改和维护带来了困难。

(4) 数据独立性差

文件系统中的文件是为某一特定应用服务的，文件的逻辑结构对该应用程序来说是优化的，因此要想对现有的数据增加一些新的应用会很困难，系统不容易扩充。一旦数据的逻辑结构改变，必须修改应用程序，修改文件结构的定义。应用程序的改变，例如，应用程序改用不同的高级语言等，也将引起文件的数据结构的改变。因此数据与程序之间仍缺乏独立性。可见，文件系统仍然是一个不具有弹性的整体无结构的数据集合，即文件之间是孤立的，不能反映现实世界事物之间的内存联系。在文件系统阶段，程序与数据之间的关系如图 1.4 所示，可见两者间仍有固定的对应关系。

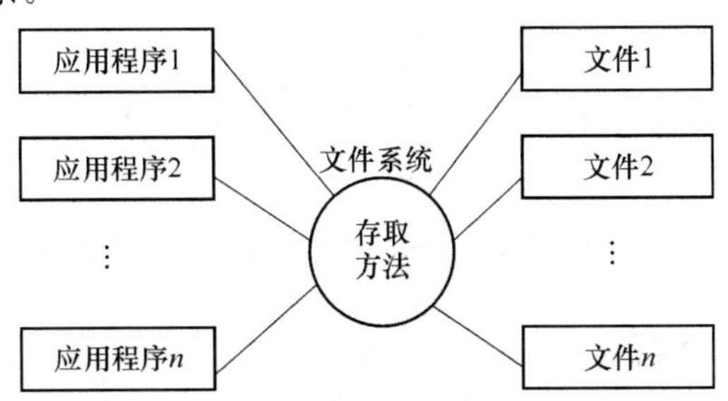

图 1.4 文件系统阶段应用程序与数据之间的对应关系

3. 数据库系统阶段

20世纪60年代后期以来,计算机用于管理的规模更为庞大,数据量急剧增长,硬件已有大容量磁盘,硬件价格下降;软件则价格上升,使得编制、维护软件及应用程序成本相对增加;处理方式上,联机实时处理要求更多,分布处理也在考虑之中。介于这种情况,文件系统的数据管理满足不了应用的需求,为解决共享数据的需求,随之从文件系统中分离出了专门软件系统——数据库管理系统——用来统一管理数据。

数据库系统阶段应用程序与数据之间的对应关系可用图1.5表示,可见两者间已没有固定的对应关系。

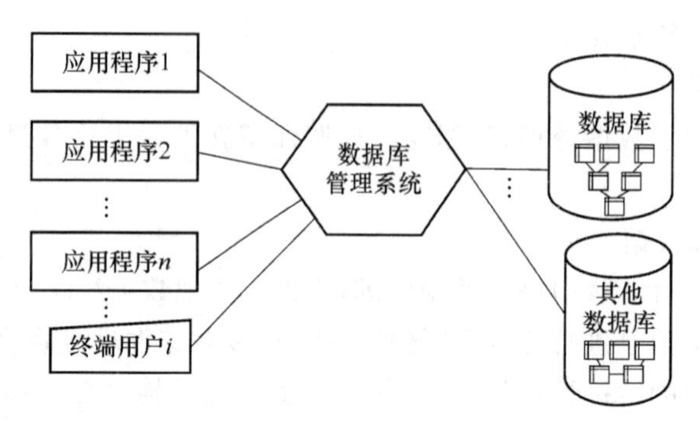

图1.5 数据库系统阶段应用程序与数据之间的对应关系

综上所述,3个阶段应用程序与数据管理的工作任务如图1.6所示,随着数据管理技术的不断发展,应用程序不断从底层的、低级的、物理的数据管理工作中解脱出来,能独立地、较高逻辑级别地轻松处理数据库数据。从而能极大地提高应用软件的生产力。

数据库技术从20世纪60年代中期产生到现在仅仅50余年的历史,但其发展速度之快、使用范围之广是其他技术所不及的。60年代末出现了第一代数据库——层次数据库、网状数据库,70年代出现了第二代数据库——关系数据库。目前关系数据库系统已逐渐淘汰了层次数据库和网状数据库,成为当今最流行的商用数据库系统。

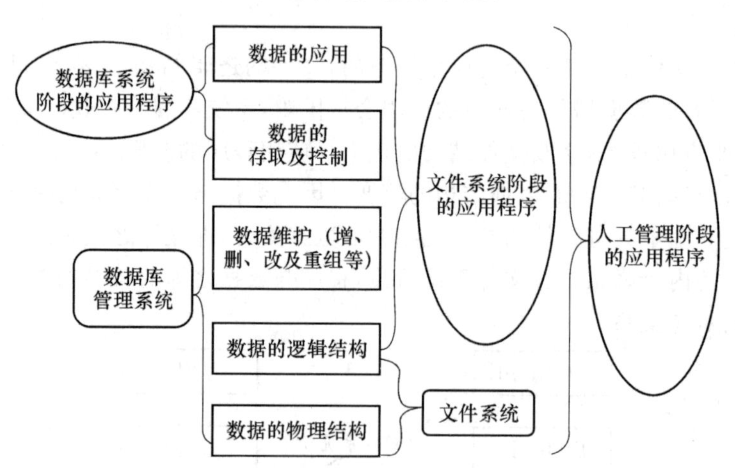

图1.6 3个阶段应用程序与数据管理的工作任务划分示意图

1.1.3 数据库系统的特点

与其他两个数据管理阶段相比,数据库系统阶段数据管理有其自己的特点,主要体现在以下几个方面。

1. 数据结构化

数据结构化是数据库系统与文件系统的根本区别。

在文件系统中，相互独立的文件的记录内部是有结构的。传统文件的最简单形式是等长同格式的记录集合。例如，一个教师人事记录文件，每个记录都有如图 1.7 所示的记录格式。

教师人事记录

教师号	姓名	性别	年龄	政治面貌	籍贯	家庭出身	职称	所在系	家庭成员	奖惩情况

图 1.7　教师记录格式示例

其中前 9 项数据是任何教师必须具有的而且基本上是等长的，而各个教师的后两项数据其信息量大小变化较大。如果采用等长记录形式存储教师数据，为了建立完整的教师档案文件，每个教师记录的长度必须等于信息量最多的教师记录的长度，因而会浪费大量的存储空间。所以最好是采用变长记录或主记录与详细记录相结合的形式建立文件。例如，将教师人事记录的前 9 项作为主记录，后两项作为详细记录，则教师人事记录变为如图 1.8 所示的记录格式，一位教师王名的记录如图 1.9 所示。

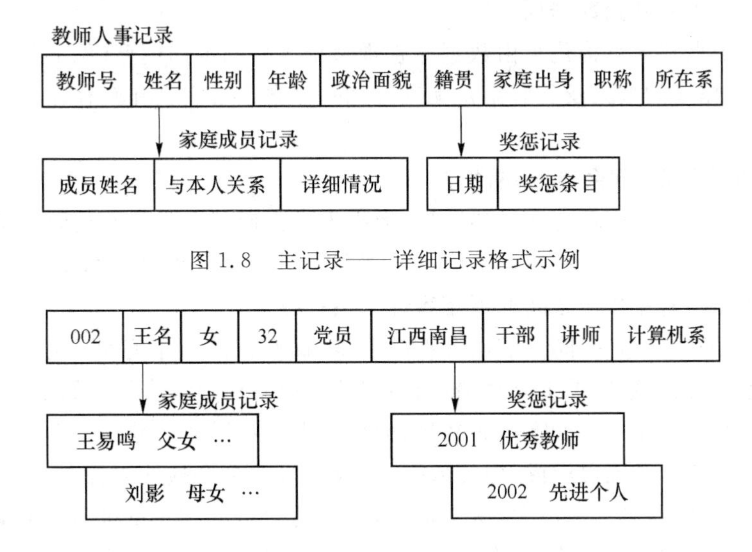

图 1.8　主记录——详细记录格式示例

图 1.9　教师王名记录示例

这样就可以节省许多存储空间，灵活性也相对提高。

但这样建立的文件还有局限性，因为这种结构上的灵活性只是针对一个应用而言。一个学校或一个组织涉及许多应用，在数据库系统中不仅要考虑某个应用的数据结构，还要考虑整个组织各种应用的数据结构。例如，一个学校的信息管理系统中不仅要考虑教师的人事管理，还要考虑教师的学历情况、任课管理，同时还要考虑教师的科研管理等应用，可按图 1.10 所示的方式为该校的信息管理系统组织其中的教师数据，该校信息管理系统中的学生数据、课程数据、专业数据、院系教研室数据等都要类似组织，它们以某种方式综合起来就能得到该校信息管理系统之整体结构化的数据。

这种数据组织方式为各部分的管理提供了必要的记录，并使数据结构化了。这就要求在描述数据时不仅要描述数据本身，还要描述数据之间的联系。

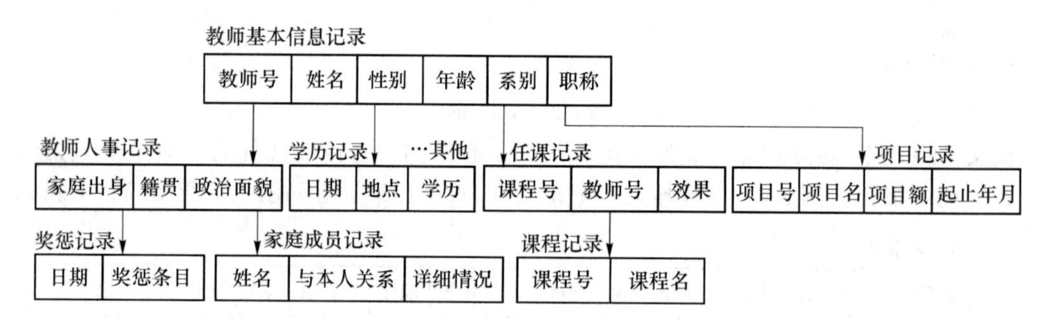

图1.10　教师数据组织

在文件系统中,尽管其记录内已经有了某些结构,但记录之间没有联系。

数据库系统实现整体数据的结构化,是数据库的主要特征之一,也是数据库系统与文件系统的本质区别。

在数据库系统中,数据不再针对某一应用,而是面向全组织,是整体结构化的。不仅数据是结构化的,而且存取数据的方式也是很灵活的,可以存取数据库中的某一个数据项(或字段)、一组数据项、一个记录或是一组记录。而在文件系统中,数据的最小单位是记录(一次一记录的读写),粒度不能细到数据项。

数据库系统数据整体结构化是由数据库管理系统支持的数据模型(见下节)来描述而体现出来的。为此,数据库的数据及其联系是无须应用程序自己来定义和解释的,这是数据库系统的重要优点之一。

2. 数据的共享性高,冗余度低,易扩充

数据库系统从整体角度看待和描述数据,数据不再面向某个应用而是面向整个系统,因此数据可以被多个用户、多个应用共享使用。数据共享可以大大地减少数据冗余,节约存储空间。数据共享还能够避免数据之间的不相容性与不一致性。

所谓数据的不一致性是指同一数据有不同副本,而它们的值不完全一致。采用人工管理或文件系统管理时,由于数据被重复存储,当不同的应用使用和修改不同的副本时就容易造成数据的不一致。在数据库中数据唯一而共享,减少了由于数据冗余造成的不一致现象。

由于数据面向整个系统,是有结构的数据,不仅可以被多个应用共享使用,而且容易增加新的应用,这就使得数据系统弹性大,易于扩充,可以适应各种用户的要求。可以取整体数据的各种子集用于不同的应用系统,当应用需求改变或增加时,只要重新选取不同的子集或加上一部分新增数据便可以满足新的需求。

3. 数据独立性高

数据独立性包括了数据的物理独立性和数据的逻辑独立性两方面。

物理独立性是指用户的应用程序与存储在磁盘上的数据库中的数据是相互独立的。也就是说,数据在磁盘上的数据库中怎样存储是由DBMS管理的,用户程序不需要了解,应用程序要处理的只是数据的逻辑结构,这样当数据的物理存储改变时,应用程序不用改变。

逻辑独立性是指用户的应用程序与数据库的整体逻辑结构是相互独立的,也就是说,数据的整体逻辑结构改变了,用户程序也可以不需修改。

数据独立性是由DBMS的三级模式结构与二级映象功能来保证的,将在后面介绍。

数据与程序的独立,把数据的定义从程序中分离出去,加上数据的存取又由DBMS负责,从而简化了应用程序的编制,大大减少了应用程序的维护和修改。

4. 数据由 DBMS 统一管理和控制

数据库的共享是并发的共享,即多个用户可以同时存取数据库中的数据甚至可以同时存取数据库中的同一块数据。

为此,DBMS 还必须提供以下几方面的数据控制功能。

(1) 数据的安全性控制

数据的安全性是指保护数据以防止不合法的使用造成数据的泄密和破坏。数据的安全性控制使每个用户只能按规定,对某些数据以某些方式进行使用和处理。

(2) 数据的完整性约束

数据的完整性是指数据的正确性、有效性和相容性。完整性约束将数据控制在有效的范围内,或保证数据之间满足一定的关系。

(3) 并发控制

当多个用户的并发进程同时存取、修改数据库时,可能会发生相互干扰而得到错误的结果或使得数据库的完整性遭到破坏,因此必须对多用户的并发操作加以控制和协调。

(4) 数据库恢复

计算机系统的硬件故障、软件故障、操作员的失误以及故意的破坏等都会影响数据库中数据的安全性与正确性,甚至造成数据库部分或全部数据的丢失。DBMS 必须具有将数据库从错误状态恢复到某一已知的正确状态的能力,这就是数据库的恢复功能。

综上所述,数据库是长期在计算机内有组织的大量的可共享的数据集合。它可以供各种用户共享,具有最小冗余度和较高的数据独立性。DBMS 在数据库建立、运用和维护时对数据库进行统一控制,以保证数据的完整性、安全性,并在多用户同时使用数据库时进行并发控制,在发生故障后对系统进行恢复。

数据库系统的出现使信息系统从以加工数据的程序为中心转向以可共享的数据库为中心的新阶段。这样既便于数据的集中管理,又有利于应用程序的研制和维护,提高了数据的利用率和相容性,提高了决策的可靠性。

目前,数据库已经成为现代信息系统的不可分离的重要组成部分。具有数百万甚至数十亿字节信息的数据库已经普遍存在于科学技术、工业、农业、商业、服务业和政府部门的信息系统中。20 世纪 80 年代后期,不仅在大型机上,而且在多数微机上也配置了 DBMS ,使数据库技术得到更加广泛的应用和普及。

数据库技术是计算机领域中发展最快的技术之一,数据库技术的发展是沿着数据模型的主线展开的。

1.2 数据模型

模型这个概念,人们并不陌生,它是现实世界事物特征的模拟和抽象。数据模型也是一种模型,它能实现对现实世界数据特征的抽象与表示,借助它能实现全面数据管理。现有的数据库系统均是基于某种数据模型的。因此,了解数据模型的基本概念是学习数据库的基础。

数据模型应满足三方面的要求:一是能比较真实地模拟现实世界;二是容易为人所理解;三是便于在计算机上实现。一种数据模型要很好地满足这三方面的要求在目前尚有困难。在数据库系统设计过程中针对不同的使用对象和应用目的,往往采用不同类型的数据模型。

不同的数据模型实际上是提供模型化数据和信息的不同工具。根据模型应用的不同目的,可以将这些模型粗分为两类,它们分别属于两个不同的抽象层次。

(1) 第一类模型是概念模型,也称信息模型,它是按用户的观点来对数据和信息建模的,主要用于数据库设计。概念模型一般应具有以下能力。

① 具有对现实世界的抽象与表达能力:能对现实世界本质的、实际的内容进行抽象,而忽略现实世界中非本质的和与研究主题无关的内容。

② 完整、精确的语义表达力,能够模拟现实世界中本质的、与研究主题有关的各种情况。

③ 易于理解和修改。

④ 易于向DBMS所支持的数据模型转换,现实世界抽象成信息世界的目的是为了用计算机处理现实世界中的信息。

概念模型,作为从现实世界到机器(或数据)世界转换的中间模型,它不考虑数据的操作,而只是用比较有效的、自然的方式来描述现实世界的数据及其联系。

最著名、最实用的概念模型设计方法是P. P. S. Chen于1976年提出的"实体-联系模型"(Entity-Relationship Approach),简称E-R模型。

(2) 另一类模型是数据模型,主要包括层次模型、网状模型、关系模型、面向对象模型等,它是按计算机系统对数据建模,主要用于在DBMS中对数据的存储、操纵、控制等的实现。

数据模型是数据库系统的核心和基础,各种机器上实现的DBMS软件都是基于某种数据模型的。本书后续内容将主要围绕数据模型而展开。

为了把现实世界中的具体事物抽象、组织为某一DBMS支持的数据模型,人们常常首先将现实世界抽象为信息世界,然后将信息世界转换(或数据化)为机器世界。也就是说,首先把现实世界中的客观对象抽象为某一种信息结构,这种信息结构并不依赖于具体的计算机系统,不是某一个DBMS支持的数据模型,而是概念级的模型;然后再把概念模型转换为计算机上某一DBMS支持的数据模型。而无论是概念模型还是数据模型反过来都要能较好地刻画与反映现实世界,要与现实世界保持一致。这一过程如图1.11所示。

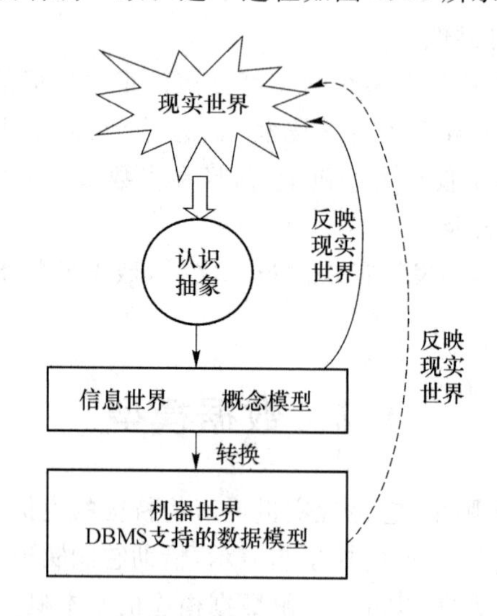

图1.11 现实世界中客观对象的抽象过程

1.2.1 数据模型的组成要素

数据模型(机器世界DBMS支持的数据模型)是模型中的一种,是现实世界数据特征的抽象与机器实论，它描述了系统的3个方面：静态特性、动态特性和完整性约束条件。因此数据模型一般由数据结构、数据操作和数据完整性约束三部分组成，是严格定义的一组概念的集合。

1. 数据结构

数据结构用于描述系统的静态特性，是所研究的对象类型的集合。数据模型按其数据结构分为层次模型、网状模型、关系模型和面向对象模型。其所研究的对象是数据库的组成部分，它们包括两类，一类是与数据类型、内容、性质有关的对象，例如，网状模型中的数据项、记录，关系模型中的域、属性、实体关系等；另一类是与数据之间联系有关的对象，例如，网状模型中的系型、关系模型中反映联系的关系等。

通常按数据结构的类型来命名数据模型。有4种结构类型：层次结构、网状结构、关系结构和面向对象结构，它们所对应的数据模型分别命名为层次模型、网状模型、关系模型和面向对象模型。

2. 数据操作

数据操作用于描述系统的动态特性，是指对数据库中各种对象型及对象的实例允许执行的操作的集合，包括对象型的创建、修改和删除，对对象实例的检索和更新（如插入、删除和修改）两大类操作及其他有关的操作等。数据模型必须定义这些操作的确切含义、操作符号、操作规则（如优先级）以及实现操作的语言及语法规则等。

3. 数据完整性约束

数据的完整性约束是一组完整性约束规则的集合。完整性约束规则是给定的数据模型中数据及其联系所具有的制约和依存规则，用以限定符合数据模型的数据库状态以及状态的变化，以保证数据的正确、有效、相容。

数据模型应该反映和规定本数据模型必须遵守的基本的通用的完整性约束条件。例如，在关系模型中，任何关系必须满足实体完整性和参照完整性两类条件（第2章将详细讨论）。

此外，数据模型还应该提供自定义完整性约束条件的机制，以反映具体应用所涉及的数据必须遵守的特定的语义约束条件。例如，在学校数据库中规定大学生入学年龄不得超过40岁，硕士研究生入学年龄不得超过45岁，学生累计成绩不得有三门以上不及格等，这些应用系统数据的特殊约束要求，用户能在数据模型中自己来定义（所谓自定义完整性）。

数据模型的三要素紧密依赖相互作用形成一个整体（示意图如图1.12所示），如此才能全面正确地抽象、描述来反映现实世界数据的特征。这里对基于关系模型的三要素示意图说明3点：①内圈中表及表间连线，代表着数据结构；②带操作方向的线段代表着动态的各类操作（包括数据库内的更新，数据库内外间的插入、删除及查询等操作），代表着数据模型的数据操作要素；③静态的数据结构及动态的数据操作要满足的制约条件（各椭圆示意）是数据模型的数据完整性约束条件。

还要说明的是图1.12是简单化、逻辑示意的图，数据模型的三要素在数据库中都是严格定义的一组概念的集合。在关系数据库中可以简单理解为：数据结构是表结构定义及其他数据库对象定义的命令集；数据操作是数据库管理系统提供的数据操作（如操作命令、命令语法规定与参数指定等）命令集；数据完整性约束是各关系表约束的定义及动态操作约束规则等的集合。在关系数据库中，数据模型三要素的信息是由一系列系统表来表达与体现的。为此，数据模型的三要素并不抽象，读者需细细领会。

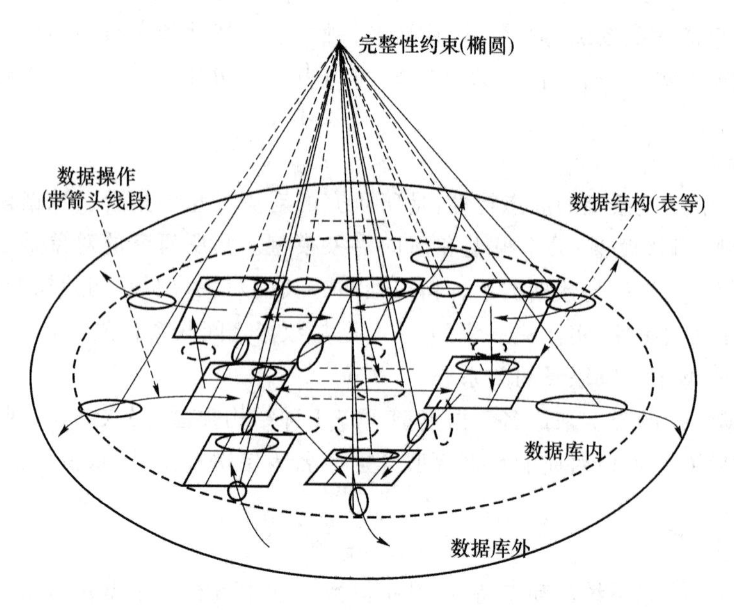

图1.12 数据模型的三要素示意图

1.2.2 概念模型

概念模型是现实世界到机器世界的一个中间层次。现实世界的事物反映到人的头脑中来,人们把这些事物抽象为一种既不依赖于具体的计算机系统又不为某一DBMS支持的概念模型,然后再把概念模型转换为计算机上某一DBMS支持的数据模型。概念模型针对于抽象的信息世界,为此先来看信息世界中的一些基本概念。

1. 信息世界中的基本概念

信息世界是现实世界在人们头脑中的反映。信息世界中涉及的概念主要包括如下方面。

(1) 实体

实体是指客观存在并可以相互区别的事物。实体可以是具体的人、事、物、概念等,例如,一个学生,一位老师,一门课程,一个部门;也可以是抽象的概念或联系,把它看作为实体,例如,学生的选课,老师的授课等也可看成是实体(或称联系型实体)。

(2) 属性

属性是指实体所具有的某一特性。例如,教师实体可以由教师号、姓名、年龄、职称等属性组成。

(3) 码

码是指唯一标识实体的属性或属性集。例如,教师号在教师实体中就是码。

(4) 域

域是指属性的取值范围,是具有相同数据类型的数据集合。例如,教师号的域为6位数字组成的数字编号集合,姓名的域为所有可为姓名的字符串的集合,大学生年龄的域为15～45的整数等。

(5) 实体型

具有相同属性的实体必然具有共同的特征和性质。用实体名及其属性名集合组成的形式,称为实体型。例如,教师(教师号,姓名,职称,年龄)就是一个教师实体型。

(6) 实体集

实体集是指同型实体的集合。实体集用实体型来定义，每个实体是实体型的实例或值。

例如，全体教师就是一个实体集，即教师实体集 = {('150001','张三','教授',55),('150002'),'李四','副教授',42),…}。

(7) 联系

在现实世界中，事物内部以及事物之间是有关联的。在信息世界，联系是指实体型与实体型之间(实体之间)、实体集内实体与实体之间以及组成实体的各属性间(实体内部)的关系。

两个实体型之间的联系有以下3种。

① 一对一联系

如果实体集 A 中的每一个实体，至多有一个实体集 B 的实体与之对应；反之，实体集 B 中的每一个实体，也至多有一个实体集 A 的实体与之对应，则称实体集 A 与实体集 B 具有一对一联系，记作 $1:1$。

例如，在学校里，一个系只有一个系主任，而一个系主任只在某一个系中任职，则系型与系主任型之间(或说系与系主任之间)具有一对一联系。

② 一对多联系

如果实体集 A 中的每一个实体，实体集 B 中有 $n(n \geqslant 0)$ 个实体与之相对应；反之，如果实体集 B 中的每一个实体，实体集 A 中至多只有一个实体与之相对应，则称实体集 A 与实体集 B 具有一对多联系，记作 $1:n$。

例如，一个系中有若干名教师，而每个教师只在一个系中任教，则系与教师之间具有一对多联系。

多对一联系与一对多联系类似，请自己给出其定义。

③ 多对多联系

如果实体集 A 中的每一个实体，实体集 B 中有 n 个实体与之相对应；反之，如果实体集 B 中的每一个实体，实体集 A 也有 $m(m \geqslant 0)$ 个实体与之相对应，则称实体集 A 与实体集 B 具有多对多的联系，记作 $m:n$。

例如，一门课程同时有若干个教师讲授，而一个教师可以同时讲授多门课程，则课程与教师之间具有多对多联系。

其实，3个联系之间有着一定的关系，一对一联系是一对多联系的特例，即一对多可以用多个一对一来表示，而一对多联系又是多对多联系的特例，即多对多联系可以通过多个一对多联系来表示。

两个实体型之间的3类联系可以用图1.13来示意说明，也可用图1.14来表示。

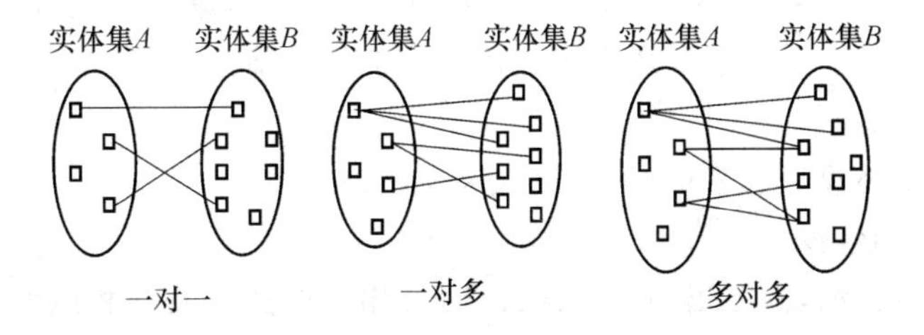

图1.13 两个实体型之间的3类联系示意图

单个或多个实体型之间也有类似于两个实体型之间的3种联系类型。

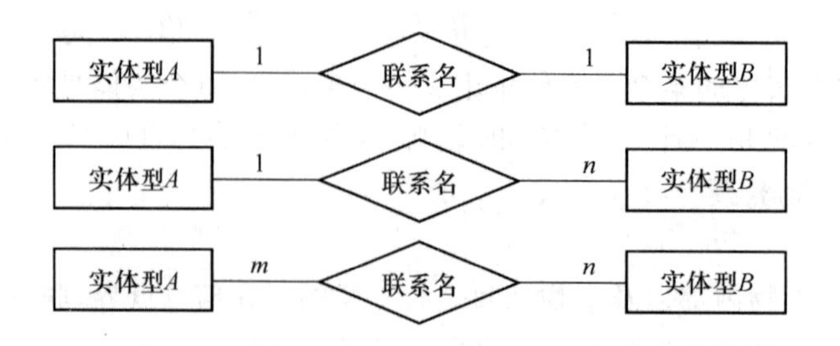

图 1.14　两个实体型之间的三类联系表示图

例如,对于教师、课程与参考书3个实体型,如果一门课程可以有若干个教师讲授,使用若干本参考书,而每个教师只讲授一门课程,每一本参考书只供一门课程使用,则课程与教师、参考书三者间的联系是一对多的,如图1.15(a)所示。

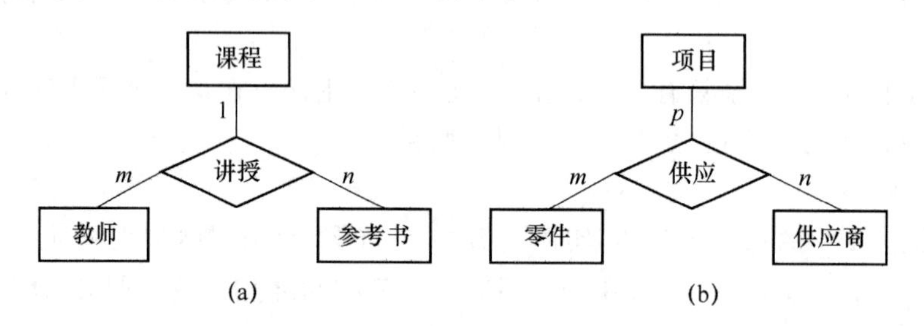

图 1.15　3个实体型之间的三类联系

又如,有3个实体型,项目、零件和供应商,每个项目可以使用多个供应商供应的多个零件,每种零件可由不同供应商供应于不同项目,一个供应商可以给多个项目供应多种零件。为此,这3个实体型间是多对多联系的,如图1.15(b)所示。

要注意的是3个实体型之间多对多联系与3个实体型两两之间的多对多联系(共有3个)的语义及E-R图是不同的。请读者自己参照图1.15(b)陈述3个实体型两两之间的多对多联系的语义及E-R图。

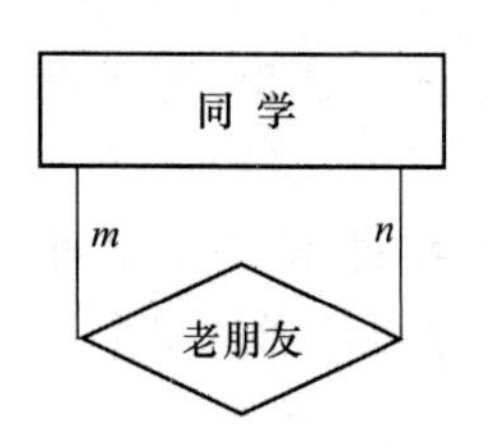

图 1.16　一个实体型实体之间的多对多联系

同一个实体型对应的实体集内的各实体之间也可以存在一对一、一对多、多对多的联系(可以把一个实体集逻辑上看成两个与原来一样的实体集来理解)。例如,同学实体集内部同学与同学之间是老朋友的关系可能是多对多的(如图1.16所示),这是因为每位同学的老朋友往往有多位。

2. 概念模型的表示

概念模型的表示方法很多,最常用的是实体-联系方法。该方法用E-R图来描述现实世界的概念模型。E-R图提供了表示实体型、属性和联系的方法。

E-R图是体现实体型、属性和联系之间关系的表现形式。

- 实体型:用矩形表示,矩形框内写明实体名。
- 属性:用椭圆表示,椭圆形内写明属性名,并用无向边将其与相应的实体或联系连接起来。特别注意:联系也有属性,联系的属性更难以确定。
- 联系:用菱形表示,菱形框内写明联系名,并用无向边分别与有关实体连接起来,同时在无向边旁标上联系的类型(1∶1、1∶n 或 m∶n)。

如图1.17所示就是一个班级、学生的概念模型(用E-R图表示),班级实体型与学生实体型之间很显然是一对多关系。请读者针对某实际情况,试着设计反映实际内容的实体及实体联系的E-R图。

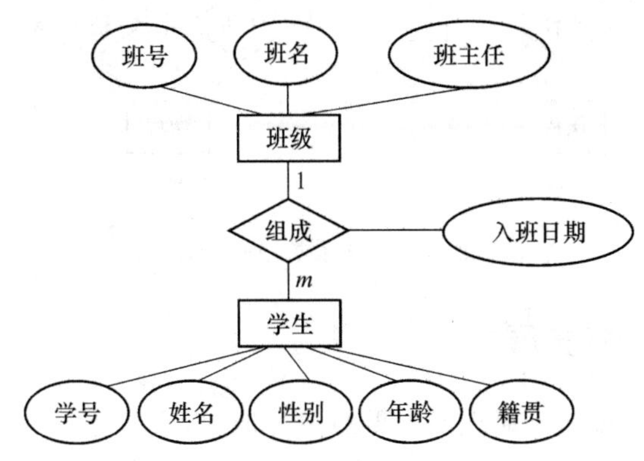

图1.17　班级的E-R图

3. E-R模型的变换

E-R模型在数据库概念结构设计过程中根据需要可进行变换,包括实体类型、联系类型和属性的分裂、合并与增删等,以满足概念模型的设计、优化等的需要。

实体类型的分裂包括垂直分割、水平分割两方面。

例如,把教师分裂成男教师与女教师两个实体类型,这是水平分裂;也可以把教师中经常变化的属性组成一个实体类型,而把固定不变的属性组成另一个实体类型,这是垂直分裂,如图1.18所示。但要注意:在垂直分割时,键必须在分裂后的每个实体类型中出现。

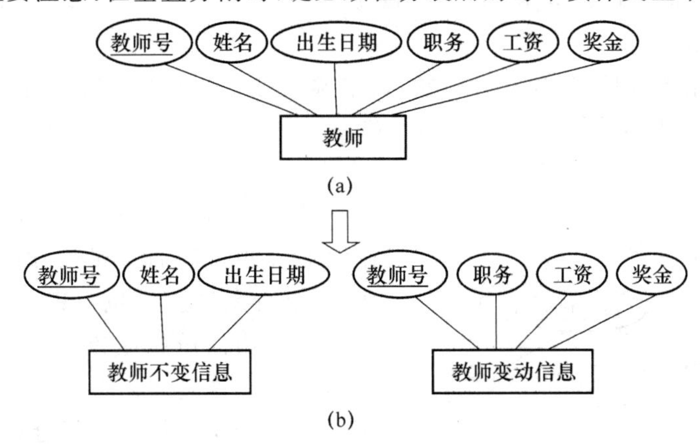

图1.18　实体类型的垂直分裂

实体类型的合并是分裂的逆操作,垂直合并要求实体有相同的键,水平合并要求实体类型相同或相容(对应的属性来自相同的域)。

联系类型也可分裂。如教师与课程间的“担任”教学任务的联系,可分裂为“主讲”和“辅导”两个新的联系类型,如图1.19所示。

联系类型的合并是分裂的逆操作,要注意在联系类型合并时,所合并的联系类型必须是定义在相同的实体类型上的。

实体类型、联系类型和属性的增加与删除是系统管理信息的取舍问题,依赖于管理问题的管理需要。

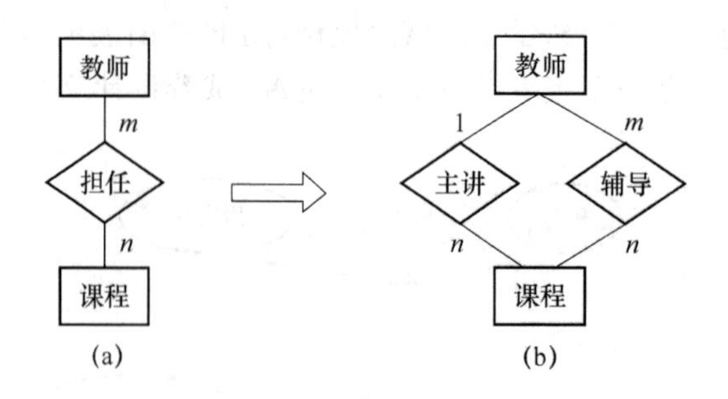

图 1.19 联系类型的分裂

1.2.3 基本 E-R 模型的扩展*

基本 E-R(实体联系)模型是对现实世界的一种抽象,它的主要成分是实体、联系和属性,以实体、属性和联系 3 个抽象概念为基础的 E-R 数据模型是基本 E-R 数据模型。但是在现实世界中还有一些特殊的语义,需要扩展 E-R 模型(Extended E-R data model,ERR data model)的概念才能更好地模拟与抽象现实世界。

实体、属性和联系 3 个概念是有明确区分的,但是对于某个具体数据对象,究竟算它是实体还是属性或联系,则是相对的。这或多或少决定于应用背景和用户的观点甚至喜好。事实上,实体这个概念是无所不包的,属性和联系都可以看成是实体。在 E-R 数据模型诞生之前,早在 1973 年,M. F. Senko 等人曾提出实体集模型,就是把所有数据单元都看成实体。把数据区分为实体、属性和联系,不过更便于人们理解而已。

下面将介绍扩展 E-R 数据模型的相关概念。

1. 属性的分类

扩展 E-R 图中的属性,有这几种分类:简单属性与复合属性、单值属性与多值属性、Null 属性、派生属性与基本属性等。

(1) 简单属性与复合属性

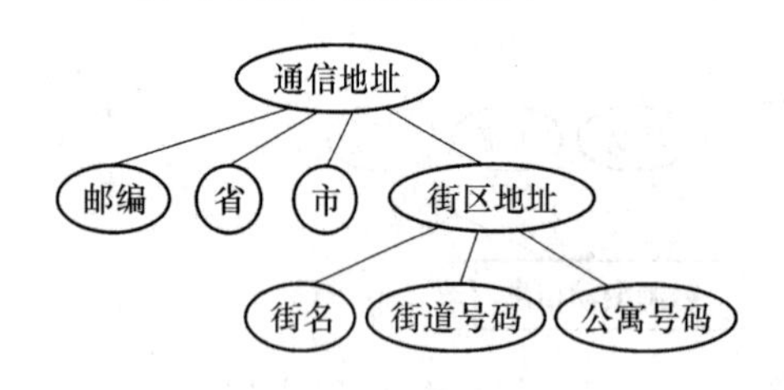

图 1.20 通信地址属性

在 E-R 模型中,属性的取值范围称为域,属性可以是单域的简单属性,即不可再分的属性,如学号、年龄、性别;也可以是多域的组合属性。复合属性由简单属性和其他复合属性组成。复合属性中允许包含其他复合属性,这意味着属性可以是一个层次结构。复合属性可用一个树形结构表示,图 1.20 表示通信地址这一属性的层次结构,又如“电话号码=区号+本地号码”。复合属性可以作为一个整体属性来看待,也可以把组成它的分量看成属性。复合属性的每个分量都有各自的值集。

(2) 单值属性与多值属性

在 E-R 模型中,属性的取值可以是单值的(single-valued),是指同一实体的属性只能取一个值;也可以是多值的(multi-valued),是指同一实体的某个属性可能取多个值。

例如,某个学生的学号、姓名、性别、年龄等属性上的取值是唯一的,它们是单值属性;而学生的“联系电话”应该是多值属性,因为如今一位学生往往有多个联系电话。

多值属性用双椭圆形表示,如图 1.21 为学生实体 E-R 图。

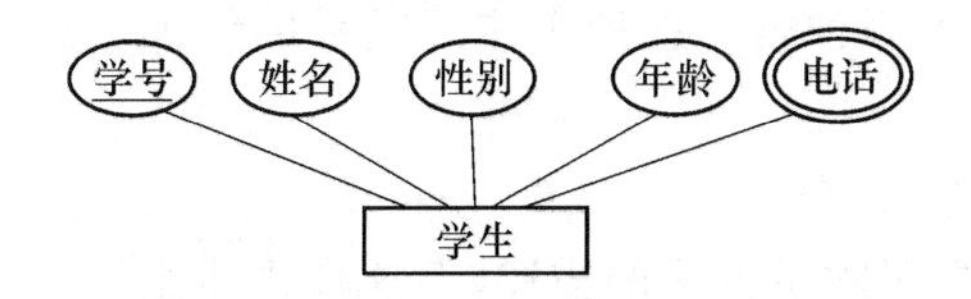

图1.21 含多值属性的学生实体E-R图

(3) Null属性

当某个属性对某个实体不适用、属性值未知或属性值暂时未定时，也可用空缺符Null来表示，Null表示“无意义”或“不确定”。如通讯录(姓名、E-mail、电话、BP)，若某人没有E-mail地址，则在E-mail属性上取值为Null。要注意的是作为码的属性，它的取值不能为Null。

(4) 派生(Derived)属性与基本属性

可以从其他相关的属性或实体派生出来的属性称为派生属性，相反不能由其他属性或实体派生出来的属性为基本属性或存储属性。

如学生(学号，姓名，平均成绩)、选课(学号，课程号，成绩)，则平均成绩可由学生所选课程的总成绩除以课程总数来计算得到，则称“平均成绩”为派生属性，而选课实体型中的“成绩”为基本属性。

数据库中，一般只存基本属性值，而派生属性只存其定义或依赖关系，使用时再从基本属性中计算出来。派生属性用虚线椭圆形与实体相连，如图1.22所示。

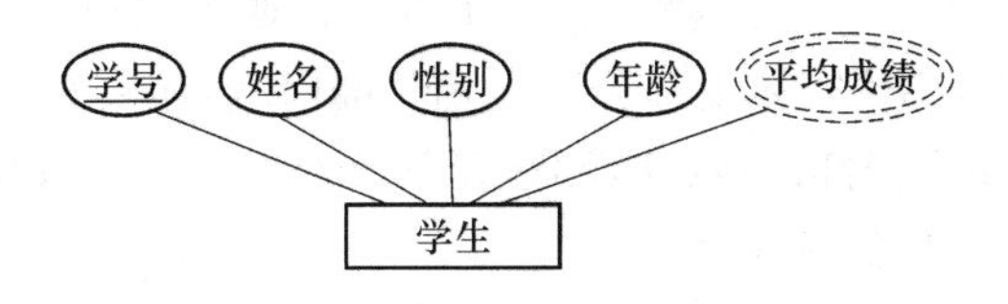

图1.22 含派生属性的学生实体E-R图

2. 联系的再理解

实体型间的联系，具体来说是多个实体间的相互关联。联系集是同类联系的集合。

定义1.1 联系集是$n(n\geqslant 1)$个实体集上的数学关系，这些实体集不必互异。如果E_1，E_2，…，E_n为n个实体集，那么联系集R是$\{(e_1,e_2,\cdots,e_n)\mid e_1\in E_1,e_2\in E_2,\cdots,e_n\in E_n\}$的一个子集，而$(e_1,e_2,\cdots,e_n)$是一个联系。

联系的内容有联系的元数、联系的类型和联系的实体参与度三方面，下面分别介绍。

(1) 联系的元数

定义1.2 一个联系涉及的实体集个数，称为该联系的元数或度数(Degree)。通常，同一个实体集内部实体之间的联系，称为一元联系，也称为递归联系；两个不同实体集实体之间的联系，称为二元联系；3个不同实体集实体之间的联系，称为三元联系，依此类推。

(2) 联系的类型

定义1.3 联系涉及的实体集之间实体对应的方式，称为联系的类型。这里“实体的对应方式”是指实体集E_1中一个实体与实体集E_2中至多有一个或多个实体有联系，同时相反看实体集E_2中一个实体与实体集E_1中至多有一个或多个实体有联系(注意E_1与E_2可以是指相同的实体集)。

二元联系的类型有：一对一(1∶1)，一对多(1∶n)或多对一(n∶1)，多对多(m∶n)3种。在E-R数据模型中，这种联系类型还可推广到多元联系。如三元联系可分为：m∶n∶p，

1:1:1,1:n:p,1:1:p 等种类。这种实体间联系的约束也称为基数比约束(Cardinality Ratio Constraint)。

(3) 联系的实体参与度

联系的类型是对实体之间联系方式的描述,但这种描述比较简单,对实体间联系更为详细的描述可用联系的实体参与度来表述。

定义1.4 设二元联系有两个实体集 E_1 和 E_2,E_1 中每个实体与 E_2 中有联系的实体数目的最小值 min 和最大值 max,称为 E_1 实体的参与度,用(min,max)形式表示。

例如,学校里规定每学期学生至少选修3门课程,最多选修8门课程,每门课程至多有60人选修,最少可以没人选修。这样,学生实体的参与度是(3,8),课程实体的参与度是(0,60),如图1.23所示。

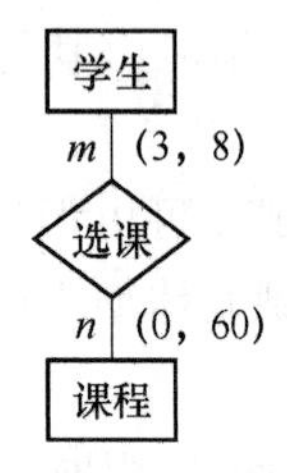

图1.23 联系的类型及实体的参与度

参与度的一般表示形式(min,max)中,满足 $0 \leqslant min \leqslant max$,并且 $max \geqslant 1$。如果 $min=0$,则意味着实体集中的实体不一定每个都参与联系,实体集的这种参与联系的方式称为部分参与(Partial Participation)。如果 $min>0$,则意味着实体集中的每个实体都必须参与联系,否则就不能作为一个成员在实体集中存在,实体集的这种参与联系的方式称为完全参与(Total Participation)。

例如,"职工"(一位职工只属于一个部门)与"部门"之间的"经理"或"领导"联系,"职工"实体集部分参与,而"部门"实体集完全参与。

在E-R图表示时,如果无向边为双线,则表示该实体完全参与;如果无向边画为单线,则表示该实体部分参与,如图1.24所示。

实体参与联系的方式也是重要的语义约束,称为参与约束(Participation Constraint)。

基数比约束和参与约束构成联系的语义约束,有时合称为结构约束(Structural Constraint)。这些概念很容易推广到多元联系(具体略),这样对实体参与联系的程度有定性与定量的概念了。

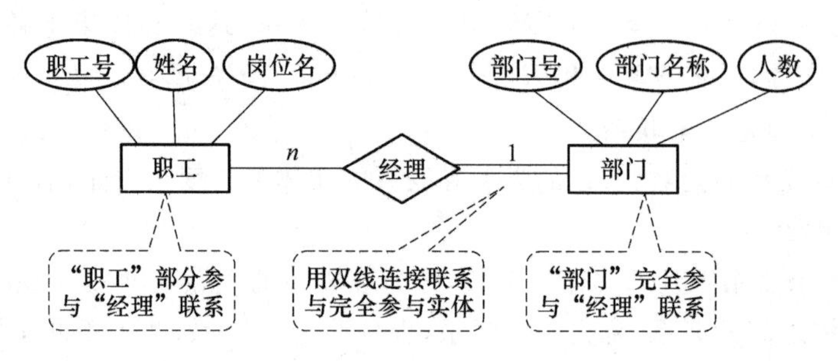

图1.24 部分参与与完全参与的表示

3. 实体的角色

实体在联系中的作用称为实体的角色。当同一个实体集不止一次参与一个联系集时,为区分各实体参与联系的方式,需要显式指明其角色。如学生与学生间的班长关系、职工与职工之间的领导关系(如图1.25所示)、课程之间的先修关系等。当需要显式区分角色时,在连接菱形和矩形的线上加上说明性标注,以区别不同的角色。

为了更准确地模拟现实世界,需要扩展基本E-R模型的概念来更好地表达一些特殊的语义。

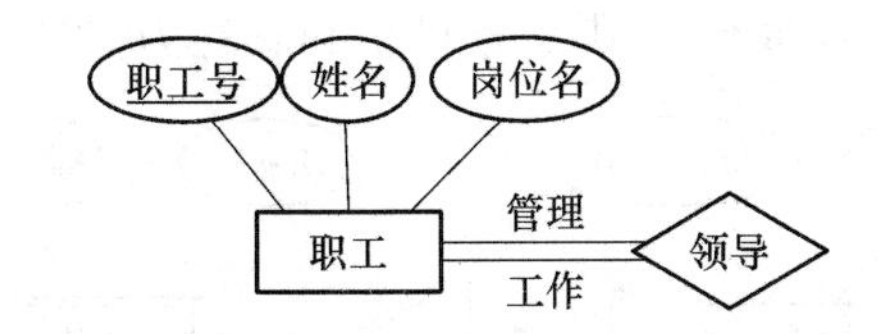

图1.25 "职工"实体在"领导"联系中的不同角色

4. 依赖联系与弱实体

(1) 依赖联系

在现实世界中,有些实体对另一些实体有很强的依赖关系,即一个实体的存在必须以另一个实体的存在为前提。比如,一个职工可能有多个社会关系,社会关系是多值属性,为了消除冗余,设计两个实体:职工与社会关系。在职工与社会关系中,社会关系的信息以职工信息的存在为前提,因此社会关系的存在以职工的存在为前提,这说明了职工与社会关系是一种依赖联系。

如果实体 A 的存在依赖于实体 B 的存在,则称 A 依赖联系于 B,B 称为支配实体,A 称为从属实体,如果 B 被删除,则 A 也要被删除。例如,考虑分期付款的例子,对每一个"贷款"实体,有若干个"还款"实体与之关联,"还款"实体的存在依赖于"贷款"实体。

完全参与与依赖联系的关系:设 A 与 B 间存在联系 R,若 A 的存在依赖于 B,则 A 必然是完全参与联系 R。

(2) 弱实体

一个实体对于另一实体具有很强的依赖联系,而且该实体的主码部分或全部从其父实体中获得,称该实体为弱实体(即从属实体),另一实体称为强实体(即支配实体)。如在人事管理系统中,职工子女的信息就是以职工的存在为前提的,子女实体是弱实体,职工实体是强实体,子女与职工的联系是一种强依赖联系。又如商业应用系统中,顾客地址与顾客之间也有类似的联系(一般顾客可以有若干个联系地址)。

弱实体集与其拥有者之间的联系又称为标识性联系(Identifying Relationship),强实体集与弱实体集之间是一对多的联系,弱实体集必然存在依赖于强实体集(Strong Entity Set)。

弱实体集中用于区别依赖于某个特定强实体集的属性集合称为分辨符,也称为部分码(Partial Key),如"还款"中的还款号。

弱实体集的主码由该弱实体集所依赖的强实体集的主码和该弱实体集的分辨符组成,如"还款"主码=贷款号 + 还款号,其中贷款号为"贷款"强实体集的主码。

通过为弱实体集加上合适的属性,可把它转变为强实体集,为什么还要使用弱实体集?引入弱实体的概念是因为它有这样的一些作用:

① 避免数据冗余,以及因此带来的数据的不一致性;

② 弱实体集反映了一个实体对其他实体依赖的逻辑结构;

③ 弱实体集可以随它们的强实体集的删除而自动删除;

④ 弱实体集可以物理地随它们的强实体集存储。

在 E-R 图中用双线框的矩形表示弱实体,与弱实体联系的联系用双线菱形框表示,从联系集用双线(全部参与)连接弱实体集,用箭头(一对多联系)指向强实体集。弱实体集的分辨符用下划虚线标明,如图1.26所示。

有了弱实体集的概念,实体集的一些多值、复合属性往往可以抽取出来作为弱实体集。如果弱实体集不但参与和强实体集之间的依赖联系,而且参与和其他实体集的联系,或者弱实体集本身含有很多属性,则往往将其表述为弱实体集;如果弱实体集只参与和强实体集之间的标识性联系,或者弱实体集本身属性不多,则一般可将其表述为属性。

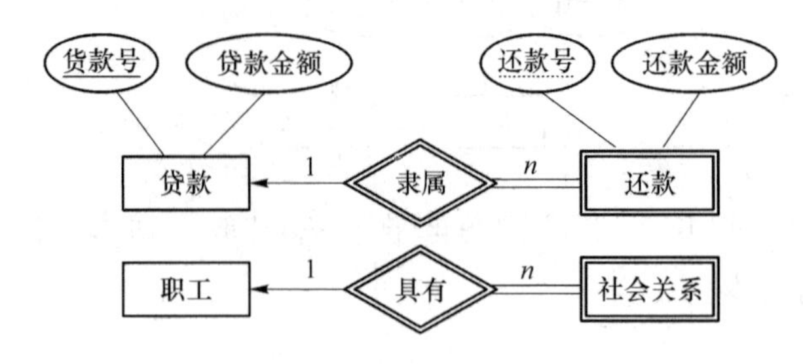

图 1.26　弱实体的表示方法

5. 特殊化和普遍化

一个实体集是具有某些共性的实体的集合。这些实体一方面具有共性,另一方面还具有各自的特殊性。往往一个实体集可以按照某个特征区分为几个实体集,例如,学生这个实体集可以分为研究生、本科生、大专生等子集,如果需要的话,还可以把研究生这个实体集再分为博士生、硕士生等子集。这个从普遍到特殊的过程,称为特殊化(Specialization)。与特殊化相反的过程则叫普遍化,即把几个具有某些共性的实体集概括成一个更普遍的实体集。例如,把研究生、本科生、大专生3个实体集概括为学生实体集,还可以把学生、教师、职工这些实体集概括为"人"这个实体集。

从一般到特殊,从特殊到一般,本来就是人们认识世界常用的方法。因而在E-R数据模型中引入特殊化和普遍化这两个概念,对模拟现实世界是有用的。

设有实体集E,如果F是E的某些真子集的集合,即$F=\{S_i \mid S_i \subset E, i=1,\cdots,n\}$,则称$F$是$E$的一个特殊化,$E$是$S_1,S_2,\cdots,S_n$的超实体集,$S_1,S_2,\cdots,S_n$称为$E$的子实体集。如果$\bigcup_{i=1}^{n} S_i=E$,则称$F$是$E$的全特殊化;否则,$F$是部分特殊化。如果$S_i \cap S_j=\varnothing, i\neq j$,则$F$是不相交的特殊化;否则,$F$是重叠的特殊化。全/部分特殊化和不相交/重叠特殊化是特殊化的两个重要的语义约束。普遍化(Generalization)是特殊化的逆过程,上述的讨论虽对特殊化而言,对普遍化也基本适用,但有一点不同,设$S_1,S_2,\cdots,S_n$被普遍化为超实体集G,则G一定等于$\bigcup_{i=1}^{n} S_i$,即在普遍化时,不会出现上述的部分特殊化的情况。

子实体集中的实体也是超实体集的实体,但在部分特殊化时,超实体集的实体不一定都是子实体集的实体。子实体集继承(Inherit)超实体集的所有属性和联系。除此以外,子实体集还可以有自己的特殊的属性和联系。例如,研究生除了继承学生的所有属性和联系外,还要增加"导师"、"学位类型"等属性以及与科研项目的联系,如图1.27所示。

超实体集与子实体集间的多层继承关系,能形成实体集间的层次结构(Hierarchy)关系,子实体集一般只继承一个超实体集。若子实体集参与继承到多个超实体集,则形成所谓的格结构(Lattice),如在职进修生子实体集同时继承超实体集教职工与超实体集学生的情况。因此,在数据模型中,引入子实体集,可以很方便地描述实体集中部分实体的特殊属性和联系。

特殊化和普遍化可用扩展的E-R图表示,如图1.27所示的例子。图中特殊化用标记为ISA的三角形来表示,ISA="is a",表示高层实体(超实体)和低层实体(子实体)之间的"父类-子类"联系。ISA的三角形旁有含"d"的圆圈表示不相交特殊化,否则表示重叠特殊化。超实体集与圆圈的连线若是双线,则表示全特殊化;若是单线,则表示部分特殊化。在图1.27中,在职进修生既是教职工又是学生,所以有两个超实体集,它继承两者的属性。在E-R图中普遍化与特殊化是个互逆的过程,在E-R图中的表示方法是相同的。

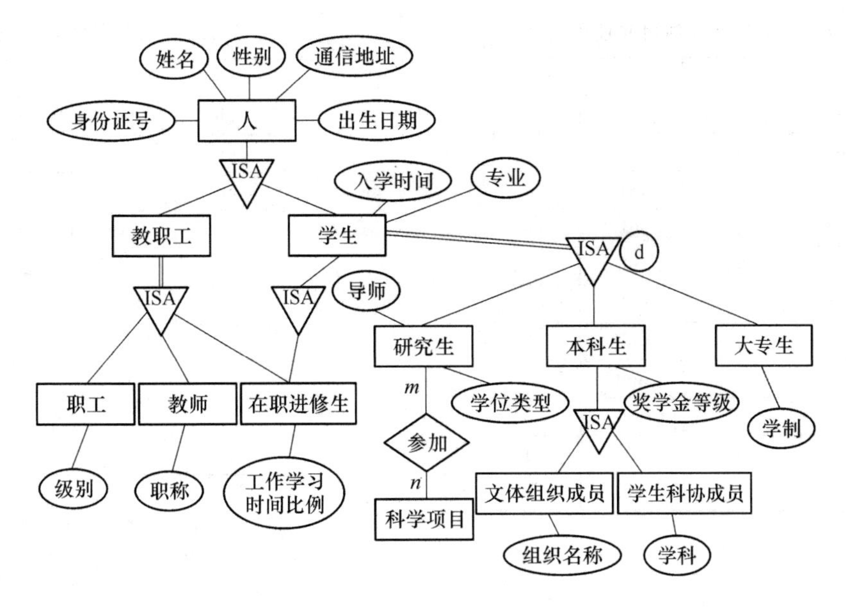

图 1.27 特殊化的应用

特殊化强调同一实体集内不同实体之间的差异,体现自顶向下、逐步求精的认识与细分实体的思想;普遍化强调不同实体集之间的相似性,体现自底向上、逐步合成的认识与概括思想。普遍化与特殊化是信息世界中概念模型设计过程中的两种不同方法。

6. 聚集

联系之间存在重叠,如何表达联系之间的联系?在基本 E-R 数据模型中,只有实体才能参与联系,不允许联系参与联系。在扩展 E-R 数据模型中,可以把联系看成由参与组合而成的新的实体,其属性为参与联系的实体的属性和联系的属性的并,这种新的实体称为参与联系的实体的聚集(Aggregation)。有了聚集这个抽象概念,联系也可以参与联系。

聚集是一种抽象,通过它,联系被作为高层实体集。例如,设实体集 A 与实体集 B 有联系 R,则实体 A、B 以及联系 R 整体可被看成是另一高层实体集 C。提出与使用聚集的概念能带来这些好处:能一定程度上消除冗余;能将联系作为抽象实体看待,增加了分析问题的新思路;能允许联系之间存在联系,有了新的表达能力。

实例:职工参加项目,并在此过程中可能使用机器,则其 E-R 图的设计有两种方案可选,如图 1.28(联系表如表 1.2 所示)、图 1.29(联系表如表 1.3、表 1.4 所示)所示,其中图 1.29 是应用聚集的一个例子。读者可分析这两种方案的利弊。

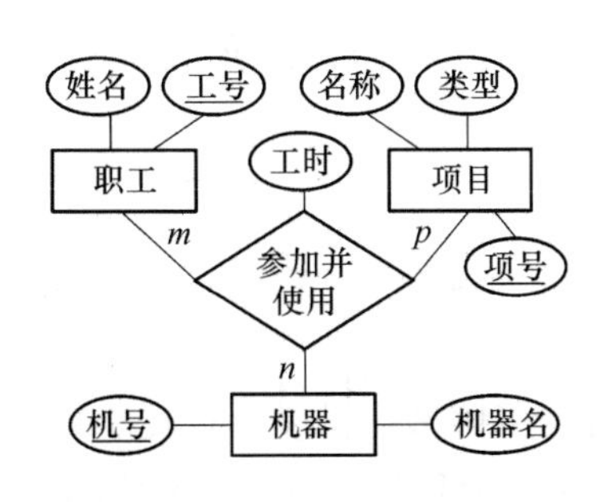

图 1.28 3 个实体间联系的 E-R 图

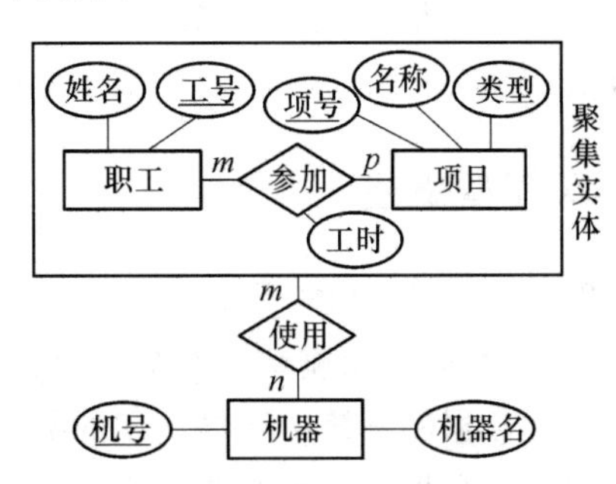

图 1.29 应用聚集的 E-R 图

表 1.2　职工参加项目并使用机器表

工　号	项　号	机　号	工　时
e1	j1	m1	3
e1	j1	m2	3
e1	j2	m3	4
e2	j1	m1	5
e3	j2	null	3
e4	j2	null	4
e5	j2	null	5
e6	j2	null	6
e4	j3	null	5
e5	j3	null	4
e6	j3	null	3

表 1.3　职工参加项目表

工　号	项　号	工　时
e1	j1	3
e1	j2	4
e2	j1	5
e3	j2	3
e4	j2	4
e5	j2	5
e6	j2	6
e4	j3	5
e5	j3	4
e6	j3	3

表 1.4　职工、项目与机器关系表

工　号	项　号	机　号
e1	j1	m1
e1	j1	m2
e1	j2	m3
e2	j1	m1

7. 范畴

在模拟现实世界时，有时要用到由不同类型的实体组成的实体集，例如，车主这个实体集的成员可能是单位，也可能是个人。这种由不同类型实体组成的实体集不同于前面所定义的实体集，为了区分起见，特名之为范畴(Category)。设 $E_1,E_2,\cdots,E_n$ 是 n 个不同类型的实体集，则范畴 T 可定义为：

$$T\subseteq(E_1\cup E_2\cup\cdots\cup E_n)$$

$E_1,E_2,\cdots,E_n$ 也称为 T 的超实体集。图 1.30 是应用范畴一个例子，其中，账户是个范畴，可以是单位，也可以是个人，用旁边含“U”的圆圈的“ISA”三角形标记来表示并操作。范畴也继承其超实体集的属性，但与子实体集的继承规则不一样。子实体集继承所有超实体集的属性，例如，图 1.27 的在职进修生继承教职工和学生的所有属性。而范畴的继承是有选择性的，例如，在图 1.30 中，如果账户是单位，则继承单位的属性；如果账户是个人，则继承人的属性。这叫选择性继承。范畴与具有多超实体集的子实体集在形式上有些相似，但意义完全不同。范畴是超实体集并的子集，而子实体集是超实体集交的子集。例如，图 1.27 中在职进修生既是教职工的成员，又是学生的成员，而在图 1.30 中，账户只是一个单位或者一个个人。

1.2.4　层次模型概述

在数据库领域中，有 4 种最常用的数据模型，它们是被称为非关系模型的层次模型、网状模型、关系模型和面向对象模型。本章简要介绍它们。

层次模型是数据库系统中最早出现的数据模型，它用树形结构表示各类实体以及实体间的联系。层次模型数据库系统的典型代表是 IBM 公司的 IMS(Information Management Systems)数据库管理系统，这是一个曾经被广泛使用的数据库管理系统。现实世界中有一些实体之间的联系本来就呈现出一种很自然的层次关系，如家庭关系、行政关系。

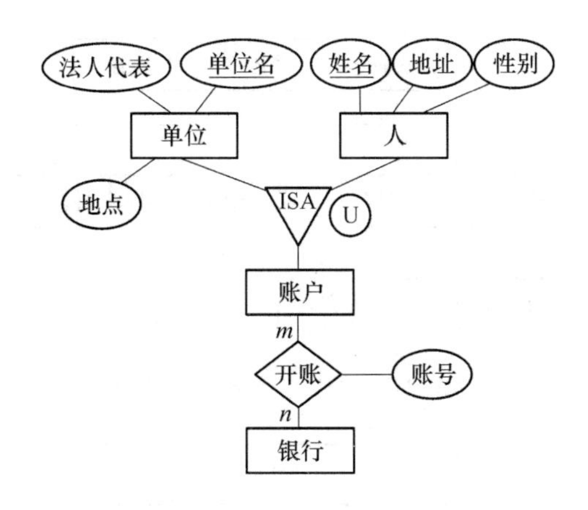

图 1.30　应用范畴的 E-R 图

1. 层次模型的数据结构

在数据库中，对满足以下两个条件的基本层次联系的集合称为层次模型。

① 有且仅有一个节点无双亲，这个节点称为“根节点”。

② 其他节点有且仅有一个双亲。

所谓**基本层次联系**是指两个记录类型以及它们之间的一对多的联系。

在层次模型中，每个节点表示一个记录类型，记录之间的联系用节点之间的连线表示，这种联系是父子之间的一对多的联系，这就使得数据库系统只能处理一对多的实体联系。每个记录类型可包含若干个字段，这里，记录类型描述的是实体，字段描述的是实体的属性。各个记录类型及其字段都必须命名，并且名称要求唯一。每个记录类型可以定义一个排序字段，也称为码字段，如果定义该排序字段的值是唯一的，则它能唯一标识一个记录值。

一个层次模型在理论上可以包含任意有限个记录型和字段，但任何实际的系统都会因为存储容量或实现复杂度而限制层次模型中包含的记录型个数和字段的个数。

若用图来表示，层次模型是一棵倒立的树。节点层次(Level)从根开始定义，根为第一层，根的子女称为第二层，根称为其子女的双亲，同一双亲的子女称为兄弟。

图 1.31 给出了一个系的层次模型。

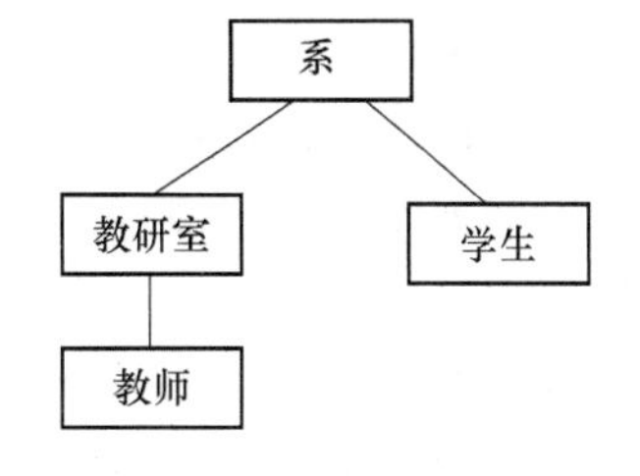

图 1.31　一个层次模型的示例

层次模型对具有一对多的层次关系的描述非常自然、直观、容易理解，这是层次数据库的突出优点。

层次模型的一个基本的特点是，任何一个给定的记录值只有按其路径查看时，才能显出它的全部意义，没有一个子女记录值能够脱离双亲记录值而独立存在。

图 1.32 是图 1.31 的具体化，成为一个教师-学生层次数据库，该层次数据库有 4 个记录型。记录型系是根节点，由系编号、系名、办公地 3 个字段组成。它有两个子女节点教研室和学生。记录型教研室是系的子女节点，同时又是教师的双亲节点，它由教研室编号、教研室名两个字段组成。记录类型学生由学号、姓名、年龄 3 个字段组成。记录教师由教师号、姓名、研究方向 3 个字段组成。学生与教师是叶节点，它们没有子女节点。由系到教研室、教研室到教师、系到学生均是一对多的联系。

图 1.33 是图 1.32 数据库模型的一个值。

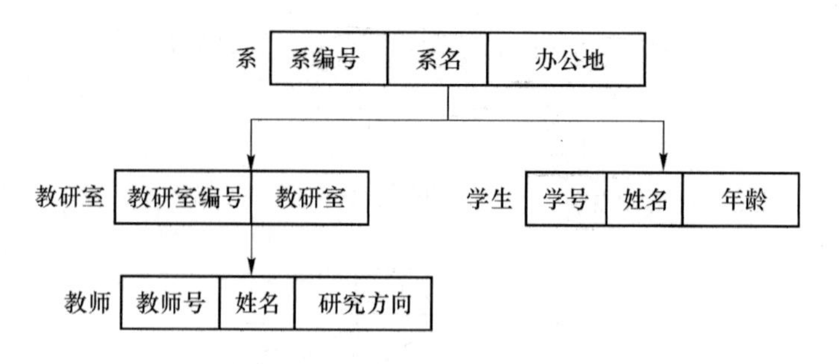

图 1.32　教师-学生数据库模型

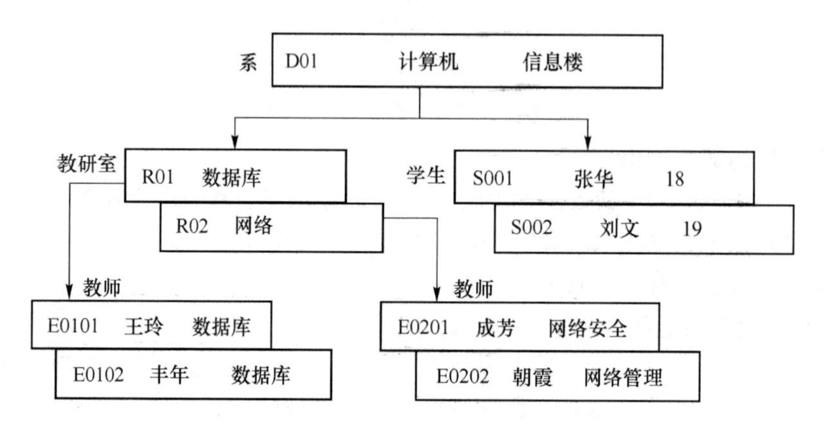

图 1.33　教师-学生数据库模型的一个值

2. 多对多联系在层次模型中的表示

前面的层次模型只能直接表示一对多的联系，那么另一种常见联系——多对多联系——能否在层次模型中表示呢？答案是肯定的，但是用层次模型表示多对多联系，必须先将其分解为多个一对多联系。分解的方法有两种：冗余节点法和虚拟节点法(具体略)。

3. 层次模型的数据操作与约束条件

层次模型的数据操作有查询、插入、删除和修改。进行插入、修改、删除操作时要满足层次模型的完整性约束条件。

进行插入操作时，如果没有相应的双亲节点值就不能插入子女节点值。例如，在图 1.33 的层次数据库中，若新调入一名教师，但尚未分配到某个教研室，这时就不能将新教师插入到数据库中。

进行删除操作时，如果删除双亲节点值，则相应的子女节点值也被同时删除。例如，在图 1.33 的层次数据库中，若删除数据库教研室，则该教研室所有教师的记录数据将全部丢失。

进行修改操作时，应修改所有相应记录，以保证数据的一致性。

4. 层次模型的存储结构

层次数据库中不仅要存储数据本身，还要存储数据之间的层次联系，层次模型数据的存储，常常是和数据之间联系的存储结合在一起的，常用的实现方法有如下两种。

(1) 邻接法

按照层次树前序的顺序(即数据结构中树的先根遍历顺序)把所有记录值依次邻接存放，即通过物理空间的位置相邻来体现层次顺序。例如，对于图 1.34(a)的数据库，按邻接法存放图 1.34(b)中以记录 A_1 为首的层次记录实例集，则应如图 1.35 所示存放。

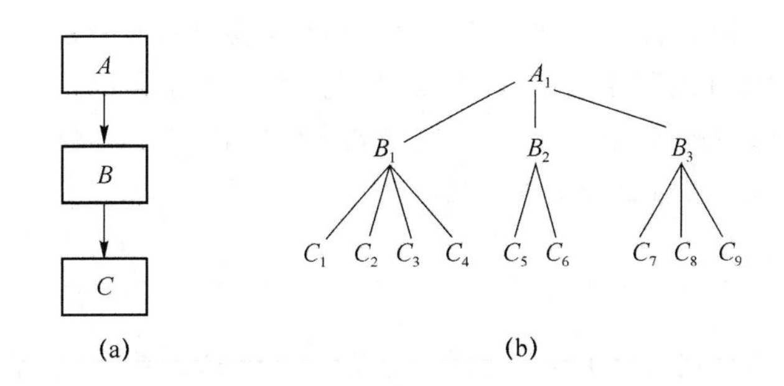

图 1.34 层次数据库及其实例

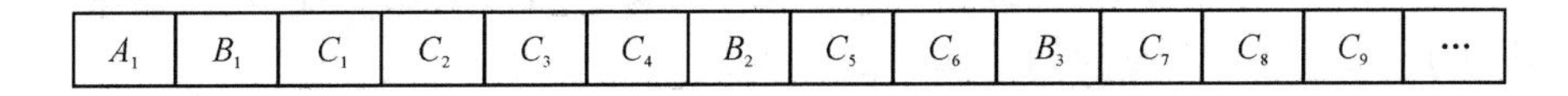

图 1.35 邻接法

(2) 链接法

用指引元来反映数据之间的层次联系。则如图 1.36 所示,其中,图 1.36(a)每个记录设两类指引元,分别指向最左边的子女和最近的兄弟,这种链接方法称为子女-兄弟链接法;图 1.36(b)按树的前序顺序链接各记录值,这种链接方法称为层次序列链接法。

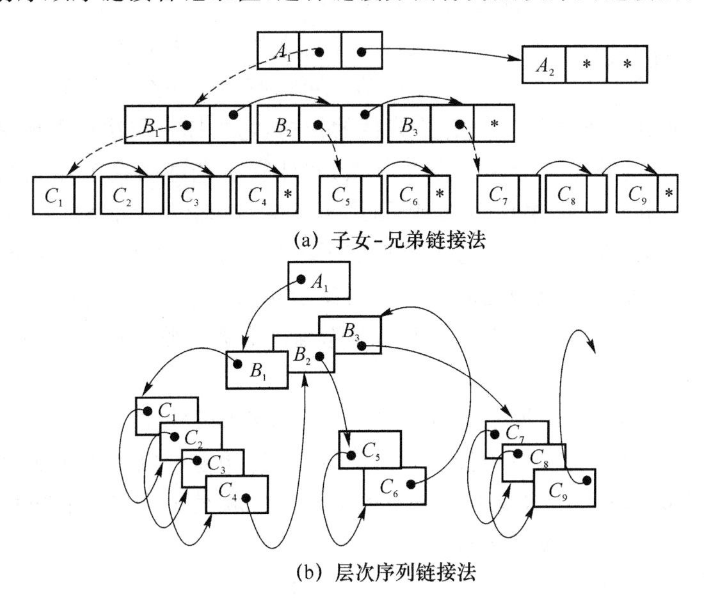

(a) 子女-兄弟链接法

(b) 层次序列链接法

图 1.36 链接法

5. 层次模型的优缺点

层次模型的优点主要有:

① 层次模型本身比较简单;

② 对于实体间联系是固定的,且预先定义好的应用系统,采用层次模型来实现,其性能较优;

③ 层次模型提供了良好的完整性支持。

层次模型的缺点主要有:

① 现实世界中很多联系是非层次性的,如多对多联系,一个节点具有多个双亲等,层次模

型表示这类联系的方法很笨拙,只能通过引入冗余数据或创建非自然的数据组织来解决;

② 对插入和删除操作的限制太多,影响太大;

③ 查询子女节点必须通过双亲节点,缺乏快速定位机制;

④ 由于结构严密,层次命令趋于程序化。

1.2.5 网状模型

网状数据模型的典型代表是DBTG系统,也称CODASYL系统,它是20世纪70年代数据系统语言研究会(Conference On Data Systems Language,CODASYL)下属的数据库任务组(Data Base Task Group,DBTG)提出的一个系统方案。若用图表示,网状模型是一个网络,图1.37给出了一个抽象、简单的网状模型。

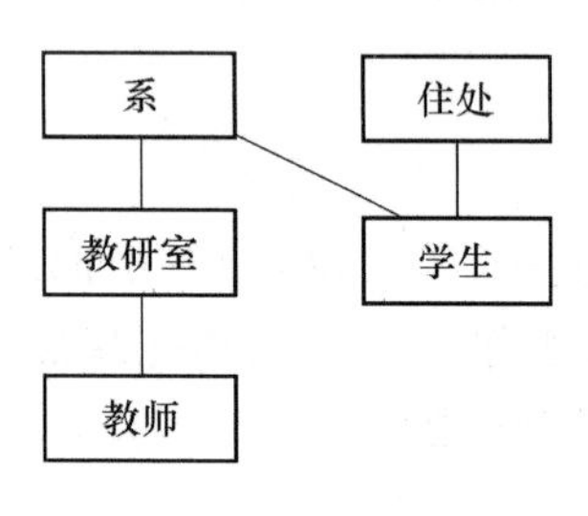

图1.37 简单的网状模型

在现实世界中事物之间的联系更多的是非层次关系的,用层次模型表示非树形结构是很不直接的,网状模型则可以克服这一弊病。

1. 网状模型的数据结构

在数据库中,把满足以下两个条件的基本层次联系集合称为网状模型:

① 允许一个以上的节点无双亲;

② 一个节点可以有多于一个的双亲。

网状模型是一种比层次模型更具有普遍性的结构,它去掉了层次模型的两个限制,允许多个节点没有双亲节点,允许节点有多个双亲节点,此外它还允许两个节点之间有多种联系,因此网状模型可以更直接地去描述现实世界,而层次模型实际上是网状模型的一个特例。

与层次模型一样,网状模型中的每个节点表示一个记录类型,每个记录类型可包含若干个字段,节点间的连线表示记录类型之间一对多的父子联系。

从定义可看出,层次模型中子女节点与双亲节点的联系是唯一的,而在网状模型中这种联系可以不是唯一的。

下面以教师授课为例,看看网状数据库模式是怎样组织数据的。

按照常规语义,一个教师可以讲授若干门课程,一门课程可以由多个教师讲授,因此教师与课程之间是多对多的联系。这里引进一个教师授课的联结记录,它由教师号、课程号、教学效果等数据项组成,表示某个教师讲授一门课程的情况。

这样,教师授课数据库可包含3个记录:教师、课程和授课。

每个教师可以讲授多门课程,显然对教师记录中的一个值,授课记录中可以有多个值与之联系,而授课记录中的一个值,只能与教师记录中的一个值联系。教师与授课之间的联系是一对多的联系,联系名为T-TC。同样,课程与授课之间的联系也是一对多的联系,联系名为C-TC,图1.38为教师授课数据库的网状数据库模式。

2. 网状模型的数据操作与完整性约束

网状模型一般来说没有层次模型那样严格的完整性的约束条件,但具体的网状数据库系统对数据操作都加了一些限制,提供了一定的完整性约束。

DBTG在模式DDL中提供了定义DBTG数据库完整性的若干概念和语句,主要有以下3方面。

(1) 支持记录码的概念,码即唯一标识记录的数据项的集合。例如,学生记录的学号就是码，因此数据库不允许学生记录中学号出现重复值。

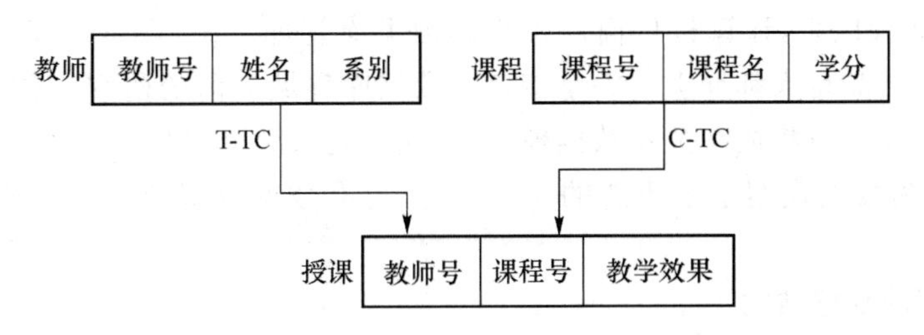

图 1.38　教师、课程、授课的网状数据库模式

(2) 保证在一个联系中，双亲记录和子女记录之间是一对多的联系。

(3) 可以支持双亲记录和子女记录之间某些约束条件。例如，有些子女记录要求双亲记录存在才能插入，双亲记录删除时也连同删除。

3. 网状模型的存储结构

网状模型的存储结构中的关键是如何实现记录之间的联系。常用的方法是链接法，包括单向链接、双向链接、环状链接和向首链接等，此外还有其他实现方法，如指引元阵列法、二进制阵列法、索引法等，依具体系统不同而不同。

教师授课数据库中，教师、课程和授课 3 个记录的值可以分别按某种文件组织方式存储，记录之间的联系用单向环状链接法实现，如图 1.39 所示。

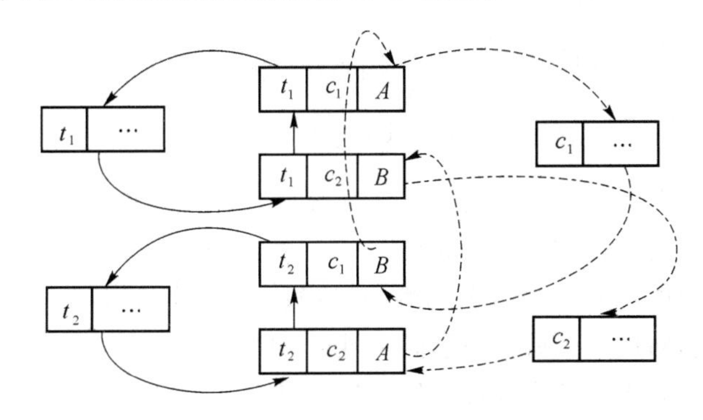

图 1.39　教师/授课/课程的网状数据库实例

4. 网状模型的优缺点

网状模型的优点主要有：

① 能够更为直接地描述现实世界，如一个节点可以有多个双亲；

② 具有良好的性能，存取效率较高。

网状模型的缺点主要有：

① 结构比较复杂，而且随着应用环境的扩大，数据库的结构就变得越来越复杂，不利于最终用户掌握；

② 其 DDL、DML 语言复杂，用户不容易使用。

由于记录之间的联系是通过存取路径实现的，应用程序在访问数据时必须选择适当的存取路径，因此，用户必须了解系统结构的细节，加重了编写程序的负担。

1.2.6　关系模型

关系模型是目前最重要的一种模型。美国 IBM 公司的研究员 E. F. Codd 于 1970 年发表题为“大型共享系统的关系数据库的关系模型”的论文,文中首次提出了数据库系统的关系模型。20 世纪 80 年代以来,计算机厂商新推出的数据库管理系统(DBMS)几乎都支持关系模型,非关系系统的产品也大都加上了关系接口。数据库领域当前的研究工作都是以关系方法为基础的,本书的重点也将放在关系数据模型上,这里先只简单勾画一下关系模型。

关系模型作为数据模型中最重要的一种模型,也有数据模型的 3 个组成要素,主要体现如下。

1. 关系模型的数据结构

关系模型与层次模型和网状模型不同,关系模型中数据的逻辑结构是一张二维表,它由行和列组成,每一行称为一个元组,每一列称为一个属性(或字段)。下面通过如图 1.40 所示的教师登记表,介绍关系模型中的相关术语。

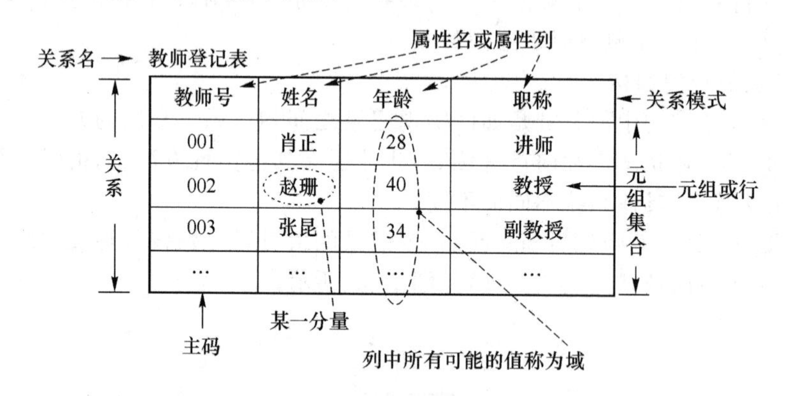

图 1.40 关系模型的数据结构及术语

- 关系:一个关系对应一张二维表,图 1.40 表示的教师关系就是一张教师登记表。
- 元组:二维表中的一行称为一个元组。
- 属性:二维表中的一列称为一个属性,对应每一个属性的名字称为属性名,如图 1.40 中的表有 4 列,对应 4 个属性(教师号,姓名,年龄,职称)。
- 主码:如果二维表中的某个属性或属性组可以唯一确定一个元组,则称为主码,也称为关系键,如图 1.40 中的教师号,可以唯一确定一个教师,也就成为本关系的主码。
- 域:属性的取值范围称为域,如人的年龄一般在 1～120 岁,大学生的年龄属性的域是 14～38,性别的域是男和女等。
- 分量:元组中的一个属性值,例如,教师号对应的值‘001’、‘002’、‘003’都是分量。
- 关系模式:表现为关系名和属性的集合,是对关系的具体描述。一般表示为:

关系名(属性 1,属性 2,…,属性 N)

例如,上面的关系可描述为:

教师(教师号,姓名,年龄,职称)

在关系模型中,实体以及实体间的联系都用关系来表示,例如,教师、课程、教师与课程之间的多对多联系在关系模型中可以表示如下:

教师(教师号,姓名,年龄,职称)

课程(课程号,课程名,学分)

授课(教师号,课程号,教学效果)

关系模型要求关系必须是规范化的,即要求关系必须满足一定规范条件,这些规范条件中最基本的一条就是，关系的每一个分量必须是一个不可分的数据项，也就是说，不允许表中还有子表或子列。例如，图1.41中出产日期是可分的数据项，可以分为年、月、日3个子列。因此，图1.41的表是不符合关系模型要求的，必须对其规范化后才能称其为关系。规范化方法为：要么把出产日期看成整体作为1列，要么把出产日期分为分开的出产年份、出产月份、出产日3列。

产品号	产品名	型号	出产日期		
			年	月	日
032456	风扇	A134	2004	05	12
…	…	…	…	…	…

图1.41 表中有表的示例

2. 关系模型的数据操作与约束条件

关系模型的操作主要包括查询、插入、删除和修改4类，这些操作必须满足关系的完整性约束条件，即实体完整性、参照完整性和用户定义完整性。

在非关系模型中，操作对象是单个记录，而关系模型中，一方面，数据操作是集合操作，操作对象和操作结果都是关系，即若干元组的集合。另一方面，关系模型把对数据的存取路径向用户隐蔽起来，用户只要指出“干什么”，不必详细说明“怎么干”，从而大大地提高了数据的独立性。

3. 关系模型的存储结构

在关系数据模型中，实体及实体间的联系都用表来表示。在数据库的物理组织中，表以文件形式存储，每一个表通常对应一种文件结构，也有多个表对应一种文件结构的。

4. 关系模型的优缺点

关系模型具有下列优点：

(1) 关系模型与非关系模型不同，它有较强的数学理论基础(详见第2章)；

(2) 数据结构简单、清晰，用户易懂易用，不仅用关系描述实体，而且用关系描述实体间的联系；

(3) 关系模型的存取路径对用户透明，从而具有更高的数据独立性、更好的安全保密性，也简化了程序员的工作和数据库开发及建立的工作。

关系模型原来有查询效率不如非关系模型效率高的缺点，但目前关系模型查询效率已不差了。为了提高性能，DBMS会对用户的查询进行系统级优化运行，这种优化对开发数据库管理系统提出了更高要求。

1.2.7 面向对象模型*

计算机应用对数据模型的要求是多种多样、层出不穷的，与其根据不同的新需要，提出各种新的数据模型，还不如设计一种可扩展的数据模型，由用户根据需要定义新的数据类型及相应的约束和操作。面向对象数据模型(Object-Oriented data model，O-O data model)就是一种可扩展的数据模型，又称对象数据模型(Object data model)，以面向对象数据模型为基础的DBMS称为O-O DBMS或对象数据库管理系统(ODBMS)。面向对象数据模型提出于20世纪70年代末，80年代初，它吸收了语义数据模型和知识表示模型的一些基本概念，同时又借鉴了面向对象程序设计语言和抽象数据类型的一些思想。面向对象数据模型及其数据库系统依然在不断发展成熟中，其相关的概念与术语仍不统一。

虽然关系模型比层次模型、网状模型简单灵活,但它还不能很好地表达现实世界中存在的许多复杂的数据结构,如CAD数据、图形数据、嵌套递归的数据等,它们就需要如面向对象模型这样的新模型来表达。

面向对象模型中,基本的概念是对象、类和实例、类的层次结构和继承、对象的标识等。

1. 对象(Object)

对象是现实世界中实体的模型化,与记录概念相仿,但远比记录复杂。每个对象有一个唯一的标识符,把状态(State)和行为(Behavior)封装(Encapsulate)在一起。其中,对象的状态是该对象属性值的集合,对象的行为是在对象状态上操作的方法集。

在面向对象模型中,所有现实世界中的实体都可模拟为对象,小到一个整数、字符串,大到一架飞机、一个公司的全面管理,都可以看成对象。

一个对象包含若干属性,用以描述对象的状态、组成和特征。属性甚至也是一个对象,它又可能包含其他对象作为其属性,这种递归引用对象的过程可以继续下去,从而组成各种复杂的对象,而且同样可以被多个对象所引用。由对象组成对象的过程称为聚集。

对象的方法定义包含两个部分:一是方法的接口,说明方法的名称、参数和结果的类型等,一般称之为调用说明;二是方法的实现部分,它是用程序设计语言编写的一个程序过程,以实现方法的功能。

对象中还可附有完整性约束检查的规则或程序。

对象是封装的,外界与对象的通信一般只能借助于消息(Message),消息传送给对象,调用对象的相应方法,进行相应的操作,再以消息形式返回操作的结果。外界只能通过消息请求对象完成一定的操作,这是O-O数据模型的主要的特征之一。封装能带来两个好处:一是把方法的调用接口与方法的实现(即过程)分开,过程及其所用数据结构的修改,可以不影响接口,因而,有利于数据的独立性;二是对象封装以后,成为一个自含的单元,对象只接受对象中所定义的操作,其他程序不能直接访问对象中的属性,从而避免了许多不希望的副作用,这有利于提高程序的可靠性。

2. 类(Class)和实例(Instance)

一个数据库一般包含大量的对象,如果每个对象都附有属性和方法的定义说明,则会有大量的重复。为了解决这个问题,同时也为了概念上的清晰,常常把类似的对象归并为类,类中每个对象称为实例。同一类的对象具有共同的属性和方法,这些属性和方法可以在类中统一说明,而不必在类的每个实例中重复。消息传送到对象后,可以在其所属的类中找到相应的方法和属性说明。同一类中的对象的属性虽然是一样的,但这些属性所取的值会因各个实例而各不相同,因此,属性又称为实例变量。有些变量的值在全类中是共同的,这些变量称为类变量,例如,在定义某类桌子中,假设桌腿数都是4,则桌腿数就是类变量。类变量没有必要在各个实例中重复,可以在类中统一给出它的值。

将类的定义和实例分开,有利于组织有效的访问机制。一个类的实例可以簇集存放,每个类设有一个实例化机制,实例化机制提供有效的访问实例的路径,如索引。消息送到实例机制后,通过其存取路径找到所需的实例,通过类的定义查到属性及方法说明,以实现方法的功能。

3. 类的层次结构和继承

类的子集也可以定义为类,称为这个类的子类,而该类称为子类的超类(Superclass)。子类还可以再分为子类,如此可以形成一个层次结构。图1.42是一个类的层次结构的例子,一个子类可有多个超类,有直接的,也有间接的。上述类之间的关系,用自然语言可以表达为"研究生是学生","学生是个人",……。因此,这种关系也称为IS-A联系,或称为类属联系。从概念上说,自下而上是一个普遍化、抽象化的过程,这个过程叫普遍化。反之,由上而下是一个特殊化、具体化的过程,这个过程叫特殊化。这些概念与扩展E-R数据模型中所介绍的概念是一致的。

一个对象既属于它的类,也属于它的所有超类。为了在概念上区分起见,在O-O数据模型中,对象与类之间的关系有时用不同的名词。对象只能是它所属类中最特殊化的那个子类的实例,但可以是它的所有超类的成员,如图1.42所示,一名全日制研究生是研究生这个子类的实例,也是学生、人这两个类的成员,因此,一个对象只能是一个类的实例,但可以成为多个类的成员。

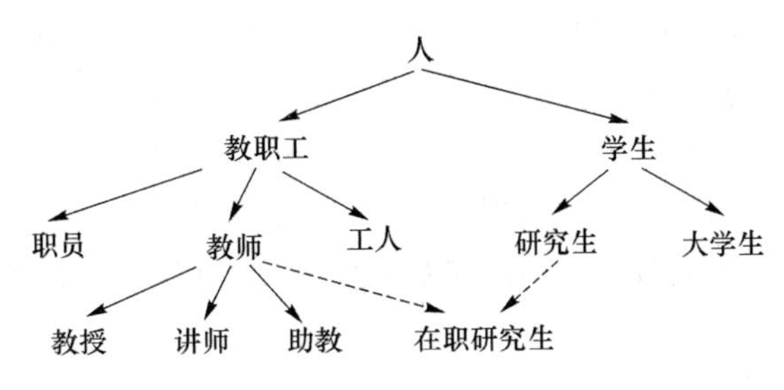

图1.42 类层次结构

一个类可以有多个直接超类,例如,在职研究生这个子类有两个直接超类,即教师和研究生,如图1.42中虚线所示。这表示一名在职研究生是在职研究生这个子类的实例,同时又是教师和研究生这两个类的成员。由于允许一个类可以有多个超类,类层次结构不再是一棵树。若把超类与子类的关系看成一个偏序关系(严格地说,这个关系不是自反的),则由具有多个直接超类的子类及其所有超类所组成的子图是代数中的格。在有些文献中,又称类层次结构为类格(Class Lattice)。例如,由在职研究生这个子类与其所有超类所组成的子图,如图1.43所示,它是一个格结构,而图1.42的类层次结构并不是一个格结构,而是一个有根无圈连通有向图。

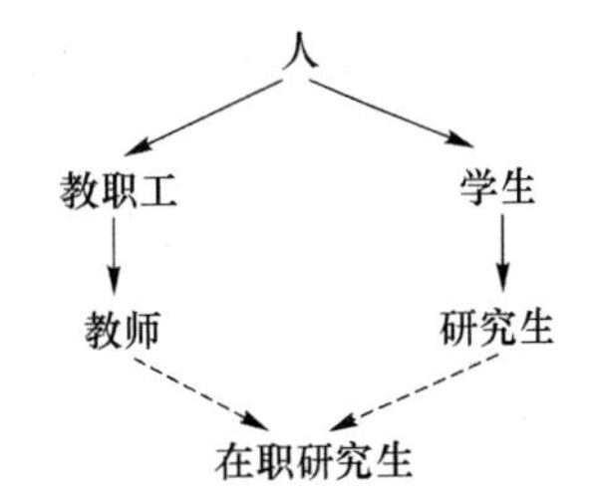

图1.43 由子类及其超类所组成的格结构

子类可以继承所有超类中的属性和方法。在类中集中定义属性和方法,子类继承超类中的属性和方法,这是O-O数据模型中两个避免重复定义的机制。如果子类限于超类中的属性和方法,则有失定义子类的意义。子类除继承超类中的属性和方法外,还可用增加和取代的方法,定义子类中特殊的属性和方法,所谓增加就是定义新的属性和方法,所谓取代就是重新定义超类的属性和方法。如果子类有多个直接超类,则子类要从多个直接超类继承属性和方法,这叫多继承(Multiple Inheritance)。

由于同样的方法名在不同的类中可能代表不同的含义,同样一个消息送到不同对象中,可能执行不同的过程,也就是消息的含义依赖于其执行环境。例如,在"图"这个类中,可以定义一个显示(Display)方法,但不同的图需要不同的显示过程,只有当消息送到具体对象时,才能确定采用何种显示过程,这种一名多义的做法叫多态(Polymorphism)。在此情况下,同一方法名代表不同的功能,也就是一名多用,这叫重载(Overloading)。消息中的方法名,在编译时还不能确定它所代表的过程,只有在执行时,当消息发送到具体对象后,方法名和方法的过程才能结合,这种“名”与“义”的推迟结合叫滞后联编(Late Binding)。

4. 对象的标识

在O-O数据模型中,每个对象都有一个在系统内唯一的和不变的标识符,称为对象标识符(Object Identifier,OID)。OID一般由系统产生,用户不得修改。两个对象即使属性值和方法都一样,若OID不同,则仍被认为是两个相等而不同的对象。相等和同一是两个不同的概念,例如,在逻辑图中,一种型号的芯片可以用在多个地方,这些芯片是相等的,但不是同一个芯片,它们仍被视为不同的对象。在这一点上,O-O数据模型与关系数据模型不同。在关系数据模型中,如果两个元组的属性值完全相同,则被认为是同一元组;而在O-O数据模型中,对象的标识符是区别对象的唯一标志,而与对象的属性值无关。前者称为按值识别,后者称为按标识符识别。在原则上,对象标识符不应依赖于它的值,一个对象的属性值修改了,只要其标识符不变,则仍认为是同一对象,因此,OID可以看成对象的替身。

面向对象数据模型已经用做O-O DBMS的数据模型。由于其语义丰富,表达比较自然,它也适合作为数据库概念结构设计的数据模型(即概念模型)。随着面向对象程序设计的广泛应用和数据库新应用的不断涌现。面向对象数据模型可望在计算机科学技术领域中得到普遍的认可。

上述4种数据模型的比较如表1.5所示。

表1.5 数据模型比较表

比较项	层次模型	网状模型	关系模型	面向对象模型
创始	1968年IBM公司的IMS系统	1969年CODASYL的DBTG报告(1971年通过)	1970年E. F. Codd提出关系模型	20世纪80年代
典型产品	IMS	IDS/Ⅱ、IMAGE/3000、IDMS等	Oracle、Sybase、DB2、SQL Server等	ONTOS DB
盛行时期	20世纪70年代	20世纪70年代到80年代中期	20世纪80年代至今	20世纪90年代至今
数据结构	复杂(树形结构),要加树形限制	复杂(有向图结构),结构上无须严格限制	简单(二维表),无须严格限制	复杂(嵌套、递归),无须严格限制
数据联系	通过指针连接记录型,联系单一	通过指针连接记录型,联系多样,较复杂	通过联系表(含外码),联系多样	通过对象的标识
查询语言	过程式,一次一记录。查询方式单一(双亲到子女)	过程式,一次一记录。查询方式多样	非过程式,一次一集合。查询方式多样	面向对象语言
实现难易	在计算机中实现较方便	在计算机中实现较困难	在计算机中实现较方便	在计算机中实现有一定难度
数学理论基础	树(研究不规范、不透彻)	无向图(研究不规范、不透彻)	关系理论(关系代数、关系演算),研究深入、透彻	连通有向图(研究还不透彻)

3个世界术语对照如表1.6所示。

表 1.6　现实世界、信息世界、机器世界/关系数据库间术语对照表

现实世界 —抽象→	信息世界 —数据化→	机器世界/关系数据库
事物	实体	记录/元组(或行)
若干同类事物	实体集	记录集(即文件)/元组集(即关系)
若干特征刻画的事物	实体型	记录型/二维表框架(即关系模式)
事物的特征	属性	字段(或数据项)/属性(或列)
事物之间的关联	实体型(或实体)之间的联系	记录型之间的联系/联系表(外码)
事物某特征的所有可能值	域	字段类型/域
事物某特征的一个具体值	一个属性值	字段值/分量
可区分同类事物的特征或若干特征	码	关键字段/关系键(或主码)

1.3　数据库系统结构

可以从多种不同的层次或不同的角度来考察数据库系统的结构。从数据库外部的体系结构看，数据库系统的结构分为集中式结构(包括单用户结构和主从式结构等)、分布式结构、客户/服务器、并行结构、浏览器/应用服务器/数据库服务器多层结构等。从数据库管理系统内部系统结构看，数据库系统通常采用三级模式结构。

1.3.1　数据库管理系统的三级模式结构

这里，所谓“模式”是指对数据的逻辑或物理的结构(包括数据及数据间的联系)、数据特征、数据约束等的定义和描述，是对数据的一种抽象、一种表示。

例如，关系模式是对关系的一种定义和描述，学生(学号，姓名，性别，年龄)是一个学生关系模式，而('200401'，'李立勇'，'男'，20)是学生关系模式的一个值，称为模式的实例。

模式反映的是数据的本质、核心或型的方面，模式是静态的、稳定的、相对不变的。数据的模式表示是人们对数据的一种把握与认识手段。数据库系统的三级模式结构只是对模式型方面的结构表示，而模式的实例是依附于三级模式结构的，是动态不断变化的。

数据库系统的三级模式结构是指外模式、模式(或概念模式)和内模式，如图 1.44 所示。数据库系统的三级模式是人们从 3 个不同层次或角度对数据的定义和描述，其具体含义如下。

1. 外模式(External Schema)

外模式也称子模式(SubSchema)或用户模式，是三级模式的最外层，它是数据库用户能够看到和使用的局部数据的逻辑结构和特征的描述。

普通用户只对整个数据库的一部分感兴趣，可根据系统所给的模式，用查询语言或应用程序去操作数据库中的那部分数据，所以，可以把普通用户看到和使用的数据库内容称为视图。视图集也称为用户级数据库，它对应于外模式。外模式通常是模式的子集，一个数据库可以有多个外模式。由于它是各个用户的数据视图，如果不同的用户在应用需求、看待数据的方式、对数据保密性要求等方面存在差异，则其外模式描述就是不同的，一方面，即使对模式中同一数据，在外模式中的结构、类型、长度、保密级别等都可以有所不同，另一方面，同一外模式也可

以为某一用户的多个应用系统所用,但一个应用程序一般只能使用一个外模式。

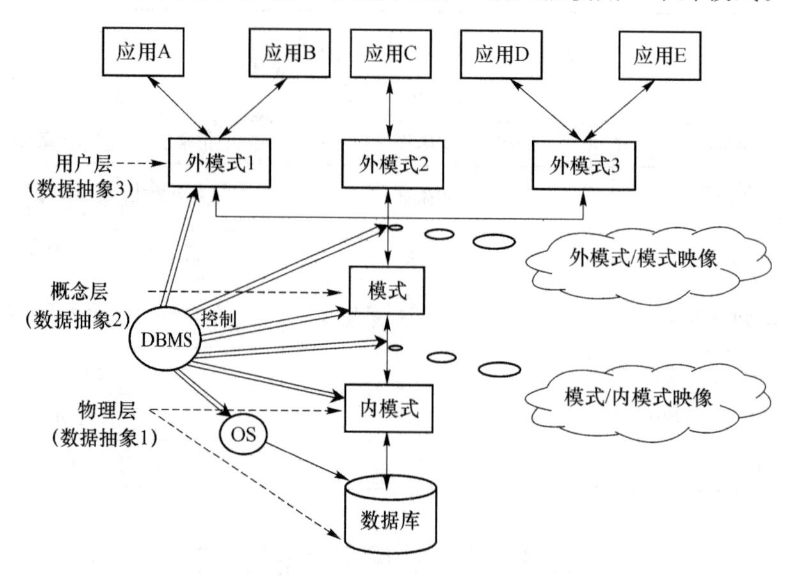

图 1.44 数据库管理系统的三级模式结构

数据库管理系统(DBMS)提供子模式描述语言(子模式 DDL)来定义子模式。

2. 模式(Schema)

模式又称概念模式,也称逻辑模式,是数据库中全体数据的逻辑结构和特征的描述,是所有用户的公共数据视图,是数据视图的全部。它是数据库系统三级模式结构的中间层,既不涉及数据的物理存储细节和硬件环境,也与具体的应用程序、所使用的应用开发工具及高级程序设计语言等无关。

概念模式实际上是数据库数据在逻辑级上的视图,一个数据库只有一个模式。数据库模式以某一种数据模型为基础,统一综合地考虑了所有用户的需求,并将这些需求有机地结合成一个逻辑整体。定义模式时不仅要定义数据的逻辑结构,例如,数据记录由哪些数据项构成,数据项的名字、类型、取值范围等,而且要定义数据之间的联系、定义与数据有关的安全性、完整性要求等。

DBMS 提供模式描述语言(模式 DDL)来定义模式。

3. 内模式(Internal Schema)

内模式也称为存储模式,一个数据库只有一个内模式。它是数据物理结构和存储方式的描述,是数据在数据库内部的表示方式,例如,记录的存储方式是顺序存储、按照 B 树结构存储还是按 hash 方法存储;索引按照什么方式组织;数据是否压缩存储,是否加密;数据的存储记录结构有何规定等。

DBMS 提供内模式描述语言(内模式 DDL)来严格地定义内模式。

数据库系统三级模式结构概念比较,如表 1.7 所示。

数据库的三级模式结构是对数据的 3 个抽象级别。它把数据的具体组织留给 DBMS 去做,各级用户只要抽象地看待与处理数据,而不必关心数据在计算机中的表示和存储,这样就减轻了用户使用数据库系统的负担。

表 1.7 数据库管理系统三级模式结构概念比较

比较	外模式	模式	内模式
定义	也称子模式或用户模式,还称用户级模式	也称逻辑模式,还称概念级模式	也称存储模式,还称物理级模式
	是数据库用户能够看见和使用的局部数据的逻辑结构和特征的描述	是数据库中全体数据的逻辑结构和特征的描述,它包括:数据的逻辑结构、数据之间的联系和与数据有关的安全性、完整性要求	是数据物理结构和存储方式的描述
特点1	是各个具体用户所看到的数据视图,是用户与DB的接口	是所有用户的公共数据视图。一般只有DBA能看到全部	是数据在数据库内部的表示方式
特点2	可以有多个外模式	只有一个模式	只有一个内模式
特点3	针对不同用户,有不同的外模式描述。每个用户只能看见和访问所对应的外模式中的数据,数据库中其余数据是不可见的,所以外模式是保证数据库安全性的一个有力措施	数据库模式以某一种数据模型(层状、网状、关系)为基础,统一综合地考虑所有用户的需求,并将这些需求有机地结合成一个逻辑整体	以前由DBA定义,现基本由DBMS定义
特点4	面向应用程序或最终用户	由DBA定义与管理	由DBA定义或由DBMS预先设置
DDL	DBMS提供3种模式的描述语言(DDL)来严格定义3种模式,如子模式DDL、模式DDL和内模式DDL。子模式DDL和用户选用的程序设计语言具有相容的语法,如Cobol子模式DDL。关系数据库3种模式的描述语言统一于SQL语言中		

1.3.2 数据库的二级映像功能与数据独立性

为了能够在内部实现这3个抽象层次的联系和转换,数据库管理系统在这三级模式之间提供了两层映像:外模式/模式映像,模式/内模式映像。

这两层映像保证了数据库系统的数据能够具有较高的逻辑独立性和物理独立性。

1. 外模式/模式映像

模式描述的是数据的全局逻辑结构,外模式描述的是数据的局部逻辑结构。对应于同一个模式可以有任意多个外模式,每个外模式数据库系统都有一个外模式/模式映像,它定义了该外模式与模式之间的对应关系,这些映像定义通常包含在各自外模式的描述中。

当模式改变时,由数据库管理员对各个外模式/模式映像做相应改变,可以使外模式保持不变。应用程序是依据数据的外模式编写的,从而应用程序不必修改,保证了数据与程序的逻辑独立性,简称为数据逻辑独立性。

2. 模式/内模式映像

数据库中只有一个模式,也只有一个内模式,所以模式/内模式映像是唯一的,它定义了数据库全局逻辑结构与存储结构之间的对应关系,例如,说明逻辑记录和字段在内部是如何表示的。该映像定义通常包含在模式描述中。当数据库的存储结构改变了,由数据库管理员对模式/内模式映像做相应改变,可以使模式保持不变,从而应用程序也不必改变,保证了数据与程序的物理独立性,简称为数据物理独立性。

在数据库的三级模式结构中，数据库模式即全局逻辑结构是数据库的中心与关键，它独立于数据库的其他层次，因此设计数据库模式时应首先确定数据库的逻辑模式。

数据库的内模式依赖于它的全局逻辑结构，但独立于数据库的用户视图(即外模式)，也独立于具体的存储设备。它将全局逻辑结构中所定义的数据结构及其联系按照一定的物理存储策略进行组织，以实现较好的时间与空间效率。

数据库的外模式面向具体的应用程序，它定义在逻辑模式之上，但独立于内模式和存储设备。当应用需求发生较大变化时，可修改外模式以适应新的需要。

数据库的二级映像保证了数据库外模式的稳定性，从根本上保证了应用程序的稳定性，使数据库系统具有较高的数据与程序的独立性。数据库的三级模式与二级映像使数据的定义和描述可以从应用程序中分离出去。由于数据的存取由 DBMS 管理，用户不必考虑存取路径等细节，从而简化了应用程序的编制，大大减少了应用程序的维护和修改。

1.3.3 数据库管理系统的工作过程

当数据库建立后，用户就可以通过终端操作命令或应用程序在 DBMS 的支持下使用数据库。数据库管理系统控制的数据操作过程，基于数据库系统的三级模式结构与二级映像功能，总体操作过程能从其读或写一个用户记录的过程大体反映出来。

下面就以应用程序从数据库中读取一个用户记录的过程(如图 1.45 所示)来说明。

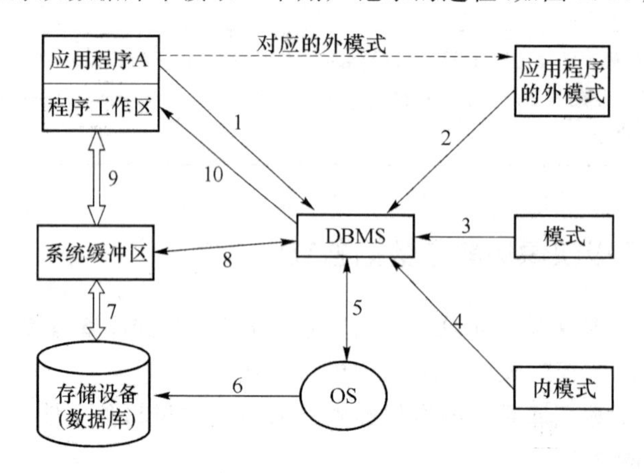

图 1.45 DBMS 读取用户记录的过程示意图

按照步骤解释运行过程如下：

① 应用程序 A 向 DBMS 发出从数据库中读用户数据记录的命令；

② DBMS 对该命令进行语法、语义检查，并调用应用程序 A 对应的子模式，检查 A 的存取权限，决定是否执行该命令，如果拒绝执行，则转(10)，向用户返回错误信息；

③ 在决定执行该命令后，DBMS 调用模式，依据子模式/模式映像的定义，确定应读入模式中的哪些记录；

④ DBMS 调用内模式，依据模式/内模式映像的定义，决定应从哪个文件、用什么存取方式、读入哪个或哪些物理记录；

⑤ DBMS 向操作系统发出执行读取所需物理记录的命令；

⑥ 操作系统执行从物理文件中读数据的有关操作；

⑦ 操作系统将数据从数据库的存储区送至系统缓冲区；

⑧ DBMS依据内模式/模式(模式/内模式映像的反方向看待,并不是另一种新映像,模式/子模式映像也是类似情况)、模式/子模式映像的定义,导出应用程序A所要读取的记录格式;

⑨ DBMS将数据记录从系统缓冲区传送到应用程序A的用户工作区;

⑩ DBMS向应用程序A返回命令执行情况的状态信息。

至此,DBMS就完成了一次读用户数据记录的过程。DBMS向数据库写一个用户数据记录的过程,经历的环节类似于读,只是过程基本相反而已。由DBMS控制的大量用户数据的存取操作,可以理解为就是由许许多多这样的读或写的基本过程组合完成的。

1.4 数据库系统的组成

数据库系统是指计算机系统中引入数据库后的整个人机系统。为此,数据库系统应由计算机硬件、数据库、计算机软件及各类人员组成。

1. 硬件平台

数据库系统对硬件资源提出了较高的要求:有足够大的内存存放操作系统、DBMS的核心模块、数据缓冲区和应用程序;有足够大而快速的磁盘等直接存储设备存放数据库,有足够的磁盘空间做数据备份;要求系统有较高的数据通道能力,以提高数据传送率。

2. 数据库

数据库是存放数据的地方,是存储在计算机内有组织的大量可共享的数据集合,可以供多用户同时使用,具有尽可能少的冗余和较高的数据独立性,从而其数据存储的结构形式最优,并且数据操作起来容易,有完整的自我保护能力和数据恢复能力。此处的数据库主要是指物理存储设备中有效组织的数据集合。

3. 软件

数据库系统的软件主要包括:

(1) 支持DBMS运行的操作系统;

(2) DBMS(DBMS可以通过操作系统对数据库的数据进行存取、管理和维护);

(3) 具有与数据库接口的高级语言及其编译系统;

(4) 以DBMS为核心的应用开发工具,为特定应用环境开发的数据库应用系统。

4. 用户

用户主要有以下几种:用于进行管理和维护数据库系统的人员——数据库管理员;用于数据库应用系统分析设计的人员——系统分析员和数据库设计人员;用于具体开发数据库系统的人员——数据库应用程序员;用于使用数据库系统的人员——最终用户。

其各自的职责如下所示。

(1) 数据库管理员(DBA)

在数据库系统环境下,有两类共享资源。一类是数据库,一类是数据库管理系统软件,因此需要有专门的管理机构来监督和管理它们,DBA则是这个机构的一个或一组人员,负责全面管理和控制数据库系统。具体职责包括以下几个方面。

① 决定数据库中的信息内容和结构

数据库中要组织与存放哪些信息,DBA要全程参与决策,即决定数据库的模式与子模式,甚至于内模式。

② 决定数据库的存储结构和存取策略

DBA要综合各用户的应用要求,与数据库设计人员共同决定数据的存储结构和存取方法等,以寻求最优的数据存取效率和存储空间利用率,即决定数据库的内模式。

③ 定义数据的安全性要求和完整性约束条件

DBA的重要职责是保证数据库的安全性与完整性,因此,DBA负责确定各类用户对数据库的存取权限、数据的保密等级和各种完整性约束要求等。

④ 监控数据库的使用和运行

DBA要做好日常运行与维护工作,特别是系统的备份与恢复工作,保证系统万一发生各类故障而遭到不同程度破坏时能及时恢复到最近的某正确状态。

⑤ 数据库的改进和重组重构

数据库运行一段时间后,随着大量数据在数据库中变动,会影响系统的运行性能,为此,DBA要负责定期对数据库进行数据重组织,以期获得更好的运行性能。

当用户的需求增加和改变时,DBA负责对数据库各级模式进行适当的改进,即数据库的重构造。

(2) 系统分析员和数据库设计人员

系统分析员负责应用系统的需求分析和规范说明,要和最终用户及DBA相配合,分析确定系统的软硬件配置,并参与数据库系统的总体设计。

数据库设计人员负责数据库中数据的确定、数据库各级模式的设计。为了合理而良好地设计数据库,数据库设计人员必须深入实践,参加用户需求调查和系统分析,中小型系统该人员往往由DBA兼任。

(3) 数据库应用程序员

数据库应用程序员负责设计和编写应用系统的程序模块,并进行调试和安装。

(4) 用户

这里用户是指最终用户,可以分为3类:

① 偶然用户,这类用户不经常访问数据库,但每次访问数据库时往往需要不同的数据库信息,这类用户一般是企业或是组织结构的高中级管理人员;

② 简单用户,数据库的多数用户都是这类,其主要的工作是查询和修改数据库,一般都是通过应用程序员精心设计并具有良好界面的应用程序存取数据库,银行职员和航空公司的机票出售、预定工作人员都是这类人员;

③ 复杂用户,复杂用户包括工程师、科学家、经济学家、科学技术人员等具有较高科学技术背景的人员,这类用户一般都比较熟悉数据库管理系统的各种功能,能够直接使用数据库语言访问数据库,甚至能够基于数据库管理系统的API,自己编制具有特殊功能的应用程序。

1.5 数据库技术的研究领域及其发展*

1.5.1 数据库技术的研究领域

数据库技术的研究领域十分广泛,概括而言包括以下3方面。

1. DBMS系统软件的研制

DBMS是数据库应用的基础,DBMS的研制包括研制DBMS本身及以DBMS为核心的一组相互联系的软件系统，包括工具软件和中间件。研制的目标是提高系统的可用性、可靠性、可伸缩性，提高系统运行性能和用户应用系统开发设计的生产率。

现在使用的DBMS主要是国外的产品，国产DBMS产品或原型系统，如COBASE数据库管理系统、Kingbase ES、PBASE、EASYBASE、Openbase数据库管理系统和武汉达梦的DM系列等，在商品化、成熟度、性能等方面还有待改进，为此，在国产DBMS系统软件的研制方面可谓任重而道远。

2. 数据库应用系统设计与开发的研制

数据库应用系统设计与开发的主要任务是在DBMS的支持下，按照应用的具体要求，为某单位、部门或组织设计一个结构合理有效、使用方便高效的数据库及其应用系统。研究的主要内容包括数据库设计方法、设计工具和设计理论的研究；数据模型和数据建模的研究；数据库及其应用系统的辅助与自动设计的研究；数据库设计规范和标准的研究等。这一方向可能是今后大部分读者要从事的研究与应用方向。

3. 数据库理论的研究

数据库理论的研究主要集中于关系的规范化理论、关系数据理论等方面。近年来，随着计算机其他领域的不断发展及其与数据库技术的相互渗透与融合，产生了许多新的应用与理论研究方向，如数据库逻辑演绎和知识推理、数据库中的知识发现、并行数据库与并行算法、分布式数据库系统、多媒体数据库系统等。

1.5.2 数据库技术的发展

数据库技术产生于20世纪60年代中期，由于其在商业领域的成功应用，在20世纪80年代后，得到迅速推广，新的应用对数据库技术在数据存储和管理方面提出了更高的要求，从而进一步推动了数据库技术的发展。

1. 数据模型的发展和三代数据库系统

数据模型是数据库系统的核心和基础，数据模型的发展带动着数据库系统不断更新换代。

数据模型的发展可以分为3个阶段，第一阶段为格式化数据模型，包括层次数据模型和网状数据模型，第二阶段为关系数据模型，第三阶段则是以面向对象数据模型为代表的非传统数据模型。按照上述的数据模型3个发展阶段，数据库系统也可以相应地划分为三代。第一代数据库系统为层次与网状数据库系统，第二代数据库系统为关系数据库系统，这两代也常称为传统数据库系统。新一代数据库系统(即第三代)的发展呈现百花齐放的局面，其基本特征包括：①没有统一的数据模型，但所用数据模型多具有面向对象的特征；②继续支持传统数据库系统中的非过程化数据存取方式和数据独立性；③不仅更好地支持数据管理，而且能支持对象管理和知识管理；④系统具有更高的开放性。

2. 数据库技术与其他相关技术的结合

将数据库技术与其他相关技术相结合，是当代数据库技术发展的主要特征之一，并由此产生了许多新型的数据库系统。

(1) 面向对象数据库系统

面向对象数据库系统是数据库技术与面向对象技术相结合的产物。面向对象数据库的核心是面向对象数据模型。在面向对象数据模型中，现实世界里客观存在且相互区别的事物被抽象为对象，一个对象由3个部分构成，即变量集、消息集和方法集。变量集中的变量是对事物特性的数据抽象，消息集中的消息是对象所能接收并响应的操作请求，方法集中的方法是操作请求的实现方法,每个方法就是一个执行程序段。

面向对象数据模型的主要优点体现在:

① 消息集是对象与外界的唯一接口,方法和变量的改变不会影响对象与外界的交互,从而使应用系统的开发和维护变得容易;

②相似对象的集合构成类,而类具有继承性,从而使程序复用成为可能;

③支持复合对象,即允许在一个对象中包含另一个对象,从而使数据间如嵌套、层次等复杂关系的描述变得更为容易。

(2) 分布式数据库系统

分布式数据库系统是数据库技术与计算机网络技术相结合的产物,具有三大基本特点,即物理分布性、逻辑整体性和场地自治性。物理分布性指分布式数据库中的数据分散存放在以网络相连的多个节点上,每个节点中所存储的数据的集合即为该节点上的局部数据库。逻辑整体性指系统中分散存储的数据在逻辑上是一个整体,各节点上的局部数据库组成一个统一的全局数据库,能支持全局应用。场地自治性指系统中的各个节点上都有自己的数据库管理系统,能对局部数据库进行管理,响应用户对局部数据库的访问请求。

分布式数据库系统体系结构灵活,可扩展性好,容易实现对现有系统的集成,既支持全局应用,也支持局部应用,系统可靠性高,可用性好,但存取结构复杂,通信开销较大,数据安全性较差。

(3) 并行数据库系统

并行数据库系统就是在并行计算机上运行的具有并行处理能力的数据库系统,它是数据库技术与并行计算机技术相结合的产物,其产生和发展源于数据库系统中多事务对数据库进行并行查询的实际需求,而高性能处理器、大容量内存、廉价冗余磁盘阵列以及高带宽通信网络的出现,则为并行数据库系统的发展提供了充分的硬件支持,同时,非过程化数据查询语言的使用也使系统能以一次一集合的方式存取数据,从而使数据库操作蕴含了3种并行性,即操作间独立并行、操作间流水线并行和操作内并行。

并行数据库系统的主要目标是通过增加系统中处理器和存储器的数量,提高系统的处理能力和存储能力,使数据库系统的事务吞吐率更高,对事务的响应速度更快。理想情况下,并行数据库系统应具有线性扩展和线性加速能力。线性扩展是指当任务规模扩大n倍,而系统的处理和存储能力也扩大n倍时,系统的性能保持不变。线性加速是指任务规模不变,而系统的处理和存储能力扩大n倍时,系统的性能也提高n倍。

(4) 多媒体数据库系统

多媒体数据库系统是数据库技术与多媒体技术相结合的产物。多媒体数据库中的数据不仅包含数字、字符等格式化数据,还包括文本、图形、图像、声音、视频等非格式化数据。非格式化数据的数据量一般都比较大,结构也比较复杂,有些数据还带有时间顺序、空间位置等属性,这就给数据的存储和管理带来了较大的困难。

对多媒体数据的查询要求往往也各不相同,系统不仅应当能支持一般的精确查询,还应当能支持模糊查询、相似查询和部分查询等非精确查询。

各种不同媒体的数据结构、存取方法、操作要求、基本功能、实现方法等一般也各不相同,系统应能对各种媒体数据进行协调,正确识别各种媒体数据之间在时间、空间上的关联,同时还应提供特种事务处理和版本管理能力。

(5) 主动数据库系统

主动数据库系统是数据库技术与人工智能技术相结合的产物。传统数据库系统只能被动地响应用户的操作请求,而实际应用中可能希望数据库系统在特定条件下能根据数据库的当前状态,主动地做出一些反应,如执行某些操作、显示相关信息等。

(6) 模糊数据库系统

模糊数据库系统是数据库技术与模糊技术相结合的产物。传统数据库系统中所存储的数据都是精确的,但事实上,客观事物并不总是确定的,不但事物的静态结构方面存在着模糊性,而且事物间互相作用的动态行为方面也存在着模糊性。要真实地反映客观事物,数据库中就应当支持对带有一定模糊性的事物及事物间联系的描述。

模糊数据库系统就是能对模糊数据进行存储、管理和查询的数据库系统,其中,精确数据被看成模糊数据的特例来加以处理。在模糊数据库系统中,不仅所存储的数据是模糊的,而且数据间的联系、对数据的操作等也都是模糊的。

模糊数据库系统有广阔的应用前景,但其理论和技术尚不成熟,在模糊数据及其间模糊联系的表示、模糊距离的度量、模糊数据模型、模糊操作和运算的定义、模糊语言、模糊查询方法、实现技术等方面均有待改进。

3. 数据库技术的新应用

数据库技术在不同领域中的应用,也导致了一些新型数据库系统的出现,这些应用领域往往无法直接使用传统数据库系统来管理和处理其中的数据对象。

(1) 数据仓库系统

传统数据库系统主要用于联机事务处理,在这样的系统中,人们更多关心的是系统对事务的响应时间及如何维护数据库的安全性、完整性和一致性等问题,系统的数据环境正是基于这一目标而创建的,若以这样的数据环境支持分析型应用,则会带来一些问题,如:①原数据环境中没有分析型处理所需的集成数据、综合数据和组织外部数据,如果在执行分析处理时再进行数据的抽取、集成和综合,则会严重影响分析处理的效率;②原数据环境中一般不保存历史数据,而这些数据却是分析型处理的重要处理对象;③分析型处理一般花费时间较多且需访问的数据量大,事务处理每次所需时间较短而对数据的访问频率则较高,若两者在同一环境中执行,事务处理效率会大打折扣;④若不加限制地允许数据层层抽取,则会降低数据的可信度;⑤系统提供的数据访问手段和处理结果表达方式远远不能满足分析型处理的需求。

数据仓库是面向主题的、集成的、随时间变化的、非易失的数据的集合,用于支持管理层的决策过程。数据仓库系统中另一重要组成部分就是数据分析工具,包括各类查询工具、统计分析工具、联机分析处理工具和数据挖掘工具等。

(2) 工程数据库系统

工程数据库就是用于存储和管理工程设计所需数据的数据库,一般应用于计算机辅助设计、计算机辅助制造和计算机集成制造等工程领域。

1.5.3 数据库行业发展趋势

目前,数据库行业出现了互为补充的三大阵营:OldSQL 数据库、NoSQL 数据库和 NewSQL 数据库。

(1) OldSQL 数据库,即传统关系数据库,可扩展性差,以支持事务处理为主。OldSQL 主要为 Oracle、IBM、Microsoft 等国外数据库厂商所垄断,达梦、金仓等国产厂商仍处于追赶状态。

(2) NoSQL数据库,旨在满足分布式体系结构的可扩展性需求和(或)无模式数据管理需求。NoSQL数据库系统有:基于Hadoop架构的Apache的HBase、Google的Bigtable、Amazon的Dynamo、Facebook的Cassandra、Membase、MongoDB、Hypertable、Redis、CouchDB、Neo4j、Berkeley DB XML、BaseX等。

(3) NewSQL数据库,旨在满足分布式体系结构的需求,或提高性能以便不必再进行横向扩展。EMC Greenplum、南大通用的GBase 8a、HP Vertica属于这个产品的代表。

1. NoSQL

NoSQL(Not Only SQL,NoSQL),意即"不仅仅是SQL",是一项全新的数据库革命性运动。NoSQL泛指非关系型的数据库,NoSQL的拥护者们提倡运用非关系型的数据存储,相对于铺天盖地的关系型数据库,这一概念无疑是一种全新思维的注入。

随着互联网Web 2.0网站的兴起,传统的关系数据库在应付Web 2.0网站,特别是超大规模和高并发的社交网站(SNS)类型的Web 2.0纯动态网站,已经显得力不从心,主要表现在灵活性差、扩展性差、性能差等方面,而非关系型的数据库则由于其本身的特点,适应这种需求而得到了非常迅速的发展。

(1) NoSQL数据模型

NoSQL数据模型可划分为下面几类:Key-Value存储、类BigTable数据库、文档数据库、全文索引引擎、图数据库和XML数据库等。下面对这几种数据模型进行简单的描述。

① Key-Value存储模型

Key-Value模型是最简单,也是最方便使用的数据模型,它支持简单的Key对应Value的键值存储和提取。Key-Value模型的一个大问题是它通常是由HashTable实现的,所以无法进行范围查询,所以有序Key-Value模型就出现了,有序Key-Value可以支持范围查询。虽然有序Key-Value模型能够解决范围查询问题,但是其Value值依然是无结构的二进制码或纯字符串,通常我们只能在应用层去解析相应的结构。

② 类BigTable存储模型

本质上说,BigTtable是一个键值(Key-Value)映射。BigTable是一个稀疏的、分布式的、持久化的、多维的排序映射。而类BigTable的数据模型,能够支持结构化的数据,包括列、列簇、时间戳以及版本控制等元数据的存储。BigTable不支持完整的关系数据模型,与之相反,BigTable为客户提供了简单的数据模型,利用这个模型,客户可以动态控制数据的分布和格式。BigTable将存储的数据都视为字符串,但是BigTable本身不去解析这些字符串,客户程序通常会再把各种结构化或者半结构化的数据串行化到这些字符串里。

③ 文档型存储模型

文档型存储相对到类BigTable存储有两个大的提升,一是其Value值支持复杂的结构定义,二是支持数据库索引的定义。

④ 全文索引存储模型

全文索引模型与文档型存储的主要区别在于文档型存储的索引主要是按照字段名来组织的,而全文索引模型是按字段的具体值来组织的。

⑤ 图数据库模型

图数据库模型也可以看成是从Key-Value模型发展出来的一个分支,不同的是它的数据之间有着广泛的关联,并且这种模型支持一些图结构的算法。

⑥ XML 数据库存储模型

该模型能高效地存储 XML 数据，并支持 XML 的内部查询语法，如 XQuery、Xpath。

NoSQL 与关系型数据库设计理念是不同的，关系型数据库中的表都是存储一些格式化的数据结构，每个元组字段的组成都一样，即使不是每个元组都需要所有的字段，但数据库会为每个元组分配所有的字段，这样的结构可以便于表与表之间进行连接等操作，但从另一个角度来说它也是关系型数据库性能瓶颈的一个因素。而非关系型数据库以键值对存储，它的结构不固定，每一个元组可以有不一样的字段，每个元组可以根据需要增加一些自己的键值对，这样就不会局限于固定的结构，可以减少一些时间和空间的开销。

(2) NoSQL 的特点

① 易扩展

NoSQL 数据库种类繁多，但是都有一个共同的特点是去掉关系数据库的关系型特性。数据之间无关系，这样就非常容易扩展，无形之间，也在架构的层面上带来了可扩展的能力。

② 大数据量、高性能

NoSQL 数据库都具有非常高的读写性能，尤其在大数据量下，同样表现优秀，这得益于它的无关系性，数据库的结构简单。一般 MySQL 使用 Query Cache，每次表的更新 Cache 就失效，是一种大粒度的 Cache，在针对 Web 2.0 的交互频繁的应用，Cache 性能不高。而 NoSQL 的 Cache 是记录级的，是一种细粒度的 Cache，所以 NoSQL 在这个层面上来说就要性能高很多了。

③ 灵活的数据模型

NoSQL 无须事先为要存储的数据建立字段，随时可以存储自定义的数据格式。而在关系数据库里，增删字段是一件非常麻烦的事情，如果是非常大数据量的表，增加字段简直就是一个噩梦，这点在大数据量的 Web 2.0 时代尤其明显。

④ 高可用 NoSQL

在不太影响性能的情况下，就可以方便地实现高可用的架构。如 Cassandra、HBase 模型，通过复制模型也能实现高可用。

(3) NoSQL 的缺点

虽然 NoSQL 数据库提供了高扩展性和灵活性，但是它也有自己的缺点，主要有以下 4 个方面。

① 数据模型和查询语言没有经过数学验证

SQL 这种基于关系代数和关系演算的查询结构有着坚实的数学保证，即使一个结构化的查询本身很复杂，但是它能够获取满足条件的所有数据。由于 NoSQL 系统都没有使用 SQL，而使用的一些模型还未有完善的数学基础，这也是 NoSQL 系统较为混乱的主要原因之一。

② 不支持 ACID 特性

这为 NoSQL 带来优势的同时也是其缺点，毕竟事务在很多场合下还是需要的，ACID 特性使系统在中断的情况下也能够保证在线事务能够准确执行。

③ 功能简单

大多数 NoSQL 系统提供的功能都比较简单，这就增加了应用层的负担，例如，如果在应用层实现 ACID 特性，那么编写代码的程序员一定极其痛苦。

④ 没有统一的查询模型

NoSQL 系统一般提供不同查询模型，这使得很难规范应用程序接口，这在一定程度上增加了开发者的负担。

2. NewSQL

NewSQL是对各种新的可扩展、高性能数据库的简称,这类数据库不仅具有NoSQL对海量数据的存储管理能力,还保持了传统数据库支持ACID(事务的原子性(Atomicity)、一致性(Consistency)、隔离性(Isolation)、持久性(Durability))和SQL等特性。

NewSQL在保持了关系模型的基础上,对存储结构、计算架构和内存使用等数据库技术的核心要素进行了有深度的改变和创新。NewSQL普遍采用列存储技术,NewSQL系统虽然在内部结构变化很大,但是它们有两个显著的共同特点:①它们都支持关系数据模型;②它们都使用SQL作为其主要的接口。已知的第一个NewSQL系统称为H-Store,它是一个分布式并行内存数据库系统。

NewSQL厂商的共同之处在于研发新的关系数据库产品和服务,通过这些产品和服务,把关系模型的优势发挥到分布式体系结构中,或者提高关系数据库的性能到一个不必进行横向扩展的程度。目前NewSQL系统大致分如下3类。

(1) 新架构

这一类是全新的数据库平台,它们均采取了不同的设计方法,设计方法大致可分两类。①这类数据库工作在一个分布式集群的节点上,其中每个节点拥有一个数据子集。SQL查询被分成查询片段发送给数据所在的节点上执行,这些数据库可以通过添加额外的节点来线性扩展。现有的这类数据库有Google Spanner、VoltDB、Clustrix、NuoDB等。②这类数据库系统通常有一个单一的主节点的数据源。它们有一组节点用来做事务处理,这些节点接到特定的SQL查询后,会把它所需的所有数据从主节点上取回来后执行SQL查询,再返回结果。

(2) MySQL引擎

第二类是高度优化的SQL存储引擎。这些系统提供了MySQL相同的编程接口,但扩展性比内置的引擎InnoDB更好,这类数据库系统有TokuDB、MemSQL等。

(3) 透明分片

这类系统提供了分片的中间件层,数据库自动分割在多个节点运行。这类数据库包括ScaleBase、dbShards、ScaleArc等。

现有的NewSQL系统厂商还有(顺序随机):GenieDB、Schooner、RethinkDB、ScaleDB、Akiban、CodeFutures、Translattice、NimbusDB、Drizzle、带有NDB的MySQL集群和带有HandlerSocket的MySQL。较新的NewSQL系统还包括Tokutek和JustOne DB。相关的"NewSQL作为一种服务"类别包括亚马逊关系数据库服务、微软SQL Azure、Xeround和FathomDB。

新一轮的数据库开发风潮展现出了向SQL回归的趋势,只不过这种趋势并非是在更大、更好的硬件上(甚至不是在分片的架构上)运行传统的关系型存储,而是通过NewSQL解决方案来实现。

在市场被NoSQL(一开始称为"No more SQL",后来改为"Not only SQL")逐步蚕食后,近一段时间以来传统的SQL开始回归。其中广为传颂的一个解决方案就是分片,不过对于某些情况来说这还远远不够。因此,人们推出了新的方式,有些方式结合了SQL与NoSQL这两种技术,还有些方式通过改进关系型存储的性能与可伸缩性来实现,人们将这些方式称为NewSQL。虽然NoSQL因其性能、可伸缩性与可用性而广受赞誉,但其开发与数据重构的工作量要大于SQL存储。因此,有些人开始转向了NewSQL,它将NoSQL的优势与SQL的能力结合了起来,最为重要的是使用能够满足需要的解决方案。

3. NewSQL 与 NoSQL

NewSQL 相比 NoSQL，在实时性、复杂分析、即席查询和开发性等方面表现出独特的优势。具体来说，NewSQL 整体优化较好，实时性较强，而 NoSQL 相比实时性较差；NewSQL 采用多种索引和分区技术保证多表关联，效率较高，而 NoSQL 缺少高效索引和查询优化，复杂分析差；NewSQL 采用列存储和智能索引保证了即席查询性能，而 NoSQL 只能做精确查询不能做关联查询；NewSQL 是基于标准的成熟商业软件，对用户的研发能力要求相对较低，而 NoSQL 属于平台型的模块，没有标准，对用户的研发能力要求较高。

NoSQL 和 NewSQL 在面对海量数据处理时都表现出较强的扩展能力，NoSQL 现有优势在于对非结构化数据处理的支持上，但 NewSQL 对于全数据格式的支持也日趋成熟。而在一些方面，NewSQL 相比 NoSQL 表现出较大优势：实时性、复杂分析、即席查询、可开发性。

传统关系型数据库（OldSQL）不易扩展与并行，对海量数据处理的不利限制了其应用。当前大量公有云和私有云数据库往往基于 NoSQL 技术，如 Hbase、Bigtable 等，其本身的非线性、分布式和水平可扩展，非常适合云计算和大数据处理，但应用趋于简单化。而云数据库主要解决的是行业大数据应用问题，Hadoop 在面对传统关系型数据复杂的多表关联分析、强一致性要求、易用性等方面，与分布式关系型数据库还存在较大差距。这种需求推动了基于云架构的新型数据库技术的诞生，其在传统数据库基础上支持 Shared-Nothing 集群，提高了系统伸缩性，例如，EMC 的 Greenplum、南大通用的 GBase 8a MPP Cluster、HP 的 Vertica 都属于类似产品。

从技术角度看，OldSQL 的典型特征是行存储、关系型和 SMP（对称多处理架构）。OldSQL的代表产品包括 TimesTen、Altibase、SolidDB 和 Exadata 等。OldSQL 所代表的传统关系型数据库已经不能满足大数据对大容量、高性能和多数据类型的处理要求。为了更好地满足云计算和大数据的需求，NewSQL 和 NoSQL 脱颖而出，并且大有后来者居上的架势。

NoSQL 的技术主要源于互联网公司，如 Google、Yahoo、Amazon、Facebook 等。NoSQL 产品普遍采用了 Key-Value、MapReduce、MPP（大规模并行处理）等核心技术。在互联网大数据应用中，NoSQL 占据了主导地位。

4. 不同架构数据库的混合应用

在大数据时代，“多种架构支持多类应用”成为数据库行业应对大数据的基本思路，数据库行业出现互为补充的三大阵营，即适用于事务处理应用的 OldSQL、适用于数据分析应用的 NewSQL 和适用于互联网应用的 NoSQL。但在一些复杂的应用场景中，单一数据库架构都不能完全满足应用场景对海量结构化和非结构化数据的存储管理、复杂分析、关联查询、实时性处理和控制建设成本等多方面的需要，因此不同架构数据库混合部署应用成为满足复杂应用的必然选择。不同架构数据库混合使用的模式可以概括为 OldSQL＋NewSQL、OldSQL＋NoSQL、NewSQL＋NoSQL 3 种主要模式。

行业技术的发展趋势是由“一种架构支持所有应用”转变为用“多种架构支持多类应用”。在大数据和云计算的背景下，这一理论导致了数据库市场的大裂变：数据库市场分化为三大阵营，包括 OldSQL（传统数据库）、NewSQL（新型数据库）和 NoSQL（非关系型数据库）。

NewSQL 和 NoSQL 将打破 OldSQL 服务于所有应用而一统天下的局面，与 OldSQL 三分天下形成 3 类产品各自拥有最适用的应用类型和客户群的局面。同时 NoSQL 和 NewSQL 都表现出了面对海量数据时较强的扩展能力。NoSQL 另外一方面优势在于对非结构化数据的处理支持上，而 NewSQL 作为新一代数据库产品，产品对于全数据格式的支持也已经日趋成熟。

说明:要了解最新某NewSQL或NoSQL数据库的情况,请尝试通过类似“http://www.某数据库名.com/”的网址去了解,例如,NoSQL数据库mongodb的网址是http://www.mongodb.com/,NewSQL数据库Clustrix的网址是http://www.clustrix.com/。

1.6 小 结

本章概述了数据库的基本概念,介绍了数据管理技术发展的3个阶段及各自的优缺点,说明了数据库系统的优点。

数据模型是数据库系统的核心和基础。本章介绍了组成数据模型的三要素及其内涵、概念模型和4种主要的数据库模型。

概念模型也称信息模型,用于信息世界的建模,E-R模型是这类模型的典型代表,E-R方法简单、清晰,应用十分广泛。数据模型包括非关系模型(层次模型和网状模型)、关系模型和面向对象模型。本章简要地讲解了这4种模型,而关系模型将在后续章节中作更详细的介绍。

数据库系统的结构包括三级模式和两层映像。数据库系统三级模式和两层映像的系统结构保证了数据库系统具有较高的逻辑独立性和物理独立性。数据库系统不仅是一个计算机系统,而且是一个“人-机”系统,人的作用特别是DBA的作用最为重要。

本章概念较多,要深入而透彻地掌握这些基本概念和基本知识还需有个循序渐进的过程。可以在后续章节的学习中,不断对照加深这些知识的理解与掌握。

习 题

一、选择题

1. (　　)是位于用户与操作系统之间的一层数据管理软件。数据库在建立、使用和维护时由其统一管理、控制。

   A. DBMS　　B. DB　　C. DBS　　D. DBA

2. 文字、图形、图像、声音、学生的档案记录、货物的运输情况等,这些都是(　　)。

   A. DATA　　B. DBS　　C. DB　　D. 其他

3. 目前(　　)数据库系统已逐渐淘汰了网状数据库和层次数据库,成为当今最为流行的商用数据库系统。

   A. 关系　　B. 面向对象　　C. 分布　　D. 对象-关系

4. (　　)是刻画一个数据模型性质最重要的方面。因此在数据库系统中,人们通常按它的类型来命名数据模型。

   A. 数据结构　　B. 数据操作　　C. 完整性约束　　D. 数据联系

5. (　　)属于信息世界的模型,实际上是现实世界到机器世界的一个中间层次。

   A. 数据模型　　B. 概念模型　　C. 非关系模型　　D. 关系模型

6. 当数据库的(　　)改变了,由数据库管理员对(　　)映像做相应改变,可以使(　　)保持不变,从而保证了数据的物理独立性。

   (1) 模式　(2) 存储结构　(3) 外模式/模式　(4) 用户模式　(5) 模式/内模式

A.（1）和（3）和（4） B.（1）和（5）和（3）

C.（2）和（5）和（1） D.（1）和（2）和（4）

7. 数据库的三级体系结构即子模式、模式与内模式是对（ ）的3个抽象级别。

A. 信息世界 B. 数据库系统

C. 数据 D. 数据库管理系统

8. 英文缩写DBA代表（ ）。

A. 数据库管理员 B. 数据库管理系统

C. 数据定义语言 D. 数据操作语言

9. 模式和内模式（ ）。

A. 只能各有一个 B. 最多只能有一个

C. 至少两个 D. 可以有多个

10. 在数据库中存储的是（ ）。

A. 数据 B. 信息

C. 数据和数据之间的联系 D. 数据模型的定义

二、填空题

1. 数据库就是长期储存在计算机内__________、__________的数据集合。

2. 数据管理技术已经历了人工管理阶段、__________和__________3个发展阶段。

3. 数据模型通常都是由__________、__________和__________3个要素组成。

4. 数据库系统的主要特点：____________________、数据冗余度小、具有较高的数据程序独立性、具有统一的数据控制功能等。

5. 用二维表结构表示实体以及实体间联系的数据模型称为__________数据模型。

6. 在数据库的三级模式体系结构中，外模式与模式之间的映像，实现了数据库的__________独立性。

7. 数据库系统是以__________为中心的系统。

8. E-R图表示的概念模型比__________更一般、更抽象、更接近现实世界。

9. 外模式，亦称为子模式或用户模式，是__________能够看到和使用的局部数据的逻辑结构和特征的描述。

10. 数据库系统的软件主要包括支持__________运行的操作系统以及__________本身。

三、简答题

1. 简述计算机数据管理技术发展的3个阶段。

2. 常用的3种数据模型的数据结构各有什么特点？

3. 试述数据库系统的特点。

4. 试述数据模型的概念、数据模型的作用和数据模型的三要素。

5. 试述概念模型的作用。

6. 定义并理解概念模型中的以下术语：实体、实体型、实体集、属性、码、实体联系图（E-R图）、3种联系类型。

7. 学校有若干个系，每个系有若干班级和教研室，每个教研室有若干教师，每个教师只教一门课，每门课可由多个教师教；每个班有若干学生，每个学生选修若干课程，每门课程可由若干学生选修。请用E-R图画出该学校的概念模型,注明联系类型。

8. 每种工厂生产的产品由不同的零件组成,有的零件可用于不同的产品,这些零件由不同的原材料制成,不同的零件所用的材料可以相同。一个仓库存放多种产品,一种产品存放在一个仓库中。零件按所属的不同产品分别放在仓库中,原材料按照类别放在若干仓库中(不跨仓库存放)。请用E-R图画出关于产品、零件、材料、仓库的概念模型,注明联系类型。

9. 分别给出一个层次、网状和关系模型的实例。

10. 试述层次、网状和关系数据库的优缺点。

11. 理解关系模型中的以下术语:关系、元组、属性、主码、域、分量、关系模式。

12. 数据库系统的三级模式结构是什么?为什么要采用这样的结构?

13. 数据独立性包括哪两个方面,含义分别是什么?

14. 数据库管理系统有哪些主要功能?数据库系统通常由哪几部分组成?

15. 设学生含有学号、姓名、性别、系别、选修课程、平均成绩(是经计算得到的)等信息,若把选修课程、平均成绩也作为学生的属性,请用E-R图表示学生信息。

16. 请用扩展E-R图来表示客户的相关信息。客户含有姓名(由姓和名两部分组成)、客户号、电话(客户一般有多个电话)、出生日期、年龄、地址(含省、市、街道名、街道号、楼道号、房号与邮政编码)。

17. 请用扩展E-R图中的实体角色的表示方法来分别表示:学生与学生间的班长关系与课程之间的先修关系等。

18. 请用扩展E-R图的表示方法来表示公司生产特有产品的关系,其中公司含有公司名、地址、联系电话等信息,产品含有产品名与价格等信息。

19. 请用扩展E-R图的表示方法来表示如下信息:人有姓名、所在城市等信息;人可分成客户(含购买金额)和雇员(有雇员号、薪水信息等)两类;雇员可再分为办公人员(有累计办公天数信息)、车间职员(有累计产生产品数量信息)、销售人员(有累计销售数量与销售金额信息)等3类。

20. 请用扩展E-R图的聚集表示方法来表示如下信息:制造商有名称与地址信息;批发商有名称与地址信息;产品有产品名与价格信息。制造商与批发商联营产品的销售有个具体的时间,共同联营的产品才共同负责发送。

21. 设要为医院的核心主题建立概念模型E-R图,包括病人、医生及病人的病历。其中,医生有姓名与专长信息;病人有姓名、身份证号、保险号等信息;病历有门诊日期、诊断病症、治疗方法及治疗结果等信息。病人找医生治疗有个具体的时间。

22. 目前数据库市场分化为哪几大阵营?什么是NoSQL数据库?什么是NewSQL数据库?

23. 试说说NoSQL数据库与NewSQL数据库的区别与联系。

第2章　关系数据库

本章要点

本章介绍关系数据库的基本概念，基本概念围绕关系数据模型的三要素展开，利用集合代数、谓词演算等抽象的数学知识，深刻而透彻地介绍了关系数据结构、关系数据库操作及关系数据库完整性等概念与知识。而抽象的关系代数与基于关系演算的 ALPHA 语言乃重中之重。

2.1　关系模型

关系数据库应用数学方法来处理数据库中的数据。最早将这类方法用于数据处理的是 1962 年 CODASYL 发表的“信息代数”，之后有 1968 年 David Child 提出的集合论数据结构，系统而严谨地提出关系模型的是美国 IBM 公司的 E. F. Codd。由于关系模型简单明了，有坚实的数学基础，一经提出，立即引起学术界和产业界的广泛重视和响应，从理论与实践两个方面都对数据库技术产生了强烈的冲击。E. F. Codd 从 1970 年起连续发表了多篇论文，奠定了关系数据库的理论基础。

关系模型由关系数据结构、关系操作集合和关系完整性约束三部分组成。

1. 关系模型的数据结构——关系

关系模型的数据结构非常单一，在用户看来，关系模型中数据的逻辑结构是一张二维表。但关系模型的这种简单的数据结构能够表达丰富的语义，描述出现实世界的实体以及实体间的各种联系。

2. 关系操作

关系模型给出了关系操作的能力，它利用基于数学的方法来表达关系操作，关系模型给出的关系操作往往不针对具体的 RDBMS 语言来表述。

关系模型中常用的关系操作包括选择(Select)、投影(Project)、连接(Join)、除(Divide)、并(Union)、交(Intersection)、差(Difference)等查询(Query)操作和添加(Insert)、删除(Delete)、修改(Update)等更新操作两大部分。查询的表达能力是其中最主要的部分。

关系操作的特点是采用集合操作方式，即操作的对象和结果都是集合，这种操作方式也称为一次一集合方式。

早期的关系操作能力通常用代数方式或逻辑方式来表示，分别称为关系代数和关系演算。关系代数是用对关系的运算(即元组的集合运行)来表达查询要求的方式。关系演算是用谓词来表达查询要求的方式。关系演算又可按谓词变元的基本对象是元组变量还是域变量分为元组关系演算和域关系演算。关系代数、元组关系演算和域关系演算3种语言在表达功能上是等价的。

关系代数、元组关系演算和域关系演算均是抽象的查询语言,这些抽象的语言与具体的DBMS中实现的实际语言并不完全一样,但它们能用作评估实际系统中查询语言能力的标准或基础。实际的查询语言除了提供关系代数或关系演算功能外,还提供了很多附加功能,如集函数、关系赋值、算术运算等。

关系语言是一种高度非过程化的语言,用户不必请求DBA为其建立特殊的存取路径,存取路径的选择由DBMS的优化机制来完成,此外,用户不必求助于循环结构就可以完成数据操作。

另外还有一种介于关系代数和关系演算之间的语言SQL(Structured Query Language)。SQL不但具有丰富的查询功能,而且具有数据定义、数据操作和数据控制功能,是集查询、DDL、DML、DCL于一体的关系数据语言,它充分体现了关系数据语言的特点和优点,是关系数据库的国际标准语言。

因此,关系数据语言可以分成3类。

① 关系代数,用对关系的集合运算表达操作要求,如ISBL。

② 关系演算,用谓词表达操作要求,可分为两类:①元组关系演算,谓词变元的基本对象是元组变量,如APLHA、QUEL;②域关系演算,谓词变元的基本对象是域变量,如QBE。

③ 关系数据语言,如SQL。

这些关系数据语言的共同特点是:语言具有完备的表达能力,是非过程化的集合操作语言,功能强,能够嵌入到高级语言中使用。

3. 关系的3类完整性约束

关系模型提供了丰富的完整性控制机制,允许定义3类完整性:实体完整性、参照完整性和用户自定义的完整性。其中,实体完整性和参照完整性是关系模型必须满足的完整性约束条件,应该由关系系统自动支持。用户自定义的完整性是应用领域特殊要求而需要遵循的约束条件,体现了具体领域中的语义约束。

下面将从数据模型的三要素出发,逐步介绍关系模型的数据结构(包括关系的形式化定义及有关概念)、关系的三类完整性约束、关系代数与关系演算操作等。SQL语言将在第3章做系统的介绍。

2.2 关系数据结构及形式化定义

在关系模型中,无论是实体还是实体之间的联系均由单一的结构类型即关系(二维表)来表示。第1章中已经非形式化地介绍了关系模型及有关的基本概念,关系模型是建立在集合代数的基础上的,这里从集合论角度给出关系数据结构的形式化定义。

2.2.1 关系

1. 域(Domain)

定义2.1 域是一组具有相同数据类型的值的集合,又称为值域(用D表示)。域中所包含的值的个数称为域的基数(用 m 表示)。在关系中就是用域来表示属性的取值范围的。

例如,自然数、整数、实数、长度小于10字节的字符串集合、1～16之间的整数都是域。又如:

$D_1=\{$张三,李四$\}$　　D_1的基数 m_1 为2

$D_2=\{$男,女$\}$　　D_2的基数 m_2 为2

$D_3=\{19,20,21\}$　　D_3的基数 m_3 为3

2. 笛卡儿积(Cartesian Product)

定义2.2 给定一组域 $D_1,D_2,\cdots,D_n$(这些域中可以包含相同的元素,即可以完全不同,也可以部分或全部相同),$D_1,D_2,\cdots,D_n$的笛卡儿积为

$$D_1\times D_2\times\cdots\times D_n=\{(d_1,d_2,\cdots,d_n)\mid d_i\in D_i,i=1,2,\cdots,n\}$$

由定义可以看出,笛卡儿积也是一个集合。其中:

① 每一个元素$(d_1,d_2,\cdots,d_n)$叫作一个 n 元组(N-tuple),或简称为元组(Tuple),但元组不是 d_i的集合,元组由 d_i按序排列而成;

② 元素中的每一个值 d_i叫作一个分量(Component),分量来自相应的域($d_i\in D_i$);

③ 若 $D_i(i=1,2,\cdots,n)$为有限集,其基数(Cardinal number)为 $m_i(i=1,2,\cdots,n)$,则 $D_1\times D_2\times\cdots\times D_n$的基数为 n 个域的基数累乘之积,即 $M=\prod_{i=1}^{n}m_i$;

④ 笛卡儿积可表示为一个二维表,表中的每行对应一个元组,表中的每列对应一个域。

如上面例子中 D_1与 D_2的笛卡儿积:$D_1\times D_2=\{$(张三,男),(张三,女),(李四,男),(李四,女)$\}$。可以表示成二维表,如表2.1所示。

表2.1 笛卡儿积 $D_1\times D_2$

姓名	性别
张三	男
张三	女
李四	男
李四	女

而 $D_1\times D_2\times D_3=\{$(张三,男,19),(张三,男,20),(张三,男,21),(张三,女,19),(张三,女,20),(张三,女,21),(李四,男,19),(李四,男,20),(李四,男,21),(李四,女,19),(李四,女,20),(李四,女,21)$\}$。用二维表表示如表2.2所示。

表2.2 笛卡儿积 $D_1\times D_2\times D_3$

姓名	性别	年龄	姓名	性别	年龄
张三	男	19	李四	男	19
张三	男	20	李四	男	20
张三	男	21	李四	男	21
张三	女	19	李四	女	19
张三	女	20	李四	女	20
张三	女	21	李四	女	21

3. 关系(Relation)

定义2.3 $D_1\times D_2\times\cdots\times D_n$的任一子集叫作在域 $D_1,D_2,\cdots,D_n$上的关系,用 $R(D_1,D_2,\cdots,D_n)$表示。如上例中 $D_1\times D_2$笛卡儿积的子集可以构成关系 T_1,如表2.3所示。

表2.3 $D_1\times D_2$笛卡儿积的子集(关系 T_1)

姓名	性别
张三	男
李四	女

R 表示关系的名字，n 是关系的目或元或度(Degree)。

当 $n=1$ 时，称为单元关系；当 $n=2$ 时，称为二元关系；依此类推，当 $n=m$ 时，称为 m 元关系。

关系中的每个元素是关系中的元组，通常用 t 表示。

关系是笛卡儿积的子集，反过来，看到某具体关系，也要意识到该关系背后必然存在的笛卡儿积，关系内容无论如何变都变化不出其所属于的笛卡儿积，对关系内容的操作实际上就是使关系按照实际的要求从该关系笛卡儿积的一个子集变化到另一子集的(否则意味着操作是错误的)，这是笛卡儿积概念的意义所在。

关系是笛卡儿积的子集，所以关系也是一个二维表，表的每行对应一个元组，表的每列对应一个域。由于域可以相同，为了加以区分，必须对每列起一个唯一的名字，称为属性(Attribute)。n 目关系必有 n 个属性。

若关系中的某一属性组(要求是能标识元组的最小属性组)的值能唯一地标识一个元组，则称该属性组为候选码(Candidate key)，关系至少含有一个候选码。

若一个关系有多个候选码，则选定其中一个为主控使用者，称为主码(Primary key)。候选码中的诸属性称为主属性(Prime attribute)。不包含在任何侯选码中的属性称为非码属性(Non-key attribute)或非主属性。在最简单的情况下，侯选码只包含一个属性。在最极端的情况下，关系模式的所有属性组成这个关系模式的侯选码，称为全码(All-key)。

按照定义，关系可以是一个无限集合。由于笛卡儿积不满足交换律，$(d_1,d_2,\cdots,d_n)\neq(d_2,d_1,\cdots,d_n)$，需要对关系作如下限定和扩充。

(1) 无限关系在数据库系统中是无意义的。因此，限定关系数据模型中的关系必须是有限集合。

(2) 通过为关系的每个列附加一个属性名的方法取消关系元组的有序性，即 $(d_1,d_2,\cdots,d_j,d_i,\cdots,d_n)=(d_1,d_2,\cdots,d_i,d_j,\cdots,d_n)$，$(i,j=1,2,\cdots,n)$。

因此，基本关系具有以下6条性质：

① 列是同质的(Homogeneous)，即每一列中的分量是同一类型的数据，来自同一个域；

② 不同的列可出自同一个域，称其中的每一列为一个属性，不同的属性要给予不同的属性名；

③ 列的顺序无所谓，即列的次序可以任意交换；

④ 任意两个元组不能完全相同；

但在大多数实际关系数据库产品中，如ORACLE、Visual FoxPro等，如果用户没有定义有关的约束条件，它们都允许关系表中存在两个完全相同的元组。

⑤ 行的顺序无所谓，即行的次序可以任意交换；

⑥ 分量必须取原子值，即每一个分量都必须是不可分的数据项。

关系模型要求关系必须是规范化的，即要求关系模式必须满足一定的规范条件，这些规范条件中最基本的一条就是，关系的每一个分量必须是不可再分的数据项。规范化的关系称为范式关系。

如表2.4所示的关系就不规范，存在"表中有表"现象，可将它进行规范化为表2.5所示的关系。

表 2.4　课程关系 C

课程名	学时	
	理论	实验
数据库	52	20
C 语言	45	20
数据结构	55	30

表 2.5　课程关系 C

课程名	理论学时	实验学时
数据库	52	20
C 语言	45	20
数据结构	55	30

2.2.2　关系模式

在数据库中要区分型和值两方面。关系数据库中，关系模式是型，关系是值。关系模式是对关系的描述，那么一个关系需要描述哪些方面?

首先，应该知道，关系实际上是一张二维表，表的每一行为一个元组，每一列为一个属性。一个元组就是该关系所设计的属性集的笛卡儿积的一个元素。关系是元组的集合，因此，关系模式必须指出这个元组集合的结构，即它由哪些属性组成，这些属性来自哪些域，以及属性和域之间的映像关系。

其次，一个关系通常是由赋予它的元组语义来确定的。元组语义实质上是一个 n 目谓词(n 是属性集中属性的个数)，凡使该 n 目谓词为真的笛卡儿积的元素(或者说凡符合元组语义的那部分元素)的全体就构成了该关系模式的关系。

现实世界随着时间在不断地变化，因而在不同的时刻，关系模式的关系也会有所变化。但是，现实世界的许多已有事实限定了关系模式所有可能的关系必须满足一定的完整性约束条件。这些约束或者通过对属性取值范围的限定，例如，职工的年龄小于 65 岁(65 岁以后必须退休)，或者通过属性值间的相互关联(主要体现在值的相等与否)反映出来。关系模式应当刻画出这些完整性约束条件(即属性间的数据依赖关系)。

因此，一个关系模式应当是一个五元组。

定义 2.4　关系的描述称为关系模式(Relation Schema)。一个关系模式应当是一个五元组。它可以形式化地表示为:$R(U, D, \mathrm{dom}, F)$。其中 R 为关系名，U 为组成该关系的属性名集合，D 为属性组 U 中属性所来自的域的集合，dom 为属性向域的映像集合，F 为属性间数据的依赖关系集合。

关系模式的五元组如图 2.1 所示，通过这 5 个方面，一个关系被充分地刻画、描述出来了。

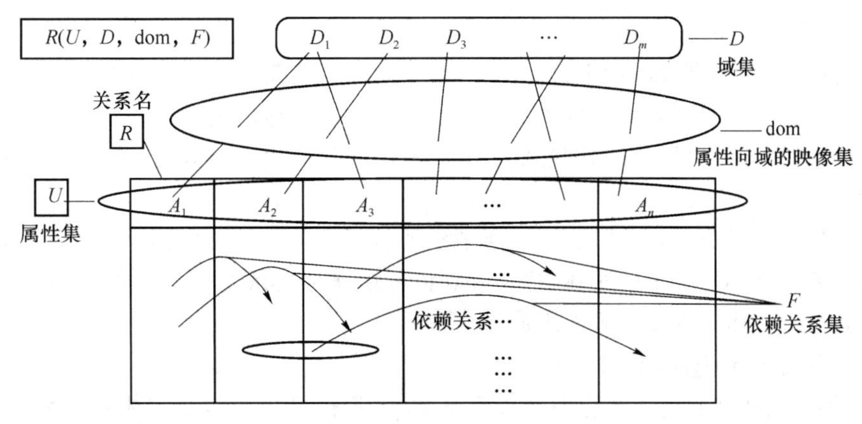

图 2.1　关系模式的五元组示意图

关系模式通常可以简记为:$R(A_1, A_2, \cdots, A_n)$或$R(U)$,其中,R为关系名,$A_1, A_2, \cdots, A_n$为属性名。而域名及属性向域的映像常常直接说明为属性的类型、长度等,而属性间数据的依赖关系则常被隐含。在创建关系时要制定的各种完整性约束条件体现了属性间的依赖关系。

关系实际上就是关系模式在某一时刻的状态或内容,也就是说,关系模式是型,关系是它的值。关系模式是静态的、稳定的,而关系是动态的、随时间不断变化的,因为关系操作在不断地更新着数据库中的数据。但在实际使用中,常常把关系模式和关系统称为关系,读者可以从上下文中加以区别。

2.2.3 关系数据库

在关系模型中,实体以及实体间的联系都是用关系来表示,例如,学生实体、课程实体、学生与课程之间的多对多选课联系都可以分别用一个关系(或二维表)来表示。在一个给定的现实世界领域中,所有实体及实体之间的联系的关系的集合构成一个关系数据库。

关系数据库也有型和值之分。关系数据库的型也称为关系数据库模式,是对关系数据库的描述,是关系模式的集合(一般存放在多张系统表中)。关系数据库的值也称为关系数据库,是关系的集合。关系数据库模式与关系数据库通常统称为关系数据库。

2.3 关系的完整性

关系模型的完整性规则是对关系的某种约束条件。关系模型中可以有3类完整性约束:实体完整性、参照完整性和用户定义的完整性,其中,实体完整性和参照完整性是关系模型必须满足的完整性约束条件,被称为关系的两个不变性,应该由关系系统自动支持。

1. 实体完整性(Entity Integrity)

规则2.1 实体完整性规则:若属性组(或属性)K是基本关系R的主码(或称主关键字),则所有元组K的取值唯一,并且K中属性不能全部或部分取空值。

例如,在课程关系T中,若"课程名"属性为主码,则"课程名"属性不能取空值,并且课程名要唯一。

实体完整性规则规定基本关系的主码的所有属性都不能取空值,而不是主码整体不能取空值。例如,学生选课关系"选修(学号,课程号,成绩)"中,"学号,课程号"为主码,则"学号"和"课程号"两个属性都不能取空值。

对于实体完整性规则说明如下:实体完整性规则是针对基本关系而言的,一个基本表通常对应现实世界的一个实体集,如课程关系对应于所有课程实体的集合。

现实世界中实体是可区分的,即它们具有某种唯一性标识。相应地,关系模型中以主码作为其唯一性标识。

主码中属性(即主属性)不能取空值,所谓空值就是"不知道"或"无意义"的值,如果主属性取空值,就说明存在不可标识的实体,这与客观世界中实体要求唯一标识相矛盾,因此这个规则不是人们强加的,而是现实世界客观的要求。

2. 参照完整性(Referential Integrity)

现实世界中的实体之间往往存在某种联系,在关系模型中实体及实体间的联系也都是用关系描述的,这样就存在着关系与关系间的引用,先来看两个例子。

例 2.1 学生实体和专业实体可以用下面的关系表示，其中主码用下划线标识：

学生(<u>学号</u>，姓名，性别，年龄，系别号)、系别(<u>系别号</u>，系名)

这两个关系之间存在着属性的引用，即学生关系引用了系别关系的主码“系别号”。显然，学生关系中的“系别号”值必须是确实存在的系的系别号，即系别关系中应该有该系的记录，这也就是说，学生关系中的某个属性的取值需要参照系别关系的属性来取值。

例 2.2 学生，课程，学生与课程之间的多对多联系可以用如下 3 个关系表示：

学生(<u>学号</u>，姓名，性别，年龄，系别号)、课程(<u>课程号</u>，课程名，课时)、选修(<u>学号</u>，<u>课程号</u>，成绩)

这 3 个关系之间也存在着属性的引用，即选修关系引用了学生关系的主码“学号”和课程关系的主码“课程号”。同样，选修关系中的“学号”值必须是确实存在的学生的学号，即学生关系中必须有该学生的记录；选修关系中的“课程号”值也必须是确实存在的课程的课程号，即课程关系中必须有该课程的记录。换句话说，选修关系中某些属性的取值要参照其他关系(指学生关系或课程关系)的属性取值。

定义 2.5 设 F 是基本关系 R 的一个或一组属性，但不是关系 R 的码，如果 F 与基本关系 S 的主码 K_S 相对应，则称 F 是基本关系 R 的外码(Foreign key)，并称基本关系 R 为参照关系(Referencing relation)，基本关系 S 为被参照关系(Referenced relation)或目标关系(Target relation)。关系 R 和 S 可能是相同的关系，即自身参照。

显然，目标关系 S 的主码 K_S 和参照关系的外码 F 必须定义在同一个(或一组)域上。

例如，在例 2.1 中，学生关系的“系别号”与系别关系的“系别号”相对应，因此，“系别号”属性是学生关系的外码，是系别关系的主码。这里系别关系是被参照关系，学生关系为参照关系，如下所示：

$$\text{学生关系}\xrightarrow{\text{系别号}}\text{系别关系}$$

在例 2.2 中，选修关系的“学号”属性与学生关系的“学号”属性相对应，“课程号”属性与课程关系的“课程号”属性相对应，因此“学号”和“课程号”属性分别是选修关系的外码，这里学生关系和课程关系均为被参照关系，选修关系为参照关系，如下所示：

$$\text{学生关系}\xleftarrow{\text{学号}}\text{选修关系}\xrightarrow{\text{课程号}}\text{课程关系}$$

参照完整性规则就是定义外码与主码之间的引用规则。

规则 2.2 参照完整性规则：若属性(或属性组)F 是基本关系 R 的外码，它与基本关系 S 的主码 K_s 相对应(基本关系 R 和 S 可能是相同的关系)，则对于 R 中每个元组在 F 上的值必须为：或者取空值(F 的每个属性值均为空值)，或者等于 S 中某个元组的主码值。

例如，对于例 2.1 中学生关系中的每个元组的“系别号”属性只能取下面两类值：空值，表示尚未给该学生分配系别；非空值，这时该值必须是系别关系中某个元组的“系别号”的值，表示该学生不可能分配到一个不存在的系中，即被参照关系“系别”中一定存在一个元组，它的主码值等于该参照关系“学生”中的外码值。

对于例 2.2，按照参照完整性规则，“学号”和“课程号”属性按规则也可以取两类值：空值或目标关系中已经存在的某主码值。但由于“学号”和“课程号”是选修关系中的主属性，按照实体完整性规则，它们均不能取空值，所以选修关系中的“学号”和“课程号”属性实际上只能取相应被参照关系中已经存在的某个主码值。

3. 用户定义的完整性(User-defined Integrity)

实体完整性和参照性适用于任何关系数据库系统。除此之外，不同的关系数据库系统根据其应用环境的不同,往往还需要制定一些特殊的约束条件。用户定义的完整性就是针对某一具体应用的关系数据库所制定的约束条件,它反映某一具体应用所涉及的数据必须满足的语义要求。关系数据库系统应提供定义和检验这类完整性的机制,以便用统一的系统的方法处理它们,而不要由应用程序承担这一功能。

关系完整性约束示意图如图2.2所示。

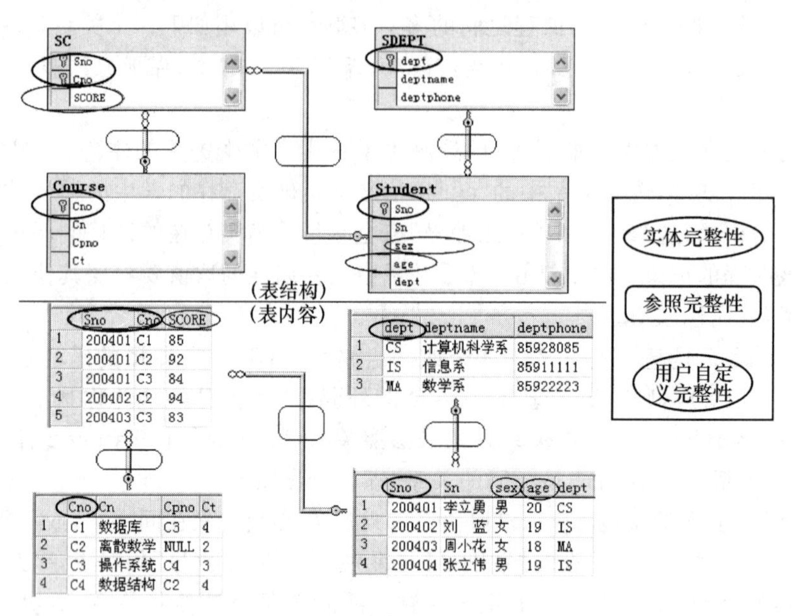

图2.2 关系完整性约束示意图

2.4 关系代数

关系代数是一种抽象的操作语言,用对关系的运算来表达关系操作,关系代数是研究关系数据操作语言的一种较好的数学工具。

关系代数是E. F. Codd于1970年首次提出的,后面一节的关系演算是E. F. Codd于1972年首次提出的,1979年E. F. Codd对关系模型做了扩展,讨论了关系代数中加入空值和外连接的问题。

关系代数以一个或两个关系为输入(或称为操作对象),产生一个新的关系作为其操作结果,即其运算对象是关系,运算结果亦为关系。关系代数用到的运算符包括4类:集合运算符、专门的关系运算符、算术比较符和逻辑运算符,如表2.6所示,各运算操作示意图如图2.3所示。

表2.6 关系代数的运算符

运算符		含义	运算符		含义
集合运算符	∪	并	比较运算符	$>$	大于
	∩	交		$\geqslant$	大于等于
	−	差		$<$	小于
	×	广义笛卡儿积		$\leqslant$	小于等于
				$=$	等于
				$\neq$	不等于

续 表

运算符		含　义	运算符		含　义
专门的关系运算符	σ Π ÷或/ ∞	选择 投影 除 连接	逻辑运算符	∧ ∨ ¬	与 或 非

比较运算符和逻辑运算符是用来辅助专门的关系运算符进行操作的，所以关系代数的运算按运算符的不同主要分为传统的集合运算和专门的关系运算两类。

① 传统的集合运算包括并(∪)、交(∩)、差(－)、广义笛卡儿积(×)4 种运算。

② 专门的关系运算包括选择(σ 读 sigma)、投影(Π 读 pai)、连接(∞)、除(÷)等。

其中，传统的集合运算将关系看成元组的集合，其运算是从关系的"水平"方向即行的角度来进行。而专门的关系运算不仅涉及行而且涉及列，关系代数运算操作示意图如图 2.3 所示。

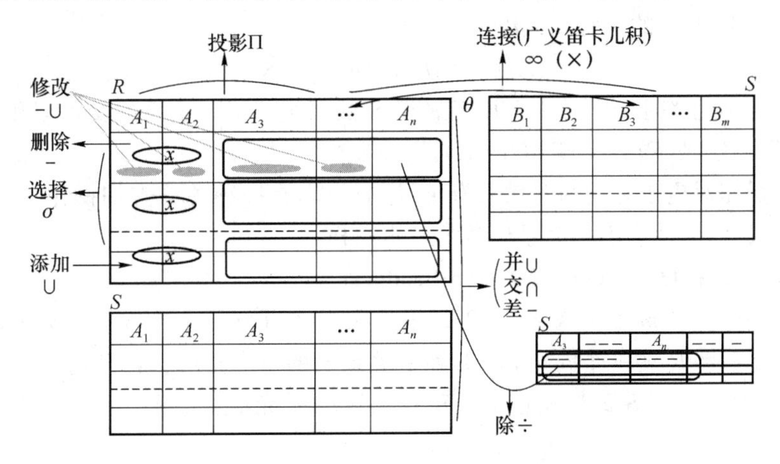

图 2.3　关系代数运算操作示意图

2.4.1 传统的集合运算

传统的集合运算是二目运算，包括并、交、差、广义笛卡儿积 4 种运算，其关系操作示意图如图 2.4 所示(结果关系为阴影部分)。

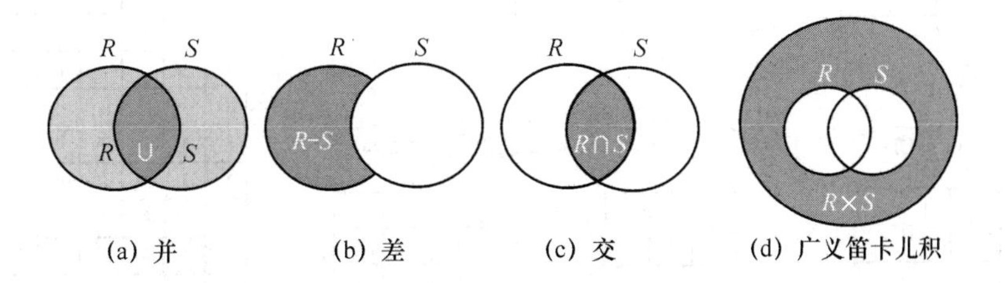

图 2.4　传统集合运算关系操作示意图

设关系 R 和关系 S 具有相同的目 n(即两个关系都有 n 个属性)，且相应的属性取自同一个域，则可定义并、差、交运算如下。

1. 并(Union)

设关系 R 和关系 S 具有相同的目 n，且相应的属性取自同一个域，则关系 R 与关系 S 的并由属于 R 或属于 S 的所有元组组成。记作：

$$R \cup S = \{t \mid t \in R \vee t \in S\}$$

其结果关系仍为 n 目关系，由属于 R 或属于 S 的元组组成。

关系的并操作对应于关系的插入或添加记录的操作，俗称"＋"操作，是关系代数的基本操作。

2. 差(Difference)

设关系 R 和关系 S 具有相同的目 n，且相应的属性取自同一个域，则关系 R 与关系 S 的差由属于 R 而不属于 S 的所有元组组成。记作：

$$R - S = \{t \mid t \in R \wedge t \notin S\}$$

其结果关系仍为 n 目关系，由属于 R 而不属于 S 的所有元组组成。

关系的差操作对应于关系的删除记录的操作，俗称"－"操作，是关系代数的基本操作。

3. 交(Intersection)

设关系 R 和关系 S 具有相同的目 n，且相应的属性取自同一个域，则关系 R 与关系 S 的交由既属于 R 又属于 S 的所有元组组成。记作：

$$R \cap S = \{t \mid t \in R \wedge t \in S\}$$

其结果关系仍为 n 目关系，由既属于 R 又属于 S 的元组组成。关系的交可以用差来表示，即 $R \cap S = R - (R - S)$ 或 $R \cap S = S - (S - R)$。

关系的交操作对应于寻找两关系共有记录的操作，是一种关系查询操作。关系的交操作能用差操作来代替，为此它不是关系代数的基本操作。

4. 广义笛卡儿积(Extended Cartesian Product)

两个分别为 n 目和 m 目的关系 R 和 S 的广义笛卡儿积是一个 $n+m$ 列的元组的集合。元组的前 n 列是关系 R 的一个元组，后 m 列是关系 S 的一个元组。若 R 有 k_1 个元组，S 有 k_2 个元组，则关系 R 和关系 S 的广义笛卡儿积有 $k_1 \times k_2$ 个元组。记作：

$$R \times S = \{\widehat{t_r t_s} \mid t_r \in R \wedge t_s \in S\}$$

图 2.5(a)和(b)分别为具有 3 个属性列的关系 R 和 S，图 2.5(c)为关系 R 与 S 的并，图 2.5(d)为关系 R 与 S 的交，图 2.5(e)为关系 R 与 S 的差，图 2.5(f)为关系 R 与 S 的广义笛卡儿积。

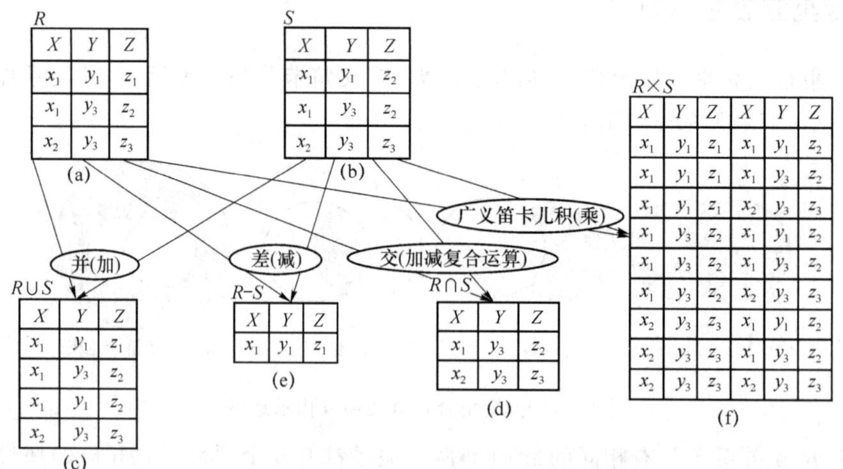

图 2.5　传统集合运算操作示例

关系的广义笛卡儿积操作对应于两个关系各自任一记录横向合并的操作，俗称“×”操作，是关系代数的基本操作，关系的广义笛卡儿积是多个关系相关联操作的最基本操作。

2.4.2　专门的关系运算

上节中所讲的传统集合运算，只是从行的角度进行，而要灵活地实现关系数据库的多样查询操作，则须引入专门的关系运算。专门的关系运算包括选择、投影、连接和除等。为了叙述方便，先引入几个记号。

① 分量：设关系模式为 $R(A_1, A_2, \cdots, A_n)$，它的一个关系设为 R，$t \in R$ 表示 t 是 R 的一个元组，$t[A_i]$ 则表示元组 t 中相应于属性 A_i 的一个分量。

② 属性列、属性组或域列：若 $A=\{A_{i1}, A_{i2}, \cdots, A_{ik}\}$，其中 $A_{i1}, A_{i2}, \cdots, A_{ik}$ 是 $A_1, A_2, \cdots, A_n$ 中的一部分，则 A 称为属性列或域列。$t[A]=(t[A_{i1}], t[A_{i2}], \cdots, t[A_{ik}])$ 表示元组 t 在属性列 A 上诸分量的集合。$\overline{A}$ 则表示 $\{A_1, A_2, \cdots, A_n\}$ 中去掉 $\{A_{i1}, A_{i2}, \cdots, A_{ik}\}$ 后剩余的属性组。

③ 元组的连接：R 为 n 目关系，S 为 m 目关系。$t_r \in R$，$t_s \in S$，$\widehat{t_r t_s}$ 称为元组的连接（Concatenation）。它是一个 $n+m$ 列的元组，前 n 个分量为 R 中的一个 n 元组，后 m 个分量为 S 中的一个 m 元组。

分量、属性列和元组连接示意图如图 2.6 所示。

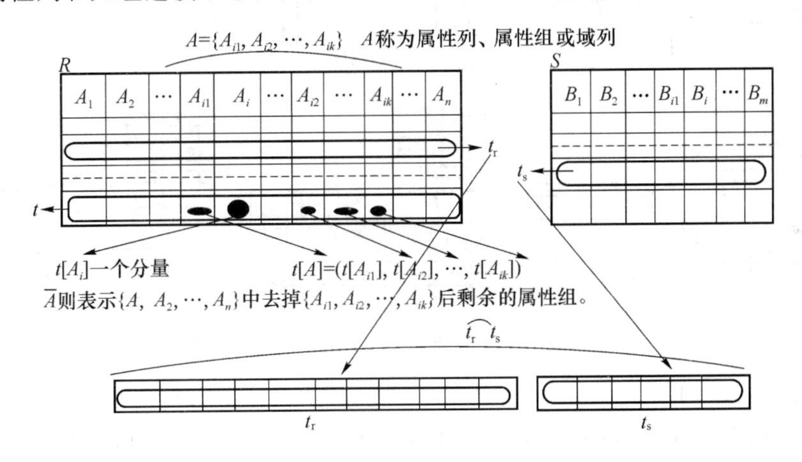

图 2.6　分量、属性列和元组连接示意图

④ 象集：给定一个关系 $R(X,Z)$，X 和 Z 为属性组，可以定义，当 $t[X]=x$ 时，x 在 R 中的象集（Images Set）为 $Z_x=\{t[Z] \mid t \in R, t[X]=x\}$，它表示 R 中属性组 X 上值为 x 的诸元组在 Z 上分量的集合。象集的概念如图 2.7 所示。

例如，如图 2.9 所示，“学生-课程”关系数据库中的选课关系 SC 中，设 $X=\{SNO\}$，$Z=\{CNO,SCORE\}$，令 X 的一个取值'200401'为 x，则

$$
\begin{aligned}
Z_x &= \{CNO,SCORE\}_{sno} = \{CNO,SCORE\}_{'200401'} \\
&= \{t[CNO,SCORE] \mid t \in SC, t[SNO]='200401'\} \\
&= \{('C1',85), ('C2',92), ('C3',84)\}
\end{aligned}
$$

实际上对关系 SC 来说，某学号（代表某 x）学生的象集即是该学生所有选课课程号与成绩组合的集合。

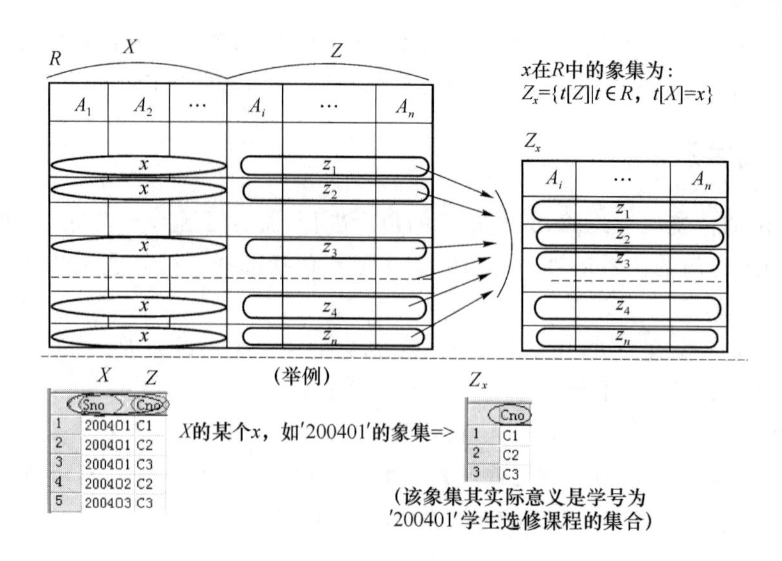

图 2.7 象集示意图及举例说明

在给出专门的关系运算的定义前,请先预览各操作的示意图,如图 2.8 所示。

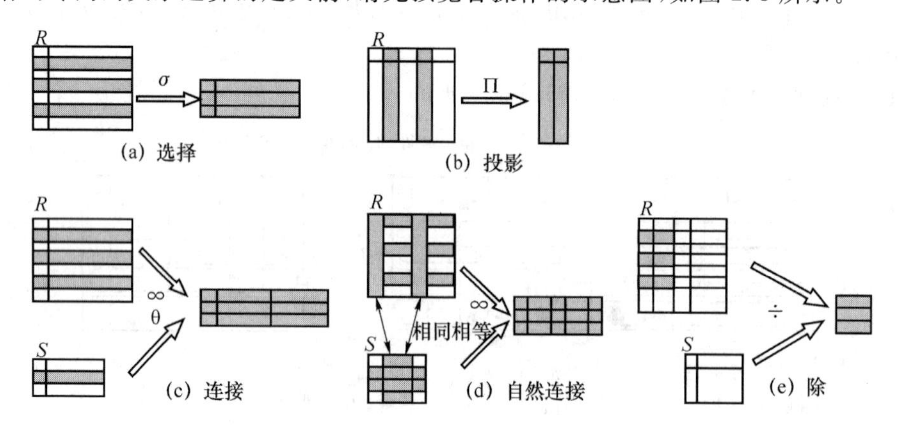

图 2.8 专门的关系运算操作示意图

1. 选择(Selection)

选择又称为限制(Restriction),它是在关系 R 中选择满足给定条件的诸元组,记作:

$$\sigma_F(R) = \{t \mid t \in R \wedge F(t) = \text{“真”}\}$$

其中,F 表示选择条件,它是一个逻辑表达式,取逻辑值“真”或“假”。逻辑表达式 F 的基本形式为:

$$X_1 \theta Y_1 [\ \phi\ X_2 \theta Y_2 \cdots]$$

其中,θ(读西塔)表示比较运算符,它可以是>、≥、<、≤、=或≠。X_1、Y_1 等是属性名、常量或简单函数。关系代数中属性名也可以用它所在的列序号来代替(如 1,2,…)。ϕ(读 fai)表示逻辑运算符,它可以是¬、∧或∨(运算优先级¬高于∧,∧高于∨)。[ ]表示任选项,即[ ]中的部分可以省略,…表示上述格式可以重复。

因此选择运算实际上是从关系 R 中选取使逻辑表达式 F 为真的元组,这是从行的角度进行的运算。关系的选择操作对应于关系记录的选取操作(横向选择),是关系查询操作的重要成员之一,是关系代数的基本操作。

设有一个“学生-课程”关系数据库如图 2.9 所示,包括学生关系 S(说明:CS 表示计算机系、IS 表示信息系、MA 表示数学系)、课程关系 C 和选修关系 SC,下面通过一些例子对这 3 个关系进行运算。

S

学号 SNO	姓名 SN	性别 SEX	年龄 AGE	系别 DEPT
200401	李立勇	男	20	CS
200402	刘 蓝	女	19	IS
200403	周小花	女	18	MA
200404	张立伟	男	19	IS

SC

学号 SNO	课程号 CNO	成绩 SCORE
200401	C1	85
200401	C2	92
200401	C3	84
200402	C2	94
200403	C3	83

C

课程号 CNO	课程名 CN	先修课 CPNO	学分 CT
C1	数 据 库	C2	4
C2	离散数学	-	2
C3	操作系统	C4	3
C4	数据结构	C2	4

图 2.9 "学生-课程"关系数据库

例 2.3 查询计算机科学系(CS 系)全体学生。

$$\sigma_{DEPT='CS'}(S) \quad 或 \quad \sigma_{5='CS'}(S)$$

例 2.4 查询年龄大于 19 岁的学生。

$$\sigma_{AGE>19}(S)$$

2. 投影(Projection)

关系 R 上的投影是从 R 中选择出若干属性列组成新的关系,记作:

$$\Pi_A(R) = \{t[A] \mid t \in R\}$$

其中,A 为 R 中的属性列。关系的投影操作对应于关系列的角度进行的选取操作(纵向选取),也是关系查询操作的重要成员之一,是关系代数的基本操作。

选择与投影组合使用,能定位到关系中最小的单元——任一分量值,从而能完成对单一关系的任意信息查询操作。

例 2.5 查询选修关系 SC 在学号和课程号两个属性上的投影。

$$\Pi_{SNO,CNO}(SC) \quad 或 \quad \Pi_{1,2}(SC)$$

例 2.6 查询学生关系 S 中都有哪些系,即学生关系 S 在系别属性上的投影操作。

$$\Pi_{DEPT}(S)$$

投影之后不仅取消了原关系中的某些列,而且还可能取消某些元组,因为取消了某些属性列后,就可能出现重复行,按关系的要求应取消这些完全相同的行。

3. 连接(Join)

连接也称为 θ 连接,它是从两个关系的广义笛卡儿积中选取属性间满足一定条件的元组。记作:

$$R \underset{A\theta B}{\infty} S=\{\widehat{t_r t_s} \mid t_r \in R \wedge t_s \in S \wedge t_r[A]\theta t_s[B]\}$$

其中，A 和 B 分别为 R 和 S 上度数相等且可比的属性组。θ 是比较运算符。连接运算从 R 和 S 的广义笛卡儿积 $R\times S$ 中选取（R 关系）在 A 属性组上的值与（S 关系）在 B 属性组上的值满足比较关系 θ 的元组。为此：

$$R \underset{A\theta B}{\infty} S=\sigma_{A\theta B}(R\times S)$$

连接运算中有两种最为重要也是最为常用的连接，一种是等值连接(Equi-join)，另一种是自然连接(Natural join)。

θ 为"="的连接运算称为等值连接，它是从关系 R 与 S 的广义笛卡儿积中选取 A、B 属性值相等的那些元组。等值连接表示为：

$$R \underset{A=B}{\infty} S=\{\widehat{t_r t_s} \mid t_r \in R \wedge t_s \in S \wedge t_r[A]=t_s[B]\}$$

为此：

$$R \underset{A=B}{\infty} S=\sigma_{A=B}(R\times S)$$

自然连接是一种特殊的等值连接，它要求两个关系中进行比较的分量必须是相同的属性组，并且要在结果中把重复的属性去掉。即若 R 和 S 具有相同的属性组 B，则自然连接可记作：

$$R\infty S=\{\widehat{t_r t_s}[\overline{B}] \mid t_r \in R \wedge t_s \in S \wedge t_r[B]=t_s[B]\}$$

为此：

$$R\infty S=\Pi_{\overline{B}}(\sigma_{R.B=S.B}(R\times S))$$

一般的连接操作是从行的角度进行运算，但自然连接还需要取消重复列，所以是同时从行和列的角度进行运算。

关系的各种连接，实际上是在关系的广义笛卡儿积的基础上再组合选择或投影操作复合而成的一种查询操作，尽管实现基于多表的查询操作中等值连接或自然连接用得最广泛，但连接操作都不是关系代数的基本操作。

例 2.7 设图 2.10(a)和图 2.10(b)分别为关系 R 和关系 S，图 2.10(c)为 $R \underset{C<E}{\infty} S$ 的结果，图 2.10(d)为等值连接 $R \underset{R.B=S.B}{\infty} S$ 的结果，图 2.10(e)为自然连接 $R\infty S$ 的结果。

R

A	B	C
a_1	b_1	5
a_1	b_2	6
a_2	b_3	8
a_2	b_4	12

(a)

S

B	E
b_1	3
b_2	7
b_3	10
b_3	2
b_5	2

(b)

$R \underset{C<E}{\infty} S$

A	R.B	C	S.B	E
a_1	b_1	5	b_2	7
a_1	b_1	5	b_3	10
a_1	b_2	6	b_2	7
a_1	b_2	6	b_3	10
a_2	b_3	8	b_3	10

(c)

$R \underset{R.B=S.B}{\infty} S$

A	R.B	C	S.B	E
a_1	b_1	5	b_1	3
a_1	b_2	6	b_2	7
a_2	b_3	8	b_3	10
a_2	b_3	8	b_3	2

(d)

$R\infty S$

A	B	C	E
a_1	b_1	5	3
a_1	b_2	6	7
a_2	b_3	8	10
a_2	b_3	8	2

(e)

图 2.10 连接运算举例

4. 除(Division)

给定关系 $R(X,Y)$ 和 $S(Y,Z)$，其中，X,Y,Z 为属性组。R 中的 Y 与 S 中的 Y 可以有不同的属性名，但必须出自相同的域。R 与 S 的除运算得到一个新的商关系 $P(X)$，P 是 R 中满足下列条件的元组在 X 属性列上的投影：元组在 X 上分量值 x 的象集 Y_x 包含 S 在 Y 上投影的集合。记作：

$$R/S=\{t_r[X]\mid t_r\in R\wedge Y_x\supseteq\Pi_Y(S)\}$$

其中，Y_x 为 x 在 R 中的象集，$x=t_r[X]$。

说明：商关系 P 的另一理解方法，P 是由 R 中那些不出现在 S 中的 X 属性组组成，其元组都正好是 S 在 Y 上的投影所得关系的所有元组，在 R 关系中 X 上有对应相同值的那个值。

除操作是同时从行和列角度进行运算，除操作适合于包含“…所有的/全部的…”一类语句的查询操作。

关系的除操作，也是一种由关系代数基本操作复合而成的查询操作，显然它不是关系代数的基本操作。关系的除操作能用其他基本操作表示为：

$$R/S=\Pi_X(R)-\Pi_X(\Pi_X(R)\times\Pi_Y(S)-R)$$

说明：以上公式实际上也代表着一种关系除运算的直接计算方法。

例 2.8 设关系 R,S 分别如图 2.11 中的(a)和(b)所示，R/S 的结果如图 2.11 中(c)所示。在关系 R 中，A 可以取 4 个值$\{a_1, a_2, a_3, a_4\}$。其中：

R

A	B	C
a_1	b_1	c_2
a_2	b_3	c_5
a_3	b_4	c_4
a_1	b_2	c_3
a_4	b_6	c_4
a_2	b_2	c_3
a_1	b_2	c_1

(a)

S

B	C	D
b_1	c_2	d_1
b_2	c_1	d_1
b_2	c_3	d_2

(b)

R/S

A
a_1

(c)

图 2.11 除运算举例

a_1 的象集为$(B,C)_{a_1}=\{(b_1,c_2),(b_2,c_3),(b_2,c_1)\}$；

a_2 的象集为$(B,C)_{a_2}=\{(b_3,c_5),(b_2,c_3)\}$；

a_3 的象集为$(B,C)_{a_3}=\{(b_4,c_4)\}$；

a_4 的象集为$(B,C)_{a_4}=\{(b_6,c_4)\}$。

S 在(B,C)上的投影为$\Pi_{(B,C)}(S)=\{(b_1,c_2),(b_2,c_3),(b_2,c_1)\}$。

显然只有 a_1 的象集$(B,C)_{a_1}$ 包含 S 在(B,C)上的投影$\Pi_{(B,C)}(S)$，所以 $R/S=\{a_1\}$。

5. 关系代数操作表达举例

关系代数中，关系代数运算经有限次复合后形成的式子称为关系代数表达式。对关系数据库中数据的操作可以写成一个关系代数表达式，或者说，写出一个关系代数表达式就表示已经完成了该操作。下面在关系代数操作举例前先说明几点。

(1) 操作表达前，根据查询条件与要查询的信息等，来确定本查询涉及哪几个表，这样能缩小并确定操作范围,利于着手解决问题。

(2) 操作表达中要有动态操作变化的理念,即一步步动态操作关系→生成新关系→再操作新关系,如此反复,直到查询到所需信息的操作思路与方法。下面的举例中给出的部分图示,说明了这种集合式动态操作的变化过程。

(3) 关系代数的操作表达是不唯一的。

例 2.9 设教学数据库中有 3 个关系,学生关系:S(SNO,SN,AGE,SEX)、学习关系:SC(SNO,CNO,SCORE)、课程关系:C(CNO,CN,TEACHER)。完成以下检索操作。

(1) 检索学习课程号为 C3 的学生学号和成绩,关系的动态操作过程如图 2.12 所示。

$$\Pi_{\mathrm{SNO,SCORE}}(\sigma_{\mathrm{CNO='C3'}}(\mathrm{SC}))$$

SC

	sno	cno	SCORE
1	200401	C1	85
2	200401	C2	92
3	200401	C3	84
4	200402	C2	94
5	200403	C3	83

$\sigma_{\mathrm{CNO='C3'}}$ → $\sigma_{\mathrm{CNO='C3'}}(\mathrm{SC})$

	sno	cno	SCORE
1	200401	C3	84
2	200403	C3	83

$\Pi_{\mathrm{SNO,SCORE}}$ → $\Pi_{\mathrm{SNO,SCORE}}(\sigma_{\mathrm{CNO='C3'}}(\mathrm{SC}))$

	sno	SCORE
1	200401	84
2	200403	83

图 2.12 例 2.9(1)关系代数表达式运算过程

(2) 检索学习课程号为 C3 的学生学号和姓名,关系动态操作过程如图 2.13 所示。

$$\Pi_{\mathrm{SNO,SN}}(\sigma_{\mathrm{CNO='C3'}}(S\infty \mathrm{SC}))$$

或 $\Pi_{\mathrm{SNO,SN}}(S\infty\sigma_{\mathrm{CNO='C3'}}(\mathrm{SC}))$,选择运算先做是关系查询优化中的重要规则之一

或 $\Pi_{\mathrm{SNO,SN}}(S)\infty\Pi_{\mathrm{SNO}}(\sigma_{\mathrm{CNO='C3'}}(\mathrm{SC}))$,投影运算可分别作用于括号内关系对象上

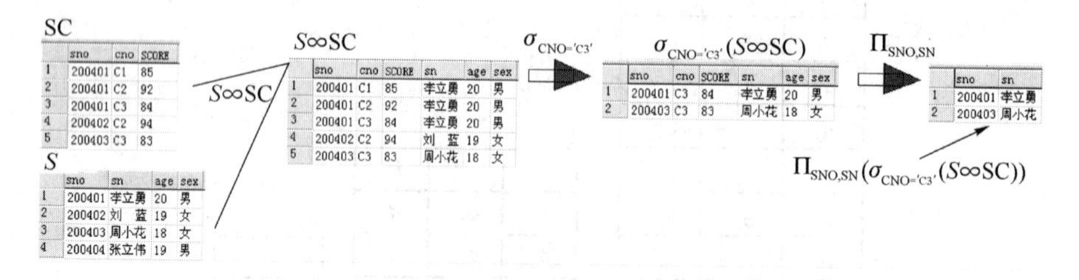

图 2.13 例 2.9(2)关系代数表达式运算过程

不同的正确关系代数表达式,代表了不同的关系运算顺序,它们有查询效率好坏之分,但最终的结果关系是相同的。

(3) 检索学习课程名为"操作系统"的学生学号和姓名。

$$\Pi_{\mathrm{SNO,SN}}(\sigma_{\mathrm{CN='操作系统'}}(S\infty \mathrm{SC}\infty C))$$

或 $\Pi_{\mathrm{SNO,SN}}(S\infty \mathrm{SC}\infty\sigma_{\mathrm{CN='操作系统'}}(C))$

或 $\Pi_{\mathrm{SNO,SN}}(S)\infty\Pi_{\mathrm{SNO}}(\mathrm{SC}\infty\Pi_{\mathrm{CNO}}(\sigma_{\mathrm{CN='操作系统'}}(C)))$

或 $\Pi_{\mathrm{SNO,SN}}(\Pi_{\mathrm{SNO,SN}}(S)\infty \mathrm{SC}\infty\Pi_{\mathrm{CNO}}(\sigma_{\mathrm{CN='操作系统'}}(C)))$

(4) 检索学习课程号为 C1 或 C3 课程的学生学号。

$$\Pi_{\mathrm{SNO}}(\sigma_{\mathrm{CNO='C1'}\vee\mathrm{CNO='C3'}}(\mathrm{SC}))$$

或 $\Pi_{\mathrm{SNO}}(\sigma_{\mathrm{CNO='C1'}}(\mathrm{SC}))\cup\Pi_{\mathrm{SNO}}(\sigma_{\mathrm{CNO='C3'}}(\mathrm{SC}))$

(5) 检索学习课程号为 C1 和 C3 课程的学生学号。

$$\Pi_{\mathrm{SNO}}(\sigma_{\mathrm{CNO='C1'}}(\mathrm{SC}))\cap\Pi_{\mathrm{SNO}}(\sigma_{\mathrm{CNO='C3'}}(\mathrm{SC}))$$

或 $\Pi_1(\sigma_{1=4\wedge(2='C1'\wedge5='C3'\vee5='C1'\wedge2='C3')})(\mathrm{SC}\times\mathrm{SC}))$

$$或\ \Pi_1(\sigma_{2='C1' \wedge 5='C3' \vee 5='C1' \wedge 2='C3'}(SC \underset{1=1}{\infty} SC))$$

注意：$\Pi_{SNO}(\sigma_{CNO='C1' \wedge CNO='C3'}(SC))$是错误的，因为逐个元组选择时肯定都不满足条件。

(6) 检索不学习课程号为 C2 的学生的姓名和年龄。

$$\Pi_{SN,AGE}(S) - \Pi_{SN,AGE}(\sigma_{CNO='C2'}(S \infty SC))$$

$$或\ \Pi_{SN,AGE}((\Pi_{SNO}(S) - \Pi_{SNO}(\sigma_{CNO='C2'}(SC))) \infty \Pi_{SNO,SN,AGE}(S))$$

注意：$\Pi_{SN,AGE}(\sigma_{CNO \neq 'C2'}(S \infty SC))$是错误的，因为 σ 选择运算是逐个对元组条件选择的，它并没有全表综合判断某学生不选 C2 的表达能力。请能仔细琢磨加以理解。

(7) 检索学习全部课程的学生姓名。关系的动态操作过程如图 2.14 所示。

$$\Pi_{SN}(S \infty (\Pi_{SNO,CNO}(SC) / \Pi_{CNO}(C)))$$

或 $\Pi_{SN,CNO}(S \infty SC) / \Pi_{CNO}(C)$，这时要求学生姓名不重复才正确，否则可如下表达

或 $\Pi_{SN}(\Pi_{SNO,SN,CNO}(S \infty SC) / \Pi_{CNO}(C))$，这时学生姓名重复表达式也正确

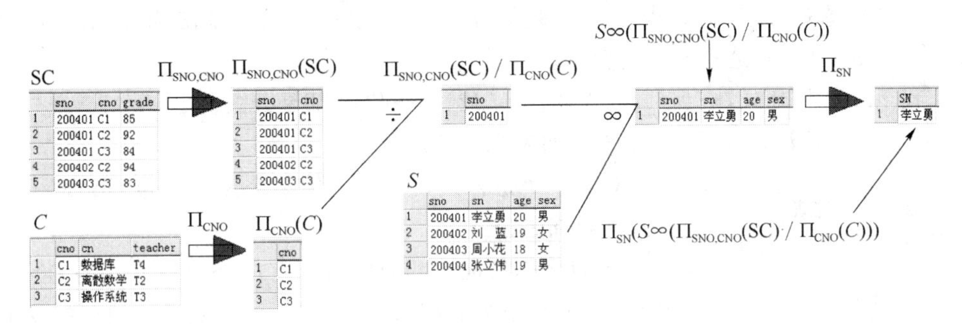

图 2.14　例 2.9(7)关系代数表达式运算过程

(8) 检索所学课程包括 200402 所学全部课程的学生学号。

$$\Pi_{SNO,CNO}(SC) / \Pi_{CNO}(\sigma_{SNO='200402'}(SC))$$

以上学习了关系代数的查询操作功能，即从数据库中提取信息的功能，还可以用赋值操作等来表示数据库更新操作和视图操作等，但这里略。

本节介绍了 8 种关系代数运算，其中并、差、广义笛卡儿积、投影和选择 5 种运算为基本的关系代数运算。其他 3 种运算，即交、连接和除，均可以用这 5 种基本运算来表达。引进它们并不增加关系代数语言的表达能力，但可以简化表达。

2.5　关系演算

关系演算是以数理逻辑中的谓词演算为基础的。按谓词变元的不同，关系演算可分为元组关系演算和域关系演算。本节先介绍抽象的元组关系演算，再通过两个实际的关系演算语言来介绍关系演算的操作思想。

2.5.1　抽象的元组关系演算*

关系 R 可利用谓词 $R(t)$来表示，其中 t 为元组变元，谓词 $R(t)$表示"t 是关系 R 的元组"，其值为逻辑值 True 或 False。关系 R 与谓词 $R(t)$间的关系如下：

$$R(t) = \begin{cases} \text{True(当 } t \text{ 在 } R \text{ 内)} \\ \text{False(当 } t \text{ 不在 } R \text{ 内)} \end{cases}$$

为此,关系 $R=\{t|R(t)\}$,其中 t 是元组变元或变量。

一般地可令关系 $R=\{t|\phi(t)\}$,t 是变元或变量。当谓词 $\phi(t)$(ϕ 读作"fai")以元组(与表中的行对应)为度量时,称为元组关系演算(Tuple Relational Calculus);当谓词以域(与表中的列对应)为变量时,称为域关系演算(Domain Relational Calculus),抽象的域关系演算类似于抽象的元组关系演算,为些,不再多叙述。

在元组关系演算中,把 $\{t|\phi(t)\}$ 称为一个元组关系演算表达式,把 $\phi(t)$ 称为一个元组关系演算公式,t 为 ϕ 中唯一的自由元组变量。$\{t|\phi(t)\}$ 元组关系演算表达式表示的元组集合即为某一关系。

如下递归地定义元组关系演算公式 $\phi(t)$。

(1) 原子命题公式是公式,称为原子公式,它有下面 3 种形式。

① $R(t)$,R 是关系名,t 是元组变量。

② $t[i]\ \theta C$ 或 $C\theta t[i]$,$t[i]$ 表示元组变量 t 的第 i 个分量,C 是常量,θ 为算术比较运算符。

③ $t[i]\ \theta u[j]$,t、u 是两个元组变量。

(2) 设 $\phi1$、$\phi2$ 是公式,则 $\neg\phi1$、$\phi1\wedge\phi2$、$\phi1\vee\phi2$、$\phi1\rightarrow\phi2$ 也都是公式。

说明:"→"为蕴涵操作符,其真值表如表 2.7 所示。

表 2.7 真值表

A	B	A→B
True	True	True
True	False	False
False	True	True
False	False	True

(3) 设 ϕ 是公式,t 是 ϕ 中的某个元组变量,那么 $(\forall t)(\phi)$、$(\exists t)(\phi)$ 都是公式。

$\forall$ 为全称量词,含义是"对所有的……";$\exists$ 为存在量词,含义是"至少有一个(或存在一个)……"。受量词约束的变量称为约束变量,不受量词约束的变量称为自由变量。

(4) 在元组演算的公式中,各种运算符的运算优先次序为:

① 算术比较运算符最高;

② 量词次之,且按 $\exists$、$\forall$ 的先后次序进行;

③ 逻辑运算符优先级最低,且按 $\neg$、$\wedge$、$\vee$、→的先后次序进行;

④ 括号中的运算优先。

(5) 元组演算的所有公式按(1)、(2)、(3)和(4)所确定的规则经有限次复合求得,不再存在其他形式。

为了证明元组关系演算的完备性,只要证明关系代数的 5 种基本运算均可等价地用元组演算表达式表示即可,所谓等价是指等价双方运算表达式的结果关系相同。

设 R、S 为两个关系,它们的谓词分别为 $R(t)$ 和 $S(t)$,则:

① $R\cup S$ 等价于 $\{t|R(t)\vee S(t)\}$;

② $R-S$ 等价于 $\{t|R(t)\wedge\neg S(t)\}$;

③ $R\times S$ 等价于 $\{t|(\exists u)(\exists v)(R(u)\wedge S(v)\wedge t[1]=u[1]\wedge\cdots\wedge t[k_1]=u[k_1]\wedge t[k_1+1]=v[1]\wedge\cdots\wedge t[k_1+k_2]=v[k_2])\}$,式中,$R$、$S$ 依次为 k_1、k_2 元关系,u、v 表示 R、S 的约束元组变量;

④ $\Pi i_1,i_2,\cdots,i_n(R)$ 等价于 $\{t|(\exists u)(R(u)\wedge t[1]=u[i_1]\wedge\cdots\wedge t[n]=u[i_n]\}$,其中 n 小于或等于 R 的元数(即列的个数);

⑤ $\sigma_F(R)$ 等价于 $\{t|R(t)\wedge F'\}$,其中 F' 为 F 在谓词演算中的表示形式,即用 $t[i]$ 代替 F 中 t 的第 i 个分量即为 F'。

关系代数的 5 种基本运算可等价地用元组关系演算表达式表示。因此,元组关系演算体系是完备的，能够实现关系代数所能表达的所有操作，是能用来表示对关系的各种操作的。

如此，元组关系演算对关系的操作，就转化为求出这样的满足操作要求的$\phi(t)$谓词公式了。如2.5.2节中基于元组关系演算语言的ALPHA的操作表达中就蕴含着这样的$\phi(t)$谓词公式。

在关系演算公式表达时，还经常要用到如下3类等价的转换规则：

① $\phi1 \wedge \phi2 \equiv \neg\neg(\phi1 \wedge \phi2) \equiv \neg(\neg\phi1 \vee \neg\phi2)$

$\phi1 \vee \phi2 \equiv \neg\neg(\phi1 \vee \phi2) \equiv \neg(\neg\phi1 \wedge \neg\phi2)$

② $(\forall t)(\phi(t)) \equiv \neg(\exists t)(\neg\phi(t))$　$(\exists t)(\phi(t)) \equiv \neg(\forall t)(\neg\phi(t))$

③ $\phi1 \rightarrow \phi2 \equiv (\neg\phi1) \vee \phi2$

如下就抽象的元组关系演算来举一例说明其操作表达。

例2.10　用元组关系演算表达式表达例2.9之(2)子题，即检索学习课程号为C3的学生学号和姓名(其关系代数操作表达为：$\Pi_{SNO,SN}(\sigma_{CNO='C3'}(S \infty SC))$)。如下分步来表达。

(1) $S \times SC$ 可表示为：

$$\{t \mid (\exists u)(\exists v)(S(u) \wedge SC(v) \wedge t[1]=u[1] \wedge t[2]=u[2] \wedge t[3]=u[3] \wedge t[4]=u[4] \wedge t[5]=v[1] \wedge t[6]=v[2] \wedge t[7]=v[3])\}$$

(2) $S \underset{1=1}{\infty} SC$，即 $\sigma_{s.sno=sc.sno}(S \times SC)$ 可表示为：

$$\{t \mid (\exists u)(\exists v)(S(u) \wedge SC(v) \wedge t[1]=u[1] \wedge t[2]=u[2] \wedge t[3]=u[3] \wedge t[4]=u[4] \wedge t[5]=v[1] \wedge t[6]=v[2] \wedge t[7]=v[3] \wedge t[1]=t[5])\}$$

(说明：$t[1]=t[5]$可改为$u[1]=v[1]$)

(3) $\sigma_{CNO='C3'}(S \underset{1=1}{\infty} SC)$，即 $\sigma_{s.sno=sc.sno \wedge sc.cno='C3'}(S \times SC)$ 可表示为：

$$\{t \mid (\exists u)(\exists v)(S(u) \wedge SC(v) \wedge t[1]=u[1] \wedge t[2]=u[2] \wedge t[3]=u[3] \wedge t[4]=u[4] \wedge t[5]=v[1] \wedge t[6]=v[2] \wedge t[7]=v[3] \wedge t[1]=t[5] \wedge t[6]='C3')\}$$

(4) $\Pi_{SNO,SN}(\sigma_{CNO='C3'}(S \underset{1=1}{\infty} SC))$可表示为：

$$\{w \mid (\exists t)(\exists u)(\exists v)(S(u) \wedge SC(v) \wedge t[1]=u[1] \wedge t[2]=u[2] \wedge t[3]=u[3] \wedge t[4]=u[4] \wedge t[5]=v[1] \wedge t[6]=v[2] \wedge t[7]=v[3] \wedge t[1]=t[5] \wedge t[6]='C3' \wedge w[1]=u[1] \wedge w[2]=u[2])\}$$

(5) 再对上式简化，去掉元组变量t，可得如下表达式：

$$\{w \mid (\exists u)(\exists v)(S(u) \wedge SC(v) \wedge u[1]=v[1] \wedge v[2]='C3' \wedge w[1]=u[1] \wedge w[2]=u[2])\}$$

2.5.2　元组关系演算语言ALPHA

元组关系演算是以元组变量作为谓词变元的基本关系演算表达形式。一种典型的元组关系演算语言是E.F.Codd提出的ALPHA语言，这一语言虽然没有实际实现，但关系数据库管理系统INGRES所用的QUEL语言是参照ALPHA语言研制的，与ALPHA十分类似。

ALPHA语言主要有GET、PUT、HOLD、UPDATE、DELETE和DROP 6条语句，语句的基本格式是：

操作语句　工作空间名(表达式)：操作条件

其中，表达式用于指定语句的操作对象，它可以是关系名或属性名，一条语句可以同时操作多个关系或多个属性。操作条件是一个逻辑表达式,用于将操作对象限定在满足条件的元组中,操作条件可以为空。除此之外,还可以在基本格式的基础上加上排序要求、定额要求等(说明:以下操作表达中要使用到 2.4.2 节图 2.9 中的 S、SC、C 3 个表)。

1. 检索操作

检索操作用 GET 语句实现。学习操作表达前说明几点:

① 操作表达前,根据查询条件与要查询的信息等,同样要先确定本查询涉及哪几个表;

② ALPHA 语言的查询操作与关系代数操作表达思路完全不同,表达中要有谓词判定、量词作用的操作表达理念,如下表达举例中部分给出的图示,直观地说明了其操作办法与操作思路,思考时画出相关各关系表能便于直观分析,利用操作表达;

③ ALPHA 语言的查询操作表达也是不唯一的,非常值得推敲。

(1) 简单检索(即不带条件的检索)

例 2.11 查询所有被选的选修课程的课程号码。

```
GET W(SC.CNO)
```

这里条件为空,表示没有限定条件(意思是要对所有 SC 元组操作)。W 为工作空间名。

例 2.12 查询所有学生的信息。

```
GET W(S)
```

(2) 限定的检索(即带条件的检索)。

由冒号后面的逻辑表达式给出查询条件。

例 2.13 查询计算机系(CS)中年龄小于 22 岁的学生的学号和姓名。

```
GET W(S.SNO, S.SN): S.DEPT = 'CS' ∧ S.AGE<22
```

其关系演算表达式操作示意图如图 2.15 所示,相当于抽象的元组关系演算公式 $\{t|\phi(t)\}$,其中 $\phi(t)$ 为 $t[1]=S[1] \wedge t[2]=S[2] \wedge$ S.DEPT='CS' $\wedge$ S.AGE<22 或 $t[1]=S[1] \wedge t[2]=S[2] \wedge S[4]='CS' \wedge S[5]<22$。

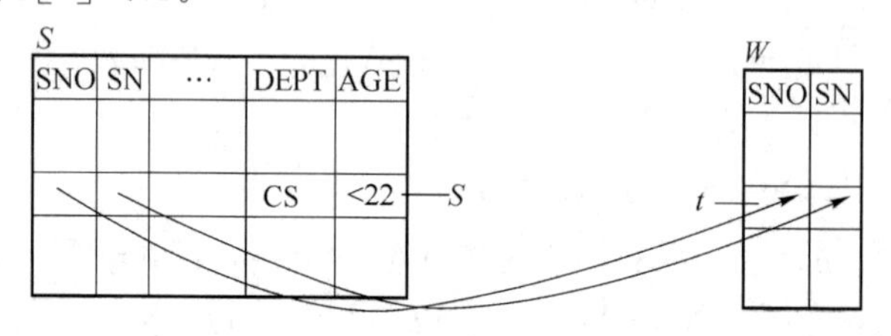

图 2.15 例 2.13 关系演算表达式操作示意图

(3) 带排序的检索

例 2.14 查询信息系(IS)学生的学号、年龄,并按年龄降序排序。

```
GET W(S.SNO, S.AGE): S.DEPT = 'IS' DOWN S.AGE
```

DOWN 代表降序排序,后面紧跟排序的属性名。当升序排序时使用 UP。

(4) 带定额的检索

例 2.15 取出一个信息系学生的姓名。

```
GET W(1)(S.SN): S.DEPT = 'IS'
```

所谓带定额的检索是指规定了检索出的元组的个数,方法是在 W 后的括号中加上定额数量。

排序和定额可以一起使用。

例 2.16 查询信息系年龄最大的 3 个学生的学号及其年龄,并按年龄降序排序。

```
GET W(3)(S.SNO, S.AGE): S.DEPT = 'IS' DOWN S.AGE
```

(5) 用元组变量的检索

因为元组变量是在某一关系范围内变化的，所以元组变量又称为范围变量(Range Variable)。元组变量主要有两方面的用途：

① 简化关系名，在处理实际问题时，如果关系的名字很长，使用起来就会感到不方便，这时可以设一个较短名字的元组变量来简化关系名；

② 操作条件中使用量词时必须用元组变量，元组变量能表示出动态或逻辑的含义，一个关系可以设多个元组变量，每个元组变量独立地代表该关系中的任一元组。

元组变量的指定方法为：

```
RANGE    关系名1    元组变量名1
         关系名2    元组变量名2
         …          …
```

例 2.17 查询信息系学生的名字。

```
RANGE Student X
GET W(X.SN)：X.DEPT='IS'
```

这里元组变量 X 的作用是简化关系名 Student(此时假设表名为 Student)。

(6) 用存在量词的检索

例 2.18 查询选修 C2 号课程的学生名字。

```
RANGE SC X
GET W(S.SN)：∃X(X.SNO=S.SNO ∧ X.CNO='C2')
```

操作表达中涉及多个关系时，元组变量指定的原则为："GET W(表达式)… "，其中，"表达式"中使用到的关系外的其他操作表达中要涉及的关系，原则上均需设定为元组变量。

例 2.19 查询选修了直接先修课号为 C2 课程的学生学号。

```
RANGE C CX
GET W(SC.SNO)：∃CX(CX.CNO=SC.CNO ∧ CX.CPNO='C2')
```

其关系演算表达式操作示意图如图 2.16 所示，$\phi(t)$($\phi(t)$的含义同例 2.13，下同)为 $t[1]$ =SC.SNO∧∃CX(CX.CNO=SC.CNO∧CX.CPNO='C2')。

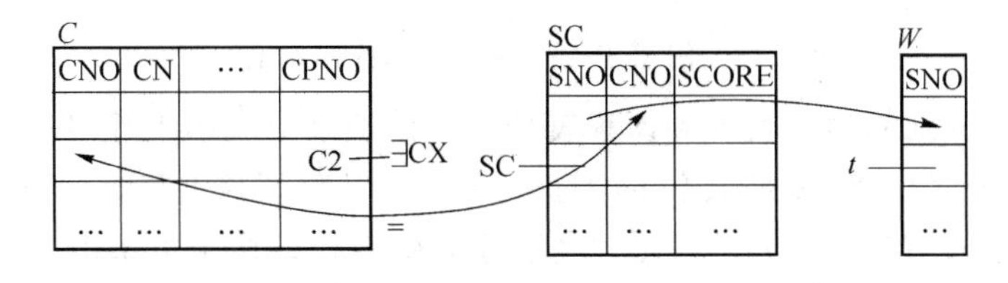

图 2.16 例 2.19 关系演算表达式操作示意图

图 2.16 示意：从选修表当前记录中取学号，条件是存在一门课 CX，其直接先修课为 C2，该课程正为该学号学生所选。

例 2.20 查询至少选修一门其先修课号为 C2 课程的学生名字。

```
RANGE C  CX
      SC SCX
GET W(S.SN)：∃SCX(SCX.SNO=S.SNO∧∃CX(CX.CNO=SCX.CNO∧CX.CPNO='C2'))
```

其关系演算表达式操作示意如图 2.17 所示，$\phi(t)$为 $t[1]$=S.SN∧∃SCX(SCX.SNO=S.SNO∧∃CX(CX.CNO=SCX.CNO∧CX.CPNO='C2'))。

图 2.17 示意：从学生关系中当前记录取姓名，条件是该生存在选修关系 SCX，还存在某

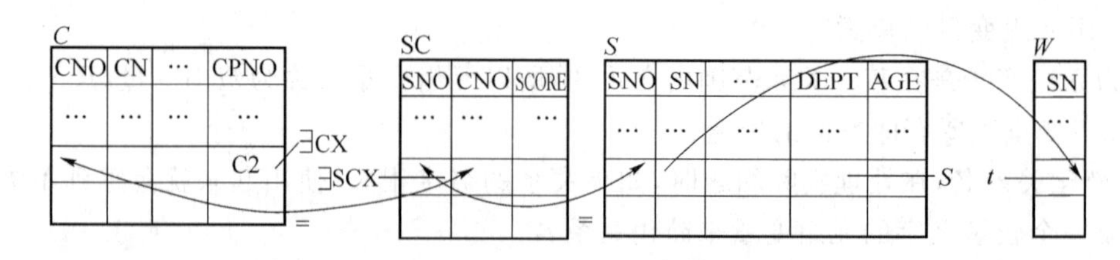

图 2.17　例 2.20 关系演算表达式操作示意图

课程 CX,其先修课为 C2,课程 CX 正是 SCX 所含的课程。

例 2.20 中的元组关系演算公式可以变换为前束范式(Prenex normal form)的形式:

```
GET W(S.SN): ∃SCX∃CX(SCX.SNO = S.SNO ∧ CX.CNO = SCX.CNO ∧ CX.CPNO = 'C2')
```

例 2.18～例 2.20 中的元组变量都是为存在量词而设的。其中,例 2.20 需要对两个关系作用存在量词,所以设了两个元组变量。

(7) 带有多个关系的表达式的检索

上面所举的各个例子中,虽然查询时可能会涉及多个关系,即公式中可能涉及多个关系,但查询结果都在一个关系中,即查询结果表达式中只有一个关系,实际上表达式中是可以有多个关系的。

例 2.21　查询成绩为 90 分以上的学生名字与课程名字。

```
RANGE SC SCX
GET W(S.SN,C.CN): ∃SCX(SCX.SCORE≥90 ∧ SCX.SNO = S.SNO ∧ C.CNO = SCX.CNO)
```

其关系演算表达式操作示意如图 2.18 所示,$\phi(t)$ 为 $t[1]$=S.SN ∧ t[2]=C.CN ∧ ∃SCX(SCX.SCORE≥90 ∧ SCX.SNO=S.SNO ∧ C.CNO=SCX.CNO)。

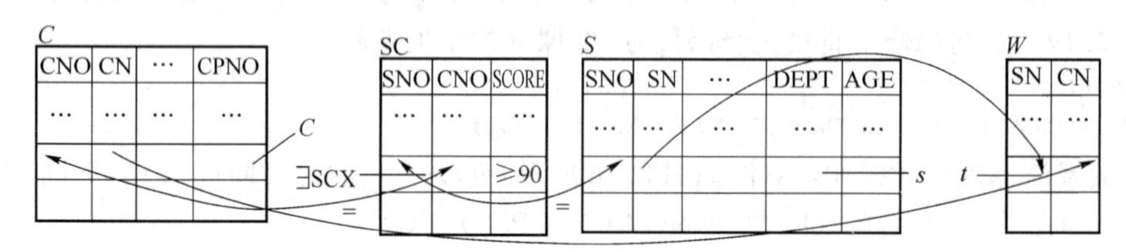

图 2.18　例 2.21 关系演算表达式操作示意图

图 2.18 示意:分别从学生表 S 和课程表 C 的当前记录中取学生姓名和课程名,条件是有选修关系元组 SCX 存在,SCX 是该学生的选修关系,并选修了该课程,并且成绩为≥90 分。

本查询所要求的结果学生名字和课程名字分别在 S 和 C 两个关系中。

(8) 用全称量词的检索

例 2.22　查询不选 C1 号课程的学生名字。

```
RANGE SC SCX
GET W(S.SN): ∀SCX(SCX.SNO≠S.SNO ∨ SCX.CNO≠'C1')
```

其关系演算表达式操作示意如图 2.19 所示,$\phi(t)$ 为 $t[1]$=S.SN ∧ ∀SCX(SCX.SNO≠S.SNO ∨ SCX.CNO≠'C1')。

图 2.19 示意:从学生表 S 的当前记录中取姓名,条件是对任意的选修元组 SCX 都满足:该选修元组不是当前被检索学生的选修课或是该学生的选修课但课程号不是 C1。

本例实际上也可以用存在量词来表示:

```
RANGE SC SCX
GET W(S.SN): ¬∃SCX (SCX.SNO = S.SNO ∧ SCX.CNO = 'C1')
```

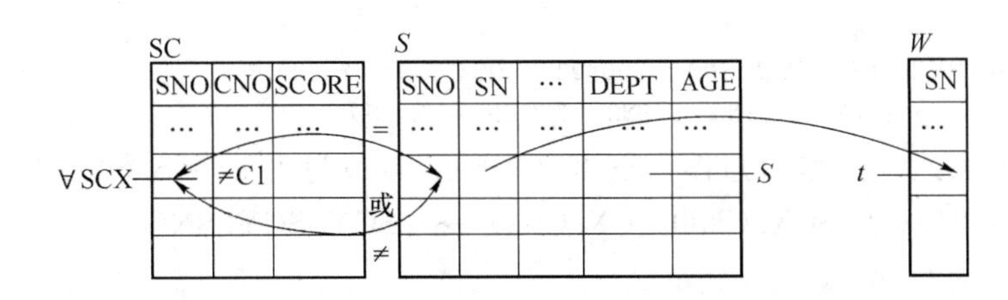

图 2.19 例 2.22 关系演算表达式操作示意图之一

其关系演算表达式操作示意如图 2.20 所示，$\phi(t)$为 $t[1]=S.SN \land \neg \exists SCX(SCX.SNO=S.SNO \land SCX.CNO='C1')$。

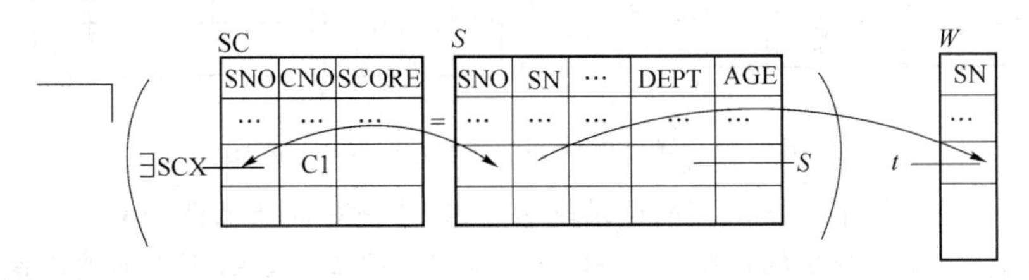

图 2.20 例 2.22 关系演算表达式操作示意图之二

图 2.20 示意：从学生表 S 的当前记录中取姓名，条件是该学生不存在对 C1 课程的选修元组 SCX。

(9) 用两种量词的检索

例 2.23 查询选修了全部课程的学生姓名。

```
RANGE C CX
      SC SCX
GET W(S.SN):∀CX∃SCX(SCX.SNO=S.SNO∧SCX.CNO=CX.CNO)
```

其关系演算表达式操作示意如图 2.21 所示，$\phi(t)$为 $t[1]=S.SN \land \forall CX \exists SCX(SCX.SNO=S.SNO \land SCX.CNO=CX.CNO)$。

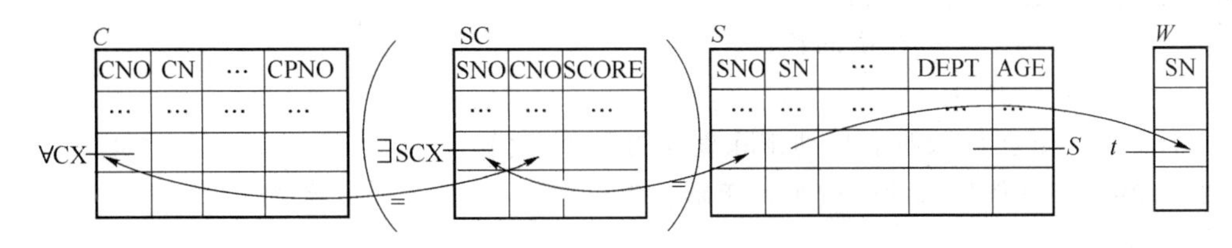

图 2.21 例 2.23 关系演算表达式操作示意图

图 2.21 示意：从学生表 S 中取学生姓名 SN，条件是对任意的课程 CX，该学生都有选课关系 SCX 存在，并选了任意的 CX 这门课。

(10) 用蕴涵(Implication)的检索

例 2.24 查询至少选修了学号为 200402 的学生所选全部课程的学生学号。

本例题的求解思路是，对 C 表中的所有课程，依次检查每一门课程，看 200402 学生是否选修了该课程，如果选修了，则再看某一个学生是否也选修了该门课。如果对于 200402 所选的每门课程该学生都选修了，则该学生为满足要求的学生。把所有这样的学生全都找出来即完成了本题。

```
RANGE C CX
      SC SCX
```

```
      SC SCY
GET W(S.SNO):∀CX(∃SCX(SCX.SNO='200402'∧ SCX.CNO=CX.CNO)
                →∃SCY(SCY.SNO=S.SNO∧SCY.CNO=CX.CNO))
```

其关系演算表达式操作示意图如图 2.22 所示,$\phi(t)$为$t[1]$=S.SNO∧(∀CX(∃SCX(SCX.SNO='200402'∧ SCX.CNO=CX.CNO)→∃SCY(SCY.SNO=S.SNO∧SCY.CNO=CX.CNO)))。

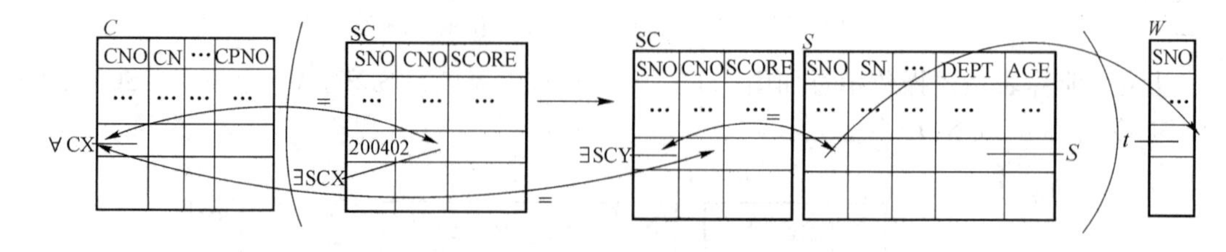

图 2.22　例 2.24 关系演算表达式操作示意图

图 2.22 示意:从学生表 S 的当前记录取学号,条件是对任意的课程 CX 都要满足以下条件,如果存在有 200402 学生的选修元组 SCX,其选修的课程是 CX,则当前被检索学生必存在选修元组 SCY,也选修了课程 CX。

(11) 集函数

表 2.8　关系演算中的集函数

函数名	功能
COUNT	对元组计数
TOTAL	求总和
MAX	求最大值
MIN	求最小值
AVG	求平均值

用户在使用查询语言时,经常要做一些简单的计算,如要求符合某一查询要求的元组数,求某个关系中所有元组在某属性上的值的总和或平均值等。为了方便用户,关系数据语言中建立了有关这类运算的标准函数库供用户选用,这类函数通常称为集函数(Aggregation function)或内部函数(Build-in function)。关系演算中提供了 COUNT、TOTAL、MAX、MIN、AVG 等集函数,其含义如表 2.8 所示。

例 2.25　查询学生所在系的数目。

```
GET W(COUNT(S.DEPT))
```

COUNT 函数在计数时会自动排除重复的 DEPT 值。

例 2.26　查询信息系学生的平均年龄。

```
GET W(AVG(S.AGE)):S.DEPT='IS'
```

2. 更新操作

(1) 修改操作

修改操作用 UPDATE 语句实现,其步骤是:首先用 HOLD 语句将要修改的元组从数据库中读到工作空间中;然后用宿主语言修改工作空间中元组的属性;最后用 UPDATE 语句将修改后的元组送回数据库中。

需要注意的是,单纯检索数据使用 GET 语句即可,但为修改数据而读元组时必须使用 HOLD 语句,HOLD 语句是带上并发控制的 GET 语句。有关并发控制的概念将在第 5 章中详细介绍。

例 2.27　把 200407 学生从计算机科学系转到信息系。

```
HOLD W(S.SNO,S.DEPT):S.SNO='200407'     (从 S 关系中读出 200407 学生的数据)
MOVE 'IS' TO W.DEPT                     (用宿主语言进行修改)
```

```
UPDATE W                                   (把修改后的元组送回 S 关系)
```

在该例中用 HOLD 语句来读 200407 的数据，而不是用 GET 语句。

如果修改操作涉及两个关系的话，就要执行两次 HOLD-MOVE-UPDATE 操作序列。

修改主码的操作是不允许的，如不能用 UPDATE 语句将学号 200401 改为 200402。如果需要修改关系中某个元组的主码值，只能先用删除操作删除该元组，然后再把具有新主码值的元组插入到关系中。

（2）插入操作

插入操作用 PUT 语句实现。其步骤为：首先用宿主语言在工作空间中建立新元组；然后用 PUT 语句把该元组存入指定的关系中。

例 2.28　学校新开设了一门 2 学分的课程“计算机组成与结构”，其课程号为 C8，直接先行课为 C4 号课程，插入该课程元组。

```
MOVE 'C8' TO W.CNO
MOVE '计算机组成与结构' TO W.CN
MOVE 'C4' TO W.Cpno
MOVE '2' TO W.CT
PUT W(C)        (把 W 中的元组插入指定关系 C 中)
```

PUT 语句只对一个关系操作，也就是说表达式必须为单个关系名。如果插入操作涉及多个关系，必须执行多次 PUT 操作。

（3）删除操作

删除操作用 DELETE 语句实现。其步骤为：用 HOLD 语句把要删除的元组从数据库中读到工作空间中；再用 DELETE 语句删除该元组。

例 2.29　200410 学生因故退学，删除该学生元组。

```
HOLD W(S): S.SNO = '200410'
DELETE W
```

例 2.30　将学号 200401 改为 200410。

```
HOLD W(S): S.SNO = '200401'
DELETE W
MOVE '200410' TO W.SNO
MOVE '李立勇' TO W.SN
MOVE '男' TO W.SEX
MOVE '20' TO W.AGE
MOVE 'CS' TO W.DEPT
PUT W(S)
```

修改主码的操作，一般要分解为先删除、再插入的方法完成操作。

例 2.31　删除全部学生。

```
HOLD W(S)
DELETE W
```

由于 SC 关系与 S 关系之间具有参照关系，为了保证参照完整性，删除 S 关系中全部元组的操作可能会遭到拒绝（因为 SC 关系要参照 S 关系），或将导致 DBMS 自动执行删除 SC 关系中全部元组的操作，如下：

```
HOLD W(SC)
DELETE W
```

一般可先删除 SC 中的元组，再删除 S 表中的元组。

2.5.3 域关系演算语言 QBE*

关系演算的另一种方式是域关系演算。域关系演算以元组变量的分量(即域变量)作为谓词变元的基本关系演算表达形式。1975年由 M. M. Zloof 提出的 QBE 就是一个很有特色的域关系演算语言,该语言于1978年在 IBM 370 上得以实现。QBE 也指此关系数据库管理系统。

QBE 是 Query By Example(即通过例子进行查询)的简称,其最突出的优点是它的操作方式。它是一种高度非过程化的基于屏幕表格的查询语言,用户通过终端屏幕编辑程序,以填写表格的方式构造查询要求,而查询结果也是以表格形式显示,因此非常直观且易学易用。

QBE 中用示例元素来表示查询结果可能的情况,示例元素实质上就是域变量。QBE 操作框架如图 2.23 所示。

关系名	属性名	属性名	属性名
操作命令	元组属性值或查询条件		

图 2.23 QBE 操作框架

下面以"学生-课程"关系数据库(即 2.4.2 节图 2.9 中的 S、SC、C 3 个表)为例,来说明 QBE 的用法。

1. 检索操作

(1) 简单查询

例 2.32 求信息系全体学生的姓名。

操作步骤为:

① 用户提出要求;

② 屏幕显示空白表格,如下所示;

③ 用户在最左边一栏输入关系名 S;

S					

④ 系统显示该关系的属性名;

S	SNO	SN	SEX	AGE	DEPT

⑤ 用户在上面构造查询要求。

S	SNO	SN	SEX	AGE	DEPT
		P. $\underline{T}$			IS

这里 T 是示例元素,即域变量,QBE 要求示例元素下面一定要加下划线。IS 是查询条件,不用加下划线。P. 是操作符,表示打印(Print),实际上是显示。

查询条件中可以使用比较运算符＞、≥、＜、≤、＝或≠，其中运算符等于(＝)可以省略。

示例元素是这个域中可能的一个值，它不必是查询结果中的元素。例如，要求信息系的学生，只要给出任意的一个学生名即可，而不必真是信息系的某个学生名。

对于本例，可如下构造查询要求：

S	SNO	SN	SEX	AGE	DEPT
		P. 李立勇			IS

这里的查询条件是 DEPT＝'IS'，其中“＝”被省略。

屏幕显示查询结果如下所示：

S	SNO	SN	SEX	AGE	DEPT
		李立勇 张立伟			IS

根据用户的查询要求，求出了信息系的学生姓名。

例 2.33　查询全体学生的全部数据。

S	SNO	SN	SEX	AGE	DEPT
	P. 200401	P. 李立勇	P. 男	P. 20	P. CS

显示全部数据也可以简单地把 P. 操作符作用在关系名上，因此本查询也可以简单表示如下：

S	SNO	SN	SEX	AGE	DEPT
P.					

(2) 条件查询

例 2.34　求年龄大于 19 岁的学生的学号。

S	SNO	SN	SEX	AGE	DEPT
	P. 200401			＞19	

例 2.35　求计算机系年龄大于 19 岁的学生的学号。

本查询条件是 DEPT＝'CS'和 AGE＞19 两个条件的“与”。在 QBE 中，表示两个条件的“与”有两种方法：

① 把两个条件写在同一行上；

S	SNO	SN	SEX	AGE	DEPT
	P. 200401			＞19	CS

② 把两个条件写在不同行上，但使用相同的示例元素值。

S	SNO	SN	SEX	AGE	DEPT
	P. 200401			＞19	
	P. 200401				CS

例 2.36 查询计算机系或者年龄大于 19 岁的学生的学号。

本查询条件是 DEPT='CS'和 AGE>19 两个条件的“或”。在 QBE 中,把两个条件写在不同的行上,并且使用不同的示例元素值,即表示条件的“或”。

S	SNO	SN	SEX	AGE	DEPT
	P. 200401			>19	
	P. 200402				CS

对于多行条件的查询,如例 2.35 中的②和例 2.36,先输入哪一行是任意的,查询结果相同,这就允许查询者以不同的思考方式进行查询,十分灵活和自由。

例 2.37 查询既选修了 C1 号课程又选修了 C2 号课程的学生的学号。

本查询条件是在一个属性中的“与”关系,它只能用“与”条件的第②种方法表示,即写两行,但示例元素相同。

SC	SNO	CNO	SCORE
	P. 200401	C1	
	P. 200401	C2	

例 2.38 查询选修了 C1 号课程的学生姓名。

本查询涉及两个关系 SC 和 S。在 QBE 中实现这种查询的方法是通过相同的连接属性值把多个关系连接起来。

S	SNO	SN	SEX	AGE	DEPT
	P. 200401	P. 李立勇			

SC	SNO	CNO	SCORE
	P. 200401	C1	

这里的示例元素 SNO 是连接属性,其值在两个表中要相同。

例 2.39 查询未选修 C1 号课程的学生姓名。

这里的查询条件中用到逻辑非,在 QBE 中表示逻辑非的方法是将逻辑非写在关系名下面。

S	SNO	SN	SEX	AGE	DEPT
	P. 200401	P. 李立勇			

SC	SNO	CNO	SCORE
¬	P. 200401	C1	

这个查询就是显示学号为 200401 的学生名字,而该学生选修 C1 号课程的情况为假。

例 2.40 查询有两个人以上选修的课程号。

本查询就是在一个表内连接,这个查询就是要显示这样的课程 C1,它不仅被 200401 选修,而且也被另一个学生(¬200401)选修了。

SC	SNO	CNO	SCORE
	P. 200401	P. C1	
	¬P. 200401	C1	

（3）集函数

为了方便用户，QBE 提供了一些集函数，主要包括 CNT、SUM、MAX、MIN 和 AVG 等，其含义如表 2.9 所示。

表 2.9　QBE 中的集函数

函数名	功能	函数名	功能
CNT	对元组计数	MIN	求最小值
SUM	求总和	AVG	求平均值
MAX	求最大值		

例 2.41　查询信息系学生的平均年龄。

S	SNO	SN	SEX	AGE	DEPT
				P. AVG. ALL	IS

（4）对查询结果排序

对查询结果按某个属性值的升序排序，只需在相应列中填入“AO.”，按降序排序则填“DO.”。如果按多列排序，用“AO(*i*)”或“DO(*i*)”表示，其中，*i* 为排序的优先级，*i* 值越小，优先级越高。

例 2.42　查全体男生的姓名，要求如果按所在系升序排序，对相同系的学生按年龄降序排序。

S	SNO	SN	SEX	AGE	DEPT
		P. <u>李立勇</u>	男	DO(2)	AO(1)

2. 更新操作

（1）修改操作

修改操作符为“U.”。在 QBE 中，关系的主码不允许修改，如果需要修改某个主码，只能先删除该元组，然后再插入新的主码元素。

例 2.43　把 200401 学生的年龄改为 18 岁。

这是一个简单的修改操作，不包含算术表达式，因此可以有两种表示方法。

① 将操作符“U.”放在值上。

S	SNO	SN	SEX	AGE	DEPT
	200401			U. 18	

② 将操作符“U”放在关系上。

S	SNO	SN	SEX	AGE	DEPT
U.	200401			18	

这里，码 200401 标明要修改的元组，“U.”标明所在的行是修改后的新值。由于主码是不能修改的，所以即使在第②种写法中，系统也不会混淆要修改的属性。

例 2.44 把 200401 学生的年龄增加 1 岁。

这个修改操作涉及表达式,所以只能将操作符“U.”放在关系上。

S	SNO	SN	SEX	AGE	DEPT
	200401			20	
U.	200401			20+1	

(2) 插入操作

插入操作符为“I.”,新插入的元组必须具有码值,其他属性值可以为空。

例 2.45 把信息系的女生 200428,姓名张三,年龄 17 岁存入数据库中。

S	SNO	SN	SEX	AGE	DEPT
I.	200428	张三	女	17	IS

(3) 删除操作

删除操作符为“D.”。

例 2.46 删除学生 200409。

S	SNO	SN	SEX	AGE	DEPT
D.	200409				

由于 SC 关系与 *S* 关系之间具有参照关系,为保证完整性,删除 200409 前,应先删除 200409 学生全部的选修元组。

SC	SNO	CNO	SCORE
D.	200409		

以上是 QBE 的使用举例,QBE 虽然不是一种实际的数据库操作工具,但在如 SQL Server 数据库管理系统中交互式创建视图或查询时,能见到类似 QBE 表格式操作的方式方法。为此,QBE 依然有其学习的指导意义。

2.6 小　结

关系数据库系统是本书的重点,这是因为关系数据库系统是目前使用最广泛的数据库系统。20 世纪 70 年代以后开发的数据库管理系统产品几乎都是基于关系的。更进一步,数据库领域近 50 年来的研究工作也主要是关系的。在数据库发展的历史上,最重要的成就是创立了关系模型,并广泛应用关系数据库系统。

关系数据库系统与非关系数据库系统的区别是,关系系统只有“表”这一种数据结构;而非关系数据库系统还有其他数据结构,对这些数据结构有其他复杂而不规则的操作。

本章系统讲解了关系数据库的重要概念,包括关系模型的数据结构、关系的完整性以及关系操作。介绍了用代数方式来表达的关系语言即关系代数、基于元组关系演算的 ALPHA 语言和基于域关系演算的 QBE。本章抽象的关系操作表达,为进一步学习下一章关系数据库国际标准语言 SQL 打好了坚实的基础。

习 题

一、单项选择题

1. 设关系 R 和 S 的属性个数分别为 r 和 s，则 $R\times S$ 操作结果的属性个数为（ ）。
   A. $r+s$ B. $r-s$ C. $r\times s$ D. $\max(r,s)$
2. 在基本的关系中，下列说法正确的是（ ）。
   A. 行列顺序有关 B. 属性名允许重名
   C. 任意两个元组不允许重复 D. 列是非同质的
3. 有关系 R 和 S，$R\cap S$ 的运算等价于（ ）。
   A. $S-(R-S)$ B. $R-(R-S)$ C. $(R-S)\cup S$ D. $R\cup(R-S)$
4. 设关系 $R(A,B,C)$ 和 $S(A,D)$，与自然连接 $R\infty S$ 等价的关系代数表达式是（ ）。
   A. $\sigma_{R.A=S.A}(R\times S)$ B. $R\underset{1=1}{\infty}S$
   C. $\Pi_{B,C,S.A,D}(\sigma_{R.A=S.A}(R\times S))$ D. $\Pi_{R.A,B,C}(R\times S)$
5. 5 种基本关系代数运算是（ ）。
   A. $\cup$、$-$、$\times$、Π 和 σ B. $\cup$、$-$、∞、Π 和 σ
   C. $\cup$、$\cap$、$\times$、Π 和 σ D. $\cup$、$\cap$、∞、Π 和 σ
6. 关系代数中的 θ 连接操作由（ ）操作组合而成。
   A. σ 和 Π B. σ 和 $\times$ C. Π、σ 和 $\times$ D. Π 和 $\times$
7. 在关系数据模型中，把（ ）称为关系模式。
   A. 记录 B. 记录类型 C. 元组 D. 元组集
8. 对一个关系做投影操作后，新关系的基数个数（ ）原来关系的基数个数。
   A. 小于 B. 小于或等于 C. 等于 D. 大于
9. 有关系 $R(A,B,C)$ 主键 $=A$，$S(D,A)$ 主键 $=D$，外键 $=A$，参照 R 的属性 A，关系 R 和 S 的元组如下所示，指出关系 S 中违反关系完整性规则的元组是（ ）。

R

A	B	C
1	2	3
2	1	3

S

D	A
1	2
2	null
3	3
4	1

   A. (1,2) B. (2,null) C. (3,3) D. (4,1)
10. 关系运算中花费时间可能最长的运算是（ ）。
   A. 投影 B. 选择 C. 广义笛卡儿积 D. 并

二、填空

1. 关系中主码的取值必须唯一且非空，这条规则是________完整性规则。
2. 关系代数中专门的关系运算包括选择、投影、连接和除法，主要实现________类操作。

3. 关系数据库的关系演算语言是以________为基础的 DML 语言。

4. 关系数据库中,关系称为________,元组也称为________,属性也称为________。

5. 数据库描述语言的作用是____________________。

6. 一个关系模式可以形式化地表示为________。

7. 关系数据库操作的特点是________式操作。

8. 数据库的所有关系模式的集合构成________,所有的关系集合构成________。

9. 在关系数据模型中,两个关系 R_1 与 R_2 之间存在 1∶m 的联系,可以通过在一个关系 $R2$ 中的________在相关联的另一个关系 R_1 中检索相对应的记录。

10. 将两个关系中满足一定条件的元组连接到一起构成新表的操作称为________操作。

三、简述、计算与查询题

1. 试述关系模型的三要素内容。

2. 试述关系数据库语言的特点和分类。

3. 定义并理解下列概念,说明它们间的联系与区别:

(1) 域、笛卡儿积、关系、元组、属性;

(2) 主码、候选码、外码;

(3) 关系模式、关系、关系数据库。

4. 关系数据库的完整性规则有哪些?试举例说明。

5. 关系代数运算分为哪两大类?试说明每种运算的操作含义。

6. 关系代数的基本运算有哪些?请用基本运算表示非基本运算。

7. 举例说明等值连接与自然连接的区别与联系。

8. 设有关系 R、S(如下表所示),计算:

R

A	B	C
3	6	7
4	5	7
6	2	3
5	4	3

S

C	D	E
3	4	5
6	2	3

(1) $R_1=R\infty S$　　(2) $R_2=R\underset{2<2}{\infty}S$　　(3) $R_3=\sigma_{B=D}(R\times S)$

9. 请用抽象的元组关系演算表达式表达第8题中的 R_1、R_2 与 R_3 的关系。

10. 设有"学生-课程"关系数据库,它由3个关系组成,它们的模式是:学生 S(学号 SNO,姓名 SN,所在系 DEPT,年龄 AGE)、课程 C(课程号 CNO,课程名 CN,先修课号 CPNO)、SC(学号 SNO,课程号 CNO,成绩 SCORE)。

请用关系代数与 ALPHA 语言分别写出下列操作(查询表达时表名和属性名只用英文名表示):

(1) 检索学生的所有情况;

(2) 检索学生年龄大于等于20岁的学生姓名;

(3) 检索先修课号为 C2 的课程号;

(4) 检索选修了课程号 C1 并且成绩为 A 的所有学生姓名;

(5) 检索学号为 S1 的学生修读的所有课程名及先修课号；
(6) 检索年龄为 23 岁的学生所修读的课程名；
(7) 检索至少修读了学号为 S5 的学生修读的一门课的学生的姓名；
(8) 检索修读了学号为 S4 的学生所修读的所有课程的学生的姓名；
(9) 检索选修了所有课程的学生的学号；
(10) 检索不选修任何课程的学生的学号；
(11) 在关系 *C* 中增添一门新课(新课信息自定)；
(12) 学号为 S17 的学生因故退学，请在 *S* 与 SC 中将其信息删除；
(13) 将关系 *S* 中学生 S6 的年龄改为 22 岁(只需 ALPHA 操作)；
(14) 将关系 *S* 中学生的年龄均增加 1 岁(只需 ALPHA 操作)。

第3章 关系数据库标准语言SQL

本章要点

学习、掌握与灵活应用国际标准数据库语言SQL是本章的要求。SQL语言的学习从数据定义(DDL)、数据查询(Query)、数据更新(DML)和视图(View)等方面逐步展开,而嵌入式SQL是SQL的初步应用内容。SQL数据查询是本章学习的重点。

3.1 SQL语言的基本概念与特点

SQL全称是结构化查询语言(Structured Query Language),它是国际标准数据库语言,如今无论是Oracle、SQL Server、Sybase和Informix这样的大型数据库管理系统,还是Visual Foxpro和Access这样的PC机上常用的微、小型数据库管理系统,都支持SQL语言。学习本章后,应该了解SQL语言的特点,掌握SQL语言的四大功能及其使用方法,重点掌握SQL数据查询功能及其使用方法。

3.1.1 语言的发展及标准化

在70年代初,E. F. Codd首先提出了关系模型。70年代中期,IBM公司在研制SYSTEM R关系数据库管理系统中研制了SQL语言,最早的SQL语言(也称为SEQUEL2)是在1976年11月的IBM Journal of R&D上公布的。

1979年ORACLE公司首先提供商用的SQL,IBM公司在DB2和SQL/DS数据库系统中也实现了SQL。

1986年10月,美国ANSI采用SQL作为关系数据库管理系统的标准语言(ANSI X3. 135-1986),后被国际标准化组织(ISO)采纳为国际标准。

1989年,美国ANSI采纳在ANSI X3. 135-1989报告中定义的关系数据库管理系统的SQL标准语言,称为ANSI SQL 89。

1992年,ISO又推出了SQL92标准(也称为SQL2)。

目前SQL99(也称为SQL3)在起草中,增加了面向对象的功能。

结构化查询语言SQL(Structured Query Language)是一种介于关系代数与关系演算之间的语言,其功能包括查询、操作、定义和控制4个方面,是一个通用的、功能极强的关系数据库语言。目前已成为关系数据库的标准语言,广泛应用于各种数据库。

3.1.2 SQL 语言的基本概念

SQL 语言支持关系数据库三级模式结构，如图 3.1 所示。其中外模式对应于视图(View)和部分基本表(Base Table)，模式对应于基本表，内模式对应于存储文件。

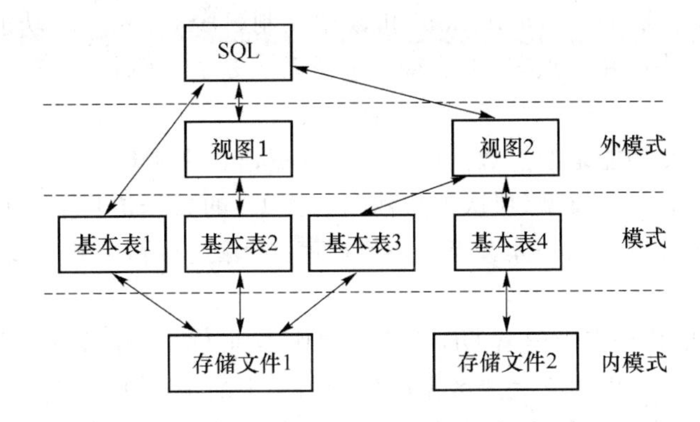

图 3.1 数据库三级模式结构

基本表是本身独立存在的表，在 SQL 中一个关系就对应一个表。一些基本表对应一个存储文件，一个表可以有若干索引，索引也存放在存储文件中。

视图是从基本表或其他视图中导出的表，它本身不独立存储在数据库中，也就是说数据库中只存放视图的定义而不存放视图对应的数据，这些数据仍存放在导出视图的基本表中，因此视图是一个虚表。

存储文件的物理结构及存储方式等组成了关系数据库的内模式，对于不同数据库管理系统，其存储文件的物理结构及存储方式等往往是不同的，一般也是不公开的。

视图和基本表是 SQL 语言的主要操作对象，用户可以用 SQL 语言对视图和基本表进行各种操作。在用户眼中，视图和基本表都是关系表，而存储文件对用户是透明的。

关系数据库三级模式结构直观示意图如图 3.2 所示。

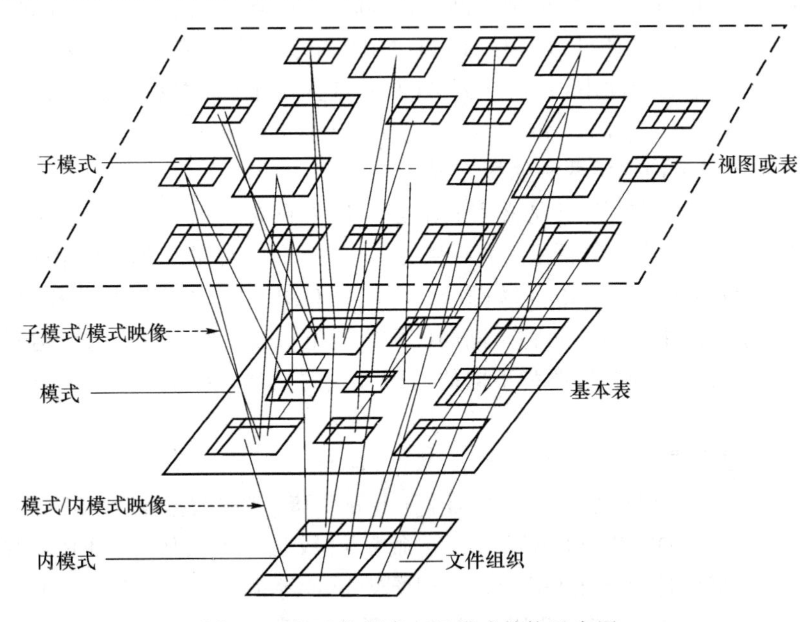

图 3.2 关系数据库三级模式结构示意图

3.1.3 SQL 语言的主要特点

SQL 语言之所以能够为用户和业界所接受,成为国际标准,是因为它是一个综合的、通用的、功能极强同时又简捷易学的语言。SQL 语言集数据查询(Data Query)、数据操作(Data Manipulation)、数据定义(Data Definition)和数据控制(Data Control)功能于一体,充分体现了关系数据库语言的特点和优点,其主要特点包括以下 5 个方面。

1. 综合统一

数据库系统的主要功能是通过数据库支持的数据语言来实现的。

一般不同模式的非关系模型(层次模型和网状模型)的数据语言有不同的定义语言,数据操作语言与各定义语言也不成一体。当用户数据库投入运行后,一般不支持联机实时修改各级模式。

而 SQL 语言则集数据定义语言 DDL、数据操作语言 DML 和数据控制语言 DCL 的功能于一体,语言风格统一,可以独立完成数据库生命周期中的全部活动,包括定义关系模式、录入数据以建立数据库、查询、更新、维护、数据库重构和数据库安全性控制等一系列操作要求,这就为数据库应用系统开发提供了良好的环境,例如,用户在数据库投入运行后,还可根据需要随时地逐步地修改模式,而不影响数据库的整体正常运行,从而使系统具有良好的可扩充性。

2. 高度非过程化

非关系数据模型的数据操作语言是面向过程的语言,用其完成某项请求,必须指定存取路径;而用 SQL 语言进行数据操作,用户只需提出“做什么”,而不必指明“怎么做”,因此用户无须了解存取路径,存取路径的选择以及 SQL 语句的具体操作过程由系统自动完成,这不但大大减轻了用户负担,而且有利于提高数据独立性。

3. 面向集合的操作方式

SQL 语言采用集合操作方式,不仅查找结果可以是元组的集合(即关系),而且一次插入、删除和更新操作的对象也可以是元组的集合。非关系数据模型采用的是面向记录的操作方式,任何一个操作其对象都是一条记录。例如,查询所有平均成绩在 90 分以上的学生姓名,用户必须说明完成该请求的具体处理过程,即如何用多重循环结构按照某条路径一条一条地把学生记录及其所有选课记录读出,并在计算、判断后选择出来;而关系数据库中,一条 SELECT 命令就能完成该功能。

4. 以同一种语法结构提供两种使用方式

SQL 语言既是自含式语言,又是嵌入式语言。作为自含式语言,它能够独立地用于联机交互的使用方式,用户可以在终端键盘上直接键入 SQL 命令对数据库进行操作;作为嵌入式语言,SQL 语句能够嵌入到高级语言(如 Java、C#、C、COBOL、FORTRAN 和 PL/1)程序中,供程序员设计程序时使用。而在两种不同的使用方式下,SQL 语言的语法结构基本上是一致的。这种以统一的语法结构提供两种不同的使用方式的做法,为用户提供了极大的灵活性与方便性。

5. 语言简捷,易学易用

SQL 语言功能极强,但由于设计巧妙,语言十分简捷,完成数据查询(SELECT 命令)、数据定义(如 CREATE、DROP 和 ALTER 等命令)、数据操作(如 INSERT、UPDATE 和 DELETE等命令)和数据控制(如 GRANT 和 REVOKE 等命令)四大核心功能只用了 9 个动词,而且 SQL 语言语法简单,接近英语口语,因此易学易用。

3.2　SQL 数据定义

SQL 语言使用数据定义语言(Data Definition Language,DDL)实现其数据定义功能,可对数据库用户、基本表、视图和索引等进行定义、修改和删除。

3.2.1　字段数据类型

当用 SQL 语句定义表时,需要为表中的每一个字段设置一个数据类型,用来指定字段所存放的数据是整数、字符串、货币或是其他类型的数据。SQL Server 2000(新版本 SQL Server 数据型会有所扩展)的数据类型共有 26 种,分为以下 9 类。

① 整数数据类型按照整数数值的范围大小,有 Bigint、Int、Smallint 和 Tinyint 4 种。

② 精确数值类型用来定义可带小数部分的数字,有 Numeric 和 Decimal 两种,二者相同,但建议使用 Decimal,如 123.0,8 000.56。类型表示形式为 Numeric[(*p*[,*d*])]或 Decimal[(*p*[,*d*])],表示由 *p* 位数字(不包括符号和小数点)组成,小数点后面有 *d* 位数字(也可写成 DECIMAL(*p*,*d*)或 DEC(*p*,*d*))。

③ 近似浮点数值数据类型:当数值的位数太多时,可用此数据类型来取数值的近似值,有 Float 和 Real 两种,如 1.35E+10。

类型表示形式为 Float[(*n*)]或 Real 浮点数,*n* 用于存储科学记数法 Float 型尾数的位数,同时指示其精度和存储大小,*n* 必须为 1～53 之间的值。

④ 日期时间数据类型用来表示日期和时间,按照时间范围与精确程度可分为 Datetime 与 Smalldatetime 两种,如 1998-06-12 15:30:00。

⑤ 非 Unicode 的字符型数据,包括 Char、Varchar 和 Text 3 种,如"I am a student."。字符型数据有固定长度(Char)和可变长度(Varchar)字符数据类型之分。类型表示形式为 CHAR[(*n*)]或 VARCHAR[(*n*)],长度为 *n* 个字节的固定长度且非 Unicode 的字符数据,*n* 必须是一个介于 1～8 000 之间的数值。

⑥ Unicode 的字符型数据,采用双字节文字编码标准,包括 Nchar、Nvarchar 与 Ntext 3 种。它与字符串数据类型相当类似,但 Unicode 的一个字符占用 2 字节存储空间。Nchar 是固定长度 Unicode 数据的数据类型,Nvarchar 是可变长度 Unicode 数据的数据类型,二者均使用 UNICODE UCS-2 字符集。类型表示形式为 Nchar(*n*)或 Nvarchar(*n*),包含 *n* 个字符的固定长度 Unicode 字符数据,*n* 的值必须介于 1～4 000 之间。存储大小为 *n* 字节的两倍。Nchar 在 SQL-92 中的同义词为 National Char 和 National Character。

⑦ 二进制数据类型用来定义二进制代码的数据,有 Binary、Varbinary 和 Image 3 种,通常用十六进制表示,如 0X5F3C。二进制数据类型也有固定长度 (Binary) 和可变长度 (Varbinary) 的数据类型之分。类型表示形式为 Binary[(*n*)]或 Varbinary[(*n*)],长度为 *n* 个字节二进制数据,*n* 必须为 1～8 000 之间的值,存储空间大小为 *n*+4 字节。

⑧ 货币数据类型用来定义与货币有关的数据,分为 Money 与 Smallmoney 两种,如 123.0000。

⑨ 标记数据类型有 Timestamp(时间标记)和 Uniqueidentifier(唯一识别码)两种,属于此数据类型的字段值通常由系统自动产生,而不是由用户输入。在一个表中最多只能有一个 Timestamp 数据类型的字段。这时,当表中一笔记录被更新或修改时,该笔数据的 Timestamp 字段值会自动更新,其值就是更新数据时的时间标记。而当数据表中含有 Uniqueidentifier 数据类型的字段时,则该字段的值在整个数据库中的值是唯一的,所以常用它来识别每一笔数据的唯一性。

各种数据类型的有关规定参见表 3.1,各数据类型的详细说明请参阅相应版本的 SQL Server 联机帮助。

表 3.1 数据类型

数据类型	数据内容与范围	占用的字节
Bit	0,1,NULL	实际使用 1 bit,但会占用 1 个字节,若一个数据中有数个 bit 字段,则可共占 1 个字节
Bigint	-2^{63} 至 $2^{63}-1$	8 个字节
Int	-2^{31} 至 $2^{31}-1$	4 个字节
Smallint	-2^{15} 至 $2^{15}-1$	2 个字节
Tinyint	0 至 255	1 个字节
Numeric	$-10^{38}+1$ 至 $10^{38}-1$	1~9 位数使用 5 个字节 10~19 位数使用 9 个字节 20~28 位数使用 13 个字节 29~38 位数使用 17 个字节
Decimal	$-10^{38}+1$ 至 $10^{38}-1$	与 Numerc 相同
Float	-1.79E+308 至 1.79E+308	8 个字节
Real	-3.40E+38 至 3.40E+38	4 个字节
Money	-922 337 203 685 477.580 8 至+922 337 203 685 477.580 7	8 个字节
Smallmoney	-214 748.364 8 至 214 748.364 7	4 个字节
Datetime	1753/1/1 至 9999/12/31	8 个字节
Smalldatetime	1900/1/1 至 2079/6/6	4 个字节
Char	1~8 000 个字符	1 个字符占 1 个字节,尾端空白字符保留
Varchar	1~8 000 个字符	1 个字符占 1 个字节,尾端空白字符删除
Text	最多 $2^{31}-1$ 个字符	1 个字符占 1 个字节,最大可存储 2G 字节
Nchar	1~4 000 个字符	1 个字符占 2 个字节,尾端空白字符保留
Nvarchar	1~4 000 个字符	1 个字符占 2 个字节,尾端空白字符删除
Ntext	$2^{30}-1$ 个字符	1 个字符占 2 个字节,最大可存储 2G 字节
Binary	1~8 000 个字节	在存储时,SQL Server 会另外增加 4 个字节,尾端空白字符会保留
Varbinary	1~8 000 个字节	在存储时,SQL Server 会另外增加 4 个字节,尾端空白字符会删除
Image	$2^{31}-1$ 个字符	最大可存储 2G 字节
Timestamp	16 进制	8 个字节
Uniqueidentifier	全局唯一标识符(GUID)	可用 NEWID()函数生成一个该种类型的字段值,16 个字节
Sql_variant	0~8 016 个字节	用于存储 SQL Server 支撑的各种数据类型的值
Table	一种特殊的数据类型,用于存储结果集以供后续处理。	该数据类型主要用于临时存储一组行,这些行将作为表值函数的结果集返回

3.2.2　创建、修改和删除数据表

1. 定义基本表

在 SQL 语言中，使用语句 CREATE TABLE 创建数据表，其一般格式为：

CREATE TABLE ＜表名＞(＜列名＞ ＜数据类型＞ [列级完整性约束条件]
[,＜列名＞ ＜数据类型＞ [列级完整性约束条件]]…[,＜表级完整性约束条件＞])

其中＜表名＞是所要定义的基本表的名字，必须是合法的标识符，最多可有 128 个字符，但本地临时表的表名(名称前有一个编号符 #)最多只能包含 116 个字符。表名不允许重名，一个表可以由一个或多个属性(列)组成。建表的同时通常还可以定义与该表有关的完整性约束条件，这些完整性约束条件被存入系统的数据字典中，当用户操作表中数据时由 DBMS 自动检查该操作是否违背这些完整性约束条件。如果完整性约束条件涉及该表的多个属性列，则必须定义在表级上，否则既可以定义在列级也可以定义在表级。

关系模型的完整性规则是对关系的某种约束条件。

(1) 实体完整性

① 主码(PRIMARY KEY)：在一个基本表中只能定义一个 PRIMARY KEY 约束，对于指定为 PRIMARY KEY 的一个或多个列的组合，其中任何一个列都不能出现空值。PRIMARY KEY 既可用于列约束，也可用于表约束，PRIMARY KEY 用于定义列约束时语法格式：

[CONSTRAINT ＜约束名＞] PRIMARY KEY [CLUSTERED | NONCLUSTERED] [(column_name [ASC | DESC] [,…n])]

说明：[,…*n*]表示可以重复，下同。

② 空值(NULL/NOT NULL)：空值不等于 0 也不等于空白，而是表示不知道、不确定、没有意义的意思，该约束只能用于列约束，语法格式：

[CONSTRAINT ＜约束名＞] [NULL|NOT NULL]

③ 唯一值(UNIQUE)：表示在某一列或多个列的组合上的取值必须唯一，系统会自动为其建立唯一索引。UNIQUE 约束可用于列约束，也可用于表约束，语法格式：

[CONSTRAINT ＜约束名＞] UNIQUE [CLUSTERED | NONCLUSTERED] [(column_name [ASC | DESC] [,…n])]

(2) 参照完整性

FOREIGN KEY 约束指定某一个或一组列作为外部键，其中，包含外部键的表称为从表，包含外部键引用的主键或唯一键的表称为主表。系统保证从表在外部键上的取值是主表中某一个主键或唯一键值，或者取空值，以此保证两个表之间连接，确保了实体的参照完整性。

FOREIGN KEY 既可用于列约束，也可用于表约束，其语法格式分别为：

[CONSTRAINT ＜约束名＞] FOREIGN KEY REFERENCES ＜主表名＞(＜列名＞)

或

[CONSTRAINT ＜约束名＞] FOREIGN KEY [(＜从表列名＞[,…n])] REFERENCES ＜主表名＞[(＜主表列名＞ [,…n])] [ON DELETE { CASCADE | NO ACTION }] [ON UPDATE { CASCADE | NO ACTION }][NOT FOR REPLICATION]

(3) 用户自定义的完整性约束规则

CHECK 可用于定义用户自定义的完整性约束规则，CHECK 既可用于列约束，也可用于表约束，其语法格式为：

[CONSTRAINT ＜约束名＞] CHECK [NOT FOR REPLICATION](＜条件＞)

下面以一个“学生-课程”数据库为例来说明,表内容如图 3.3 所示。

S

学号 SNO	姓名 SN	性别 SEX	年龄 AGE	系别 DEPT
S1	李涛	男	19	信息
S2	王林	女	18	计算机
S3	陈高	女	21	自动化
S4	张杰	男	17	自动化
S5	吴小丽	女	19	信息
S6	徐敏敏	女	20	计算机

C

课程号 CNO	课程名 CN	学分 CT
C1	C语言	4
C2	离散数学	2
C3	操作系统	3
C4	数据结构	4
C5	数据库	4
C6	汇编语言	3
C7	信息基础	2

SC

学号 SNO	课程号 CNO	成绩 SCORE
S1	C1	90
S1	C2	85
S2	C1	84
S2	C2	94
S2	C3	83
S3	C1	73
S3	C7	68
S3	C4	88
S3	C5	85
S4	C2	65
S4	C5	90
S4	C6	79
S5	C2	89

图 3.3 “学生-课程”数据库中的三表内容

“学生-课程”数据库中包括 3 个表:① “学生”表 *S* 由学号(SNO)、姓名(SN)、性别(SEX)、年龄(AGE)和系别(DEPT)5 个属性组成,可记为 *S*(SNO,SN,SEX,AGE,DEPT);② “课程”表 *C* 由课程号(CNO)、课程名(CN)和学分(CT)3 个属性组成,可记为 *C*(CNO,CN,CT);③ “学生选课”表 SC 由学号(SNO)、课程号(CNO)和成绩(SCORE)3 个属性组成,可记为 SC(SNO,CNO,SCORE)。先创建数据库,并选择当前数据库,命令为:

```
CREATE DATABASE jxgl
GO
USE jxgl
```

例 3.1 建立一个“学生”表 *S*,它由学号 SNO、姓名 SN、性别 SEX、年龄 AGE 和系别 DEPT 5 个属性组成,其中学号属性为主键,姓名、年龄与性别不为空,假设姓名具有唯一性,并建立唯一索引,并且性别只能在男和女中选一个,年龄不能小于 0。

```
CREATE TABLE S
(   SNO CHAR(5) PRIMARY KEY,
    SN VARCHAR(8) NOT NULL,
    SEX CHAR(2) NOT NULL CHECK (SEX IN ('男','女')),
    AGE INT NOT NULL CHECK (AGE>0),
    DEPT VARCHAR(20),
    CONSTRAINT SN_U UNIQUE(SN)
)
```

例 3.2　建立"课程"表 *C*,它由课程号(CNO)、课程名(CN)和学分(CT)3 个属性组成,CNO 为该表主键,学分大于等于 1。

```
CREATE TABLE C
  (  CNO CHAR(5) NOT NULL PRIMARY KEY,
     CN VARCHAR(20),
     CT INT CHECK(CT> = 1))
```

例 3.3　建立"选修"关系表 SC,分别定义 SNO 和 CNO 为 SC 的外部键,(SNO,CNO)为该表的主键。

```
CREATE TABLE SC
  ( SNO CHAR(5) NOT NULL CONSTRAINT S_F FOREIGN KEY REFERENCES S(SNO),
    CNO CHAR(5) NOT NULL,
    SCORE NUMERIC(3,0),
    CONSTRAINT S_C_P PRIMARY KEY(SNO,CNO),
    CONSTRAINT C_F FOREIGN KEY(CNO) REFERENCES C(CNO))
```

2. 修改基本表

由于分析设计不到位或应用需求的不断变化等原因,基本表结构的修改也是不可避免的,如增加新列和完整性约束、修改原有的列定义和完整性约束定义等。SQL 语言使用 ALTER TABLE 命令来完成这一功能,其一般格式为(详细说明略):

```
ALTER TABLE <表名>{
[ ALTER COLUMN column_name { new_data_type [ ( precision [ , scale ] ) ][ COLLATE < collation_name
> ][ NULL | NOT NULL ]| {ADD | DROP } ROWGUIDCOL }]
| ADD { [< column_definition >]|column_name AS computed_column_expression } [ ,…n ]
|[ WITH CHECK | WITH NOCHECK ] ADD{ < table_constraint > } [ ,…n ]
| DROP{ [ CONSTRAINT ] constraint_name | COLUMN column } [ ,…n ]
|{CHECK | NOCHECK } CONSTRAINT { ALL | constraint_name [ ,…n ] }
|{ ENABLE | DISABLE } TRIGGER { ALL | trigger_name [ ,…n ] }}
```

其中,<表名>指定需要修改的基本表,ADD 子句用于增加新列和新的完整性约束条件,DROP 子句用于删除指定的完整性约束条件或原有列,ALTER COLUMN 子句用于修改原有的列定义。{ CHECK | NOCHECK} CONSTRAINT 指定启用或禁用 constraint_name。如果禁用,将来插入或更新该列时将不用该约束条件进行验证,此选项只能与 FOREIGN KEY 和 CHECK 约束一起使用。{ENABLE | DISABLE} TRIGGER 指定启用或禁用 trigger_name,当一个触发器被禁用时,它对表的定义依然存在,然而,当在表上执行 INSERT、UPDATE 或 DELETE 语句时,触发器中的操作将不执行,除非重新启用该触发器。

例 3.4　向 *S* 表增加"入学时间"列,其数据类型为日期型。

```
ALTER TABLE S ADD SCOME DATETIME
```

不论基本表中原来是否已有数据,新增加的列一律为空值。

例 3.5　将年龄的数据类型改为半字长整数。

```
ALTER TABLE S ALTER COLUMN AGE SMALLINT
```

修改原有的列定义,会使列中数据做新旧类型的自动转化,有可能会破坏已有数据。

例 3.6　删除例 3.4 中增加的"入学时间"列。

```
ALTER TABLE S DROP COLUMN SCOME
```

例 3.7　禁止 SC 中的参照完整性 C_F。

```
ALTER TABLE SC NOCHECK CONSTRAINT C_F
```

3. 删除基本表

随着时间的变化,有些基本表无用了,可将其删除。删除某基本表后,该表中数据及表结构将从数据库中彻底删除,表相关的对象如索引、视图和参照关系等也将同时删除或无法再使用,因此执行删除操作一定要格外小心。删除基本表命令的一般格式为:

```
DROP TABLE <表名>
```

例 3.8 删除 *S* 表。

```
DROP TABLE S
```

注意:删除表需要相应的操作权限,一般只删除自己建立的无用表。执行删除命令后是否真能完成删除操作,还取决于其操作是否违反了完整性约束。

3.2.3 设计、创建和维护索引

1. 索引的概念

在现实生活中经常借用索引的手段实现快速查找,如图书目录、词典索引等。同样道理,数据库中的索引是为了加速对表中元组(或记录)的检索而创建的一种分散存储结构(如 B^+ 树数据结构),它实际上是记录的关键字与其相应地址的对应表。索引是对表或视图而建立的,由索引页面组成。

改变表中的数据(如增加或删除记录)时,索引将自动更新。索引建立后,在查询使用该列时,系统将自动使用索引进行查询。索引是把双刃剑,由于要建立索引页面,索引也会减慢更新数据的速度。索引数目无限制,但索引越多,更新数据的速度越慢。对于仅用于查询的表可多建索引,对于数据更新频繁的表则应少建索引。

按照索引记录的存放位置可分为聚集索引(Clustered Index)与非聚集索引(Non-Clustered Index)两类。聚集索引是指索引项的顺序与表中记录的物理顺序一致的索引组织;非聚集索引按照索引字段排列记录,该索引中字引的逻辑顺序与磁盘上记录的物理存储顺序不同。在检索记录时,聚集索引会比非聚集索引速度快,一个表中只能有一个聚集索引,而非聚集索引可以有多个。

2. 创建索引

创建索引语句的一般格式为:

```
CREATE [UNIQUE] [CLUSTERED|NONCLUSTERED ] INDEX <索引名> ON {<表名>|<视图名> } (<列名>
[ASC|DESC] [,…n]) [WITH < 索引选项 >[,…n]][ ON 文件组名]
```

其中,UNIQUE 表明建立唯一索引,CLUSTERED 表示建立聚集索引,NONCLUSTERED 表示建立非聚集索引。索引可以建在该表或视图的一列或多列上,各列名之间用逗号分隔。每个<列名>后面还可以用<次序>指定索引值的排列次序,包括 ASC(升序)和 DESC(降序)两种,缺省值为 ASC。例如,执行下面的 CREATE INDEX 语句:

```
CREATE CLUSTERED INDEX StuSN ON S(SN)
```

将会在 *S* 表的 SN(姓名)列上建立一个聚簇索引,而且 *S* 表中的记录将按照 SN 值的升序存放。建立聚簇索引后,更新索引列数据时,往往导致表中记录的物理顺序的变更,代价较大,因此对于经常更新的列不宜建立聚簇索引。

例 3.9 为“学生-课程”数据库中的 *S*、*C* 和 SC 3 个表建立索引。其中 *S* 表按学号升序建唯一索引,*C* 表按课程号降序建立聚簇索引,SC 表按学号升序和课程号降序建非聚簇索引。

```
CREATE UNIQUE INDEX S_SNO ON S(SNO)
```

```
CREATE CLUSTERED INDEX C_CNO ON C(CNO DESC)
CREATE NONCLUSTERED INDEX SC_SNO_CNO ON SC(SNO ASC,CNO DESC)
```

说明：每个表至多只能有一个聚簇索引。

3. 删除索引

删除索引一般格式为：

```
DROP INDEX 表名.＜索引名＞|视图名.＜索引名＞[ ,…n ]
```

例 3.10　删除 S 表的 S_SNO 索引。

```
DROP INDEX S.S_SNO
```

说明：索引一经建立，就由系统使用和维护它，一般不需用户干预。建立索引是为了减少查询操作的时间，但如果数据增删改频繁，系统会花费许多时间来维护索引。这时，可以删除一些不必要的索引。删除索引时，系统会同时从数据字典中删去有关该索引的描述。

3.3　SQL 数据查询

3.3.1　SELECT 命令的格式及其含义

数据查询是数据库中最常用的操作命令。SQL 语言提供 SELECT 语句，通过查询操作可以得到所需的信息。SELECT 语句的一般格式为：

```
[ WITH ＜公用表表达式＞[,…n]]
SELECT [ALL|DISTINCT] [TOP [(]n[)]] ＜目标列表达式 1＞ [[AS] 列别名 1] [,＜目标列表达式 2＞
[[AS] 列别名 2]]…
[INTO ＜新表名＞]
FROM ＜表名 1 或视图名 1＞ [[AS] 表别名 1] [,＜表名 2 或视图名 2＞ [[AS] 表别名 2]] …
[WHERE ＜元组或记录筛选条件表达式＞]
[GROUP BY ＜列名 11＞[,＜列名 12＞]|rollup(列表)|cube(列表)|GROUPING SETS(＜grouping set list
＞)|＜grand total＞ … [HAVING ＜分组筛选条件表达式＞]]
[ORDER BY ＜列名 21＞ [ASC|DESC] [,＜列名 22＞ [ASC|DESC]] …]
```

SELECT 语句组成成分的说明：

(1) WITH ＜公用表表达式＞[,…n]：指定临时命名的结果集，这些结果集称为公用表表达式，该表达式源自简单查询，并且在单条 SELECT、INSERT、UPDATE 或 DELETE 语句的执行范围内定义并使用。

```
＜公用表表达式＞::= 表达式名[(列名 [,…n ])] AS (SELECT 语句)
```

(2) 目标列表达式的可选格式：

① [＜表名＞.]属性列名 | 各种普通函数 | 常量 | …；

② [＜表名＞.] * ；

③ COUNT([ALL|DISTINCT] ＜属性列名＞| *) 等集函数；

④ 算术运算(+、-、* 、/)为主的表达式，其中函数参数可以是属性列名、集函数、常量、普通函数或表达式等形式；

⑤ [ALL|DISTINCT][TOP [(]expression[)] [PERCENT]] ＜select_list＞。

(3) 集函数的可选格式：

```
COUNT([ALL|DISTINCT] ＜属性列名＞| * )
```

或 SUM | AVG | MAX | MIN([ALL|DISTINCT] ＜属性列名＞)

(4) WHERE子句的元组或记录筛选条件表达式有以下可选格式：

① <属性列名> θ { <属性列名> | <常量> | [ANY | ALL] (SELECT 语句) }

其中,θ 为6种关系比较运算符之一。

② <属性列名> [NOT] BETWEEN {<属性列名> | <常量> | (SELECT 语句)} AND {<属性列名> | <常量> | (SELECT 语句) }

③ <属性列名> [NOT] IN { (值 1 [,值 2]…) | (SELECT 语句) }

④ <属性列名> [NOT] LIKE <匹配串>

⑤ <属性列名> IS [NOT] NULL

⑥ [NOT] EXISTS (SELECT 语句)

⑦ [NOT] <条件表达式> { AND|OR } [NOT] <条件表达式> [{ AND|OR } ([NOT] <条件表达式>)]…

(5) 最新 GROUP BY (Transact-SQL)子句说明。

按 SQL Server 2014 中一个或多个列或表达式的值将一组选定行组合成一个摘要行集,针对每一组返回一行。SELECT 子句 <select> 列表中的聚合函数提供有关每个组(而不是各行)的信息。

GROUP BY 子句可以描述为常规或简单子句：

- 常规 GROUP BY 子句包括 GROUPING SETS、CUBE、ROLLUP、WITH CUBE 或 WITH ROLLUP。
- 简单 GROUP BY 子句不包括 GROUPING SETS、CUBE、ROLLUP、WITH CUBE 和 WITH ROLLUP。GROUP BY ()(也就是总计)被视为简单 GROUP BY。

GROUP BY 子句具有符合 ISO 和不符合 ISO 的语法。在一条 SELECT 语句中只能使用一种语法样式,对于所有的新工作,请使用符合 ISO 的语法。提供不符合 ISO 的语法的目的是为了实现向后兼容。ISO 的语法：

```
GROUP BY <group by spec>
<group by spec>::= <group by item> [ ,…n ]
<group by item>::= <simple group by item> | <rollup spec> | <cube spec> | <grouping sets spec> | <grand total>
<simple group by item>::= <column_expression>
<rollup spec>::= ROLLUP(<composite element list>)
<cube spec>::= CUBE(<composite element list>)
<composite element list>::= <composite element>[ ,…n ]
<composite element>::= <simple group by item>|(<simple group by item list>)
<simple group by item list> ::= <simple group by item> [,…n ]
<grouping sets spec>::= GROUPING SETS (<grouping set list>)
<grouping set list>::= <grouping set>[,…n ]
<grouping set>::= <grand total>|<grouping set item>|(<grouping set item list>)
<empty group>::= ()
<grouping set item>::= <simple group by item> | <rollup spec> | <cube spec>
<grouping set item list>::= <grouping set item> [ ,…n ]
```

不符合 ISO 的语法：

```
[GROUP BY [ALL] group_by_expression[,…n] [WITH {CUBE |ROLLUP }]]
```

其中参数如下所示。

① ROLLUP ( ) 生成简单的 GROUP BY 聚合行、小计行或超聚合行,还生成一个总计行。返回的分组数等于 <composite element list> 中的表达式数加一。例如,请考虑下面的

语句：

```
SELECT a,b,c,SUM(＜expression＞) FROM T GROUP BY ROLLUP(a,b,c)
```

该语句会为(a, b, c)、(a, b) 和(a)值的每个唯一组合生成一个带有小计的行，还将计算一个总计行。列是按照从右到左的顺序汇总的，列的顺序会影响 ROLLUP 的输出分组，而且可能会影响结果集内的行数。

② CUBE ( ) 生成简单的 GROUP BY 聚合行、ROLLUP 超聚合行和交叉表格行。

CUBE 针对 ＜composite element list＞ 中表达式的所有排列输出一个分组。

生成的分组数等于 2^n，其中 n=＜composite element list＞ 中的表达式数。例如，请考虑下面的语句：

```
SELECT a,b,c,SUM(＜expression＞) FROM T GROUP BY CUBE (a,b,c)
```

该语句会为 (a, b, c)、(a, b)、(a, c)、(b, c)、(a)、(b) 和 (c) 值的每个唯一组合生成一个带有小计的行，还会生成一个总计行。列的顺序不影响 CUBE 的输出。

③ GROUPING SETS ( )在一个查询中指定数据的多个分组。仅聚合指定组，而不聚合由 CUBE 或 ROLLUP 生成的整组聚合。其结果与针对指定的组执行 UNION ALL 运算等效。GROUPING SETS 可以包含单个元素或元素列表，GROUPING SETS 可以指定与 ROLLUP 或 CUBE 返回的内容等效的分组。＜grouping set item list＞ 可以包含 ROLLUP 或 CUBE。

④ ( ) 空组生成总计。

其他参数具体说明略。

(6) HAVING 子句的分组筛选条件表达式有以下可选格式。

HAVING 子句的分组筛选条件表达式格式基本与 WHERE 子句的可选格式相同。不同的是 HAVING 子句的条件表达式中出现的属性列名应为 GROUP BY 子句中的分组列名。HAVING 子句的条件表达式中一般要使用到集函数 COUNT、SUM、AVG、MAX 或 MIN 等，因为只有这样才能表达出筛选分组的要求。

整个 SELECT 语句的含义是，根据 WHERE 子句的条件表达式，从 FROM 子句指定的基本表或视图中找出满足条件的元组，再按 SELECT 子句中的目标列表达式，选出元组中的属性值形成结果表，若有 TOP n 或 TOP (n)，则只取前面的 n 个元组。如果有 GROUP 子句，则将结果按＜列名 11＞的值进行分组(假设只有一列分组列)，该属性列值相等的元组为一个组，每个组将产生结果表中的一条记录，通常会对每组作用集函数。如果 GROUP 子句带 HAVING 短语，则只有满足指定条件的组才给予输出。如果有 ORDER 子句，则结果表还要按＜列名 21＞的值的升序或降序排序后(假设只有一列排序列)再输出。

SELECT 语句既可以完成简单的单表查询，也可以完成复杂的连接查询或嵌套查询。一个 SELECT 语句至少需要 SELECT 与 FROM 两个子句，下面将以“学生-课程”数据库(参阅本章 3.2.2 节)为例说明 SELECT 语句的各种用法。

3.3.2 SELECT 子句的基本使用

1. 查询指定列

例 3.11 查询全体学生的学号与姓名。

```
SELECT SNO,SN
FROM S
```

<目标列表达式> 中各个列的先后顺序可以与表中的顺序不一致,也就是说,用户在查询时可以根据应用的需要改变列的显示顺序。

例 3.12 查询前 10 位学生的姓名、学号和所在系。

```
SELECT TOP 10 SN,SNO,DEPT
FROM S
```

这时结果表中列的顺序与基表中不同,它是按查询要求,先列出姓名属性,然后再列出学号和所在系属性。

注意:TOP 10 或 TOP (10)的使用。

2. 查询全部列

例 3.13 查询全体学生的详细记录。

```
SELECT * FROM S
```

该 SELECT 语句实际上是无条件地把 *S* 表的全部信息都查询出来,所以也称为全表查询,这是最简单的一种查询命令形式,它等价于如下命令:

```
SELECT SNO,SN,SEX,AGE,DEPT FROM S
```

3. 查询经过计算的值

SELECT 子句的<目标列表达式>不仅可以是表中的属性列,也可以是含或不含属性列的表达式,即可以将查询出来的属性列经过一定的计算后列出结果或是常量表达式的值。

例 3.14 查全体学生的姓名及其出生年份。

```
SELECT SN, 2005 - AGE FROM S
```

本例中,<目标列表达式>中第二项不是通常的列名,而是一个计算表达式,是用当前的年份(假设为 2005 年)减去学生的年龄,这样,所得的即是学生的出生年份,输出的结果为:

```
  SN        (无列名)
--------  ------
 李涛        1986
 王林        1987
 陈高        1984
 张杰        1988
吴小丽       1986
徐敏敏       1985
```

<目标列表达式>不仅可以是算术表达式,还可以是字符串常量和函数等。

例 3.15 查询全体学生的姓名、出生年份和所有系,要求用小写字母表示所有系名。

```
SELECT SN,'出生年份:', 2005 - AGE, lower(DEPT) FROM S
```

结果为:

```
SN      (无列名)    (无列名)     (无列名)
-----  --------  ---------  ---------
李涛    出生年份:    1986        信息
王林    出生年份:    1987        计算机
```

```
陈高     出生年份:     1984       自动化
张杰     出生年份:     1988       自动化
吴小丽   出生年份:     1986       信息
徐敏敏   出生年份:     1985       计算机
```

用户可以通过指定别名来改变查询结果的列标题,这对于含算术表达式、常量和函数名的目标列表达式尤为有用。例如,对于上例,可以如下定义列别名:

```
SELECT SN NAME,'出生年份:' BIRTH,2005 - AGE BIRTHDAY, DEPT as DEPARTMENT
FROM S
```

注意:列别名与表达式间可以直接用空格分隔或用 AS 关键字来连接。

执行结果为:

```
NAME        BIRTH       BIRTHDAY      DEPARTMENT
------ ------- ---------- ----------
李涛        出生年份:   1986          信息
王林        出生年份:   1987          计算机
陈高        出生年份:   1984          自动化
张杰        出生年份:   1988          自动化
吴小丽      出生年份:   1986          信息
徐敏敏      出生年份:   1985          计算机
```

3.3.3 WHERE 子句的基本使用

1. 消除取值重复的行

例 3.16 查询所有选修过课的学生的学号。

```
SELECT SNO FROM SC
```

或

```
SELECT ALL SNO FROM SC
```

ALL 是默认值,指定结果集中可以包含重复行。结果类似为:

```
SNO
---
 S1
 S1
 S2
 S2
 …
 S5
```

该查询结果里包含了许多重复的行。如果想去掉结果表中的重复行,必须指定 DISTINCT 短语:

```
SELECT DISTINCT SNO FROM SC
```

DISTINCT 指定在结果集中只能包含唯一的行。执行结果为:

```
SNO
----
S1
S2
S3
S4
S5
```

2. 指定 WHERE 查询条件

查询满足指定条件的元组可以通过 WHERE 子句实现。WHERE 子句常用的查询条件如表 3.2 所示。

表 3.2 常用的查询条件

查询条件	谓 词
比较运算符	=,＞,＜,＞=,＜=,!=,＜＞,!＞,!＜,Not(上述比较运算符构成的比较关系表达式)
确定范围	BETWEEN AND,NOT BETWEEN AND
确定集合	IN,NOT IN
字符匹配	LIKE,NOT LIKE
空值	IS NULL,IS NOT NULL
多重条件	AND,OR,NOT

(1) 比较运算符

例 3.17 查询计算机系全体学生的名单。

```
SELECT SN
FROM S
WHERE DEPT = '计算机'
```

例 3.18 查询所有年龄在 20 岁以下的学生姓名及其年龄。

```
SELECT SN, AGE FROM S WHERE AGE <20
```

或
```
SELECT SN, AGE FROM S WHERE NOT AGE> = 20
```

例 3.19 查询考试成绩有不及格的学生的学号。

```
SELECT DISTINCT SNO FROM SC WHERE SCORE<60
```

这里使用了 DISTINCT 短语,当一个学生有多门课程不及格,他的学号也只列一次。

(2)确定范围

例 3.20 查询年龄在 20 至 23 岁之间(包括 20 与 23)的学生的姓名、系别和年龄。

```
SELECT SN,DEPT,AGE  FROM S WHERE AGE BETWEEN 20 AND 23
```

与"BETWEEN…AND…"相对的谓词是"NOT BETWEEN…AND…"。

例 3.21 查询年龄不在 20 至 23 岁之间的学生姓名、系别和年龄。

```
SELECT SN,DEPT,AGE FROM S WHERE AGE NOT BETWEEN 20 AND 23
```

(3) 确定集合

例 3.22 查询信息系、自动化系和计算机系的学生的姓名和性别。

```
SELECT SN,SEX FROM S WHERE DEPT IN ('信息','自动化','计算机')
```

与 IN 相对的谓词是 NOT IN,用于查找属性值不属于指定集合的元组。

例 3.23 查询既不是信息系和自动化系,也不是计算机科学系的学生的姓名和性别。

```
SELECT SN,SEX FROM S WHERE DEPT NOT IN ('信息','自动化','计算机')
```

(4) 字符匹配

谓词 LIKE 可以用来进行字符串的匹配,其一般语法格式如下:

```
属性名 [NOT] LIKE <匹配串> [ESCAPE <换码字符>]
```

其含义是查找指定的属性列值与＜匹配串＞相匹配的元组。＜匹配串＞可以是一个完整的字符串,也可以含有通配符%、_、[]与[^]等,其含义如表 3.3 所示。ESCAPE ＜换码字符＞的功能说明见后例 3.28。

表3.3 通配符及其含义

通配符	描 述	示 例
%(百分号)	代表零个或多个字符的任意字符串	WHERE title LIKE '%computer%',表达书名任意位置包含单词 computer 的条件
_(下划线)	代表任何单个字符(长度可以为0)	WHERE au_fname LIKE '_ean',表达以 ean 结尾的所有4个字母的名字(如 Dean、Sean 等)的条件
[ ](中括号)	指定范围(如[a～f])或集合[abcdef])中的任何单个字符	WHERE au_lname LIKE '[C-P]arsen',表达以 arsen 结尾且以介于C与P之间的任何单个字符开始的作者姓氏的条件,如 Carsen、Larsen 和 Karsen 等
[^]	不属于指定范围(如[^a～f])或不属于指定集合(如[^abcdef])的任何单个字符	WHERE au_lname LIKE 'de[^l]%',表达以 de 开始且其后的字母不为 l 的所有作者的姓氏的条件

例3.24 查询所有姓刘的学生的姓名、学号和性别。

```
SELECT SN, SNO, SEX FROM S WHERE SN LIKE '刘%'
```

例3.25 查询姓"欧阳"且全名为3个汉字的学生的姓名。

```
SELECT SN FROM S WHERE SN LIKE '欧阳_'
```

例3.26 查询名字中第二字为"阳"字的学生的姓名和学号。

```
SELECT SN, SNO FROM S WHERE SN LIKE '_阳%'
```

例3.27 查询所有不姓吴的学生姓名。

```
SELECT SN, SNO, SEX FROM S WHERE SN NOT LIKE '吴%'
```

如果用户要查询的匹配字符串本身就含有"%"或"_"字符应如何实现呢?这时就要使用 ESCAPE <换码字符> 短语对通配符进行转义了。

例3.28 查询 DB_Design 课程的课程号和学分。

```
SELECT CNO, CT FROM C WHERE CN LIKE 'DB\_Design' ESCAPE '\'
```

ESCAPE '\'短语表示\为换码字符,这样匹配串中紧跟在\后面的字符'_'或'%'不再具有通配符的含义,而是取其本身含义,即被转义为普通的'_'或'%'字符。

注意:ESCAPE 定义的换码字符'\'是可以换成其他字符的。

(5) 涉及空值的查询

例3.29 某些学生选修某门课程后没有参加考试,所以有选课记录,但没有考试成绩,下面查一下缺少成绩的学生的学号和相应的课程号。

```
SELECT SNO, CNO FROM SC WHERE SCORE IS NULL
```

注意:这里的'IS'不能用等号('=')代替。

例3.30 查询所有有成绩记录的学生学号和课程号。

```
SELECT SNO, CNO FROM SC WHERE SCORE IS NOT NULL
```

(6) 多重条件查询

逻辑运算符 AND、OR 和 NOT 可用来连接多个查询条件。优先级 NOT 最高,接着是 AND,OR 优先级最低,但用户可以用括号改变运算的优先顺序。

例3.31 查询计算机系年龄在20岁以下的学生姓名。

```
SELECT SN FROM S WHERE DEPT = '计算机' AND AGE<20
```

例3.32 IN 谓词实际上是多个 OR 运算符的缩写,因此"查询信息系、自动化系和计算机系的学生的姓名和性别"一题,也可以用 OR 运算符写成如下等价形式:

```
SELECT SN, SEX FROM S
WHERE DEPT = '计算机' OR DEPT = '信息' OR DEPT = '自动化'
```

或

```
SELECT SN, SEX FROM S
WHERE NOT(DEPT<>'计算机' AND DEPT<>'信息' AND DEPT<>'自动化')
```

3.3.4 常用集函数及统计汇总查询

为了进一步方便用户,增强检索功能,SQL 提供了许多集函数,如表 3.4 所示。

表 3.4 常用集函数

函数名	功　能
COUNT({[ALL|DISTINCT] expression }| *)	返回组中项目的数量。Expression 一般是指＜列名＞,下同,COUNT(*)表示对元组(或记录)计数
SUM([ALL|DISTINCT] expression)	返回表达式中所有值的和,或只返回 DISTINCT 值的和,SUM 只能用于数字列,空值将被忽略(操作前先排除)
AVG([ALL|DISTINCT] expression)	返回组中值的平均值,空值被忽略
MAX([ALL|DISTINCT] expression)	返回组中值的最大值,空值被忽略
MIN([ALL|DISTINCT] expression)	返回组中值的最小值,空值被忽略

如果指定 DISTINCT 短语,则表示在计算时要取消指定列中的重复值;如果不指定 DISTINCT 短语或指定 ALL 短语(ALL 为缺省值),则表示不取消重复值而统计或汇总。

例 3.33　查询学生总人数。

```
SELECT COUNT( * ) FROM S
```

例 3.34　查询选修了课程的学生人数。

```
SELECT COUNT(DISTINCT SNO) FROM SC
```

学生每选修一门课,在 SC 中都有一条相应的记录,而一个学生一般都要选修多门课程,为避免重复计算学生人数,必须在 COUNT 函数中用 DISTINCT 短语。

例 3.35　计算 C1 课程的学生人数、最高成绩、最低成绩及平均成绩。

```
SELECT COUNT( * ),MAX(SCORE),MIN(SCORE),AVG(SCORE)
FROM SC WHERE CNO = 'C1'
```

3.3.5 分组查询

GROUP BY 子句可以将查询结果表的各行按一列或多列取值相等的原则进行分组。对查询结果分组的目的是为了细化集函数的作用对象。如果未对查询结果分组,集函数将作用于整个查询结果,即整个查询结果为一组对应统计产生一个函数值;否则,集函数将作用于每一个组,即每一组分别统计,分别产生一个函数值。

例 3.36　查询各个课程号与相应的选课人数。

```
SELECT CNO, COUNT(SNO)
FROM SC
GROUP BY CNO
```

该 SELECT 语句对 SC 表按 CNO 的取值进行分组,所有具有相同 CNO 值的元组为一组,然后对每一组作用集函数 COUNT 以求得各组的学生人数,执行结果为:

```
CNO     (无列名)
----  ----
C1        3
C2        4
C3        1
C4        1
C5        2
C6        1
C7        1
```

如果分组后还要求按一定的条件对这些分组进行筛选，最终只输出满足指定条件的组的统计值，则可以使用 HAVING 短语指定筛选条件。

例 3.37　查询有 3 人以上学生(包括 3 人)选修的课程的课程号及选修人数。

```
SELECT CNO,COUNT(SNO) FROM SC GROUP BY CNO HAVING COUNT( * )> = 3
```

结果为：

```
CNO     (无列名)
---   ------
C1         3
C2         4
```

例 3.38　对(Sage，Ssex)、(Sage)值的每个唯一组合统计学生人数，并还能统计出总人数。

```
SELECT Sage,Ssex,count( * )
FROM Student
GROUP BY rollup(Sage,Ssex); -- 符合 ISO 语法的命令表示
SELECT Sage,Ssex,count( * ) FROM Student
GROUP BY Sage,Ssex with rollup   -- 不符合 ISO 语法的命令表示
```

说明：例 3.38～例 3.40 适用于 SQL Server 2012/SQL Server 2014。

例 3.39　为"Sage"和"Ssex"两属性的所有组合($2^2-1=3$ 种组合)情况对应的值的每个不同值统计学生人数，并能统计出总人数。

```
SELECT Sage,Ssex,count( * )
FROM Student
GROUP BY cube(Sage,Ssex); -- 符合 ISO 语法的命令表示
SELECT Sage,Ssex,count( * ) FROM Student
GROUP BY Sage,Ssex with cube   -- 不符合 ISO 语法的命令表示
```

例 3.40　实现分男、女、各年龄、各年龄男、各年龄女的每个不同值统计学生人数。

```
SELECT Sage,Ssex,count( * ) FROM Student
GROUP BY GROUPING SETS(Sage,Ssex,(Sage,Ssex));
```

注意：①有 GROUP BY 子句，才能使用 HAVING 子句；②有 GROUP BY 子句，则 SELECT 子句中只能出现 GROUP BY 子句中的分组列名与集函数；③同样 HAVING 子句条件表达时，也只能使用分组列名与集函数。有 GROUP BY 子句时，SELECT 子句或 HAVING 子句中使用非分组列名是错误的。

3.3.6　查询的排序

如果没有指定查询结果的显示顺序，DBMS 将按其最方便的顺序(通常是元组添加到表中的先后顺序)输出查询结果。用户也可以用 ORDER BY 子句指定按照一个或多个属性列的升序(ASC)或降序(DESC)重新排列查询结果，其中升序 ASC 为缺省值。

例 3.41 查询选修了3号课程的学生的学号及其成绩,查询结果按分数的降序排列。

```
SELECT SNO, SCORE
FROM SC
WHERE CNO = ´C3´
ORDER BY SCORE DESC
```

前面已经提到,可能有些学生选修了C3号课程后没有参加考试,即成绩列为空值。用ORDER BY子句对查询结果按成绩排序时,在SQL SERVER中空值(NULL)被认为是最小值。

例 3.42 查询全体学生情况,查询结果按所在系升序排列,对同一系中的学生按年龄降序排列。

```
SELECT * FROM S ORDER BY DEPT,AGE DESC
```

3.3.7 连接查询

一个数据库中的多个表之间一般都存在某种内在联系,它们共同关联着提供有用的信息。前面的查询都是针对一个表进行的。若一个查询同时涉及两个以上的表,则称之为连接查询。连接查询主要包括等值连接查询、非等值连接查询、自然连接查询、自身连接查询、外连接查询和复合条件连接查询等,而广义笛卡儿积一般不常用。

1. 等值与非等值连接查询

用来连接两个表的条件称为连接条件或连接谓词,其一般格式为:

[＜表名1＞.]＜列名1＞ ＜比较运算符＞ [＜表名2＞.]＜列名2＞

其中比较运算符主要有=、＞、＜、＞=、＜=、!=、＜＞。此外连接谓词还可以使用下面形式:

[＜表名1＞.]＜列名1＞ BETWEEN [＜表名2＞.]＜列名2＞ AND [＜表名2＞.]＜列名3＞

当比较运算符为"="时,称为等值连接,使用其他运算符称为非等值连接。

连接谓词中的列名称为连接字段。连接条件中的各连接字段类型必须是可比的,但不必是相同的。例如,可以都是字符型,或都是日期型,也可以一个是整型,另一个是实型,整型和实型都是数值型,因此是可比的;但若一个是字符型,另一个是整数型就不允许了,因为它们是不可比的类型。

从概念上讲DBMS执行连接操作的过程是,先在表1中找到第一个元组,然后从头开始顺序扫描或按索引扫描表2,查找满足连接条件的元组,每找到一个满足条件的元组,就将表1中的第一个元组与该元组拼接起来,形成结果表中一个元组。表2全部扫描完毕后,再到表1中找第二个元组,然后再从头开始顺序扫描或按索引扫描表2,查找满足连接条件的元组,每找到一个满足条件的元组,就将表1中的第二个元组与该元组拼接起来,形成结果表中一个元组。重复上述操作,直到表1全部元组都处理完毕为止。

例 3.43 查询每个学生及其选修课程的情况。

学生情况存放在S表中,学生选课情况存放在SC表中,所以本查询实际上同时涉及S与SC两个表中的数据。这两个表之间的联系是通过两个表都具有的属性SNO实现的。要查询学生及其选修课程的情况,就必须将这两个表中学号相同的元组连接起来,这是一个等值连接。完成本查询的SQL语句为:

```
SELECT *
FROM S, SC
WHERE S.SNO = SC.SNO --若省略WHERE即为S与SC两表的广义笛卡儿积操作
```

连接运算中有两种特殊情况，一种称为广义笛卡儿积连接，另一种称为自然连接。

广义笛卡儿积连接是不带连接谓词的连接，两个表的广义笛卡儿积连接即是两表中元组的交叉乘积，也即其中一表中的每一元组都要与另一表中的每一元组作拼接，因此结果表往往很大。

如果是按照两个表中的相同属性进行等值连接，且目标列中去掉了重复的属性列，但保留了所有不重复的属性列，则称之为自然连接。

例3.44　自然连接 *S* 和 SC 表。

```
SELECT S.SNO, SN, SEX, AGE, DEPT, CNO, SCORE
FROM S, SC
WHERE S.SNO = SC.SNO
```

在本查询中，由于 SN、SEX、AGE、DEPT、CNO 和 SCORE 属性列在 *S* 与 SC 表中是唯一的，因此引用时可以去掉表名前缀。而 SNO 在两个表都出现了，因此引用时必须加上表名前缀，以明确属性所属的表，该查询的执行结果不再出现 SC.SNO 列。

2. 自身连接

连接操作不仅可以在两个表之间进行，也可以是一个表与自己进行连接，这种连接称为表的自身连接。

例3.45　查询比李涛年龄大的学生的姓名、年龄和李涛的年龄。

要查询的内容均在同一表 *S* 中，可以将表 *S* 分别取两个别名，一个是 *X*，一个是 *Y*。将 *X* 和 *Y* 中满足比李涛年龄大的行连接起来，这实际上是同一表 *S* 的大于连接。

完成该查询的SQL语句为：

```
SELECT X.SN AS 姓名,X.AGE AS 年龄,Y.AGE AS 李涛的年龄
FROM S AS X, S AS Y
WHERE X.AGE>Y.AGE AND Y.SN = '李涛'
```

结果为：

```
姓名     年龄     李涛的年龄
----   ------   --------
陈高      21         19
徐敏敏    20         19
```

注意：SELECT 语句的可读性可通过为表指定别名来提高，别名也称为相关名称或范围变量。指派表的别名时，可以使用也可以不使用 AS 关键字，如上 SQL 命令也可表示为：

```
SELECT X.SN 姓名, X.AGE 年龄, Y.AGE 李涛的年龄
FROM S X,S Y
WHERE X.AGE>Y.AGE AND Y.SN = '李涛'
```

3. 外连接

在通常的连接操作中，只有满足连接条件的元组才能作为结果输出，如在例3.43和例3.44的结果表中没有关于学生S6的信息，原因在于她没有选课，在SC表中没有相应的元组。但是有时想以 *S* 表为主体列出每个学生的基本情况及其选课情况，若某个学生没有选课，则只输出其基本情况信息，其选课信息为空值即可，这时就需要使用外连接([Outer] Join)。外连接的运算符通常为“*”，有的关系数据库中也用“+”，使它出现在“=”左边或右边。如下SQL Server中使用类英语的表示方式([Outer] Join)来表达外连接。

这样，可以如下改写例3.44：

```
SELECT S.SNO, SN, SEX, AGE, DEPT, CNO, SCORE
FROM S LEFT Outer JOIN SC ON S.SNO = SC.SNO
```

结果为:

```
SNO    SN      SEX    AGE    DEPT    CNO     SCORE
---   -----   -----  ----   -----   ------  -----
S1    李涛     男     19     信息     C1       90
S1    李涛     男     19     信息     C2       85
..................................................
S5    吴小丽   女     19     信息     C2       89
S6    徐敏敏   女     20     计算机   NULL     NULL
```

从查询结果可以看到,S6没选课,但S6的信息也出现在查询结果中,上例中外连接符LEFT [OUTER] JOIN称其为左外连接,相应地,外连接符RIGHT [OUTER] JOIN称其为右外连接,外连接符FULL [OUTER] JOIN称其为全外连接(既是左外连接,又是右外连接)。CROSS JOIN为交叉连接,即广义笛卡儿积连接。

3.3.8 合并查询

合并查询结果就是使用UNION操作符将来自不同查询的数据组合起来,形成单个具有综合信息的查询结果。UNION操作会自动将重复的数据行剔除。必须注意的是,参加合并查询结果的各子查询的结构应该相同,即各子查询的列数目相同,对应的数据类型要相容。

例3.46 从SC数据表中查询出学号为"S1"的同学的学号和总分,再从SC数据表中查询出学号为"S5"的同学的学号和总分,然后将两个查询结果合并成一个结果集。

```
SELECT SNO AS 学号,SUM(SCORE) AS 总分
FROM SC WHERE (SNO = 'S1') GROUP BY SNO
UNION    -- UNION ALL 组合多个集合包括重复元组
SELECT SNO AS 学号,SUM(SCORE) AS 总分
FROM SC WHERE (SNO = 'S5') GROUP BY SNO
```

注意:若UNION改为EXCEPT或INTERSECT,就完成关系代数中差或交的功能。

3.3.9 嵌套查询

在SQL语言中,一个SELECT-FROM-WHERE语句称为一个查询块。将一个查询块嵌套在另一个查询块的WHERE子句或HAVING短语的条件中的查询称为嵌套查询,如:

```
SELECT SN
FROM S
WHERE SNO IN (SELECT SNO
              FROM SC
              WHERE CNO = 'C2')
```

说明:在这个例子中,下层查询块SELECT SNO FROM SC WHERE CNO='C2'是嵌套在上层查询块SELECT SN FROM S WHERE SNO IN的WHERE条件中的。上层的查询块又称为外层查询或父查询或主查询,下层查询块又称为内层查询或子查询。SQL语言允许多层嵌套查询,即一个子查询中还可以嵌套其他子查询,需要特别指出的是,子查询的SELECT语句中不能使用ORDER BY子句,ORDER BY子句永远只能对最终(或外)查询结果排序。

上面嵌套查询的求解方法是由里向外处理。即每个子查询在其上一级查询处理之前求解,子查询的结果用于建立其父查询的查找条件,这种与其父查询不相关的子查询被称为不相关子查询。

嵌套查询使得可以用一系列简单查询构成复杂的查询，从而明显地增强了 SQL 的查询表达能力，以层层嵌套的方式来构造查询命令或语句正是 SQL 中“结构化”的含义所在。

有 4 种能引出子查询的嵌套查询方式，下面分别介绍。

1. 带有 IN 谓词的子查询

带有 IN 谓词的子查询是指父查询与子查询之间用 IN 进行连接，判断某个属性列值是否在子查询的结果中。由于在嵌套查询中，子查询的结果往往是一个集合，所以谓词 IN 是嵌套查询中最经常使用的谓词。

例 3.47　查询与“王林”在同一个系学习的学生的学号、姓名和所在系。

查询与“王林”在同一个系学习的学生，可以首先确定“王林”所在系名，然后再查找所有在该系学习的学生，所以可以分步来完成此查询。

① 确定“王林”所在系名。

```
SELECT DEPT
FROM S
WHERE SN = '王林'
```

结果为：

```
DEPT
------
计算机
```

说明：“计算机”是查到的结果。

② 查找所有在计算机系学习的学生。

```
SELECT SNO, SN, DEPT
FROM S
WHERE DEPT = '计算机'
```

结果为：

```
SNO   SN      DEPT
---  ----  -------
S2   王林    计算机
S6   徐敏敏  计算机
```

分步写查询毕竟比较麻烦，上述查询实际上可以用子查询来实现，即将第一步查询嵌入到第二步查询中，用以构造第二步查询的条件。SQL 语句如下：

```
SELECT SNO, SN, DEPT FROM S
WHERE DEPT IN ( SELECT DEPT FROM S WHERE SN = '王林')
```

本例中的查询也可以用前面学过的表的自身连接查询来完成：

```
SELECT S1.SNO, S1.SN, S1.DEPT  FROM S S1, S S2
WHERE S1.DEPT = S2.DEPT AND S2.SN = '王林'
```

可见，实现同一个查询可以有多种方法，当然不同的方法其执行效率可能会有差别，甚至会差别很大。

例 3.48　查询选修了课程名为“数据库”的学生学号和姓名。

```
SELECT SNO, SN FROM S
WHERE SNO IN (SELECT SNO FROM SC
              WHERE CNO IN (SELECT CNO FROM C
                            WHERE CN = '数据库'))
```

结果为：

```
SNO      SN
----  ------
S3      陈高
S4      张杰
```

本查询同样可以用连接查询实现：

```
SELECT S.SNO, SN
FROM S, SC, C
WHERE S.SNO = SC.SNO AND SC.CNO = C.CNO AND C.CN = '数据库'
```

2. 带有比较运算符的子查询

带有比较运算符的子查询是指父查询与子查询之间用比较运算符进行连接。当用户能确切知道内层查询返回的是单列单值时，可以用>、<、=、>=、<=、!=或<>等比较运算符。

例如，在例 3.47 中，由于一个学生只可能在一个系学习，也就是说内查询王林所在系的结果是一个唯一值，因此该查询也可以用带比较运算符的子查询来实现，其 SQL 语句如下：

```
SELECT SNO, SN, DEPT FROM S
WHERE DEPT  = ( SELECT DEPT FROM S WHERE SN = '王林')
```

需要注意的是，子查询一般要跟在比较符之后，下列写法(尽管在 SQL SERVER 还是允许的)是不推荐的(子查询在“=”的左边了)：

```
SELECT SNO, SN, DEPT FROM S
WHERE ( SELECT DEPT FROM S WHERE SN = '王林')  =  DEPT
```

3. 带有 ANY 或 ALL 谓词的子查询

子查询返回单值时可以用比较运算符，而使用 ANY 或 ALL 谓词时则必须同时使用比较运算符，其语义如表 3.5 所示。

表 3.5 ANY 和 ALL 谓词与比较运算符

>ANY	大于子查询结果中的某个值
< ANY	小于子查询结果中的某个值
>= ANY	大于等于子查询结果中的某个值
<= ANY	小于等于子查询结果中的某个值
= ANY	等于子查询结果中的某个值
!= ANY 或<> ANY	不等于子查询结果中的某个值(往往肯定成立而没有实际意义)
> ALL	大于子查询结果中的所有值
< ALL	小于子查询结果中的所有值
>= ALL	大于等于子查询结果中的所有值
<= ALL	小于等于子查询结果中的所有值
= ALL	等于子查询结果中的所有值(通常没有实际意义)
! = ALL 或<> ALL	不等于子查询结果中的任何一个值

例 3.49 查询其他系中比信息系所有学生年龄小的学生名及年龄，按年龄降序输出。

```
SELECT SN, AGE
FROM S
WHERE AGE<ALL(SELECT AGE
              FROM S
              WHERE DEPT = '信息') AND DEPT <> '信息'
```

```
ORDER BY AGE DESC
```

本查询实际上也可以在子查询中用集函数(请参阅表 3.6)实现。

```
SELECT SN, AGE FROM S
WHERE AGE<(SELECT MIN(AGE) FROM S WHERE DEPT = '信息')
      AND DEPT <> '信息'
ORDER BY AGE DESC
```

事实上,用集函数实现子查询通常比直接用 ANY 或 ALL 查询效率要高。

表 3.6　ANY、ALL 谓词与集函数及 IN 谓词的等价转换关系

	=	<>或! =	<	<=	>	>=
ANY	IN	—	<MAX	<=MAX	>MIN	>=MIN
ALL	—	NOT IN	<MIN	<=MIN	>MAX	>=MAX

4. 带有 EXISTS 谓词的子查询

EXISTS 代表存在量词"∃",带有 EXISTS 谓词的子查询不返回任何实际数据,它只产生逻辑真值"true"或逻辑假值"false"。

例 3.50　查询所有选修了 C1 号课程的学生姓名。

经分析,本题涉及 *S* 关系和 SC 关系,可以在 *S* 关系中依次取每个元组的 SNO 值,用 S. SNO值去检查 SC 关系,若 SC 中存在这样的元组,其 SC. SNO 值等于用来检查的 S. SNO 值,并且其 SC. CNO='C1',则取此 S. SN 送入结果关系。也即在 *S* 表中查找学生姓名,条件是该学生存在对 C1 号课程的选修情况,将此想法写成 SQL 语句就是:

```
SELECT SN
FROM S
WHERE EXISTS (SELECT *
              FROM SC
              WHERE SNO = S.SNO AND CNO = 'C1')
```

使用存在量词 EXISTS 后,若内层查询结果非空,则外层的 WHERE 子句返回真值,否则返回假值。由 EXISTS 引出的子查询,其目标列表达式通常都用"*",因为带 EXISTS 的子查询只返回真值或假值,给出列名亦无实际意义。

这类嵌套查询与前面的不相关子查询有一个明显区别,即子查询的查询条件依赖于外层父查询的某个属性值(在本例中是依赖于 *S* 表的 SNO 值),称这类查询为相关子查询(Correlated Subquery)。求解相关子查询不能像求解不相关子查询那样,一次将子查询求解出来,然后求解父查询。相关子查询的内层查询由于与外层查询有关,因此必须反复求值。从概念上讲,相关子查询的一般处理过程是:

① 首先取外层查询中 *S* 表的第一个元组,根据它与内层查询相关的属性值(即 SNO 值)处理内层查询,若 WHERE 子句返回值为真(即内层查询结果非空),则取此元组放入结果表;

② 然后再检查 *S* 表的下一个元组;

③ 重复这一过程,直至 *S* 表全部检查完毕为止。

本例中的查询也可以用连接运算来实现,读者可以参照有关的例子,自己给出相应的 SQL 语句。与 EXISTS 谓词相对应的是 NOT EXISTS 谓词,使用存在量词 NOT EXISTS 后,若内层查询结果为空,则外层的 WHERE 子句返回真值,否则返回假值。

例 3.51　查询所有未修 C1 号课程的学生姓名。

```
SELECT SN
```

```
FROM S
WHERE NOT EXISTS (SELECT *
                  FROM SC
                  WHERE SNO = S.SNO AND CNO = 'C1')
```

或

```
SELECT SN FROM S
WHERE SNO NOT IN (SELECT SNO FROM SC WHERE CNO = 'C1')
```

注意两种表达的区别。

但如下表达是完全错的,请能明白其中的缘由。

```
SELECT SN FROM S,SC WHERE S.SNO = SC.SNO AND SC.CNO<>'C1'
```

一些带 EXISTS 或 NOT EXISTS 谓词的子查询不能被其他形式的子查询等价替换,但所有带 IN 谓词、比较运算符、ANY 和 ALL 谓词的子查询都能用带 EXISTS 谓词的子查询等价替换,如带有 IN 谓词的例 3.47 可以用如下带 EXISTS 谓词的子查询替换:

```
SELECT SNO,SN,DEPT FROM S S1
WHERE EXISTS (SELECT * FROM S S2
              WHERE S2.DEPT = S1.DEPT AND S2.SN = '王林')
```

由于带 EXISTS 量词的相关子查询只关心内层查询是否有返回值,并不需要查具体值,因此其效率并不一定低于不相关子查询,甚至有时是最高效的方法。

SQL 语言中没有全称量词 ∀(For All),因此必须利用谓词演算将一个带有全称量词的谓词转换为等价的带有存在量词的谓词。

例 3.52 查询选修了全部课程的学生姓名。

由于没有全称量词,可将题目的意思转换成等价的存在量词的形式:查询这样的学生姓名,没有一门课程是他不选的。该查询涉及 3 个关系,即存放学生姓名的 S 表、存放所有课程信息的 C 表和存放学生选课信息的 SC 表,其 SQL 语句为:

```
SELECT SN
FROM S
WHERE NOT EXISTS(SELECT *
                 FROM C
                 WHERE NOT EXISTS(SELECT *
                                  FROM SC
                                  WHERE SNO = S.SNO AND CNO = C.CNO))
```

注意本题也有如下不太常规的解答方法(S 表中姓名 SN 允许重名):

```
SELECT SN FROM S,SC
WHERE S.SNO = SC.SNO
GROUP BY S.SNO,SN
HAVING COUNT( * )>= (SELECT COUNT( * ) FROM C)
```

例 3.53 查询至少选修了学号为 200402 的学生所选全部课程的学生学号。

首先对本查询题改写为:查找这样的学生学号,对该生来说不存在有课程 200402 学生选修而该学生不选修的情况。言下之意,只要 200402 学生选修的课该学生都修读的。

接着对改写的题意,WHERE 子句套用"NOT EXISTS …NOT EXISTS …",写出如下 SELECT 语句:

```
SELECT SNO FROM S
WHERE NOT EXISTS(SELECT * FROM SC SCX
                 WHERE SNO = '200402' AND
                   NOT EXISTS(SELECT * FROM SC SCY
```

```
                    WHERE SNO = S.SNO AND CNO = SCX.CNO))
```

3.3.10 子查询别名表达式的使用*

在查询语句中，直接使用子查询别名的表达形式不失为一种简捷的查询表达方法，以下举例说明。

例 3.54 在选修 C2 课程成绩大于该课平均成绩的学生中，查询还选 C1 课程的学生学号、姓名与 C1 课程成绩。

```
SELECT S.SNO,S.SN,SCORE
FROM SC,S,(SELECT SNO FROM SC
          WHERE CNO = 'C2' AND
                    SCORE>(SELECT AVG(SCORE)
                            FROM SC WHERE CNO = 'C2')) AS T1(sno)
WHERE SC.SNO = T1.SNO AND S.SNO = T1.SNO AND CNO = 'C1'
```

注意：通过 AS 关键字给子查询命名的表达式称为子查询别名表达式，别名后的括号中可对应给子查询列指定列名。一旦命名，别名表可如同一般表一样的使用。

例 3.55 查询选课门数唯一的学生的学号(例如，若只有 S1 学号的学生选 2 门，则 S1 应为结果之一)。

```
SELECT t3.SNO
FROM (SELECT CT
      FROM (SELECT SNO,COUNT(SNO) AS CT
            FROM SC GROUP BY SNO) AS T1(sno,ct)
      GROUP BY CT HAVING COUNT( * ) = 1
      ) AS T2(ct),(SELECT SNO,COUNT(SNO) AS CT
      FROM SC GROUP BY SNO) AS T3(sno,ct)
WHERE T2.CT = T3.CT
```

本题改用“WITH <公用表表达式>[,…n]”表达为：

```
WITH T1(sno,ct) AS (SELECT SNO,COUNT(SNO) AS CT FROM SC GROUP BY SNO),
    T2(ct) AS (SELECT CT FROM T1 GROUP BY CT HAVING COUNT( * ) = 1)
SELECT T1.sno FROM T1,T2 WHERE T2.ct = T1.ct
```

请类似改写例 3.54 和例 3.56。

例 3.56 查询学习编号为“C2”，课程成绩为第 3 名的学生的学号(设选 C2 课的学生人数大于等于 3)。

```
SELECT SC.SNO
FROM (SELECT MIN(SCORE)
      FROM (SELECT DISTINCT TOP 3 SCORE FROM SC WHERE CNO = 'C2'
            ORDER BY SCORE DESC) AS t1(SCORE)
      ) AS t2(SCORE) INNER JOIN SC ON t2.SCORE = SC.SCORE
WHERE CNO = 'C2'
```

思考：读者可试试若不用子查询别名表达式的表示方法，这些查询该如何表达?

3.3.11 存储查询结果到表中

使用“SELECT…INTO”语句可以将查询到的结果存储到一个新建的数据库表或临时表中。

例 3.57 从 SC 数据表中查询出所有同学的学号和总分，并将查询结果存放到一个新的数据表 Cal_Table 中。

```
SELECT SNO AS 学号,SUM(SCORE) AS 总分
INTO Cal_Table
FROM SC
GROUP BY SNO
```

如果在该例中,将“INTO Cal_Table”改为“INTO #Cal_Table”,则查询结果被存放到一个临时表中,临时表只存储在内存中,并不存储在数据库中,所以其存在时间比较短。

3.4 SQL 数据更新

3.4.1 插入数据

1. 插入单个或多个元组

插入单个或多个元组的 INSERT 语句的格式为:

```
INSERT [INTO] <表名> [(<属性列 1>[,<属性列 2>]…)]
{VALUES(<常量 1> [,<常量 2>]…)[,…n]}
```

如果某些属性列在 INTO 子句中没有出现,则新记录在这些列上将取空值,但必须注意的是,在表定义时说明了 NOT NULL 的属性列不能取空值,为此它必须出现在属性列表中,并给它指定值,否则会出错。

如果 INTO 子句中没有指明任何列名,则新插入的记录必须在表的每个属性列上均对应指定值。

例 3.58 将一个新学生记录(学号为 S7,姓名为陈冬,性别为男,年龄为 18 岁,所在系为信息)插入 *S* 表中。

```
INSERT INTO S VALUES ('S7','陈冬','男',18,'信息')
```

例 3.59 插入两条 S7 选课记录('S7','C1'),('S7','C2')。

```
INSERT INTO SC(SNO, CNO) VALUES('S7', 'C1'),('S7','C2')
```

新插入的记录在 SCORE 列上取空值。

2. 插入子查询结果

子查询不仅可以嵌套在 SELECT 语句中,用以构造父查询的条件(如 3.3.9 节所述),还可以嵌套在 INSERT 语句中,用以生成要插入的一批数据记录集。

插入子查询结果的 INSERT 语句的格式为:

```
INSERT INTO <表名> [(<属性列 1> [,<属性列 2>]…)] 子查询
```

其功能是可以批量插入,一次将子查询的结果全部插入到指定表中。

例 3.60 对每一个系,求学生的平均年龄,并把结果存入数据库。

对于这道题,首先要在数据库中建立一个有两个属性列的新表,其中一列存放系名,另一列存放相应系的学生平均年龄。

```
CREATE TABLE DEPTAGE( DEPT CHAR(15),AVGAGE TINYINT)
```

然后对数据库的 *S* 表按系分组求平均年龄,再把系名和平均年龄存入新表中。

```
INSERT INTO DEPTAGE (DEPT, AVGAGE)
    SELECT DEPT, AVG(AGE) FROM S GROUP BY DEPT
```

3.4.2　修改数据

修改操作又称为更新操作，其语句的一般格式为：

```
UPDATE＜表名＞
SET＜列名＞=＜表达式＞[,＜列名＞=＜表达式＞]…
[WHERE＜条件＞]
```

其功能是修改指定表中满足 WHERE 子句条件的元组。其中 SET 子句用于指定修改方法，即用＜表达式＞的值取代相应的属性列的值。如果省略 WHERE 子句，则表示要修改表中的所有元组。

1. 修改某一个元组的值

例 3.61　将学生 S3 的年龄改为 22 岁。

```
UPDATE S
SET AGE = 22
WHERE SNO = 'S3'
```

2. 修改多个元组的值

例 3.62　将所有学生的年龄增加 1 岁。

```
UPDATE S SET AGE = AGE + 1
```

3. 带子查询的修改语句

子查询也可以嵌套在 UPDATE 语句中，用以构造执行修改操作的条件。

例 3.63　将计算机科学系全体学生的成绩置零。

```
UPDATE SC
SET SCORE = 0
WHERE '计算机' = (SELECT DEPT
                 FROM S
                 WHERE SC.SNO = S.SNO)
```

或

```
UPDATE SC
SET SCORE = 0
WHERE SNO IN (SELECT SNO
             FROM S
             WHERE DEPT = '计算机')
```

3.4.3　删除数据

删除语句的一般格式为：

```
DELETE [FROM] ＜表名＞ [WHERE ＜条件＞]
```

DELETE 语句的功能是从指定表中删除满足 WHERE 子句条件的所有元组。如果省略 WHERE 子句，表示删除表中全部元组，但表的定义仍在字典中，也就是说，DELETE 语句删除的只是表中的数据，而不包括表的结构定义。

1. 删除某一个元组的值

例 3.64　删除学号为 S7 的学生记录。

```
DELETE
FROM S
WHERE SNO = 'S7'
```

2. 删除多个元组的值

例3.65 删除所有的学生选课记录。

```
DELETE FROM SC
```

3. 带子查询的删除语句

子查询同样也可以嵌套在DELETE语句中,用以构造执行删除操作的条件。

例3.66 删除计算机科学系所有学生的选课记录。

```
DELETE FROM SC
WHERE '计算机' = (SELECT DEPT FROM S WHERE S.SNO = SC.SNO)
```

3.5 视图

3.5.1 定义和删除视图

在关系数据库系统中,视图为用户提供了多种看待数据库数据的方法与途径,是关系数据库系统中的一种重要对象。

视图是从一个或几个基本表(或视图)导出的表,它与基本表不同,是一个虚表。通过视图能操作数据,基本表数据的变化也能在刷新的视图中反映出来。从这个意义上讲,视图像一个窗口或望远镜,透过它可以看到数据库中自己感兴趣的数据及其变化。

视图在概念上与基本表等同,一经定义,就可以和基本表一样被查询和删除,也可以在一个视图上再定义新的视图,但对视图的更新(插入、删除和修改)操作则有一定的限制。

1. 创建视图

SQL语言用CREATE VIEW命令建立视图,其一般格式为:

```
CREATE VIEW <视图名>[(<列名>[,<列名>]…)]
    AS <子查询> [WITH CHECK OPTION ] [;]
```

其中,<子查询>可以是任意复杂的SELECT语句,但通常不允许含有ORDER BY子句和DISTINCT短语。WITH CHECK OPTION强制要求视图执行的所有数据修改语句都必须符合在 <子查询>中设置的条件,通过视图修改行时,WITH CHECK OPTION可确保提交修改后,仍可通过视图看到数据。

注意:如果CREATE VIEW语句仅指定了视图名,省略了组成视图的各个属性列名,则隐含该视图的属性列名由子查询中SELECT子句目标列中的诸字段名组成,但在下列3种情况下必须明确指定组成视图的所有列名:

① 其中某个目标列不是单纯的属性名,而是集函数或列表达式 ;

② 多表连接时选出了几个同名列作为视图的字段;

③ 需要在视图中为某个列启用新的更合适的名字。

需要说明的是,组成视图的属性列名必须依照上面的原则,或者全部省略或者全部指定,没有第三种选择。

例3.67 建立信息系学生的视图。

```
CREATE VIEW IS_S
    AS  SELECT SNO, SN, AGE
        FROM S
        WHERE DEPT = '信息' WITH CHECK OPTION;
```

实际上,DBMS 执行 CREATE VIEW 语句的结果只是把对视图的定义存入数据字典,并不执行其中的 SELECT 语句。只是在对视图查询时,才按视图的定义从基本表中将数据查出。

例 3.68　建立信息系选修了 C1 号课程的学生的视图。

```
CREATE VIEW IS_S1(SNO,SN,SCORE)
    AS  SELECT S.SNO,SN,SCORE FROM S,SC
        WHERE DEPT = '信息' AND S.SNO = SC.SNO AND SC.CNO = 'C1'
```

2. 删除视图

语句的格式为:

```
DROP VIEW <视图名>
```

一个视图被删除后,由此视图导出的其他视图也将失效,用户应该使用 DROP VIEW 语句将它们一一删除。

例 3.69　删除视图 IS_S1。

```
DROP VIEW IS_S1
```

3.5.2 查询视图

视图定义后,用户就可以像对基本表进行查询一样对视图进行查询了。

DBMS 执行对视图的查询时,首先进行有效性检查,检查查询涉及的表、视图等是否在数据库中存在,如果存在,则从数据字典中取出查询涉及的视图的定义,把定义中的子查询和用户对视图的查询结合起来,转换成对基本表的查询,然后再执行这个经过修正的查询。将对视图的查询转换为对基本表的查询的过程称为视图的消解(View Resolution)。

例 3.70　在信息系学生的视图中找出年龄小于 20 岁的学生。

```
SELECT SNO, AGE FROM IS_S WHERE AGE<20
```

视图是定义在基本表上的虚表,它可以和其他基本表一起使用,实现连接查询或嵌套查询。这也就是说,在关系数据库的三级模式结构中,外模式不仅包括视图,而且还可以包括一些基本表。

3.5.3 更新视图

更新视图包括插入(INSERT)、删除(DELETE)和修改(UPDATE)3 类操作。

由于视图是不实际存储数据的虚表,因此对视图的更新,最终要转换为对基本表的更新,对视图与对基本表的更新操作表达是完全相同的。

例 3.71　将信息系学生视图 IS_S 中学号为 S3 的学生姓名改为“刘辰”。

```
UPDATE IS_S
SET SN = '刘辰'
WHERE SNO = 'S3'
```

然而,在关系数据库中并不是所有的视图都是可更新的,因为有些视图的更新不能唯一地有意义地转换成对相应基本表的更新。

不同的数据库管理系统对视图的更新还有不同的规定,如下是 IBM 的 DB2 数据库中视图不允许更新的规定:

① 若视图是由两个以上基本表导出的,则此视图不允许更新;

② 若视图的字段来自字段表达式或常数,则不允许对此视图执行 INSERT 和 UPDATE

操作,但允许执行 DELETE 操作;

③ 若视图的字段来自集函数,则此视图不允许更新;

④ 若视图定义中含有 GROUP BY 子句,则此视图不允许更新;

⑤ 若视图定义中含有 DISTINCT 短语,则此视图不允许更新;

⑥ 若视图定义中有嵌套查询,并且内层查询的 FROM 子句中涉及的表也是导出该视图的基本表,则此视图不允许更新;

⑦ 一个不允许更新的视图上定义的视图也不允许更新。

应该指出的是,不可更新的视图与不允许更新的视图是两个不同的概念,前者指理论上已证明其是不可更新的视图,后者指实际系统中不支持其更新,但它本身有可能是可更新的视图。

3.5.4 视图的作用

视图最终是定义在基本表之上的,对视图的一切操作最终是要转换为对基本表的操作。视图作为关系模型外模式的主要表示形式,其合理使用能带来许多好处。

1. 视图能够简化用户的操作

视图机制使用户可以将注意力集中在所关心的数据上。如果这些数据不是直接来自基本表,则可以通过定义视图,使数据库看起来结构简单、清晰,并且可以简化用户的数据查询操作。例如,那些定义了若干张表连接的视图,就将表与表之间的连接操作对用户隐蔽起来了,换句话说,用户所做的只是对一张虚表的简单查询,而这个虚表是怎样得来的,用户无须了解。

2. 视图使用户能以多种角度看待同一数据

视图机制能使不同的用户以不同的方式看待同一数据,当许多不同种类的用户共享同一数据库时,这种灵活性是非常重要的。

3. 视图对重构数据库提供了一定程度的逻辑独立性

视图在关系数据库中对应于子模式或外模式,在一定程度上当数据库模式改变,视图能确保子模式不变。例如,重构学生关系 *S*(SNO,SN,SEX,AGE,DEPT)为 SX(SNO,SN,SEX)和 SY(SNO,AGE,DEPT)两个关系,这时原表 *S* 还可由 SX 表和 SY 表自然连接获得。建立一个视图 *S*:

```
CREATE VIEW S(SNO,SN,SEX,AGE,DEPT)
AS SELECT SX.SNO,SX.SN,SX.SEX,SY.AGE,SY.DEPT
    FROM SX,SY
    WHERE SX.SNO = SY.SNO
```

这样尽管数据库的逻辑结构(或称模式)改变了(变为 SX 和 SY 两个表),但应用程序不必修改,因为新建的视图可定义成原来的关系(指属性个数及对应类型相同),使用户能在新建视图后的关系表和视图基础上,保持外模式不变,为此,应用程序不必修改。

当然,视图只能在一定程度上提供数据的逻辑独立性,因为若视图定义基于的关系表的信息不存在了或定义的视图是不可更新的,则仍然会因为基本表结构的改变而改变应用程序基于操作的外模式,因而只能改变应用程序。

4. 视图能够对机密数据提供安全保护

有了视图机制,就可以在数据库应用时,对不同的用户定义不同的视图,使机密数据不出现在不应该看到这些机密数据的应用视图上,这样视图机制就自动提供了对机密数据的安全保护功能。例如,就全校而言完整的学生信息表中一般含有学生家庭住址、父母姓名和家庭电话等机密信息,而一般教务管理子系统中对学生机密数据是屏蔽的,这样就可以通过定义不含机密信息的学生视图来提供相应的安全性保护。

5. 适当的利用视图可以更清晰和方便地表达查询

例如,经常需要查找"优秀(各门课程均 90 分及以上)学生的学号、姓名和所在系等信息",可以先定义一个优秀学生学号的视图,其定义如下:

```
CREATE VIEW S_GOOD_VIEW
AS SELECT SNO FROM SC GROUP BY SNO HAVING MIN(SCORE)> = 90
```

然后再用如下语句实现查询:

```
SELECT S.SNO,S.SN,S.DEPT
FROM S,S_GOOD_VIEW  WHERE S.SNO = S_GOOD_VIEW.SNO
```

这样其他涉及优秀学生查询的表达均可清晰、方便地直接使用视图 S_GOOD_VIEW 参与表达了。

3.6 SQL 数据控制

数据库中的数据由多个用户共享,为保证数据库的安全,SQL 语言提供数据控制语言(Data Control Language,DCL)对数据库进行统一的控制管理。

3.6.1 权限与角色

1. 权限

在 SQL 系统中,有两个安全机制,一种是视图机制,当用户通过视图访问数据库时,他不能访问此视图外的数据,它提供了一定的安全性,而主要的安全机制是权限机制。权限机制的基本思想是给用户授予不同类型的权限,在必要时,可以收回授权,使用户能够进行的数据库操作以及所操作的数据限定在指定时间与指定范围内,禁止用户超越权限对数据库进行非法的操作,从而保证数据库的安全性。

在数据库中,权限可分为系统权限和对象权限。

系统权限是指数据库用户能够对数据库系统进行某种特定的操作的权力,它由数据库管理员授予其他用户,如创建一个基本表(CREATE TABLE)的权力。

对象权限是指数据库用户在指定的数据库对象上进行某种特定的操作权力。对象权限由创建基本表、视图等数据库对象的用户授予其他用户,如查询(SELECT)、插入(INSERT)、修改(UPDATE)和删除(DELETE)等操作。

2. 角色

角色是多种权限的集合,可以把角色授予用户或角色。当要为一些用户同时授予或收回多项权限时,则可以把这些权限定义为一个角色,对此角色进行操作,这样就避免了许多重复性的工作,简化了管理数据库用户权限的工作。

3.6.2 系统权限和角色的授予与收回

1. 系统权限和角色的授予

SQL 语言用 GRANT 语句向用户授予操作权限,GRANT 语句的一般格式为:

GRANT ＜系统权限＞|＜角色＞[,＜系统权限＞|＜角色＞]… TO ＜用户＞|＜角色＞|PUBLIC [,＜用户＞|＜角色＞]…[WITH GRANT OPTION]

其语义为将对指定的系统权限或角色授予指定的用户或角色。其中PUBLIC代表数据库中的全部用户,WITH GRANT OPTION为可选项,指定后则允许被授权用户将指定的系统特权或角色再授予其他用户或角色。

例3.72 把创建表的权限授给用户U1。

```
GRANT CREATE TABLE TO U1
```

说明:对用户授予创建表的权限后,用户可以试着利用CREATE TABLE命令创建表。但是表是基于某架构的,所谓架构(Schema)是一组数据库对象的集合,它被用户或角色所拥有并构成唯一命名空间,可以将架构看成是对象的容器,为此要实现表的创建往往还要授予对表所属架构的相应权限。例如,要对U1授予架构dbo的ALTER权限,命令为GRANT ALTER ON SCHEMA::dbo TO U1。然后就可以用"CREATE TABLE 表名(…)"来创建表了。

GRANT架构权限命令的一般语法(具体说明略):

```
GRANT permission [,…n] ON SCHEMA::schema_name
TO database_principal[,…n][ WITH GRANT OPTION][ AS granting_principal]
```

2. 系统权限与角色的收回

数据库管理员可以使用REVOKE语句收回系统权限,其语法格式为:

```
REVOKE ＜系统权限＞|＜角色＞[,＜系统权限＞|＜角色＞]…
FROM ＜用户名＞|＜角色＞|PUBLIC[,＜用户名＞|＜角色＞]…
```

例3.73 把U1所拥有的创建表权限收回。

```
REVOKE CREATE TABLE FROM U1
```

3.6.3 对象权限和角色的授予与收回

1. 对象权限和角色的授予

数据库管理员拥有系统权限,而作为数据库的普通用户,只对自己建的基本表、视图等数据库对象拥有对象权限。如果要共享其他的数据库对象,则必须授予普通用户一定的对象权限。同系统权限的授予方法类似,SQL语言使用GRANT语句为用户授予对象权限,其语法格式为:

GRANT ALL|＜对象权限＞[(列名[,列名]…)][,＜对象权限＞]…ON ＜对象名＞ TO ＜用户＞|＜角色＞|PUBLIC[,＜用户＞|＜角色＞]…[WITH GRANT OPTION]

其语义为将指定的操作对象的对象权限授予指定的用户或角色。其中,ALL代表所有的对象权限,列名用于指定要授权的数据库对象的一列或多列。如果不指定列名,被授权的用户将在数据库对象的所有列上均拥有指定的特权,实际上,只有当授予INSERT、UPDATE权限时才需要指定列名。ON子句用于指定要授予对象权限的数据库对象名,可以是基本表名、视图名等。WITH GRANT OPTION为可选项,指定后则允许被授权的用户将权限再授予其他用户或角色。

例3.74 把查询*S*表权限授给用户U1。

```
GRANT SELECT ON  S TO U1
```

2. 对象权限与角色的收回

所有授予出去的权限在必要时都可以由数据库管理员和授权者收回,收回对象权限仍然是使用 REVOKE 语句，其语法格式为：

```
REVOKE ＜对象权限＞|＜角色＞[,＜对象权限＞|＜角色＞]…
FROM ＜用户名＞|＜角色＞|PUBLIC[,＜用户名＞|＜角色＞]…
```

例 3.75　收回用户 U1 对 S 表的查询权限。

```
REVOKE SELECT ON S FROM U1
```

3.7　嵌入式 SQL 语言*

3.7.1　嵌入式 SQL 简介

SQL 语言提供了两种不同的使用方式，一种是在终端交互式方式下使用，前面介绍的就是作为独立语言由用户在交互环境下使用的 SQL 语言，另一种是将 SQL 语言嵌入到某种高级语言（如 Java、C#、PL/1、COBOL、FORTRAN 和 C）中使用，利用高级语言的过程性结构来弥补 SQL 语言在实现逻辑关系复杂的应用方面的不足，这种方式下使用的 SQL 语言称为嵌入式 SQL（Embedded SQL），而嵌入 SQL 的高级语言称为主语言或宿主语言，而 SQL 语言称为子语言。

广义来讲，各类第四代开发工具或开发语言，如 VB、PB、VC、C#、VB. NET 和 DELPHI 等，其通过 SQL 来实现数据库操作均为嵌入式 SQL 应用。

一般来讲，在终端交互方式下使用的 SQL 语句也可用在应用程序中，当然这两种方式下的 SQL 语句细节上会有些差别，在程序设计的环境下，SQL 语句要做某些必要的扩充。

对于嵌入了 SQL 语句的高级程序源程序，一般可采用两种方法处理，一种是预编译，其处理过程如图 3.4 所示，另一种是修改和扩充主语言及其编译器使之能直接处理 SQL 语句。目前采用较多的是预编译的方法，即由 DBMS 的预处理程序对源程序进行扫描，识别出 SQL 语句，把它们转换成主语言调用语句，以使主语言编译程序能识别它，最后由主语言的编译程序将经预处理后的整个源程序编译成目标码。

下节将以 C 语言中嵌入 SQL 为例来介绍。

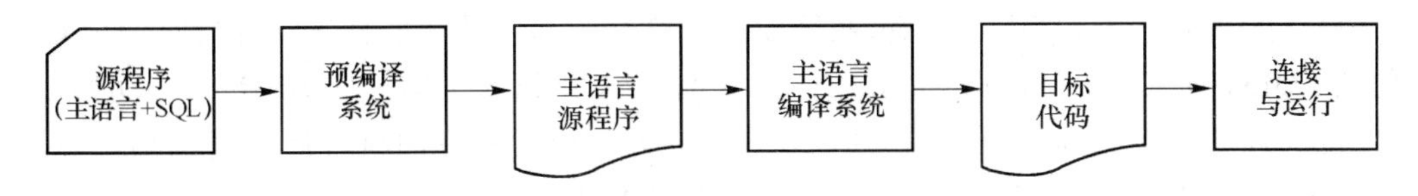

图 3.4　嵌入式 SQL 的预编译、编译、连接与运行处理过程

3.7.2　嵌入式 SQL 要解决的 3 个问题

1. 区分 SQL 语句与主语言语句

在嵌入式 SQL 中，为了能够区分 SQL 语句与主语言语句，所有 SQL 语句都必须加前缀 EXEC SQL（如图 3.6 中②所示）。SQL 语句的结束标志则随主语言的不同而不同，例如，在 PL/1 和 C 中以分号“;”结束，在 COBOL 中以 END-EXEC 结束。这样，以 C 或 PL/1 作为主语言的嵌入式 SQL 语句的一般形式为：

```
EXEC SQL ＜SQL 语句＞;
```

例如，一条交互形式的 SQL 语句 DROP TABLE S 嵌入到 C 程序中，应写作：

```
EXEC SQL DROP TABLE S;
```

嵌入SQL语句根据其作用的不同,可分为可执行语句(如图3.6中③④⑤所示)和说明性语句(如图3.6中①②所示)两类。可执行语句又分为数据定义、数据控制和数据操作3种,几乎所有的SQL语句都能以嵌入式的方式使用。

在宿主程序中,任何允许出现可执行的高级语言语句的地方,都可以出现可执行SQL语句;任何允许出现说明性高级语言语句的地方,都可以写说明性SQL语句。

2. 数据库工作单元和程序工作单元之间的通信

嵌入式SQL语句中可以使用主语言的程序变量来输入或输出数据,把SQL语句中使用的主语言程序变量称为主变量(Host Variable),主变量在宿主语言程序与数据库之间的作用可参阅图3.5。

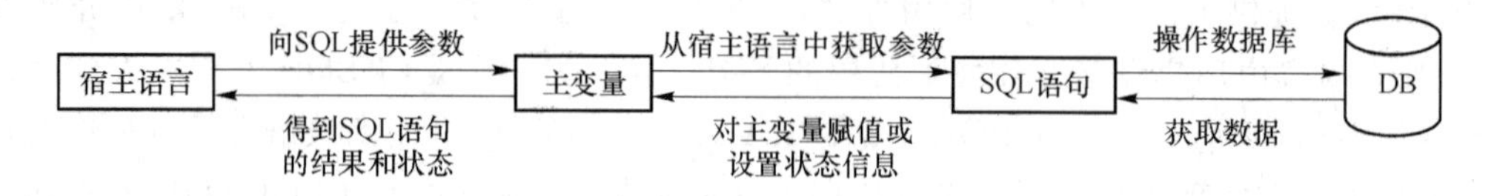

图3.5 主变量的通信与传递数据的作用示意图

主变量根据其作用的不同,分为输入主变量、输出主变量和指示主变量。输入主变量(如图3.6中⑨所示的UPDATE语句中使用的newdisc主变量)由应用程序对其赋值,SQL语句引用;输出主变量(如图3.6中⑧所示的FETCH语句中的cscustid、csname等主变量)由SQL语句对其赋值或设置状态信息,返回给应用程序;一个主变量可以附带一个任选的指示主变量(Indicator Variable),指示主变量(如图3.6中⑧ 所示的FETCH语句中的csdiscnull主变量)是一个整型变量,用来"指示"所指主变量的值的情况,指示主变量可以指示输入主变量是否希望设置为空值,也可以检测输出主变量是否是空值(指示主变量为负值,指示所指主变量为空值)。一个主变量可能既是输入主变量又是输出主变量(如图3.6中③所示的tname主变量)。在SQL语句中使用这些变量时,需在主变量名前加冒号":"作为标记,以区别于表中的字段(或属性)名。程序中使用到的主变量都需要在程序说明部分使用EXEC SQL DECLARE语句加以说明,一则使程序更加清晰,二则使预编译系统程序能做某些语法检查。

SQL语句在应用程序中执行后,系统要反馈给应用程序若干信息,这些信息送到SQL的通信区SQLCA(SQL Communication Area),SQLCA用语句EXEC SQL INCLUDE加以定义。SQLCA是一个数据结构(即SQLCA结构中含有能反映不同执行后状况的多个状态变量,如SQLCODE、SQLERRD1、SQLERRMC、SQLWARN和SQLERRM等),SQLCA中有一个存放每次执行SQL语句后返回代码的状态变量SQLCODE。当SQLCODE为零时(如图3.6中的"if (SQLCODE == 0)…"语句),表示SQL语句执行成功,否则返回一个错误代码(负值)或警告信息(正值),一般程序员应该在每个SQL语句之后测试SQLCODE的值,以便根据当前SQL命令执行情况决定后续的处理。

3. 协调SQL集合式操作与高级语言记录式处理之间的关系

一个SQL语句一般能处理一组记录,而主语言一次只能处理一个记录,为此必须协调两种处理方式,使它们相互协调地处理。嵌入式SQL中是引入游标(Cursor)机制来解决这个问题的。

游标是系统为用户开设的一个数据缓冲区,用来存放SQL语句的执行结果,每个游标区都有一个名字。用户可以通过游标逐一获取记录,并赋给主变量,再由主语言程序做进一步处理。

与游标有关的 SQL 语句有下列 4 个：

① 游标定义语句 DECLARE(如图 3.6 中⑥所示)。游标是与某个查询结果相联系的符号名，用 SQL 的 DECLARE 语句定义，它是说明性语句，定义时游标定义中的 SELECT 语句并不马上执行(情况与视图的定义相似)。

② 游标打开语句 OPEN(如图 3.6 中⑦所示)。此时执行游标定义中的 SELECT 语句，同时游标缓冲区中含有 SELECT 语句执行后对应的所有记录，游标也处于活动状态，游标指针指向游标中记录结果第一行之前。

③ 游标推进语句 FETCH(如图 3.6 中⑧所示)。此时执行游标向前推进一行，并把游标指针指向的当前记录读出，放到 FETCH 语句中指定的对应主变量中。FETCH 语句常置于主语言程序的循环结构中，通过循环逐一处理游标中的一个个记录。

④ 游标关闭语句 CLOSE(如图 3.6 中⑩所示)。关闭游标，使它不再和原来的查询结果相联系，同时释放游标占用的资源。关闭的游标可以再次打开，得到新的游标记录后再使用游标，使用完游标后可以再关闭。

在游标处于活动状态时，可以修改和删除游标指针指向的当前记录，这时，UPDATE 语句和 DELETE 语句中要用子句 WHERE CURRENT OF <游标名>(如图 3.6 中⑨所示)。

4. 举例

为了能够更好地理解上面的概念，下面给出带有嵌入式 SQL 的一段完整的 C 程序，该程序先使用“SELECT INTO …”语句检测数据库中是否存在客户表(Customer)，若不存在则先用“CREATE TABLE”命令创建该表，并使用“INSERT INTO”插入若干条记录；若存在则继续。程序接着利用游标，借助循环语句结构，逐一显示出客户表中的记录(含客户号、客户名和客户折扣率)，显示的同时询问是否要修改当前客户的折扣率，得到肯定回答后，要求输入新的折扣率，并利用“UPDATE”命令修改当前记录的折扣率。

```
void ErrorHandler (void);
#include <stddef.h>                                         // standard C run-time header
#include <stdio.h>                                          // standard C run-time header
#include "gcutil.h"                                         // utility header
int main (int argc,char * * argv,char * * envp)
{   int nRet;                                               // for return values
    char yn[2];
    EXEC SQL BEGIN DECLARE SECTION;                         // ①先说明主变量
       char szServerDatabase[(SQLID_MAX * 2)+2] = "";       // 放数据库服务器名与数据库名
       char szLoginPassword[(SQLID_MAX * 2)+2] = "";        // 放登录用户名与口令
       char tname[21] = "xxxxxxxxxxx";                      //放表名变量
       char cscustid[8];
       char csname[31];
       double csdiscount;
       double newdisc;
       int csdiscnull = 0;
     EXEC SQL END DECLARE SECTION;
     // ②接着是错误处理设置与连接的相关选项设置
     EXEC SQL WHENEVER SQLERROR CALL ErrorHandler();
```

```
EXEC SQL SET OPTION LOGINTIME 10;
EXEC SQL SET OPTION QUERYTIME 100;
printf("Sample Embedded SQL for C application\n");    // display logo
   // 若不使用"GetConnectToInfo()",则也可直接指定"服务器名.数据库名"与
   //"用户名.口令名"来连接,如 EXEC SQL CONNECT TO qh.qxz USER sa.sa;
   // 这里"qh"为服务器名,"qxz"为数据库名,"sa"为用户名,"sa"为口令
   // GetConnectToInfo()实现连接信息的获取,该函数一般在"gcutil.c"C 源程序文件中的
nRet = GetConnectToInfo(argc, argv, szServerDatabase, szLoginPassword);
if (!nRet) { return (1); }
   // 下面 CONNECT TO 命令真正实现与 SQL Server 的连接
EXEC SQL CONNECT TO :szServerDatabase  USER :szLoginPassword;
if (SQLCODE == 0) { printf("Connection to SQL Server established\n"); }
else { // problem connecting to SQL Server
     printf("ERROR: Connection to SQL Server failed\n"); return (1);}
     // 检测数据库是否有 customer 表
EXEC SQL SELECT name into :tname FROM sysobjects // ③ SELECT INTO 语句
       WHERE (xtype = 'U' and name = 'customer');
//SELECT name into :tname FROM sys.objects WHERE (type = 'U' and name = 'customer');
//SQL SERVER 2008 中如上语句有所变化
if (SQLCODE == 0||strcmp(tname,"customer") == 0)
{ printf("客户表已经存在。\n");}
else{            // 若不存在 customer 表,则创建表并插入若干条记录
  EXEC SQL CREATE TABLE customer      // ④ 创建 customer 表
          (CustID   Dec( 7,0) not null,
          Name   Char(30)  not null,
          ShipCity Char(30) NULL,
          Discount Dec(5,3) NULL,
          primary key(CustID));
  if (SQLCODE == 0)
  { printf("create success! %d\n",SQLCODE);}
  else
  { printf("ERROR: create %d\n",SQLCODE);return (-1);}
   EXEC SQL INSERT into customer values('133568','Smith Mfg.','Portland',0.050);
   EXEC SQL INSERT into customer values('246900','Bolt Co.','Eugene',0.020);
   EXEC SQL INSERT into customer values('275978','Ajax Inc','Albany',null); //⑤
   EXEC SQL INSERT into customer values('499320','Adapto','Portland',0.000);
   EXEC SQL INSERT into customer values('499921','Bell Bldg.','Eugene',0.100);
   if (SQLCODE == 0){ printf("execute success! %d\n",SQLCODE);}
   else{ printf("ERROR: execute %d\n",SQLCODE);return (-1);}
}
EXEC SQL DECLARE customercursor cursor  // ⑥定义游标 customercursor
        for SELECT custid,name,discount
            FROM customer
            order by custid
        for update of discount;
EXEC SQL OPEN customercursor;            // ⑦打开游标 customercursor
```

```
        if (SQLCODE == 0){ printf("open success! %d\n",SQLCODE);}
        else { printf("ERROR: open %d\n",SQLCODE); return (-1);}
        while (SQLCODE == 0){
            EXEC SQL FETCH NEXT customercursor   //⑧推进游标 customercursor
                    INTO :cscustid,:csname,:csdiscount :csdiscnull;
            if (SQLCODE == 0)
            {   printf("客户号 = %s",cscustid);   //显示客户信息
                printf("客户名 = %14s",csname);
                if (csdiscnull==0) printf("折扣率 = %lf\n",csdiscount);
                else printf("折扣率 = NULL\n");
                printf("需要修改吗?(Y/N)?");   //询问是否要修改
                scanf("%s",yn);
                if (yn[0]=='y' || yn[0]=='Y'){   //输入并修改
                    printf("请输入新的折扣率:");
                    scanf("%lf",&newdisc);
                    EXEC SQL UPDATE customer set discount = :newdisc
                      where current of customercursor; //⑨ CURRENT 形式的 UPDATE 语句
                    if (SQLCODE == 0){printf("该客户的折扣率修改成功!");}
                  else{printf("该客户的折扣率修改未成功!");}
                };
            }
            else{printf("ERROR: fetch %d\n",SQLCODE);}
        }
        EXEC SQL CLOSE customercursor;   //⑩关闭游标 customercursor
        EXEC SQL DISCONNECT ALL;         //关闭与数据库的连接
        return (0);
    }
    void ErrorHandler (void)             //显示错误信息子程序
    {   printf("Error Handler called:\n");
        printf("    SQL Code = %li\n", SQLCODE);
        printf("    SQL Server Message %li: '%Fs'\n", SQLERRD1, SQLERRMC);
    }
```

图 3.6　一个嵌入了 SQL 的完整 C 语言程序

3.7.3 第四代数据库应用开发工具或高级语言中 SQL 的使用

第四代开发工具或高级语言，一般是面向对象编程的，往往是借助于某数据库操作组件或对象，如 ADO、ADO.NET 对象，再通过传递 SQL 命令操作数据库数据(这一点来说，操作数据库的原理与嵌入 SQL 的 C 程序是一样的)，下面通过几个小例子来了解第四代程序语言中 SQL 的使用情况。

1. Visual Basic 6.0 中数据操作例子

该例子利用 VB 实现类似 SQL Server 2000 查询分析器的功能，运行界面如图 3.7 所示。当运行时，左边文本框中可输入对数据库表的查询类命令(SELECT)，按左文本框下的按钮，窗体上面网格控件中即能显示出 SELECT 查询的结果(当然要输入正确的 SELECT 命令)；右边文本框中可输入对数据库表的更新类命令(如 INSERT、UPDATE 和 DELETE)，同样 SQL 命令正确的话即能更新操作数据库中的数据，更新数据后左边文本框中再输入查询命令能加以检验，如此强大的 SQL 命令交互操作功能，利用 ADO 数据对象实现非常轻松。请读

者参照实现本例子,领略VB操作数据库数据的方法。

该窗体设计时的主要属性如表3.7所示。

表3.7 属性表

对 象	属 性	设置值
frmadocode	Name	frmadocode(窗体名)
DataGrid1	Name	DataGrid1
Text1	Text	SELECT * FROM js
Text2	Text	UPDATE js SET 姓名='刘莉' where 工号='ID004'
RunSelect	Name	RunSelect(命令按钮名)
	Caption	SQL命令直接运行(SELECT或返回值的存储过程名)
RunSqls	name	RunSqls(命令按钮名)
	Caption	SQL命令直接运行(INSERT、INSERT、UPDATE或存储过程名)

ADO交互式SQL

工号	姓名	性别	系名	工龄	职称	基本工资
ID001	李大海	男	计算机系	30	教授	1205
ID002	王非	男	计算机系	5	讲师	565
ID003	林森	男	计算机系	15	副教授	890.5
ID004	刘莉	女	外语系	6	讲师	555
ID005	柳莺	女	外语系	28	教授	128.9
ID006	刘大力	男	外语系	20	副教授	900.9
ID007	王书和	男	外语系	8	讲师	670
ID009	李小娟	女	外语系	2	助教	450

select * from js

update js set 姓名='刘莉' where 工号='

SQL命令直接运行(select或返回值的存储过程名)

SQL命令直接运行(insert、delete、update或存储过程名)

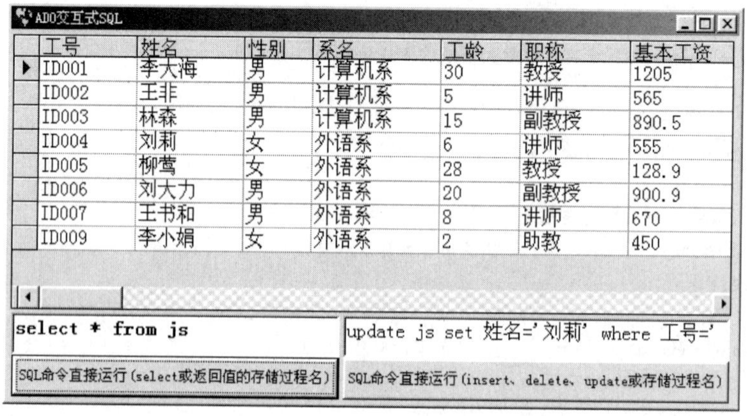

图3.7 运行效果

带适当注释的两命令按钮代码如下:

```
Private Sub RunSelect_Click()
    Dim cn As New ADODB.Connection          '定义并实例化 ADO 连接对象变量 cn
    Dim cmd As New ADODB.Command            '定义并实例化 ADO 命令对象变量 cmd
    '定义并实例化 ADO 记录集对象变量 rs(它相当于 C 语言中的游标,能返回记录集,并通过它操作数
     据)
    Dim rs As New ADODB.Recordset
    On Error GoTo RunSQL_Error              '遇到错误,跳转到 RunSQL_Error
    '设置连接对象 cn 的连接数据库属性,这里要求当前目录中已存在含表 js 的 Access 数据库 js.mdb
     文件
    cn.ConnectionString = "Provider = Microsoft.Jet.OLEDB.4.0;Data Source = js.mdb"
    'cn.ConnectionString = "Provider = SQLOLEDB.1;User ID = sa;Password = sa;Initial Catalog =
     jxgl;Data Source = qh"                 '设置连接到 SQL Server,服务器名 qh,数据库名 qh,用户
                                            名口令均为 sa
    cn.Open                                 '打开连接对象 cn
    cmd.ActiveConnection = cn               '命令对象 cmd 的活动连接设置为 cn
    cmd.CommandType = adCmdText             '命令对象 cmd 的命令类型为 SQL 命令
    cmd.CommandText = Text1.Text            '查询类 SQL 命令来自 Text1 文本框,设置对象 cmd
    'cmd.CommandText = "SELECT * FROM js"   '如设定本语句,能得到图 3.7 的运行效果
```

```
    rs.CursorLocation = adUseClient      '记录集对象 rs 定位于客户端
    rs.CursorType = adOpenStatic         '记录集对象 rs 为静态记录集
    rs.LockType = adLockReadOnly         '记录集对象 rs 为只读记录集
    rs.Open Cmd                          '通过命令对象 Cmd,打开记录集对象 rs,即借助命令对象
                                         含有的 SQL 命令,从数据库中取得了记录集,并放在记录
                                         集对象 rs 中
    Set DataGrid1.DataSource = rs        '记录集对象 rs 赋值给网格控件 DataGrid1,界面上能看
                                         到查询到的记录内容
    Exit Sub                             '退出子程序
  RunSQL_Error:
    MsgBox "错误:" & Err.Description     '遇到错误时,显示错误信息
End Sub
Private Sub RunSqls_Click()
    Dim cn As New ADODB.Connection
    Dim cmd As New ADODB.Command
    Dim rs As New ADODB.Recordset
    On Error GoTo RunSQL_Error
    cn.ConnectionString = "Provider=Microsoft.Jet.OLEDB.4.0;Data Source=js.mdb"
    cn.Open
    cmd.ActiveConnection = cn
    cmd.CommandType = adCmdText
    cmd.CommandText = Text2.Text   ' 更新类 SQL 命令来自 Text2 文本框
    Cmd.Execute    '更新类 SQL 命令,由 Cmd 的 Execute 方法直接递交到数据源执行
    MsgBox "已成功执行,请验证执行结果!" & Cmd.State
    Exit Sub
  RunSQL_Error:
    MsgBox "错误:" & Err.Description
End Sub
```

2. C＃中连接并执行 SQL 命令程序段

.NET 集成环境中的 C＃操作数据库是通过 ADO.NET 应用程序级接口操作数据的，ADO.NET 提供对 Microsoft SQL Server 等数据源以及通过 OLE DB 和 XML 公开的数据源的一致访问。应用程序可以使用 ADO.NET 来连接到这些数据源，并检索、操作和更新数据。

一个 OleDbConnection 对象，表示到数据源的一个唯一的连接。在客户端/服务器数据库系统的情况下，它等效于到服务器的一个网络连接。下面的示例是创建一个 OleDbCommand 和一个 OleDbConnection 对象。OleDbConnection 打开，并设置给 OleDbCommand 的 Connection，然后，该示例调用 ExecuteNonQuery 执行 INSERT 插入操作，完成向 Customers 表中插入一条记录，并关闭该连接，代码段如下：

```
public void InsertRow(string myConnectionString)
{
   if(myConnectionString == ""){
      myConnectionString = "Provider = SQLOLEDB;Data Source = localhost;Initial Catalog = North-
      wind;Integrated Security = SSPI;"; // 连接到 SQL Server 中的 Northwind 数据库
   }
   // 由连接字符串,创建 OleDb 连接对象 myConnection
   OleDbConnection myConnection = new OleDbConnection(myConnectionString);
   string myInsertQuery = "INSERT INTO Customers (CustomerID, CompanyName) Values('NWIND',
   'Northwind Traders')";   // 把 SQL 插入命令赋值给变量 myInsertQuery
   OleDbCommand myCommand = new OleDbCommand(myInsertQuery);  //建立命令对象 myCommand
```

```
    myCommand.Connection = myConnection; //对象 myCommand 的当前连接设置为 myConnection
    myConnection.Open();                 //打开并建立连接
    //通过命令对象 myCommand,借助 myConnection 连接对象执行 SQL 插入操作
    myCommand.ExecuteNonQuery();
    myCommand.Connection.Close();        //由命令对象关闭已建立的连接
}
```

3. Java 语言中通过“jdbc.odbc”连接并执行数据查询的程序段

```
package javabean;                              //包名
import java.sql.*;                             //导入相关类
public class DBBean{
  String sDBDriver ="sun.jdbc.odbc.JdbcodbcDriver";//指定 jdbc.odbc 驱动
  String sConnStr = "jdbc:odbc:DBClothes";//数据源连接字符串,其中 DBClothes 为预先建立的连接
                                          数据库的 ODBC 数据源名
  Connection conn = null;                      //定义一数据库连接对象 conn
  Statement stmt = null;                       //定义一数据库命令对象 stmt
  ResultSet rs = null;                         //定义一结果集 rs
  public DBBean(){                             <! --注册数据库驱动程序-->
    try{ Class.forName(sDBDriver);}            //检查是否有该类数据库的驱动程序
    catch(java.lang.ClassNotFoundException e){
      System.err.println("DBBean()" + e.getMessage());//异常处理
    }
  }
  <!--建立数据库连接及定义数据查询-->
  public ResultSet executeQuery(String sql){ //sql 为 SQL 查询命令的参数变量
    rs = null;
    try{ //通过数据源连接字符串(sConnStr)及用户名(sa)与密码(11),建立连接对象 conn
      conn = DriverManager.getConnection(sConnStr,"sa","11");
      stmt = conn.createStatement();  // 通过连接对象创建命令对象 stmt
      rs = stmt.executeQuery(sql);     // 通过命令对象执行数据查询命令,取得的记录集赋给记
                                          录集对象 rs
    }catch(SQLException ex){
      System.err.println("executeQuery:" + ex.getMessage());}
    return rs;                        // 函数返回记录集 rs
  }
  ...
}
```

通过以上3个简单例子,读者能了解到目前第四代开发工具或高级语言中操作数据库数据的一般方法,也能认识到 SQL 命令仍然是数据库操作的核心与关键。

3.8 小　结

本章系统而详尽地讲解了 SQL 语言。在讲解 SQL 语言的同时,进一步介绍了关系数据库的基本概念,如索引和视图的概念及其作用等。

SQL 语言具有数据定义、数据查询、数据更新、数据控制四大功能。数据库的管理与各类数据库应用系统的开发都是通过 SQL 语言来实现。然而,需要注意的是本章的有些例子在不同的数据库系统中也许要稍作修改后才能使用,具体数据库管理系统实现 SQL 语句时也会有少量语句格式变形(应通过帮助具体了解),这是在实际数据库系统中操作与实践时要先注意的。

本章的视图是关系数据库系统中的重要概念，这是因为合理使用视图具有许多优点，使用它是非常有必要的。

SQL 语言的数据查询功能是最丰富而复杂的，需要通过不断实践才能真正牢固地掌握。若面对各种数据操作，都能即时正确写出相应的 SQL 操作命令，则表明对 SQL 语言的掌握已达到较好水平。

习　题

一、选择题

1. 在 SQL 语言中授权的操作是通过(　　)语句实现的。

A. CREATE　　B. REVOKE　　C. GRANT　　D. INSERT

2. SQL 语言的一体化特点是主要同(　　)相比较而言的。

A. 操作系统命令　　B. 非关系模型的数据语言

C. 高级语言　　D. 关系模型语言

3. 在嵌入式 SQL 语言中使用游标的目的在于(　　)。

A. 区分 SQL 与宿主语言　　B. 与数据库通信

C. 处理错误信息　　D. 处理多行记录

4. 设有关系 $R=(A,B,C)$，与 SQL 语句 SELECT DISTINCT A FROM R WHERE B=17 等价的关系代数表达式是(　　)。

A. $\Pi_A(R)$　　B. $\sigma_{B=17}(R)$　　C. $\Pi_A(\sigma_{B=17}(R))$　　D. $\sigma_{B=17}(\Pi_A(R))$

5. 两个子查询的结果(　　)时，可以执行并、交和差操作。

A. 结构完全一致　　B. 结构完全不一致

C. 结构部分一致　　D. 主键一致

6. 在 SQL 查询语句中，用于测试子查询是否为空的谓词是(　　)。

A. EXISTS　　B. UNIQUE　　C. SOME　　D. ALL

7. 使用 SQL 语句进行查询操作时，若希望查询结果中不出现重复元组，应在 SELECT 子句中使用(　　)保留字。

A. UNIQUE　　B. All　　C. EXCEPT　　D. DISTINCT

8. 在视图上不可能完成的操作是(　　)

A. 更新视图　　B. 查询

C. 在视图上定义新的基本表　　D. 在视图上定义新视图

9. SQL 中涉及属性 AGE 是否是空值的比较操作，写法(　　)是错误的。

A. AGE IS NULL　　B. NOT(AGE IS NULL)

C. AGE=NULL　　D. AGE IS NOT NULL

10. 假定学生关系是 S(S＃，SNAME，SEX，AGE)，课程关系是 C(C＃，CNAME，TEACHER)，学生选课关系是 SC(S＃，C＃，GRADE)。要查找选修“数据库系统概论”课程的“男”学生学号，将涉及到关系(　　)。

A. S　　B. SC，C　　C. S，SC　　D. S，SC，C

二、填空题

1. SQL操作命令CREATE、DROP和ALTER主要完成的是数据的________功能。

2. ________为关系数据库语言国际标准语言。

3. SQL中文含义是________________，它集查询、操作、定义和控制等多种功能。

4. 视图是从____________________导出的表，它相当于三级结构中的外模式。

5. 视图是虚表，它一经定义就可以和基本表一样被查询，但________操作将有一定限制。

6. SQL的数据更新功能主要包括________、________和________ 3个语句。

7. 在字符匹配查询中，通配符“%”代表________________，“_”代表________________。

8. SQL语句具有________________和________________两种使用方式。

9. SQL语言中，实现数据检索的语句是________________。

10. 在SQL中如果希望将查询结果排序，应在SELECT语句中使用________________子句。

三、简答与SQL操作表达

1. 简述SQL的定义功能。

2. 简述SQL语言支持的三级逻辑结构。

3. 解释本章所涉及的有关基本概念的定义：基本表、导出表、视图、索引、聚集索引、系统特权、对象特权和角色，并说明视图、索引、聚集索引和角色的作用。

4. 在对数据库进行操作的过程中，设置视图机制有什么优点？它与数据表之间有什么区别？

5. 设有4个关系(只示意性给出一条记录)：

S

SNO	SNAME	ADDRESS	TEL
S1	SN1	上海南京路	68564345

SPJ

SNO	PNO	JNO	QTY
S1	P1	J1	200

P

PNO	PNAME	SPEC	CITY	COLOR
P1	PN1	8X8	无锡	红

J

JNO	JNAME	LEADER	BG
J1	JN1	王总	10

S(SNO,SNAME,ADDRESS,TEL)，其中，SNO表示供应商代码，SNAME表示姓名，ADDRESS表示地址，TEL表示电话；*J*(JNO,JNAME,LEADER,BG)，其中，JNO表示工程代码，JNAME表示工程名，LEADER表示负责人，BG表示预算；*P*(PNO,PNAME,SPEC,CITY,COLOR)，其中，PNO表示零件代码，PNAME表示零件名，SPEC表示规格，CITY表示产地，COLOR表示颜色；SPJ(SNO,JNO,PNO,QTY)，其中，SNO表示供应商代码，JNO表示工程代码，PNO表示零件代码，QTY表示数量。

(1) 为每个关系建立相应的表结构，添加若干记录。

(2) 完成如下查询：

① 找出所有供应商的姓名、地址和电话；

② 找出所有零件的名称、规格和产地；

③ 找出使用供应商代码为S1供应零件的工程号；

④ 找出工程代码为 J2 的工程使用的所有零件名称和数量；

⑤ 找出产地为上海的所有零件代码和规格；

⑥ 找出使用上海产的零件的工程名称；

⑦ 找出没有使用天津产的零件的工程号；

⑧ 求没有使用天津产的红色零件的工程号；

⑨ 取出为工程 J1 和 J2 提供零件的供应商代号；

⑩ 找出使用供应商 S2 供应的全部零件的工程号。

(3) 完成如下更新操作：

① 把全部红色零件的颜色改成蓝色；

② 由 S10 供给 J4 的零件 P6 改为由 S8 供应，请做必要的修改；

③ 从供应商关系中删除 S2 的记录，并从供应零件关系中删除相应的记录；

④ 请将 (S2，P4，J8，200) 插入供应零件关系；

⑤ 将工程 J2 的预算改为 40 万元；

⑥ 删除工程 J8 订购的由 S4 提供零件的所有供应信息。

(4) 请将“零件”和“供应零件”关系的连接定义一个视图，完成下列查询：

① 找出工程代码为 J2 的工程使用的所有零件名称和数量；

② 找出使用上海产的零件的工程号。

6. 在嵌入式 SQL 中如何区分 SQL 语句和主语句？举例说明。

7. 在嵌入式 SQL 中如何解决数据库工作单元与程序工作单元之间的沟通？

8. SQL 的集合处理方式与宿主语言的单记录处理方式之间如何协调？

9. 对于简易教学管理数据库有如下 3 个基本表：S(SNO，SN，AGE，SEX)、SC(SNO，CNO，SCORE)和 *C*(CNO，CN，TH)，其含义为 SNO(学号)，SN(姓名)，AGE(年龄)，SEX(性别)，SCORE(成绩)，CNO(课程号)，CN(课程名)，TH(教师名)。试用 SQL 语言表达如下查询及操作：

(1) 检索年龄大于 16 岁的女学生的学号和姓名；

(2) 检索姓刘的学生选修的所有课程名与教师名；

(3) 检索没有选修数据库课程的学生的学号与姓名；

(4) 检索至少选修两门课程的学生的学号与姓名；

(5) 检索选修课程包含姓张老师所授全部课程的学生的学号与姓名；

(6) 把王非同学的学生信息及其选课情况等全部删除；

(7) 在课程表中添加一门新课程，其信息为(C8，信息系统概论，孙力)；

(8) 在选修关系表 SC 中添加所有学生对“C8”课程的选修关系记录，成绩暂定为 60，请用一条命令完成本批量添加任务；

(9) 把选“信息系统概论”课程的男学生的成绩全部初始化重新设置为 0。

第4章　关系数据库设计理论

本章要点

关系数据库设计理论主要包括数据依赖、范式及规范化方法这三部分内容。关系模式中数据依赖问题的存在,可能会导致库中数据冗余、插入异常、删除异常和修改复杂等问题,规范化模式设计方法使用范式这一概念来定义关系模式所要符合的不同等级。较低级别范式的关系模式,经模式分解可转换为若干符合较高级别范式要求的关系模式。本章的重点是函数依赖的相关概念和基于函数依赖的范式及其判定。

4.1　问题的提出

前面已经讲述了关系数据库和关系模型的基本概念以及关系数据库的标准语言 SQL。这一章讨论关系数据库设计理论,即如何采用关系模型设计较优关系数据库,数据库逻辑结构设计主要关心的问题就是面对一个现实问题,如何选择一个比较好的关系模式的集合,其中每个关系模式又由哪些属性组成。

4.1.1　规范化理论概述

关系数据库的规范化理论最早是由关系数据库的创始人 E. F. Codd 提出的,后经许多专家学者对关系数据库设计理论做了深入的研究和发展,形成了一整套有关关系数据库设计的理论。在该理论出现以前,层次和网状数据库的设计只是遵循其模型本身固有的特点与原则,而无具体的理论依据可言,因而带有盲目性,可能在以后的运行和使用中会发生许多预想不到的问题。

那么如何设计一个合适的关系数据库系统？关键是关系数据库模式的设计,即应该构造几个关系模式,每个关系模式由哪些属性组成,又如何将这些相互关联的关系模式组建成一个适合的关系模型,这些都决定了整个系统的运行效率,也是应用系统开发设计成败的因素之一。实际上,关系数据库的设计必须在关系数据库规范化理论的指导下进行。

关系数据库设计理论主要包括 3 个方面的内容:函数依赖、范式(Normal Form)和模式设计。其中函数依赖起着核心作用,是模式分解和模式设计的基础,范式是模式分解的标准。

4.1.2　不合理的关系模式存在的问题

关系数据库设计时要遵循一定的规范化理论。只有这样才可能设计出一个较好的数据库来。前面已经讲过关系数据库设计的关键所在是关系数据库模式的设计,也就是关系模式的设计。那么到底什么是好的关系模式呢？某些不好的关系模式可能导致哪些问题？下面通过例子对这些问题进行分析。

例 4.1 要求设计“学生-课程”数据库，其关系模式 SDC 如下：

SDC(SNO,SN,AGE,DEPT,MN,CNO,SCORE)

其中，SNO 表示学生学号，SN 表示学生姓名，AGE 表示学生年龄，DEPT 表示学生所在的系别，MN 表示系主任姓名，CNO 表示课程号，SCORE 表示成绩。

根据实际情况，这些数据有如下语义规定：

① 一个系有若干个学生，但一个学生只属于一个系；

② 一个系只有一名系主任，但一个系主任可以同时兼几个系的系主任；

③ 一个学生可以选修多门功课，每门课程可被若干个学生选修；

④ 每个学生学习每门课程有一个成绩。

在此关系模式中填入一部分具体的数据，则可得到 SDC 关系模式的实例，即一个“学生-课程”数据库表，如图 4.1 所示。

SNO	SN	AGE	DEPT	MN	CNO	SCORE
S1	赵红	20	计算机	张文斌	C1	90
S1	赵红	20	计算机	张文斌	C2	85
S2	王小明	17	外语	刘伟华	C5	57
S2	王小明	17	外语	刘伟华	C6	80
S2	王小明	17	外语	刘伟华	C7	
S2	王小明	17	外语	刘伟华	C4	70
S3	吴小林	19	信息	刘伟华	C1	75
S3	吴小林	19	信息	刘伟华	C2	70
S3	吴小林	19	信息	刘伟华	C4	85
S4	张涛	22	自动化	钟志强	C1	93

图 4.1　关系 SDC

根据上述语义规定并分析以上关系中的数据可以看出，(SNO,CNO)属性的组合能唯一标识一个元组(每行中 SNO 与 CNO 的组合均是不同的)，所以(SNO,CNO)是该关系模式的主关系键(即主键，又名主码)。但在进行数据库的操作时，会出现以下几方面的问题。

① 数据冗余。每个系名和系主任的名字存储的次数等于该系的所有学生每人选修课程门数的累加和，同时学生的姓名和年龄也都要重复存储多次(选几门课就要重复几次)，数据的冗余度很大，浪费了存储空间。

② 插入异常。如果某个新系没有招生，尚无学生时，则系名和系主任的信息无法插入到数据库中，因为在这个关系模式中，(SNO,CNO)是主键。根据关系的实体完整性约束，主键的值不能为空，而这时没有学生，SNO 和 CNO 均无值，因此不能进行插入操作。另外，当某个学生尚未选课，即 CNO 未知，实体完整性约束还规定，主键的值不能部分为空，同样也不能进行插入操作。

③ 删除异常。当某系学生全部毕业而还没有招生时，要删除全部学生的记录，这时系名和系主任也随之删除，而现实中这个系依然存在，但在数据库中却无法存在该系信息。另外，

如果某个学生不再选修C1课程，本应该只删去对C1的选修关系，但C1是主键的一部分，为保证实体完整性，必须将整个元组一起删掉，这样，有关该学生的其他信息也随之丢失(假设他原只选修一门C1课程)。

④ 修改异常。如果某学生改名，则该学生的所有记录都要逐一修改SN的值；又如某系更换系主任，则属于该系的"学生-课程"记录都要修改MN的内容，稍有不慎，就有可能漏改某些记录，这就会造成数据的不一致性，破坏了数据的完整性。

由于存在以上问题，可以说，SDC是一个不好的关系模式。产生上述问题的原因，直观地说，是因为关系中"包罗万象"，内容太杂了。一个好的关系模式不应该产生如此多的问题的。

那么，怎样才能得到一个好的关系模式呢？现在把关系模式SDC分解为学生关系*S*(SNO,SN,AGE,DEPT)、系关系*D*(DEPT,MN)和选课关系SC(SNO,CNO,SCORE)3个结构简单的关系模式，针对图4.1的SDC表内容，分解后的三表内容如图4.2所示。

S

SNO	SN	AGE	DEPT
S1	赵红	20	计算机
S2	王小明	17	外语
S3	吴小林	19	信息
S4	张涛	22	自动化

D

DEPT	MN
计算机	张文斌
外语	刘伟华
信息	刘伟华
自动化	钟志强

SC

SNO	CNO	SCORE
S1	C1	90
S1	C2	85
S2	C5	57
S2	C6	80
S2	C7	
S2	C4	70
S3	C1	75
S3	C2	70
S3	C4	85
S4	C1	93

图4.2 关系SDC经分解后的三关系*S*、*D*与SC

在这3个关系中，实现了信息的某种程度的分离，*S*中存储学生基本信息，与所选课程及系主任无关；*D*中存储系的有关信息，与学生及课程信息无关；SC中存储学生选课的信息，而与学生及系的有关信息无关。与SDC相比，分解为3个关系模式后，数据的冗余度明显降低。当新增一个系时，只要在关系*D*中添加一条记录即可。当某个学生尚未选课时，只要在关系*S*中添加一条学生记录即可，而与选课关系无关，这就避免了插入异常。当一个系的学生全部毕业时，只需在*S*中删除该系的全部学生记录，而不会影响到系的信息，数据冗余很低，也不会引起修改异常。

经过上述分析，可见分解后的关系模式集是一个好的关系数据库模式。这3个关系模式都不会发生插入异常和删除异常的毛病，数据冗余也得到了尽可能地控制。

但要注意，一个好的关系模式并不是在任何情况下都是最优的，例如，查询某个学生选修课程名及所在系的系主任时，要通过连接操作来完成(即由图4.2中的3张表，连接形成图4.1中的一张总表)，而连接所需要的系统开销非常大，因此现实中要在规范化设计理论指导下以实际应用系统功能与性能需求的目标出发进行设计。

要设计的关系模式中的各属性是相互依赖、相互制约的，关系的内容实际上是这些依赖与制约作用的结果。关系模式的好坏也是由这些依赖与制约作用产生的，为此，在关系模式设计时，必须从实际出发，从语义上分析这些属性间的依赖关系，由此来做关系的规范化工作。

一般而言，规范化设计关系模式，是将结构复杂（即依赖与制约关系复杂）的关系分解成结构简单的关系，从而把不好的关系数据库模式转变为较好的关系数据库模式，这就是下一节要讨论的内容——关系的规范化。

4.2　规范化

本节将讨论下述内容：首先讨论一个关系属性间不同的依赖情况，讨论如何根据属性间的依赖情况来判定关系是否具有某些不合适的性质，通常按属性间依赖情况来区分关系规范化的程度为第一范式、第二范式、第三范式、BC 范式和第四范式等，然后直观地描述如何将具有不合适性质的关系转换为更合适的形式。

4.2.1　函数依赖

1. 函数依赖

定义 4.1　设关系模式 $R(U,F)$，U 是属性全集，F 是 U 上的函数依赖集，X 和 Y 是 U 的子集，如果对于 $R(U)$ 的任意一个可能的关系 r，对于 X 的每一个具体值，Y 都有唯一的具体的值与之对应，则称 X 函数决定 Y，或 Y 函数依赖于 X，记作 $X \rightarrow Y$。称 X 为决定因素，Y 为依赖因素。当 Y 不函数依赖于 X 时，记作 $X \nrightarrow Y$，当 $X \rightarrow Y$ 且 $Y \rightarrow X$ 时，则记作 $X \leftrightarrow Y$。

对于关系模式 SDC：

U={SNO,SN,AGE,DEPT,MN,CNO,SCORE}

F={SNO→SN,SNO→AGE,SNO→DEPT,DEPT→MN,SNO→MN,(SNO,CNO)→SCORE}

一个 SNO 有多个 SCORE 的值与之对应，因此 SCORE 不能唯一地确定，即 SCORE 不能函数依赖于 SNO，所以有 SNO↛SCORE，同样有 CNO↛SCORE。

但是 SCORE 可以被（SNO，CNO）唯一地确定，所以可表示为（SNO，CNO）→SCORE。

函数依赖有几点需要说明。

（1）平凡的函数依赖与非平凡的函数依赖

当属性集 Y 是属性集 X 的子集时，则必然存在着函数依赖 $X \rightarrow Y$，这种类型的函数依赖称为平凡的函数依赖。如果 Y 不是 X 的子集，则称 $X \rightarrow Y$ 为非平凡的函数依赖。若不特别声明，本书讨论的都是非平凡的函数依赖。

（2）函数依赖与属性间的联系类型有关

① 在一个关系模式中，如果属性 X 与 Y 有 1∶1 联系时，则存在函数依赖 $X \rightarrow Y$，$Y \rightarrow X$，即 $X \leftrightarrow Y$。例如，当学生没有重名时，SNO↔SN。

② 如果属性 X 与 Y 有 m∶1 的联系时，则只存在函数依赖 $X \rightarrow Y$。例如，SNO 与 AGE，DEPT 之间均为 m∶1 联系，所以有 SNO→AGE，SNO→DEPT。

③ 如果属性 X 与 Y 有 m∶n 的联系时，则 X 与 Y 之间不存在任何函数依赖关系。例如，一个学生（有唯一学号 SNO）可以选修多门课程，一门课程（有唯一课程号 CNO）又可以为多个学生选修，即 SNO 与 CNO 有 m∶n 的选修联系，所以 SNO 与 CNO 之间不存在函数依赖关系。

由于函数依赖与属性之间的联系类型有关，所以在确定属性间的函数依赖时，可以从分析属性间的联系入手，便可确定属性间的函数依赖。

(3) 函数依赖是语义范畴的概念

只能根据语义来确定一个函数依赖,而不能按照其形式化定义来证明一个函数依赖是否成立。例如,对于关系模式 S,当学生不存在重名的情况下,可以得到:

$$SN \to AGE, SN \to DEPT$$

这种函数依赖关系,必须是在规定没有重名的学生条件下才成立,否则就不存在这些函数依赖了。所以函数依赖反映了一种语义完整性约束,是语义的要求。

(4) 函数依赖关系的存在与时间无关

因为函数依赖是指关系中所有元组应该满足的约束条件,而不是指关系中某个或某些元组所满足的约束条件,当关系中的元组增加、删除或更新后都不能破坏这种函数依赖。因此,必须根据语义来确定属性之间的函数依赖,而不能单凭某一时刻关系中的实际数据值来判断。例如,对于关系模式 S,假设没有给出无重名的学生这种语义规定,则即使当前关系中没有重名的记录,也不能有"SN→AGE,SN→DEPT",因为在后续的对表 S 的操作中,可能马上会增加一个重名的学生,而使这些函数依赖不可能成立,所以函数依赖关系的存在与时间无关,而只与数据之间的语义规定有关。

(5) 函数依赖可以保证关系分解的无损连接性

设 $R(X,Y,Z)$,X、Y、Z 为不相交的属性集合,如果有 $X \to Y$,$X \to Z$,则有 $R(X,Y,Z)=R(X,Y) \infty R(X,Z)$,其中 $R(X,Y)$ 表示关系 R 在属性 (X,Y) 上的投影,即 R 等于两个分别含决定因素 X 的投影关系(分别是 $R(X,Y)$ 与 $R(X,Z)$)在 X 上的自然连接,这样便保证了关系 R 分解后不会丢失原有的信息,这称为关系分解的无损连接性。

例如,对于关系模式 S(SNO,SN,AGE,DEPT),有 SNO→SN,SNO→(AGE,DEPT),则 S(SNO,SN,AGE,DEPT)$=S_1$(SNO,SN)∞S_2(SNO,AGE,DEPT),也就是说,S 的两个投影关系 S_1、S_2 在 SNO 上的自然连接可复原关系模式 S,这一性质非常重要,在后面的关系规范化中要用到。

2. 函数依赖的基本性质

(1) 投影性

根据平凡的函数依赖的定义可知,一组属性函数决定它的所有可能的子集。例如,在关系 SDC 中,有(SNO,CNO)→SNO 和(SNO,CNO)→CNO。

说明:投影性产生的是平凡的函数依赖,需要时也能使用。

(2) 扩张性

若 $X \to Y$ 且 $W \to Z$,则 $(X,W) \to (Y,Z)$。例如,SNO→(SN,AGE),DEPT→MN,则有(SNO,DEPT)→(SN,AGE,MN)。

说明:扩张性实现了两函数依赖决定因素与被决定因素分别合并后仍保持决定关系。

(3) 合并性

若 $X \to Y$ 且 $X \to Z$ 则必有 $X \to (Y,Z)$。例如,在关系 SDC 中,SNO→(SN,AGE),SNO→DEPT,则有 SNO→(SN,AGE,DEPT)。

说明:决定因素相同的两函数依赖,它们的被决定因素合并后,函数依赖关系依然保持。

(4) 分解性

若 $X \to (Y,Z)$,则 $X \to Y$ 且 $X \to Z$。很显然,分解性为合并性的逆过程。

说明:决定因素能决定全部,当然也能决定全部中的部分。

由合并性和分解性,很容易得到以下事实:

$X \to (A_1, A_2, \cdots, A_n)$成立的充分必要条件是 $X \to A_i (i=1,2,\cdots,n)$成立。

3. 完全/部分函数依赖和传递/非传递函数依赖

定义 4.2　设有关系模式 $R(U)$，U 是属性全集，X 和 Y 是 U 的子集，$X \to Y$，并且对于 X 的任何一个真子集 X'，都有 $X' \nrightarrow Y$，则称 Y 对 X 完全函数依赖(Full Functional Dependency)，记作 $X \xrightarrow{f} Y$。如果对 X 的某个真子集 X'，有 $X' \to Y$，则称 Y 对 X 部分函数依赖(Partial Functional Dependency)，记作 $X \xrightarrow{p} Y$。

例如，在关系模式 SDC 中，因为 SNO$\nrightarrow$SCORE，且 CNO$\nrightarrow$SCORE，所以有(SNO,CNO)$\xrightarrow{f}$SCORE，而因为有 SNO$\to$AGE，所以有(SNO,CNO)$\xrightarrow{p}$AGE。

由定义 4.2 可知，只有当决定因素是组合属性时，讨论部分函数依赖才有意义，当决定因素是单属性时，都是完全函数依赖。例如，在关系模式 S(SNO,SN,AGE,DEPT)中，决定因素为单属性 SNO，有 SNO$\to$(SN,AGE,DEPT)，它肯定不是部分函数依赖。

定义 4.3　设有关系模式 $R(U)$，U 是属性全集，X，Y，Z 是 U 的子集，若 $X \to Y (Y \not\subseteq X)$，但 $Y \nrightarrow X$，又 $Y \to Z$，则称 Z 对 X 传递函数依赖(Transitive Functional Dependency)，记作 $X \xrightarrow{t} Z$。

注意：如果有 $Y \to X$，则 $X \leftrightarrow Y$，这时还称 Z 对 X 直接函数依赖，而不是传递函数依赖。

例如，在关系模式 SDC 中，SNO$\to$DEPT，但 DEPT$\nrightarrow$SNO，而 DEPT$\to$MN，则有 SNO$\xrightarrow{t}$MN。当学生不存在重名的情况下，有 SNO$\to$SN，SN$\to$SNO，SNO$\leftrightarrow$SN，SN$\to$DEPT，这时 DEPT 对 SNO 是直接函数依赖，而不是传递函数依赖。

综上所述，函数依赖可以有不同的分类，即有如下之分：平凡的函数依赖与非平凡的函数依赖；完全函数依赖与部分函数依赖；传递函数依赖与非传递函数依赖(即直接函数依赖)，这些是比较重要的概念，它们将在关系模式的规范化进程中作为准则的主要内容而被使用到。

4.2.2 码

在第 2 章中已给出有关码的概念，这里用函数依赖的概念来定义码。

定义 4.4　设 K 为 $R(U,F)$中的属性或属性集，若 $K \xrightarrow{f} U$，则 K 为 R 的候选码(或候选关键字或候选键)(Candidate key)。若候选码多于一个，则选定其中的一个为主码(或称主键，Primary key)。

包含在任何一个候选码中的属性，称为主属性(Prime attribute)；不包含在任何候选码中的属性称为非主属性(Nonprime attribute)或非码属性(Non-key attribute)。在最简单的情况下，单个属性是码；在最极端的情况下，整个属性组 U 是码，称为全码(All-key)。如在关系模式 S(SNO,DEPT,AGE)中 SNO 是码，而在关系模式 SC(SNO,CNO,SCORE)中属性组合(SNO,CNO)是码。下面举个全码的例子。

关系模式 TCS(T,C,S)，属性 T 表示教师号，C 表示课程号，S 表示学生号。一个教师可以讲授多门课程，一门课程可有多个教师讲授，同样一个学生可以选听多门课程，一门课程可被多个学生选听。教师 T、课程 C 和学生 S 之间是三者之间多对多关系，单个属性 T，C，S 或两个属性组合(T,C)，(T,S)，(C,S)等均不能完全决定整个属性组 U，只有(T,C,S)$\to U$，所以这个关系模式的码为(T,C,S)，即全码。

那么,已知关系模式 $R(U,F)$,如何来找出 R 的所有候选码呢?

方法1 定义法——通过候选码的定义来求解

根据定义4.4,属性集 $K(K\subseteq U)$ 是 $R(U,F)$ 中的属性或属性集,K 为候选码的条件是:① $K\to U$(或 $K_F^+=U$);② 对 K 的任一真子集 $K'(K'\subset K)$ 有 $K'\not\to U$(或 $K'^+_F\neq U$),则 K 是关系模式的一个候选码。

说明:K_F^+、K'^+_F 分别为属性集 K、K' 关于函数依赖集 F 的闭包,参见本章定义4.16及算法4.1。

这样,当 U 中属性个数不多时,只要对 U 的全部可能的属性集 $K(K\neq\varnothing$,共有 2^n-1 个属性组合,其中 n 为 U 中属性个数),逐个检验以上两个条件,就能找出 $R(U,F)$ 关系模式的全部候选码。

例4.2 设有关系模式 $R(A,B,C,D)$,函数依赖集 $F=\{D\to B,B\to D,\mathrm{AD}\to B,\mathrm{AC}\to D\}$,求 R 的候选码。

解:R 有4个属性,为此有 $2^4-1=15$ 个属性组合:A,B,C,D,AB,AC,AD,BC,BD,CD,ABC,ABD,ACD,BCD,ABCD,经分析有如下各属性的函数依赖情况:

$A\to A$,	AB→ABD,	**ABC→ABCD**,	**ABCD→ABCD**
$B\to$BD,	**AC→ABCD**,	ABD→ABD	
$C\to C$,	AD→ABD,	BCD→BCD	
$D\to$BD,	BC→BCD,	**ACD→ABCD**	
	BD→BD		
	CD→BCD		

因为有 AC→ABCD,而 $A\not\to$ ABCD,$C\not\to$ ABCD,为此 AC 为候选码;而有 ABC→ABCD,ACD→ABCD,ABCD→ABCD,但决定因素都含 AC,因有 AC→ABCD,不符合候选码定义,为此 ABC、ACD 和 ABCD 均不是候选码(但都是超码),AC 是唯一候选码。

说明:超码是包含某候选码的属性集合,超码也能唯一标识不同元组。

方法2 规范求解法

本方法能简明地指导人们找出 R 的所有候选键。步骤如下:

(1) 查看函数依赖集 F 中的每个形如 $X_i\to Y_i$(要确认每个函数依赖 $X_i\to Y_i$ 均为非平凡的完全的函数依赖)的 $(i=1,2,\cdots,n)$ 函数依赖关系,看哪些属性在所有 $Y_i(i=1,2,\cdots,n)$ 中一次也没有出现过,设没出现过的属性集为 $P(P=U-Y_1-Y_2-\cdots-Y_n)$,设只在 Y_i 中出现的属性为 Q。则当 $P=\varnothing$(表示空集)时,转步骤(4);当 $P\neq\varnothing$ 时,转步骤(2)。

(2) 根据候选键的定义,候选键中应必含 P(因为没有其他属性能决定 P)。考察 P,若有 $P\xrightarrow{f}U$ 成立,则 P 为候选键,并且候选键只有一个 P(考虑一下为什么呢?),转步骤(5);若 $P\xrightarrow{f}U$ 不成立,则转步骤(3)。

(3) P 可以分别与 $\{U-P-Q\}$ 中的每一个属性合并,形成 $P_1,P_2,\cdots,P_m$。再分别判断 $P_j\xrightarrow{f}U(j=1,2,\cdots,m)$ 是否成立,能成立则找到了一个候选键,没有则放弃。合并一个属性若不能找到或不能找全候选键,可进一步考虑 P 与 $\{U-P-Q\}$ 中的2个(或3个,4个,……)属性的所有组合分别进行合并,继续判断分别合并后的各属性组对 U 的完全函数决定情况,如此直到找出 R 的所有候选键为止,最后转步骤(5)(需要提醒的是:如若属性组 K 已有 $K\xrightarrow{f}U$,则完全不必去考察含 K 的其他属性组合了,显然它们都不可能再是候选键)。

(4) 若 $P=\varnothing$，则可以先考察 $X_i \to Y_i(i=1,2,\cdots,n)$ 中的单个 X_i，判断是否有 $X_i \xrightarrow{f} U$，若成立则 X_i 为候选键。剩下不是候选键的 X_i，可以考察它们2个或2个以上的组合，查看这些组合中是否有能完全函数决定 U 的，从而找出其他可能还有的候选键，最后转步骤(5)。

(5) 结束，输出结果。

例 4.3　设关系模式 $R(A,B,C,D,E,F)$，函数依赖集 $F=\{A \to BC, BC \to A, BCD \to EF, E \to C\}$，求 R 的候选码。

解：(1) 经确认函数依赖集 F 中每个已都是非平凡的完全的函数依赖，经考察 $P=\{D\}$，$Q=\{F\}$。

(2) 因为 $D \xrightarrow{f} U$ 不成立，所以要考察 D 与 $U-P-Q=\{ABCE\}$ 中所有单个属性的组合，看是否能完全决定 U，即考察 DA，DB，DC，DE；

(3) 1) 因为 $A \to BC$，所以 $DA \to BCD$　①

因为 $BCD \to EF$，所以 $DA \to EF$　②

显然 $DA \to A$　③

由①②③得 $DA \to ABCDEF$，所以 DA 是候选码。

而显然 $DB \to DB$，$DC \to DC$，$DE \to DEC$，所以 DB、DC 和 DE 均不是候选码。

2) 要考察 D 与 $U-P-Q=\{ABCE\}$ 中除 A 外所有2个属性的组合，即考察 DBC，DBE，DCE 对属性的确定情况

对 DBC，所以 $BCD \to BC$，$BC \to A$，所以 $BCD \to A$　①

已知 $BCD \to EF$　②

显然，$BCD \to BCD$　③

由①②③得 $BCD \to ABCDEF$，所以 BCD 是候选码。

对 DBE，因为 $BE \to E$，$E \to C$，所以 $BE \to C$，因为 $BE \to B$，所以 $BE \to BC$，所以 $DBE \to DBC$，因为 $BCD \to ABCDEF$，所以 $DBE \to ABCDEF$，所以 DBE 是候选码。

对 DCE，显然只有 $DCE \to DCE$，所以 DCE 不是候选码。

此时，$U-P-Q=\{ABCE\}$ 要去掉 A，BC 和 BE，已成空集，已没有其他情况要考察。

为此，关系 R 的候选码只有 DA，DBC，DBE。

方法 3　属性划分求解法

(1) 优化 F 函数依赖集

对 F 做去掉平凡函数依赖与部分函数依赖的等价处理或求解与 F 等价的最小函数依赖集(说明：最小函数依赖集，参见本章定义4.18及定理4.3)。

(2) 对所有属性进行分类

将 R 的所有属性分为 L，R_i，N，LR 4类，L，R_i，N，LR 分别代表相应类的属性集。

L 类：仅出现在 F 的函数依赖左部的属性。

R_i 类：仅出现在 F 的函数依赖右部的属性。

N 类：在 F 的函数依赖左右两边都不出现的属性。

LR 类：在 F 的函数依赖左右两边都出现的属性。

(3) 计算候选码

结论：如果 L 非空，则候选码 K 中必含 L。

说明：这是因为设有一属性 $A \in L$，K 是 R 的任一候选码，如果 A 不包含在 K 中，由候选

码的定义则有 $K \to A \in F^+$，这就意味着必存在一个函数依赖 $X \to A$，$X \subseteq K$ 且 $A \notin X$，则 $X \to A$ 与 $A \in L$ 矛盾，所以 A 必定是 K 的一部分，故 L 包含于 K 中。

同理，N 必包含于任一候选码 K 中。

结论：R_i 必不包含于任一候选码 K。

说明：设有一属性 $A \in R_i$，K 是 R 的某一候选码，则必有 $X \to A$，$X \subseteq U$，$A \notin X$。假设 A 包含于 K 中，即 $K = \mathrm{A}K'$（K' 不含 A 了），设 $U = \mathrm{AU}'$。

因为 $K \to U$，所以 $\mathrm{AK}' \to \mathrm{AU}'$，$K' \to U'$　①

因为 $K \to X$，即 $\mathrm{AK}' \to X$，显然 $K' \to X$（因为 $A \in R_i$），又 $X \to A$，所以 $K' \to A$　②

由①②得 $K' \to \mathrm{AU}'$，即 $K' \to U$，这与 K 为某一候选码相矛盾，所以假设属性 A 包含于 K 不成立，所以 R_i 必不包含于任一候选码 K。

显然，L、N 中的所有属性都是主属性，R_i 类中的所有属性都是非主属性，而 LR 中的属性则可能是主属性也可能是非主属性。

因此，求解候选码的算法可概括如下：

① 令 X 代表 L、N 两类（即 $X = L \cup N$），Y 代表 LR 类（即 $Y = \mathrm{LR}$），转②；

② 求属性集闭包 X_F^+，若 X_F^+ 包含了 R 的全部属性，则 X 即为 R 的唯一候选码（请考虑一下为什么?），转⑤，否则，转③；

③ 对 Y 中任一属性 A，求属性集闭包 $(\mathrm{XA})_F^+$，若 $(\mathrm{XA})_F^+$ 包含了 R 的全部属性，则 XA 是候选码（XA 表示 X 中属性与 A 的集合），直到试完所有 Y 中的单个属性，转④；

④ 在 Y 中依次取所有 2 个、3 个、…、m（m 为 Y 中的属性个数）个属性的组合，设属性组合为 P，求 $(\mathrm{XP})_F^+$，若 $(\mathrm{XP})_F^+$ 包含 R 的全部属性，则是候选码，反复直到所有可能情况都得到判断，则找到了所有候选码，转⑤；

注意：XP 即 $X \cup P$，若 XP 已包含某一已是的候选码，则 XP 肯定不会再是候选码而应忽略。为此，需要考察 XP 的可能情况，往往要远小于 $2^m - m - 1$ 种可能的。

⑤ 结束，输出结果。

例 4.4　设题目同例 4.3，求 R 的候选码。

解：(1) 函数依赖集 F 中不存在平凡函数依赖与部分函数依赖，可不处理。

(2) 对所有属性进行分类：$L = D$，$R_i = F$，$\mathrm{LR} = \mathrm{ABCE}$，$N = \varnothing$。

(3) 计算候选码

因为 $L \cup N = D$，$D_F^+ = \{D\} \neq U$，所以可分别考察 DA、DB、DC 和 DE 的闭包

因为 $(\mathrm{DA})_F^+ = \{\mathrm{DABCEF}\} = U$，$(\mathrm{DB})_F^+ = \{\mathrm{DB}\} \neq U$，$(\mathrm{DC})_F^+ = \{\mathrm{DC}\} \neq U$，$(\mathrm{DE})_F^+ = \{\mathrm{DEC}\} \neq U$

所以 DA 是候选码

下面，要考察 LR 除 A 外所有两个属性的组合，即考察 DBC、DBE 和 DCE 的闭包。

因为 $(\mathrm{DBC})_F^+ = \{\mathrm{DBCAEF}\} = U$，$(\mathrm{DBE})_F^+ = \{\mathrm{DBECAF}\} = U$，$(\mathrm{DCE})_F^+ = \{\mathrm{DCE}\} \neq U$，DBC 和 DBE 是候选码，因为 $\mathrm{LR} - \{A\} - \{\mathrm{BC}\} - \{\mathrm{BE}\} = \varnothing$，为此已没有必要考察 3 个属性组合的情况了。

R 的候选码有 DA、DBC 和 DBE。

定义 4.5　关系模式 R 中属性或属性组 X 并非 R 的主码，但 X 是另外一个关系模式 S 的主码，则称 X 是 R 的外部码或外部关系键(Foreign key)，也称外码。

如在 SC(SNO,CNO,SCORE)中，单个 SNO 不是主码，但 SNO 是关系模式 S(SNO,SN,SEX,AGE,DEPT)的主码，则 SNO 是 SC 的外码，类似的 CNO 也是 SC 的外码。

主码与外码提供了一个表示关系间联系的手段，如关系模式 S 与 SC 的联系就是通过 SNO 这个既在 S 中是主码又在 SC 中是外码的属性来体现的。

4.2.3 范式

规范化的基本思想是消除关系模式中的数据冗余，消除数据依赖中的不合适的部分，解决数据插入、删除与修改时发生的异常现象，这就要求关系数据库设计出来的关系模式要满足一定的条件。关系数据库的规范化过程中，为不同程度的规范化要求设立的不同的标准或准则称为范式（Normal Form）。满足最低要求的称为第一范式，简称 1NF。在第一范式中满足进一步要求的为第二范式（2NF），其余依此类推。R 为第几范式就可以写成 $R \in$ xNF（x 表示某范式名）。

从范式来讲，主要是由 E. F. Codd 先做的工作。从 1971 年起，Codd 相继提出了关系的三级规范化形式，即第一范式、第二范式和第三范式（3NF）。1974 年，Codd 和 Boyce 共同提出了一个新的范式概念，即 Boyce-Codd 范式，简称 BCNF。1976 年 Fagin 提出了第四范式（4NF），后来又有人定义了第五范式（5NF）。至此在关系数据库规范中建立了一系列范式：1NF、2NF、3NF、BCNF、4NF 和 5NF。

当把某范式看成是满足该范式的所有关系模式的集合时，各个范式之间的集合关系可以表示为 5NF$\subset$4NF$\subset$BCNF$\subset$3NF$\subset$2NF$\subset$1NF，如图 4.3 所示。

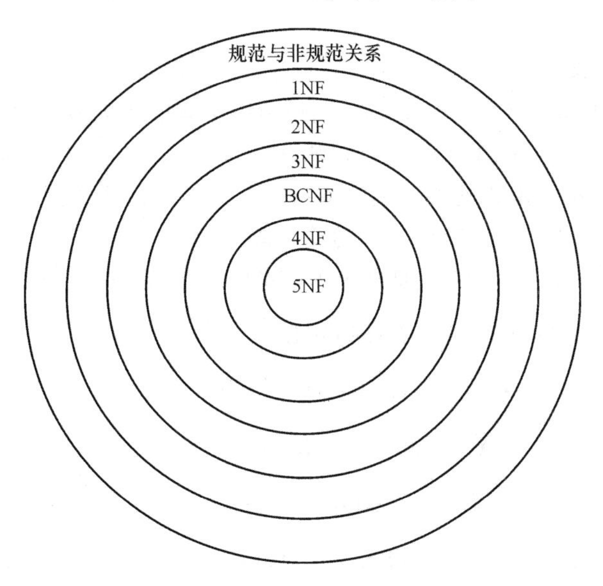

图 4.3　各范式之间的关系

一个低一级范式的关系模式，通过模式分解可以转换为若干个高一级范式的关系模式的集合，这种过程就叫规范化。

4.2.4 第一范式

第一范式（First Normal Form）是最基本的规范化形式，即关系中每个属性都是不可再分的简单项。

定义 4.6　如果关系模式 R 所有的属性均为简单属性，即每个属性都是不可再分的，则称 R 属于第一范式，简称 1NF，记作 $R \in$ 1NF。

在关系数据库系统中只讨论规范化的关系,凡是非规范化的关系模式必须转化成规范化的关系,在非规范化的关系中去掉组合项就能转化成规范化的关系。每个规范化的关系都是属于1NF,下面是关系模式规范化为1NF的一个例子。

例 4.5 职工号、姓名和电话号码(一个人可能有一个办公室电话和一个家里电话号码)组成一个表,把它规范成为1NF的关系模式,有几种方法?

答:经粗略分析,应有如下4种方法:

① 重复存储职工号和姓名,这样关键字只能是职工号与电话号码的组合,关系模式为:职工(<u>职工号</u>,姓名,<u>电话号码</u>);

② 职工号为关键字,电话号码分为单位电话和住宅电话两个属性,关系模式为:职工(<u>职工号</u>,姓名,单位电话,住宅电话);

③ 职工号为关键字,但强制每个职工只能有一个电话号码,关系模式为:职工(<u>职工号</u>,姓名,电话号码);

④ 分析设计成两个关系,关系模式分别为:职工(<u>职工号</u>,姓名),职工电话(<u>职工号</u>,<u>电话号码</u>),两关系的关键字分别是职工号和职工号与电话号码的组合。

以上4种方法读者可分析其优劣,可按实际情况选用。

4.2.5 第二范式

1. 第二范式的定义

定义 4.7 如果关系模式$R \in 1NF$,$R(U,F)$中的所有非主属性都完全函数依赖于任意一个候选关键字,则称关系R是属于第二范式(Second Normal Form),简称2NF,记作$R \in 2NF$。

从定义可知,满足第二范式的关系模式R中,不可能有某非主属性对某候选关键字存在部分函数依赖。下面分析4.1.2节中给出的关系模式SDC。

在关系模式SDC中,它的关系键是(SNO,CNO),函数依赖关系有:

$$(SNO,CNO) \xrightarrow{f} SCORE$$

$$SNO \rightarrow SN,\ (SNO,CNO) \xrightarrow{p} SN$$

$$SNO \rightarrow AGE,\ (SNO,CNO) \xrightarrow{p} AGE$$

$$SNO \rightarrow DEPT,\ (SNO,CNO) \xrightarrow{p} DEPT,\ DEPT \rightarrow MN$$

$$SNO \xrightarrow{f} MN,\ (SNO,CNO) \xrightarrow{p} MN$$

可以用函数依赖图表示以上函数依赖关系,如图4.4所示。

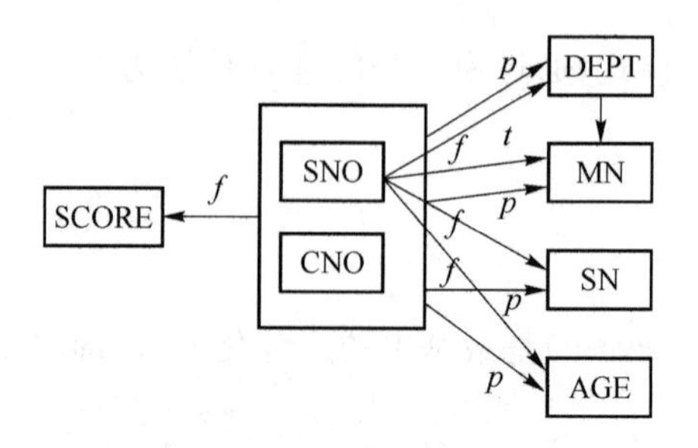

图 4.4 SDC中函数依赖图

显然，SNO，CNO 为主属性，SN，AGE，DEPT，MN 为非主属性，因为存在非主属性如 SN 对关系键（SNO，CNO）是部分函数依赖的，所有根据定义可知 SDC∉2NF。

由此可见，在 SDC 中，既存在完全函数依赖，又存在部分函数依赖和传递函数依赖，这种情况往往在数据库中是不允许的，也正是由于关系中存在着复杂的函数依赖，才导致数据操作中出现了数据冗余、插入异常、删除异常和修改异常等弊端。

2. 2NF 的规范化

2NF 规范化是指把 1NF 关系模式通过投影分解，消除非主属性对候选关键字的部分函数依赖，转换成 2NF 关系模式的集合的过程。

分解时遵循的原则是“一事一地”，让一个关系只描述一个实体或实体间的联系，如果多于一个实体或联系，则进行投影分解。

根据“一事一地”原则，可以将关系模式 SDC 分解成两个关系模式：

① SD（SNO，SN，AGE，DEPT，MN），描述学生实体；

② SC（SNO，CNO，SCORE），描述学生与课程的联系。

对于分解后的关系模式 SD 的候选关键字为 SNO，关系模式 SC 的候选关键字为（SNO，CNO），非主属性对候选关键字均是完全函数依赖的，这样就消除了非主属性对候选关键字的部分函数依赖。即 SD∈2NF，SC∈2NF，它们之间通过 SC 中的外键 SNO 相联系，需要时再进行自然连接，能恢复成原来的关系，这种分解不会丢失任何信息，具有无损连接性。

分解后的函数依赖图分别如图 4.5 和 4.6 所示。

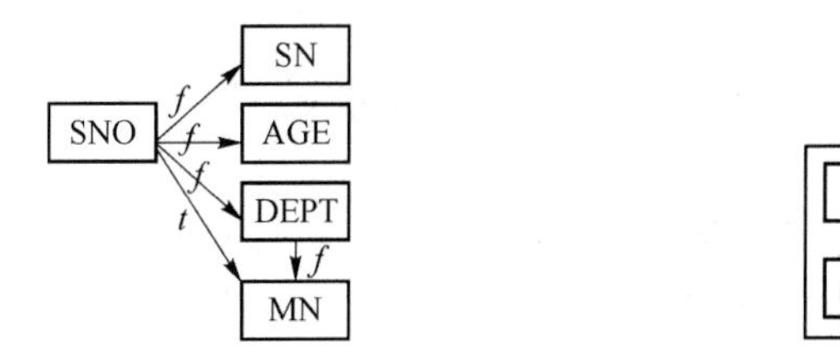

图 4.5　SD 中的函数依赖关系图

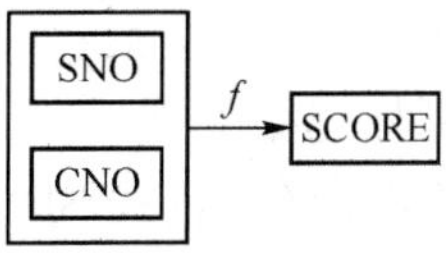

图 4.6　SC 中的函数依赖关系

注意：如果 R 的候选关键字均为单属性，或 R 的全体属性均为主属性，则 R∈2NF。

例如，在讲述全码的概念时给出的关系模式 TCS（T，C，S），（T，C，S）3 个属性的组合才是其唯一的候选关键字即关系键，T，C，S 均是主属性，不存在非主属性，所以也不可能存在非主属性对候选关键字的部分函数依赖，因此 TCS∈2NF。

4.2.6　第三范式

1. 第三范式的定义

定义 4.8　如果关系模式 R∈2NF，$R(U,F)$ 中所有非主属性对任何候选关键字都不存在传递函数依赖，则称 R 属于第三范式（Third Normal Form），简称 3NF，记作 R∈3NF。

第三范式具有如下性质。

（1）如果 R∈3NF，则 R 也是 2NF。

证明：采用反证法。设 R∈3NF，但 R∉2NF，则根据判定 2NF 的定义知，必有非主属性 A_i（$A_i \in U$，U 是 R 的所有属性集），候选关键字 K 和 K 的真子集 K'（即 $K' \subset K$）存在，使得有 $K' \rightarrow A_i$。由于 A_i 是非主属性，所以 $A_i - K \neq \varnothing$（代表空），$A_i - K' \neq \varnothing$。由于 $K' \subset K$，所以

$K-K'\neq\varnothing$,并可以断定$K'\not\to K$。这样有$K\to K'$且$K'\not\to K$,$K'\to A_i$,且$A_i-K\neq\varnothing$,$A_i-K'\neq\varnothing$,即有非主属性A_i传递函数依赖于候选键K(若认为有$K'\subset K$,因而不满足传递函数依赖的定义,则可以在K'上合并一个A_j,设A_j亦为非主属性,此时仍有$K\to K'A_j$且显然$K'A_j\not\subseteq K$,$K'A_j\not\to K$,$K'A_j\to A_i$,可见仍有非主属性A_i传递函数依赖于候选键K),所以$R\notin$3NF,与题设$R\in$3NF相矛盾,从而命题得证。

(2) 如果$R\in$2NF,则R不一定是3NF。

例如,前面讲的关系模式SDC分解为SD和SC,其中SC是3NF,但SD就不是3NF,因为SD中存在非主属性对候选关键字的传递函数依赖:SNO → DEPT, DEPT → MN,即$\text{SNO}\xrightarrow{t}\text{MN}$。

2NF的关系模式解决了1NF中存在的一些问题,但2NF的关系模式SD在进行数据操作时,仍然存在下面一些问题:

① 数据冗余,如果每个系名和系主任的名字存储的次数等于该系学生的人数;

② 插入异常,当一个新系没有招生时,有关该系的信息无法插入;

③ 删除异常,如某系学生全部毕业而没有招生时,删除全部学生的记录也随之删除了该系的有关信息;

④ 修改异常,如更换系主任时仍需要改动较多的学生记录。

之所以存在这些问题,是由于在SD中存在着非主属性对候选关键字的传递函数依赖,消除这种依赖就转换成了3NF。

2. 3NF的规范化

3NF规范化是指把2NF关系模式通过投影分解,消除非主属性对候选关键字的传递函数依赖,而转换成3NF关系模式集合的过程。

3NF规范化同样遵循"一事一地"原则。继续将只属于2NF的关系模式SD规范为3NF。根据"一事一地"原则,关系模式SD可分解为:

① S(SNO,SN,AGE,DEPT),描述学生实体;

② D(DEPT,MN),描述系的实体。

分解后S和D的主键分别为SNO和DEPT,不存在传递函数依赖,所以$S\in$3NF,$D\in$3NF。S和D的函数依赖分别如图4.7和图4.8所示。

图4.7 S中的函数依赖关系图　　图4.8 D中的函数依赖关系图

由以上两图可以看出,关系模式SD由2NF分解为3NF后,函数依赖关系变得更加简单,既没有非主属性对码的部分依赖,也没有非主属性对码的传递依赖,解决了2NF中存在的4个问题,因此,分解后的关系模式S和D具有以下特点。

① 数据冗余度降低了,如系主任的名字存储的次数与该系的学生人数无关,只在关系D中存储一次。

② 不存在插入异常,如当一个新系没有学生时,该系的信息可以直接插入到关系D中,而与学生关系S无关。

③ 不存在删除异常，如当要删除某系的全部学生而仍然保留该系的有关信息时，可以只删除学生关系 S 中的相关记录，而不影响系关系 D 中的数据。

④ 不存在修改异常，如更换系主任时，只需修改关系 D 中一个相应元组的 MN 属性值，从而不会出现数据的不一致现象。

SDC 规范化到 3NF 后，所存在的异常现象已经全部消失，但是，3NF 只限制了非主属性对码的依赖关系，而没有限制主属性对码的依赖关系。如果发生了这种依赖，仍有可能存在数据冗余、插入异常、删除异常和修改异常，这时，则需对 3NF 进一步规范化，消除主属性对码的依赖关系，向更高一级的范式 BCNF 转换。

4.2.7　BC 范式

1. BC 范式的定义

定义 4.9　如果关系模式 $R\in 1NF$，且所有的函数依赖 $X\rightarrow Y$（Y 不包含于 X，即 $Y\not\subseteq X$），决定因素 X 都包含了 R 的一个候选码，则称 R 属于 BC 范式（Boyce-Codd Normal Form），记作 $R\in BCNF$。

由 BCNF 的定义可以得到以下结论，一个满足 BCNF 的关系模式有：

① 所有非主属性对每一个候选码都是完全函数依赖；

② 所有的主属性对每一个不包含它的候选码都是完全函数依赖；

③ 没有任何属性完全函数依赖于非码的任何一组属性。

由于 $R\in BCNF$，按定义排除了任何属性对候选码的传递依赖与部分依赖，所以 $R\in 3NF$，证明留给读者完成。但若 $R\in 3NF$，则 R 未必属于 BCNF，下面举例说明。

例 4.6　设有关系模式 SCS(SNO，SN，CNO，SCORE)，其中 SNO 代表学号，SN 代表学生姓名，并假设不重名，CNO 代表课程号，SCORE 代表成绩。可以判定，SCS 有两个候选键(SNO，CNO)和(SN，CNO)，其函数依赖如下：

$$SNO\leftrightarrow SN\quad (SNO,CNO)\rightarrow SCORE\quad (SN,CNO)\rightarrow SCORE$$

唯一的非主属性 SCORE 对键不存在部分函数依赖，也不存在传递函数依赖，所以 $SCS\in 3NF$。但是，因为 $SNO\leftrightarrow SN$，即决定因素 SNO 或 SN 不包含候选键，从另一个角度说，存在着主属性对键的部分函数依赖：$(SNO,CNO)\xrightarrow{p}SN$，$(SN,CNO)\xrightarrow{p}SNO$，所以 SCS 不是 BCNF。正是存在着这种主属性对键的部分函数依赖关系，造成了关系 SCS 中存在着较大的数据冗余，学生姓名的存储次数等于该生所选的课程数，从而会引起修改异常。例如，当要更改某个学生的姓名时，则必须搜索出该姓名的每个学生记录，并对其姓名逐一修改，这样容易造成数据不一致的问题。解决这一问题的办法仍然是通过投影分解进一步提高范式的等级，将其规范到 BCNF。

2. BCNF 规范化

BCNF 规范化是指把 3NF 的关系模式通过投影分解转换成 BCNF 关系模式的集合。

下面以 3NF 的关系模式 SCS 为例，来说明 BCNF 规范化的过程。

例 4.7　将 SCS(SNO，SN，CNO，SCORE)规范到 BCNF。

SCS 产生数据冗余的原因是因为在这个关系中存在两个实体，一个为学生实体，属性有 SNO 和 SN；另一个为选课实体，属性有 SNO、CNO 和 SCORE。根据分解的“一事一地”概念单一化原则，可以将 SCS 分解成如下两个关系：

① S(SNO,SN),描述学生实体;

② SC(SNO,CNO,SCORE),描述学生与课程的联系。

对于 S,有两个候选码 SNO 和 SN;对于 SC,主码为(SNO,CNO)。在这两个关系中,无论主属性还是非主属性都不存在对码的部分函数依赖和传递依赖,$S \in$ BCNF,SC$\in$ BCNF。分解后,S 和 SC 的函数依赖分别如图 4.9 和图 4.10 所示。

图 4.9 S 中的函数依赖关系图　　图 4.10 SC 中的函数依赖关系图

关系 SCS 转换成两个属于 BCNF 的关系模式后,数据冗余度明显降低。学生的姓名只在关系 S 中存储一次,学生要改名时,只需改动一条学生记录中相应的 SN 值即可,从而不会发生修改异常。

下面再举一个有关 BCNF 规范化的实例。

例 4.8 设有关系模式 STK(S,T,K),S 表示学生学号,T 表示教师号,K 表示课程号,语义假设是,每一位教师只讲授一门课程,每门课程由多个教师讲授,某一学生选定某门课程,就对应一个确定的教师。

根据语义假设,STK 的函数依赖是$(S,K)\xrightarrow{f}T$,$(S,T)\xrightarrow{p}K$,$T\xrightarrow{f}K$。

函数依赖图如图 4.11 所示。

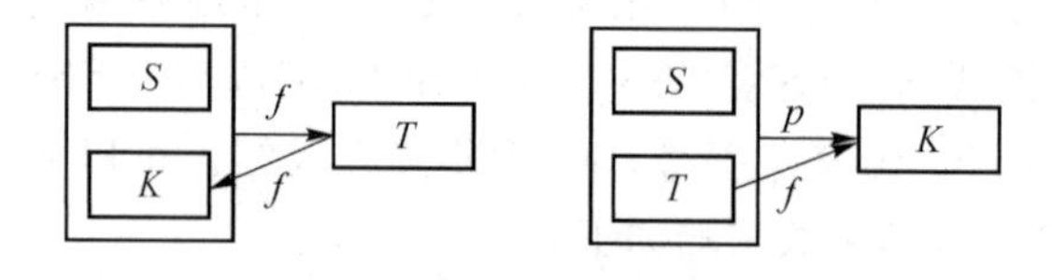

图 4.11 STK 中的函数依赖关系

这里,很容易判定(S,K)和(S,T)都是候选码。

STK 是 3NF,因为没有任何非主属性对码的传递依赖或部分依赖(因为 STK 中没有非主属性)。但 STK 不是 BCNF 关系,因为有 $T\rightarrow K$,T 是决定因素,而 T 不包含候选码。

对于不是 BCNF 的关系模式,仍然存在不合适的地方,读者可自己举例指出 STK 的不合适之处。非 BCNF 的关系模式 STK 可分解为 ST(S,T)和 TK(T,K),它们都是 BCNF。

3NF 和 BCNF 是在函数依赖的条件下对模式分解所能达到的分离程度的测度。一个模式中的关系模式如果都属于 BCNF,那么在函数依赖范畴内,它已实现了彻底的分离,已消除了插入和删除异常。3NF 的"不彻底"性表现在可能存在主属性对候选码的部分依赖或传递依赖。

4.2.8 多值依赖与 4NF

前面所介绍的规范化都是建立在函数依赖的基础上,函数依赖表示的是关系模式中属性间的一对一或一对多的联系,但它并不能表示属性间多对多的关系,因而某些关系模式虽然已经规范到 BCNF,但仍然存在一些弊端,本节主要讨论属性间的多对多的联系即多值依赖问题,以及在多值依赖范畴内定义的第四范式。

1. 多值依赖

(1) 多值依赖的定义

一个关系属于BCNF范式,是否就已经很完美了呢?为此,先看一个例子。

例4.9 假设学校中一门课程可由多名教师教授,教学中他们使用相同的一套参考书,这样可用如图4.12的非规范化的关系来表示课程 C、教师 T 和参考书 R 间的关系。

课程 C	教师 T	参考书 R
数据库系统概论	萨师煊	数据库原理与应用
	王珊	数据库系统
		SQL Server 2005
计算数学	张平	数学分析
	周峰	微分方程

图4.12 非规范关系CTR

如果把图4.12的关系CTR转化成规范化的关系,如图4.13所示。

课程 C	教师 T	参考书 R
数据库系统概论	萨师煊	数据库原理与应用
数据库系统概论	萨师煊	数据库系统
数据库系统概论	萨师煊	SQL Server 2005
数据库系统概论	王珊	数据库原理与应用
数据库系统概论	王珊	数据库系统
数据库系统概论	王珊	SQL Server 2005
计算数学	张平	数学分析
计算数学	张平	微分方程
计算数学	周峰	数学分析
计算数学	周峰	微分方程

图4.13 规范后的关系CTR

由此可以看出,规范后的关系模式CTR,只有唯一的一个函数依赖 $(C,T,R)\rightarrow U$(U 即关系模式CTR的所有属性的集合),其码显然是 (C,T,R),即全码,因而CTR关系属于BCNF范式。但是进一步分析可以看出,CTR还存在着如下弊端。

① 数据冗余大,课程、教师和参考书都被多次存储。

② 插入异常,若增加一名教授"计算数学"的教师"李静"时,由于这个教师也使用相同的一套参考书,所以需要添加两个元组,即(计算数学,李静,数学分析)和(计算数学,李静,微分方程)。

③ 删除异常,若要删除某一门课的一本参考书,则与该参考书有关的元组都要被删除,如删除"数据库系统概论"课程的一本参考书"数据库系统",则需要删除(数据库系统概论,萨师煊,数据库系统)和(数据库系统概论,王珊,数据库系统)两个元组。

产生以上弊端的原因主要有以下两方面:

① 对于关系CTR中的 C 的一个具体值来说,有多个 T 值与其相对应,同样,C 与 R 间也存在着类似的联系;

② 对于关系CTR中的一个确定的 C 值,与其所对应的一组 T 值与 R 值无关,如与"数据

库系统概论”课程对应的一组教师与此课程的参考书毫无关系,或者说不管参考书情况如何,“数据库系统概论”课程总是要对应这一组教师的。

从以上两个方面可以看出,C 与 T 间的联系显然不是函数依赖,在此称之为多值依赖(Multivalued Dependency,MVD)。

定义 4.10 设有关系模式 $R(U)$,U 是属性全集,X、Y 和 Z 是属性集 U 的子集,且 $Z=U-X-Y$,如果对于 R 的任一关系,对于 X 的一个确定值,存在 Y 的一组值与之对应,且 Y 的这组值仅仅决定于 X 的值而与 Z 值无关,此时称 Y 多值依赖于 X,或 X 多值决定 Y,记作 $X\rightarrow\rightarrow Y$。在多值依赖中,若 $X\rightarrow\rightarrow Y$ 且 $Z=U-X-Y\neq\varnothing$,则称 $X\rightarrow\rightarrow Y$ 是非平凡的多值依赖,否则称为平凡的多值依赖。

如在关系模式 CTR 中,对于某一 C、R 属性值组合(数据库系统概论,数据库系统)来说,有一组 T 值{萨师煊,王珊},这组值仅仅决定于课程 C 上的值(数据库系统概论)。也就是说,对于另一个 C、R 属性值组合(数据库系统概论,SQL Server 2005),它对应的一组 T 值仍是{萨师煊,王珊},尽管这时参考书 R 的值已经改变了,因此 T 多值依赖于 C,即 $C\rightarrow\rightarrow T$。

下面是多值依赖的另一形式化定义:设有关系模式 $R(U)$,U 是属性全集,X、Y 和 Z 是属性集合 U 的子集,且 $Z=U-X-Y$,r 是关系模式 R 的任一关系,t 和 s 是 r 的任意两个元组,如果 $t[X]=s[X]$,r 中必有的两个元组 u、v 存在,使得:

① $s[X]=t[X]=u[X]=v[X]$

② $u[Y]=t[Y]$ 且 $u[Z]=s[Z]$

③ $v[Y]=s[Y]$ 且 $v[Z]=t[Z]$

则称 X 多值决定 Y 或 Y 多值依赖于 X。

(2) 多值依赖与函数依赖的区别

① 在关系模式 R 中,函数依赖 $X\rightarrow Y$ 的有效性仅仅决定于 X、Y 这两个属性集,不涉及第三个属性集,而在多值依赖中,$X\rightarrow\rightarrow Y$ 在属性集 $U(U=X+Y+Z)$ 上是否成立,不仅要检查属性集 X、Y 上的值,而且要检查属性集 U 的其余属性 Z 上的值。因此,如果 $X\rightarrow\rightarrow Y$ 在属性集 $W(W\subset U)$ 上成立,但 $X\rightarrow\rightarrow Y$ 在属性集 U 上不一定成立。所以,多值依赖的有效性与属性集的范围有关。

如果在 $R(U)$ 上有 $X\rightarrow\rightarrow Y$,在属性集 $W(W\subset U)$ 上也成立,则称 $X\rightarrow\rightarrow Y$ 为 $R(U)$ 的嵌入型多值依赖。

② 如果在关系模式 R 上存在函数依赖 $X\rightarrow Y$,则任何 Y' 包含于 Y 均有 $X\rightarrow Y'$ 成立,而多值依赖 $X\rightarrow\rightarrow Y$ 在 R 上成立,但不能断言对于任何包含于 Y 的 Y',有 $X\rightarrow\rightarrow Y'$ 成立。

③ 多值依赖的性质

a. 多值依赖具有对称性,即若 $X\rightarrow\rightarrow Y$,则 $X\rightarrow\rightarrow Z$,其中 $Z=U-X-Y$。

b. 多值依赖具有传递性,即若 $X\rightarrow\rightarrow Y$,$Y\rightarrow\rightarrow Z$,则 $X\rightarrow\rightarrow Z-Y$。

c. 函数依赖可看作是多值依赖的特殊情况,即若 $X\rightarrow Y$,则 $X\rightarrow\rightarrow Y$。

d. 多值依赖合并性,即若 $X\rightarrow\rightarrow Y$,$X\rightarrow\rightarrow Z$,则 $X\rightarrow\rightarrow YZ$。

e. 多值依赖分解性,即若 $X\rightarrow\rightarrow Y$,$X\rightarrow\rightarrow Z$,则 $X\rightarrow\rightarrow(Y\cap Z)$,$X\rightarrow\rightarrow Y-Z$,$X\rightarrow\rightarrow Z-Y$ 均成立。这说明,如果两个相交的属性子集均多值依赖于另一个属性子集,则这两个属性子集因相交而分割成的三部分也都多值依赖于该属性子集。

2. 第四范式(4NF)

(1) 第四范式(4NF)的定义

在 4.2.8 节中分析了关系 CTR 虽然属于 BCNF,但还存在着数据冗余、插入异常和删除异常的弊端，究其原因就是CTR中存在非平凡的多值依赖，而决定因素不是码。因而必须将CTR继续分解，如果分解成两个关系模式 $CTR_1(C,T)$ 和 $CTR_2(C,R)$，则它们的冗余度会明显下降。从多值依赖的定义分析 CTR_1 和 CTR_2，它们的属性间各有一个多值依赖 $C\rightarrow\rightarrow T$ 和 $C\rightarrow\rightarrow R$，都是平凡的多值依赖。因此，在含有多值依赖的关系模式中，减少数据冗余和操作异常的常用方法是将关系模式分解为仅有平凡的多值依赖的关系模式。

定义 4.11　设有一关系模式 $R(U)$，U 是其属性全集，X、Y 是 U 的子集，D 是 R 上的数据依赖集。如果对于任一多值依赖 $X\rightarrow\rightarrow Y$，此多值依赖是平凡的，或者 X 包含了 R 的一个候选码，则称关系模式 R 是第四范式的，记作 $R\in 4NF$。

由此定义可知：关系模式CTR分解后产生的 $CTR_1(C,T)$ 和 $CTR_2(C,R)$ 中，因为 $C\rightarrow\rightarrow T$ 和 $C\rightarrow\rightarrow R$ 均是平凡的多值依赖，所以 CTR_1 和 CTR_2 都是4NF。

经过上面分析可以得知：一个BCNF的关系模式不一定是4NF，而4NF的关系模式必定是BCNF的关系模式，即4NF是BCNF的推广，4NF范式的定义涵盖了BCNF范式的定义。

(2) 4NF的分解

把一个关系模式分解为4NF的方法与分解为BCNF的方法类似，就是当把一个关系模式利用投影的方法消去非平凡且非函数依赖的多值依赖，并具有无损连接性。

例 4.10　设有关系模式 $R(A,B,C,E,F,G)$，数据依赖集 $D=\{A\rightarrow\rightarrow BGC, B\rightarrow AC, C\rightarrow G\}$，将 R 分解为4NF。

解：利用 $A\rightarrow\rightarrow BGC$，可将 R 分解为 $R_1(\{ABCG\},\{A\rightarrow\rightarrow BGC, B\rightarrow AC, C\rightarrow G\})$ 和 $R_2(\{AEF\},\{A\rightarrow\rightarrow EF\})$，其中 R_2 无函数依赖又只有平凡的多值依赖，其已是4NF的关系模式，而 R_1 根据4NF的定义还不是4NF的关系模式。

再利用 $B\rightarrow AC$ 对 R_1 再分解为 $R_{11}(\{ABC\},\{B\rightarrow AC\})$ 和 $R_{12}(\{BG\},\{B\rightarrow G\})$，显然 R_{11}、R_{12} 都是4NF的关系模式了。

由此对 R 分解得到的3个关系模式 $R_{11}(\{ABC\},\{B\rightarrow AC\})$、$R_{12}(\{BG\},\{B\rightarrow G\})$ 和 $R_2(\{AEF\},\{A\rightarrow\rightarrow EF\})$，它们都属于4NF，但此分解丢失了函数依赖 $\{C\rightarrow G\}$。若后面一次分解利用函数依赖 $C\rightarrow G$ 来做，则由此得到 R 的另一分解的3个关系模式 $R_{11}(\{ABC\},\{B\rightarrow AC\})$、$R_{12}(\{CG\},\{C\rightarrow G\})$ 和 $R_2(\{AEF\},\{A\rightarrow\rightarrow EF\})$，它们同样都是属于4NF的关系模式，且保持了所有的数据依赖（说明：$A\rightarrow\rightarrow BGC$ 的多值依赖保持在 R_{11} 与 R_{12} 连接后的关系中）。这说明，4NF的分解结果不是唯一的，结果与选择数据依赖的次序有关。任何一个关系模式都可无损分解成一组等价的4NF关系模式，但这种分解不一定具有依赖保持性。

函数依赖和多值依赖是两种最重要的数据依赖。如果只考虑函数依赖，则属于BCNF的关系模式的规范化程度已经是最高了。如果考虑多值依赖，则属于4NF的关系模式规范化程度是最高的。事实上，数据依赖中除了函数依赖和多值依赖之外，还有其他的数据依赖如连接依赖。函数依赖是多值依赖的一种特殊情况，而多值依赖实际上又是连接依赖的一种特殊情况。但连接依赖不像函数依赖和多值依赖那样可由语义直接导出，而是在关系的连接运算时才反映出来。存在连接依赖的关系模式仍可能遇到数据冗余及插入、修改、删除异常的问题。如果消除了属于4NF的关系中存在的连接依赖，则可以进一步达到5NF的关系模式。下面简单地讨论连接依赖和5NF这方面的内容。

4.2.9　连接依赖与5NF*

(1) 连接依赖的定义

定义 4.12　设有关系模式 $R(U)$，$R_1(U_1)$，$R_2(U_2)$，…，$R_n(U_n)$，且 $U=U_1\cup U_2\cup\cdots\cup U_n$，

$\{R_1,\cdots,R_n\}$是 R 的一个分解，r 为 R 的一个任意的关系实例，若 $r=\Pi_{R_1}(r)\infty\Pi_{R_2}(r)\infty\cdots\infty\Pi_{R_n}(r)$($\Pi_{R_i}(r)$表示 r 在 $R_i(U_i)$上的投影，即 $\Pi_{U_i}(r)$，$i=1,2,\cdots,n$)则称 R 满足连接依赖(Join Dependency，JD)，记作$\infty(R_1,\cdots,R_n)$。

(2) 平凡连接依赖和非平凡连接依赖

设关系模式 R 满足连接依赖，记$\infty(R_1,\cdots,R_n)$，若存在 $R_i\in\{R_1,R_2,\cdots,R_n\}$，有 $R=R_i$，则称该连接依赖为平凡的连接依赖，否则称为非平凡连接依赖。

(3) 第五范式(5NF)

定义 4.13 设有关系模式 $R(U)$，$R_1(U_1)$，$R_2(U_2)$，$\cdots$，$R_n(U_n)$，且 $U=U_1\cup U_2\cup\cdots\cup U_n$，$D$ 是 R 上的函数依赖、多值依赖和连接依赖的集合。若对于 D^+(称为 D 的闭包，是 D 所蕴含的函数依赖、多值依赖和连接依赖的全体，可参阅 4.3 节中的相关概念)中的每个非平凡连接依赖$\infty(R_1,\cdots,R_n)$，其中的每个 R_i 都包含 R 的一个候选键，则称 R 属于第五范式，记作 $R\in$5NF。

举例：设关系模式 SPJ($\{S,P,J\}$)的属性分别表示供应商、零件和项目等含义，SPJ 表示三者间的供应关系。如果规定模式 SPJ 的关系是 3 个二元投影(SP($\{S,P\}$)、PJ($\{P,J\}$)、JS($\{J,S\}$))的连接，而不是其中任何两个的连接。例如，设关系中有$<S_1,P_1,J_2>$，$<S_1,P_2,J_1>$两个元组，则 SPJ 满足投影分解为 SP，PJ，SJ 后，SPJ 一定是 SP，PJ，SJ 的连接，那么模式 SPJ 中存在着一个连接依赖∞(SP，PJ，JS)。

在模式 SPJ 存在这个连接依赖时，其关系将存在冗余和异常现象。元组在插入或删除时就会出现各种异常，如插入一元组必须连带插入另一元组，而删除一元组时必须连带删除另外元组等，因为只有这样才能不违反模式 SPJ 存在的连接依赖。

例如，在上面 SPJ 中有两个元组的情况下，再插入元组$<S_2,P_1,J_1>$，读者会发现，有 3 个元组的 SPJ，分解后的 3 个二元关系 SP，PJ，SJ 连接后产生的 SPJ 不等于分解前的 SPJ，而是多了一个元组$<S_1,P_1,J_1>$，这就表明，根据语义的约束(或为了保证 SPJ 中连接依赖的存在)，在插入$<S_2,P_1,J_1>$时，必须同时插入$<S_1,P_1,J_1>$。读者还可以验证，在 SPJ 中有以上 4 个元组后，再删除$<S_2,P_1,J_1>$或$<S_1,P_1,J_1>$时，也有需要连带删除其余某些元组的现象，这就是 SPJ 中存在非平凡连接依赖后，存在操作异常的现象。

关系 SPJ，其有一个连接依赖∞(SP，PJ，JS)是非平凡的连接依赖，显然不满足 5NF 定义要求，它达不到 5NF。应该把 SPJ 分解成 SP($\{S,P\}$)，PJ($\{P,J\}$)，JS($\{J,S\}$)3 个模式，这样这个分解是无损分解，并且每个模式都是 5NF，各模式已清除了冗余和异常操作现象。

连接依赖也是现实世界属性间联系的一种抽象，是语义的体现，但它不像 FD 和 MVD 的语义那么直观，要判断一个模式是否是 5NF 往往也比较困难。可以证明，5NF 模式也一定是 4NF 的模式。根据 5NF 的定义，可以得出一个模式总是可以无损分解成 5NF 的模式集。

4.2.10 规范化小结

在这一章，首先由关系模式表现出的异常问题引出了函数依赖的概念，其中包括完全/部分函数依赖和传递/直接函数依赖之分，这些概念是规范化理论的依据和规范化程度的准则。规范化就是对原关系进行投影，消除决定属性不是候选码的任何函数依赖。一个关系只要其分量都是不可分的数据项，就可称为规范化的关系，也称为 1NF。消除 1NF 关系中非主属性对码的部分函数依赖，得到 2NF；消除 2NF 关系中非主属性对码的传递函数依赖，得到 3NF；

消除 3NF 关系中主属性对码的部分函数依赖和传递函数依赖，便可得到一组 BCNF 关系。规范化目的是使结构更合理，消除异常，使数据冗余尽量小，便于插入、删除和修改。原则是遵从概念单一化"一事一地"原则，即一个关系模式描述一个实体或实体间的一种联系。规范的实质就是概念的单一化，方法是将关系模式投影分解成两个或两个以上的关系模式。要求分解后的关系模式集合应当与原关系模式"等价"，即经过自然连接可以恢复原关系而不丢失信息，并保持属性间合理的联系。注意：一个关系模式的不同分解可以得到不同关系模式集合，也就是说分解方法不是唯一的。最小冗余的要求必须以分解后的数据库能够表达原来数据库所有信息为前提来实现。其根本目标是节省存储空间，避免数据不一致性，提高对关系的操作效率，同时满足应用需求。实际上，并不一定要求全部模式都达到 BCNF，有时故意保留部分冗余可能更方便数据查询，尤其对于那些更新频度不高，但查询频度极高的数据库系统更是如此。

4.3 数据依赖的公理系统*

数据依赖的公理系统是模式分解算法的理论基础，下面先讨论函数依赖的一个有效而完备的公理系统——Armstrong 公理系统。

定义 4.14　对于满足一组函数依赖 F 的关系模式 $R(U,F)$，其任何一个关系 r，若函数依赖 $X \rightarrow Y$ 都成立（即 r 中任意两元组 t，s，若 $t[X]=s[X]$，则 $t[Y]=s[Y]$），则称 F 逻辑蕴涵 $X \rightarrow Y$。

为了求得给定关系模式的码，为了从一组函数依赖求得蕴涵的函数依赖，例如，已知函数依赖集 F，要问 $X \rightarrow Y$ 是否为 F 所蕴涵，就需要一套推理规则，这组推理规则是 1974 年首先由 Armstrong 提出来的。

Armstrong 公理系统　设 U 为属性集总体，F 是 U 上的一组函数依赖，于是有关系模式 $R(U,F)$，对 $R(U,F)$ 来说有以下的推理规则。

- A1 自反律（Reflexivity）：若 $Y \subseteq X \subseteq U$，则 $X \rightarrow Y$ 为 F 所蕴涵。
- A2 增广律（Augmentation）：若 $X \rightarrow Y$ 为 F 所蕴涵，且 $Z \subseteq U$，则 $XZ \rightarrow YZ$ 为 F 所蕴涵。
- A3 传递律（Transitivity）：若 $X \rightarrow Y$ 及 $Y \rightarrow Z$ 为 F 所蕴涵，则 $X \rightarrow Z$ 为 F 所蕴涵。

注意：由自反律所得到的函数依赖均是平凡的函数依赖，自反律的使用并不依赖于 F。

定理 4.1　Armstrong 推理规则是正确的。

下面从定义出发证明推理规则的正确性。

证：

① $Y \subseteq X \subseteq U$。

对 $R(U,F)$ 的任一关系 r 中的任意两个元组 t 和 s：

若 $t[X]=s[X]$，由于 $Y \subseteq X$，有 $t[Y]=s[Y]$，所以 $X \rightarrow Y$ 成立，自反律得证。

② $X \rightarrow Y$ 为 F 所蕴涵，且 $Z \subseteq U$。

设 $R(U,F)$ 的任一关系 r 中的任意两个元组 t 和 s：

若 $t[XZ]=s[XZ]$，则有 $t[X]=s[X]$ 和 $t[Z]=s[Z]$；

由 $X \rightarrow Y$，于是有 $t[Y]=s[Y]$，所以 $t[YZ]=s[YZ]$，所以 $XZ \rightarrow YZ$ 为 F 所蕴涵，增广律得证。

③ 设 $X \rightarrow Y$ 及 $Y \rightarrow Z$ 为 F 所蕴涵。

设 $R(U,F)$ 的任一关系 r 中的任意两个元组 t 和 s：

若 $t[X]=s[X]$，由 $X \to Y$，有 $t[Y]=s[Y]$；

再由 $Y \to Z$，有 $t[Z]=s[Z]$，所以 $X \to Z$ 为 F 所蕴涵，传递律得证。

根据 A1，A2，A3 这 3 条推理规则可以得到下面很有用的推理规则。

- 合并规则：由 $X \to Y$，$X \to Z$，$X \to YZ$。
- 伪传递规则：由 $X \to Y$，$WY \to Z$，有 $XW \to Z$。
- 分解规则：由 $X \to Y$ 及 $Z \subseteq Y$，有 $X \to Z$。

根据合并规则和分解规则，很容易得到这样一个重要事实。

引理 4.1 $X \to A_1A_2\cdots A_k$ 成立的充分必要条件是 $X \to A_i$ 成立$(i=1,2,\cdots,k)$。

定义 4.15 在关系模式 $R(U,F)$ 中为 F 所蕴涵的函数依赖的全体称为 F 的闭包，记为 F^+。

人们把自反律、传递律和增广律称为 Armstrong 公理系统。Armstrong 公理系统是有效的、完备的。Armstrong 公理的有效性指的是由 F 出发根据 Armstrong 公理推导出来的每一个函数依赖一定在 F^+ 中；完备性指的是 F^+ 中的每一个函数依赖，必定可以由 F 出发根据 Armstrong 公理推导出来。

要证明完备性，就首先要解决如何判定一个函数依赖是否属于由 F 根据 Armstrong 公理推导出来的函数依赖集合。当然，如果能求出这个集合，问题就解决了。但不幸的是，这是个 NP 完全问题。例如，从 $F=\{X \to A_1,\cdots,X \to A_n\}$ 出发，至少可以推导出 2^n 个不同的函数依赖，为此引出了下面的概念。

定义 4.16 设 F 为属性集 U 上的一组函数依赖，X 包含于 U，$X_F^+=\{A \mid X \to A$ 能由 F 根据 Armstrong 公理导出$\}$，X_F^+ 称为属性集 X 关于函数依赖集 F 的闭包。

由引理 4.1 容易得出下面的引理。

引理 4.2 设 F 为属性集 U 上的一组函数依赖，X 和 Y 包含于 U，$X \to Y$ 能由 F 根据 Armstrong 公理导出的充分必要条件是 Y 包含于 X_F^+。

于是，判定 $X \to Y$ 是否能由 F 根据 Armstrong 公理推导出的问题，就转化为求出 X_F^+ 的子集的问题，这个问题由算法 4.1 解决了。

算法 4.1 求属性集 $X(X \subseteq U)$ 关于 U 上的函数依赖集 F 的闭包 X_F^+。

输入：X，F

输出：X_F^+

步骤：

(1) 令 $X^{(0)}=X$，$i=0$；

(2) 求 B，这里 $B=\{A \mid (\exists V)(\exists W)(V \to W \in F \wedge V \subseteq X^{(i)} \wedge A \in W)\}$；

(3) $X^{(i+1)}=B \cup X^{(i)}$；

(4) 判断 $X^{(i+1)}$ 与 $X^{(i)}$ 是否相等；

(5) 若相等或 $X^{(i+1)}=U$，则 $X^{(i+1)}$ 就是 X_F^+，算法终止；

(6) 若否，则 $i=i+1$，返回第(2)步。

例 4.11 已知关系模式 $R(U,F)$，其中 $U=\{A,B,C,D,E\}$，$F=\{AB \to C, B \to D, C \to E, EC \to B, AC \to B\}$，求 $(AB)_F^+$。

解：由算法 4.1，设 $X^{(0)}=AB$，计算 $X^{(1)}$。逐一扫描 F 集合中各个函数依赖，找左部为 A、B 或 AB 的函数依赖，得到 $AB \to C$ 和 $B \to D$，于是 $X^{(1)}=AB \cup CD=ABCD$。

因为 $X^{(0)} \neq X^{(1)}$，所以再找出左部为 ABCD 子集的那些函数依赖，又得到 $C \to E$ 和 $AC \to B$，于是 $X^{(2)} = X^{(1)} \cup BE = ABCDE$。

因为 $X^{(2)}$ 已等于全部属性的集合，所以 $(AB)_F^+ = ABCDE$。

定理 4.2　Armstrong 公理系统是有效的、完备的。

Armstrong 公理系统的有效性可由定理 4.1 得到证明，这里给出完备性的证明。

证明完备性的逆否命题，即若函数依赖 $X \to Y$ 不能由 F 从 Armstrong 公理导出，那么它必然不为 F 所蕴涵，它的证明分 3 步。

① 若 $V \to W$ 成立，且 $V \subseteq X_F^+$，则 $W \subseteq X_F^+$。

证：因为 $V \subseteq X_F^+$，所以有 $X \to V$ 成立，于是 $X \to W$ 成立（因为 $X \to V, V \to W$），所以 $W \subseteq X_F^+$。

② 构造一张二维表 r，它由下列两个元组构成，可以证明 r 必是 $R(U,F)$ 的一个关系，即 F 中的全部函数依赖在 r 上成立。

$$\begin{array}{cc} \overbrace{\quad X_F^+ \quad} & \overbrace{\quad U - X_F^+ \quad} \\ 11\cdots1 & 00\cdots0 \\ 11\cdots1 & 11\cdots1 \end{array}$$

若 r 不是 $R(U,F)$ 的关系，则必由于 F 中有函数依赖 $V \to W$ 在 r 上不成立所致。由 r 的构成可知，V 必定是 X_F^+ 的子集，而 W 不是 X_F^+ 的子集，与第(1)步中的 $W \subseteq X_F^+$ 矛盾，所以 r 必是 $R(U,F)$ 的一个关系。

③ 若 $X \to Y$ 不能由 F 从 Armstrong 公理导出，则 Y 不是 X_F^+ 的子集，因此必有 Y 的子集 Y' 满足 $Y' \subseteq U - X_F^+$，则 $X \to Y$ 在 r 中不成立，即 $X \to Y$ 必不为 $R(U,F)$ 蕴涵。

Armstrong 公理的完备性及有效性说明了“导出”与“蕴涵”是两个完全等价的概念。于是 F^+ 也可以说成是由 F 发出借助 Armstrong 公理导出的函数依赖集合。

从蕴涵（或导出）的概念出发，又引出了两个函数依赖集等价和最小依赖集的概念。

定义 4.17　如果 $G^+ = F^+$，就说函数依赖集 F 覆盖 G（F 是 G 的覆盖，或 G 是 F 的覆盖）或 F 与 G 等价。

引理 4.3　$F^+ = G^+$ 的充分必要条件是 $F \subseteq G^+$ 和 $G \subseteq F^+$。

证：必要性显然，只证充分性。

① 若 $F \subseteq G^+$，则 $X_F^+ \subseteq X_{G^+}^+$。

② 任取 $X \to Y \in F^+$，则有 $Y \subseteq X_F^+ \subseteq X_{G^+}^+$。

所以 $X \to Y \in (G^+)^+ = G^+$，即 $F^+ \subseteq G^+$。

③ 同理可证 $G^+ \subseteq F^+$，所以 $F^+ = G^+$。

而要判定 $F \subseteq G^+$，只需逐一对 F 中的函数依赖 $X \to Y$，考察 Y 是否属于 $X_{G^+}^+$ 就行了，因此引理 4.3 给出了判定两个函数依赖集等价的可行算法。

定义 4.18　如果函数依赖集 F 满足下列条件，则称 F 为一个极小函数依赖集，亦称为最小函数依赖集或最小覆盖。

① F 中任一函数依赖的右部仅含有一个属性。

② F 中不存在这样的函数依赖 $X \to A$，使得 F 与 $F - \{X \to A\}$ 等价。

③ F 中不存在这样的函数依赖 $X \to A$，X 有真子集 Z 使得 $F - \{X \to A\} \cup \{Z \to A\}$ 与 F 等价。

定理 4.3 每一个函数依赖集 F 均等价一个极小函数依赖集 F_m,此 F_m 称为 F 的最小依赖集。

证:这是个构造性的证明,分 3 步对 F 进行"极小化处理",找出 F 的一个最小依赖集来。

① 逐一检查 F 中各函数依赖 FD_i:$X \to Y$,若 $Y = A_1 A_2 \cdots A_k$,$k >= 2$,则用 $\{X \to A_j \mid j=1,2,\cdots,k\}$ 来取代 $X \to Y$。

② 逐一检查 F 中各函数依赖 FD_i:$X \to A$,令 $G = F - \{X \to A\}$,若 $A \in X_G^+$,则从 F 中去掉此函数依赖(因为 F 与 G 等价的充要条件是 $A \in X_G^+$)。

③ 逐一取出 F 中各函数依赖 FD_i:$X \to A$,设 $X = B_1 B_2 \cdots B_m$,逐一考察 $B_i(i=1,2,\cdots,m)$,若 $A \in (X - B_i)_F^+$,则以 $X - B_i$ 取代 X(因为 F 与 $F - \{X \to A\} \cup \{Z \to A\}$ 等价的充要条件是 $A \in Z_F^+$,其中 $Z = X - B_i$)。

最后剩下的 F 就一定是极小依赖集,并且与原来的 F 等价,因为对 F 的每一次"改造"都保证了改造前后的两个函数依赖集等价。这些证明很显然,请读者自己补上。

应当指出,F 的最小依赖集 F_m 不一定是唯一的,它与各函数依赖 FD_i 及 $X \to A$ 中 X 各属性的处置顺序有关。

例 4.12 $F = \{A \to B, B \to A, B \to C, A \to C, C \to A\}$,$F_{m1} = \{A \to B, B \to C, C \to A\}$,$F_{m2} = \{A \to B, B \to A, A \to C, C \to A\}$。

这里给出了 F 的两个最小依赖 F_{m1} 和 F_{m2}。

若改造后的 F 与原来的 F 相同,说明 F 本身就是一个最小依赖集,因此定理 4.3 的证明给出的最小化过程也可以看成是检查 F 是否为极小依赖集的一个算法。

两个关系模式 $R_1(U,F)$ 和 $R_2(U,G)$,如果 F 与 G 等价,那么 R_1 的关系一定是 R_2 的关系,反过来,R_2 的关系也一定是 R_1 的关系,所以在 $R(U,F)$ 中用与 F 等价的依赖集 G 取代 F 是允许的。

4.4 关系分解保持性*

关系模式的规范化就是要通过对模式进行分解,将一个属于低级范式的关系模式转换成若干个属于高级范式的关系模式,从而解决或部分解决插入异常、删除异常、修改复杂和数据冗余等问题。

4.4.1 关系模式的分解

① 关系模式分解的定义:设有关系模式 R,U 为 R 的属性集。R 的一个分解定义为 ρ(读 rou)$= \{R_1, R_2, \cdots, R_n\}$,其中 R_i 的属性集为 $U_i(i=1,2,\cdots,n)$,且 $U = U_1 \cup U_2 \cup \cdots \cup U_n$。

② 函数依赖集的投影:设有关系模式 R,U 为 R 的属性集,F 为 R 上的函数依赖集,$\rho = \{R_1, R_2, \cdots, R_n\}$ 为 R 的一个分解,其中 R_i 的属性集为 $U_i(i=1,2,\cdots,n)$,则 $F_i = \{X \to Y \mid X \to Y \in F^+, X \subseteq U_i, Y \subseteq U_i\}$ 称为函数依赖集 F 在属性集 U_i 上的投影。

③ 对模式分解的要求:一个模式可以有多种分解方法,但要使分解有意义,就应当保证在分解过程中不丢失原有模式中的信息。模式分解的无损连接性和函数依赖保持性就是用以衡量一个模式分解是否导致原有模式中部分信息丢失的两个标准。

4.4.2 模式分解的无损连接性

(1) 基于模式分解的关系连接

设有关系模式 $R(U)$，$\rho=\{R_1,R_2,\cdots,R_n\}$是 R 的一个分解，其中 R_i 的属性集为 $U_i(i=1,2,\cdots,n)(U_i\subseteq U)$，$r$ 是 R 的一个关系实例，则将 r 在 ρ 中各关系模式上投影的连接 $\Pi_{R_1}(r)\infty\Pi_{R_2}(r)\infty\cdots\infty\Pi_{R_n}(r)$（意即为 $\Pi_{U_1}(r)\infty\Pi_{U_2}(r)\infty\cdots\infty\Pi_{U_n}(r)$）记作 $m_\rho(r)$。可以证明，对 $m_\rho(r)$有：① $r\subseteq m_\rho(r)$；②若 $s=m_\rho(r)$，则 $\Pi_{R_i}(s)=\Pi_{R_i}(r)$；③ $m_\rho(m_\rho(r))=m_\rho(r)$。

(2) 无损连接性的定义

定义 4.19　设有关系模式 R，$\rho=\{R_1,R_2,\cdots,R_n\}$是 R 的一个分解，若对 R 的任意关系实例 r 都有 $r=m_\rho(r)$，则称 ρ 为具有无损连接性的分解。

(3) 无损连接性的判定算法

算法 4.2　设有关系模式 R，$U=\{A_1,A_2,\cdots,A_m\}$为 R 的属性集，F 为 R 上的函数依赖集，$\rho=\{R_1,R_2,\cdots,R_n\}$为 R 的一个分解。

① 建立如下判定表 T，不妨以 $T(R_i,A_j)$表示 T 中第 i 行与第 j 列交叉处的单元格，填表要求为：若 R_i 中包含属性 A_j，则在 $T(R_i,A_j)$中填入 a_j，否则填入 b_{ij}。

	A_1	A_2		$\cdots$	A_m
R_1					
R_2					
$\vdots$					
R_n					

② 对 F 中的每个函数依赖 $X\to Y$，若存在 ρ 中关系模式 $R_{s1},R_{s2},\cdots,R_{sk}(1\leqslant s1<s2<\cdots<sk\leqslant n)$，使对任意 $A_i\in X$，都有 $T(R_{s1},A_i)=T(R_{s2},A_i)=\cdots=T(R_{sk},A_i)$，则对每一 $A_j\in Y$，应修改单元格中的内容，使 $T(R_{s1},A_j)=T(R_{s2},A_j)=\cdots=T(R_{sk},A_j)$。

具体修改方法为：如果存在 $R_{si}\in\{R_{s1},R_{s2},\cdots,R_{sk}\}$，满足 $T(R_{si},A_j)=a_j$，则令 $T(R_{s1},A_j)=\cdots=T(R_{si},A_j)=\cdots=T(R_{sk},A_j)=a_j$，否则令 $T(R_{s1},A_j)=\cdots=T(R_{sk},A_j)=b_{s1j}$。

此外，当对表中某个 b_{ij} 按上述规则进行了修改时，应对表 T 的第 j 列中所有符号 b_{ij} 进行同样的修改，而不管这些符号所在的行是否与关系模式 $R_{s1},R_{s2},\cdots,R_{sk}$ 相对应。

如果在某次修改之后，表中有一行成为 $a_1,a_2,\cdots,a_n$，则可判定分解 ρ 具有无损连接性，算法终止。

③ 若第②步中未对表 T 进行任何修改，则可判定 ρ 不具有无损连接性，算法终止，否则至少使表 T 中减少了一个符号，应返回第②步，进行下一轮处理。由于表 T 中符号的个数是有限的，这样的循环一定能够终止。

(4) 无损连接性的判定定理

定理 4.4　设有关系模式 R，U 为 R 的属性集，F 为 R 上的函数依赖集，$\rho=\{R_1,R_2,\cdots,R_n\}$为 R 的一个分解，用算法 4.2 对 ρ 进行判定，则 ρ 具有无损连接性的充分必要条件是该算法终止时，表 T 中有一行为 $a_1,a_2,\cdots,a_n$。

定理 4.5　设有关系模式 R，U 为 R 的属性集，F 为 R 上的函数依赖集，$\rho=\{R_1,R_2\}$为 R

的一个分解,R_1 的属性集为 U_1,R_2 的属性集为 U_2,则 ρ 具有无损连接性的充分必要条件是 $(U_1 \cap U_2) \rightarrow (U_1 - U_2) \in F^+$ 或 $(U_1 \cap U_2) \rightarrow (U_2 - U_1) \in F^+$。

4.4.3 模式分解的函数依赖保持性

(1) 函数依赖保持性的定义

定义 4.20 设有关系模式 R,U 是 R 的属性集,F 为 R 上的函数依赖集,$\rho=\{R_1,R_2,\cdots,R_n\}$为 R 的一个分解,U_i 为 R_i 的属性集,F_i 是 F 在 U_i 上的投影($i=1,2,\cdots,n$),如果 $F^+=(F_1 \cup F_2 \cup \cdots \cup F_n)^+$,则称分解 ρ 具有函数依赖保持性。

(2) 函数依赖保持性的判定算法

算法 4.3 设有关系模式 R,U 是 R 的属性集,F 为 R 上的函数依赖集,$\rho=\{R_1,R_2,\cdots,R_n\}$为 R 的一个分解,U_i 为 R_i 的属性集,F_i 是 F 在 U_i 上的投影($i=1,2,\cdots,n$)。令 $G=F_1 \cup F_2 \cup \cdots \cup F_n$,则必有 $G \subseteq F$,即 $G^+ \subseteq F^+$,要判断 $G^+=F^+$ 是否成立,只需判断 $F^+ \subseteq G^+$ 是否成立。算法如下:① 对 F 中的每个函数依赖 $X \rightarrow Y$,求 X 关于 G 的闭包 X_G^+,若 $Y \not\subseteq X_G^+$,则可判定 ρ 不具有函数依赖保持性,算法终止;② ρ 具有函数依赖保持性,算法终止。

一个无损连接的分解不一定具有函数依赖保持性,同样地,一个具有函数依赖保持性的分解也不一定具有无损连接性。检验一个分解是否具有函数依赖保持性,实际上是检验 $\Pi_{R_1(F)} \cup \Pi_{R_2(F)} \cup \cdots \cup \Pi_{R_k(F)}$ 是否覆盖 F。

4.4.4 模式分解算法

在现有的模式分解算法中,分解到 3NF 的算法可以达到具有无损连接性和函数依赖保持性,分解到 BCNF 和 4NF 的算法只能达到具有无损连接性,还不能达到具有函数依赖保持性。

(1) 分解到 3NF,具有函数依赖保持性的模式分解算法

算法 4.4 设有关系模式 R,U 为 R 的属性集,F 为 R 上的函数依赖集。先对 F 极小化处理,即计算 F 的最小依赖集,并仍然记作 F。①令模式分解 $\rho=\varnothing$;② 若存在函数依赖 $X \rightarrow Y \in F$,满足 $X \cup Y=U$,则令 $\rho=\{R\}$,转步骤⑥;③令 $U_0=\varnothing$,对 U 中的每个属性 A_i,如果 A_i 既不出现在 F 中任一函数依赖的左端,也不出现在 F 中任一函数依赖的右端,则令 $U_0=U_0 \cup \{A_i\}$,以 U_0 为属性集,构造关系模式 R_0,并令 $\rho=\rho \cup \{R_0\}$,$U=U-U_0$;④ 若 F 中存在左端相同的函数依赖 $X \rightarrow Y_1, X \rightarrow Y_2, \cdots, X \rightarrow Y_n$,则对这些函数依赖进行合并,即令 $F=(F-\{X \rightarrow Y_1, X \rightarrow Y_2, \cdots, X \rightarrow Y_n\})$,$U_i=X \cup Y_1 \cup \cdots \cup Y_n$,$U=U-U_i$,以 U_i 为属性集构造关系模式 R_i,$F_i=\{X \rightarrow (Y_1 \cup Y_2 \cup \cdots \cup Y_n)\}$,令 $\rho=\rho \cup \{R_i\}$,重复执行步骤④,直至 F 中不存在左端相同的函数依赖;⑤ 对 F 中剩余的每个函数依赖 $X_i \rightarrow Y_i$,令 $U_i=X_i \cup Y_i$,以 U_i 为属性集构造关系模式 R_i,再令 $\rho=\rho \cup \{R_i\}$;⑥ 算法终止。

定理 4.6 设有关系模式 R,U 是 R 的属性集,F 为 R 上的函数依赖集,G 是与 F 等价的最小函数依赖集,ρ 是由算法 4.4 生成的 R 的一个模式分解,则 ρ 具有函数依赖保持性,且 ρ 中每个关系模式都属于 3NF。

例 4.13 设有关系模式 $R(A,B,C,D,E)$,R 中属性均不可再分解,若只基于函数依赖进行讨论,设函数依赖集 $F=\{AB \rightarrow C, C \rightarrow E, A \rightarrow CD\}$,$R$ 是否已达到 BCNF? 若未达到,试对其进行分解,看是否能分解成若干个都达到 BCNF 范式的关系模式,每个分解后的关系模式写成 $R(U,F)$形式,并要求分解能保持函数依赖性。

解：1）先求出所有候选码。经分析候选码中必含有 AB 属性，先考察 AB。

因为 AB→C，C→E，所以 AB→E　①

因为 AB→A，A→CD，所以 AB→CD　②

因为 AB→AB　③

由①②③得，AB→ABCDE，所以 AB 为候选码，并且候选码只有 AB。

2）判断 R 是否已达到 BCNF。

显然，A，B 为主属性，C，D，E 为非主属性，对非主属性 C 来说：

因为有 A→C，所以 AB→C 为部分函数依赖，所以 R 不属于 2NF，所以 R 最高属于 1NF。

3）分解关系模式成若干都达到 BCNF 的关系模式。

先对 F={AB→C，C→E，A→CD} 最小化为：

F={AB→C，C→E，A→C，A→D}　　（化右部仅含有一个属性）

F={A→C，C→E，A→C，A→D}　　（化 AB→C 为 A→C）

F={C→E，A→C，A→D }　　（去冗余 A→C）

接着按算法 4.4 对 R 分解为：

$R(U,F)=R_1(\{B\},\{\ \}) \cup R_2(\{C,E\},\{C\to E\}) \cup R_3(\{A,C,D\},\{A\to C,A\to D\})$

以上分解能保持函数依赖性，并且各关系模式均达到 3NF，显然也已达到 BCNF。

（2）分解到 3NF，既具有无损连接性又具有函数依赖保持性的模式分解算法

算法 4.5　设有关系模式 R，U 为 R 的属性集，F 为 R 上的函数依赖集（已做最小化处理）。① 用算法 4.4 对关系模式 R 进行分解，生成具有函数依赖保持性的模式分解 ρ，此时 ρ 中的每个关系模式都属于 3NF；② 设 X 是 R 的一个候选键，以 X 为属性集构造关系模式 R_X，若不存在某个 U_i 有 $X \subseteq U_i$，则令 $\rho=\rho \cup \{R_X\}$，若存在 U_i 有 $U_i \subseteq X$，则将 R_i 从 ρ 中删除，即 $\rho=\rho-\{R_i\}$；③ ρ 为 R 的一个既具有无损连接性又具有函数依赖保持性的模式分解，且 ρ 中的每个关系模式都属于 3NF，算法终止。

定理 4.7　设有关系模式 R，U 为 R 的属性集，F 为 R 上的函数依赖集，$\rho=\{R_1,R_2,\cdots,R_n,R_X\}$是由算法 4.5 生成的 R 的一个模式分解，则 ρ 既具有无损连接性，又具有函数依赖保持性，且 ρ 中每个关系模式都属于 3NF。

例 4.14　题目基本同例 4.13，不同处是若关系 R 未达到 BCNF，试着能分解 R 成若干个都达到 BCNF 范式的关系模式，并且分解要既具有无损连接性又具有函数依赖保持性。

解：先继承例 4.13 的求解结果，则可知 R 的候选键为 AB。

再按算法 4.5，可把 R 分解为：

$R(U,F)=R_1(\{B\},\{\})\cup R_2(\{C,E\},\{C\to E\}) \cup R_3(\{A,C,D\},\{A\to CD\}) \cup R_4(\{A,B\},\{\})$

经分析{B}⊆{A，B}，分解集要去掉 R_1，为此最终分解为：

$R(U,F)= R_1(\{A,B\},\{\}) \cup R_2(\{C,E\},\{C\to E\}) \cup R_3(\{A,C,D\},\{A\to CD\})$

则以上分解既具有无损连接性，又能保持函数依赖性，并且各关系模式均已达到 3NF，显然也已达到 BCNF。

（3）分解到 BCNF，具有无损连接性的模式分解算法

算法 4.6　设有关系模式 R，U 是 R 的属性集，F 为 R 上的函数依赖集（已做最小化处

理)。①令 $\rho=\{R\}$;②如果 ρ 中各关系模式都属于BCNF,则转步骤④,否则继续;③任选 ρ 中不属于BCNF的关系模式 R_i,设 R_i 的属性集为 U_i,F 在 U_i 上的投影为 F_i,由于 R_i 不属于BCNF,则必存在函数依赖 $X \to Y \in F_i^+$,其中 X 不是 R_i 的候选键,且 $Y \not\subseteq X$,分别以属性集 U_i-Y 和 $X \cup Y$ 构造关系模式 R_i' 和 R_i'',令 $\rho=(\rho-\{R_i\}) \cup \{R_i', R_i''\}$,转步骤②;④算法终止。

由于 U 中的属性个数有限,该算法经有限次循环后必能终止。

引理 4.4 设有关系模式 R_1,R_2 和 R_3,它们的属性集分别为 U_1,U_2 和 U_3,则 $(R_1 \infty R_2) \infty R_3 = R_1 \infty (R_2 \infty R_3)$。

引理 4.5 设有关系模式 R,$\rho=\{R_1,R_2,\cdots,R_i,\cdots,R_n\}$ 是 R 的一个具有无损连接性的模式分解,$\sigma=\{S_1,S_2,\cdots,S_m\}$ 是 R_i 的一个具有无损连接性的模式分解,则 $\lambda=\{R_1,R_2,\cdots,R_{i-1},S_1,S_2,\cdots,S_m,R_{i+1},\cdots,R_n\}$ 也是 R 的一个具有无损连接性的模式分解。

引理 4.6 设有关系模式 R,ρ 是 R 的一个具有无损连接性的模式分解,μ 也是 R 的一个模式分解,若 $\rho \subseteq \mu$,则 μ 具有无损连接性。

定理 4.8 设有关系模式 R,U 为 R 的属性集,F 为 R 上的函数依赖集,ρ 是由算法4.6生成的 R 的一个模式分解,则 ρ 具有无损连接性,且 ρ 中每个关系模式都属于BCNF。

(4) 分解到4NF,具有无损连接性的模式分解算法

算法 4.7 设有关系模式 R,U 是 R 的属性集,D 为 R 上的多值依赖集。① 令 $\rho=\{R\}$;② 如果 ρ 中各关系模式都属于4NF,则转步骤④,否则继续;③ 任选 ρ 中不属于4NF的关系模式 R_i,由于 R_i 不属于4NF,则必存在 R_i 上的多值依赖 $X \to\to Y \in D$,其中 $Z=U-X-Y \neq \varnothing$,且 X 不是 R_i 的候选键。分别以属性集 U_i-Y 和 $X \cup Y$ 构造关系模式 R_i' 和 R_i'',令 $\rho=(\rho-\{R_i\}) \cup \{R_i', R_i''\}$,转步骤②;④ 算法终止。

定理 4.9 设有关系模式 R,U 为 R 的属性集,D 为 R 上的多值依赖集,ρ 是由算法4.7生成的 R 的一个模式分解,则 ρ 具有无损连接性,且 ρ 中每个关系模式都属于4NF。

4.5 小 结

本章讨论如何设计关系模式问题。关系模式设计有好与坏之分,其设计好坏与数据冗余度和各种数据异常问题直接相关。

本章在函数依赖和多值依赖的范畴内讨论了关系模式的规范化,在整个讨论过程中,只采用了两种关系运算——投影和自然连接。

关系模式在分解时应保持"等价",有数据等价和语义等价两种,分别用无损分解和保持依赖两个特征来衡量。前者能保持泛关系(假设分解前存在着一个单一的关系模式,而非一组关系模式,在这样假设下的关系称为泛关系)在投影连接以后仍能恢复回来,而后者能保证数据在投影或连接中其语义不会发生变化。

范式是衡量关系模式优劣的标准,范式表达了模式中数据依赖应满足的要求。要强调的是,规范化理论主要为数据库设计提供了理论的指南和参考,并不是关系模式规范化程度越高,实际应用该关系模式就越好,实际上必须结合应用环境和现实世界的具体情况合理地选择数据库模式的范式等级。

本章最后还简介了模式分解相关的理论基础——数据依赖的公理系统。

习　题

一、选择题

1. 关系模式中数据依赖问题的存在，可能会导致库中数据插入异常，这是指(　　)。
   A. 插入了不该插入的数据　　B. 数据插入后导致数据库处于不一致状态
   C. 该插入的数据不能实现插入　　D. 以上都不对
2. 若属性 X 函数依赖于属性 Y 时，则属性 X 与属性 Y 之间具有(　　)的联系。
   A. 一对一　　B. 一对多　　C. 多对一　　D. 多对多
3. 关系模式中的候选键(　　)。
   A. 有且仅有一个　　B. 必然有多个
   C. 可以有一或多个　　D. 以上都不对
4. 规范化的关系模式中，所有属性都必须是(　　)。
   A. 相互关联的　　B. 互不相关的　　C. 不可分解的　　D. 长度可变的
5. 设关系模式 $R\{A,B,C,D,E\}$，其函数依赖集 $F=\{AB \to C, DC \to E, D \to B\}$，则可导出的函数依赖是(　　)。
   A. $AD \to E$　　B. $BC \to E$　　C. $DC \to AB$　　D. $DB \to A$
6. 设关系模式 R 属于第一范式，若在 R 中消除了部分函数依赖，则 R 至少属于(　　)。
   A. 第一范式　　B. 第二范式　　C. 第三范式　　D. 第四范式
7. 若关系模式 R 中的属性都是主属性，则 R 至少属于(　　)。
   A. 第三范式　　B. BC 范式　　C. 第四范式　　D. 第五范式
8. 下列关于函数依赖的叙述中，(　　)是不正确的。
   A. 由 $X \to Y, X \to Z$，有 $X \to YZ$　　B. 由 $XY \to Z$，有 $X \to Z$ 或 $Y \to Z$
   C. 由 $X \to Y, WY \to Z$，有 $XW \to Z$　　D. 由 $X \to Y$ 及 $Z \subseteq Y$，有 $X \to Z$
9. 在关系模式 $R(A,B,C)$ 中，有函数依赖集 $F=\{AB \to C, BC \to A\}$，则 R 最高达到(　　)。
   A. 第一范式　　B. 第二范式　　C. 第三范式　　D. BC 范式
10. 设有关系模式 $R(A,B,C)$，其函数依赖集 $F=\{A \to B, B \to C\}$，则 R 最高达到(　　)。
    A. 1NF　　B. 2NF　　C. 3NF　　D. BCNF

二、填空题

1. 数据依赖主要包括________依赖、________依赖和连接依赖。

2. 一个不好的关系模式会存在________________、________________和____________等弊端。

3. 设 $X \to Y$ 为 R 上的一个函数依赖，若____________，则称 Y 完全函数依赖于 X。

4. 设关系模式 R 上有函数依赖 $X \to Y$ 和 $Y \to Z$ 成立，若________且________，则称 Z 传递函数依赖于 X。

5. 设关系模式 R 的属性集为 U，K 为 U 的子集，若________，则称 K 为 R 的候选键。

6. 包含 R 中全部属性的候选键称________，不在任何候选键中的属性称________。

7. Armstrong公理系统是________的和________的。

8. 第三范式是基于________依赖的范式,第四范式是基于________依赖的范式。

9. 关系数据库中的关系模式至少应属于________范式。

10. 规范化过程是通过投影分解,把________的关系模式"分解"为________________的关系模式。

三、简答题

1. 解释下列术语的含义:函数依赖、平凡函数依赖、非平凡函数依赖、部分函数依赖、完全函数依赖、传递函数依赖、范式、无损连接性和依赖保持性。

2. 给出2NF,3NF,BCNF的形式化定义,并说明它们之间的区别和联系。

3. 什么叫关系模式分解?为什么要做关系模式分解?模式分解要遵循什么准则?

4. 试证明全码的关系必是3NF,也必是BCNF。

5. 要建立关于系、学生、班级和研究会等信息的一个关系数据库。规定:一个系有若干专业,每个专业每年只招一个班,每个班有若干学生,一个系的学生住在同一个宿舍区。每个学生可参加若干研究会,每个研究会有若干学生。学生参加某研究会有一个入会年份。

描述学生的属性有:学号、姓名、出生年月、系名、班号和宿舍区。

描述班级的属性有:班号、专业名、系名、人数和入校年份。

描述系的属性有:系号、系名、系办公室地点和人数。

描述研究会的属性有:研究会名、成立年份、地点和人数。

试给出上述数据库的关系模式;写出每个关系的最小依赖集(即基本的函数依赖集,不是导出的函数依赖);指出是否存在传递函数依赖;对于函数依赖左部是多属性的情况,讨论其函数依赖是完全函数依赖还是部分函数依赖,指出各关系的候选键和外部键。

6. 设有关系模式$R(A,B,C,D,E,F)$,函数依赖集$F=\{(A,B)\rightarrow E,(A,C)\rightarrow F,(A,D)\rightarrow B,B\rightarrow C,C\rightarrow D\}$,求出$R$的所有候选关键字。

7. 设有关系模式$R(X,Y,Z)$,函数依赖集为$F=\{(X,Y)\rightarrow Z\}$,请确定SC的范式等级,并证明。

8. 设有关系模式$R(A,B,C,D,E,F)$,函数依赖集$F=\{A\rightarrow(B,C),(B,C)\rightarrow A,(B,C,D)\rightarrow(E,F),E\rightarrow C\}$,试问关系模式$R$是否为BCNF范式?并证明结论。

9. 设有关系模式$R(E,F,G,H)$,函数依赖$F=\{E\rightarrow G,G\rightarrow E,F\rightarrow(E,G),H\rightarrow(E,G),(F,H)\rightarrow E\}$。问题:(1)求出$R$的所有候选关键字;(2)根据函数依赖关系,确定关系模式R属于第几范式;(3)将R分解为3NF,并保持无损连接性和函数依赖保持性;(4)求出F的最小函数依赖集。

10. 试问下列关系模式最高属于第几范式,并解释其原因。

(1) $R(A,B,C,D),F=\{B\rightarrow D,AB\rightarrow C\}$

(2) $R(A,B,C,D,E),F=\{AB\rightarrow CE,E\rightarrow AB,C\rightarrow D\}$

(3) $R(A,B,C,D),F=\{B\rightarrow D,D\rightarrow B,AB\rightarrow C\}$

(4) $R(A,B,C),F=\{A\rightarrow B,B\rightarrow A,A\rightarrow C\}$

(5) $R(A,B,C),F=\{A\rightarrow B,B\rightarrow A,C\rightarrow A\}$

(6) $R(A,B,C,D),F=\{A\rightarrow C,D\rightarrow B\}$

(7) $R(A,B,C,D),F=\{A\rightarrow C,CD\rightarrow B\}$

11. 设有关系模式 $R(A,B,C,D,E)$，$F=\{AB\to C, C\to E, A\to CD\}$为 R 上的函数依赖集，试将 R 分解成 3NF 模式集，要求分解具有无损连接性和保持函数依赖性。

12. 设有关系模式 $R(A,B,C,D,E)$，F 为 R 上的函数依赖集，试将 R 分解成 3NF 模式集，要求分解具有无损连接性和保持函数依赖性。

(1) $F=\{A\to D, D\to B\}$

(2) $F=\{AB\to C, E\to BD, C\to DE\}$

(3) $F=\{B\to C, D\to E, B\to ED\}$

13. 设有关系模式 $R(A,B,C,D,E)$，$F=\{A\to BC, B\to D, D\to E\}$为 R 上的函数依赖集，试将 R 分解成 BCNF 模式集，要求分解具有无损连接性。

14. 设有关系模式 $R(A,B,C,D,E)$，F 为 R 上的函数依赖集，试将 R 分解成 BCNF 模式集，要求分解具有无损连接性。

(1) $F=\{AC\to D, D\to B, A\to E\}$

(2) $F=\{A\to E, E\to BC, B\to D, B\to A\}$

(3) $F=\{B\to A, D\to E, C\to DB\}$

15. 设有关系模式 $R(A,B,C,D,E)$，其函数依赖集 $F=\{A\to BC, BC\to E, B\to D, A\to D, E\to A\}$。

(1) 试找出关系模式 R 中的所有候选关键字。

(2) 该关系模式最高能够满足第几范式？

(3) 若该关系模式未达到 BCNF，试对其进行分解，使其最终满足 BCNF 范式（保持函数依赖性）。

第5章 数据库安全保护*

本章要点

随着社会信息化的不断深化，各种数据库的使用也越来越广泛，例如，一个企业管理信息系统的全部数据、国家机构的事务管理信息、国防情报机密信息、基于 Web 动态发布的网上购物信息等，它们都集中或分布地存放在大大小小的数据库中。众所周知，数据库系统中的数据是由 DBMS 统一进行管理和控制的。为了适应和满足数据共享的环境和要求，DBMS 要保证数据库及整个系统的正常运转，防止数据意外丢失和不一致数据的产生，以及当数据库遭受破坏后能迅速地恢复正常，这就是数据库的安全保护。DBMS 对数据库的安全保护功能是通过四方面来实现的，即安全性控制、完整性控制、并发性控制和数据库恢复。本章就将从这四方面来介绍数据库的安全保护功能，重点要求读者掌握它们的含义及实现这些安全保护功能的方法，可结合 SQL Server(2000 到 2014 版本)加深四部分内容的理解，并能掌握其操作技能。

5.1 数据库的安全性

5.1.1 数据库安全性概述

数据库的安全性是指保护数据库，以防止非法使用所造成数据的泄露、更改或破坏。安全性问题有许多方面，其中包括：(1) 法律、社会和伦理方面，如请求查询信息的人是否有合法的权力；(2) 物理控制方面，如计算机机房或终端是否应该加锁或用其他方法加以保护；(3) 政策方面，确定存取原则，允许哪些用户存取哪些数据；(4) 运行与技术方面，使用口令时，如何使口令保持秘密；(5) 硬件控制方面，CPU 是否提供任何安全性方面的功能，如存储保护键或特权工作方式；(6) 操作系统安全性方面，在主存储器和数据文件用过以后，操作系统是否把它们的内容清除掉；(7) 数据库系统本身安全性方面。

这里主要讨论的是数据库本身的安全性问题，即主要考虑安全保护的策略，尤其是控制访问的策略。

5.1.2 安全性控制的一般方法

安全性控制是指要尽可能地杜绝所有可能的数据库非法访问。用户非法使用数据库可以有很多种情况，例如，编写合法的程序绕过 DBMS 授权机制，通过操作系统直接存取、修改或备份有关数据。用户访问非法数据，无论它们是有意的还是无意的，都应该加以严格控制，因此，系统还要考虑数据信息的流动问题并加以控制，否则有潜在的危险性，因为数据的流动可能使无权访问的用户获得访问权力。

例如，甲用户可以访问表 T_1，但无权访问表 T_2，如果乙用户把表 T_2 的所有记录添加到表 T_1 中之后，则由于乙用户的操作，使甲用户获得了对表 T_2 中记录的访问。此外，用户可以多次利用允许的访问结果，经过逻辑推理得到他无权访问的数据。

为防止这一点，访问的许可权还要结合过去访问的情况而定。可见安全性的实施是要花费一定代价的，并需缜密考虑的。安全保护策略就是要以最小的代价来最大程度防止对数据的非法访问，通常需要层层设置安全措施。

实际上，数据库系统的安全性问题，类似于整个计算机系统一级级层层设置安全的情况，其安全控制模型一般如图 5.1 所示。

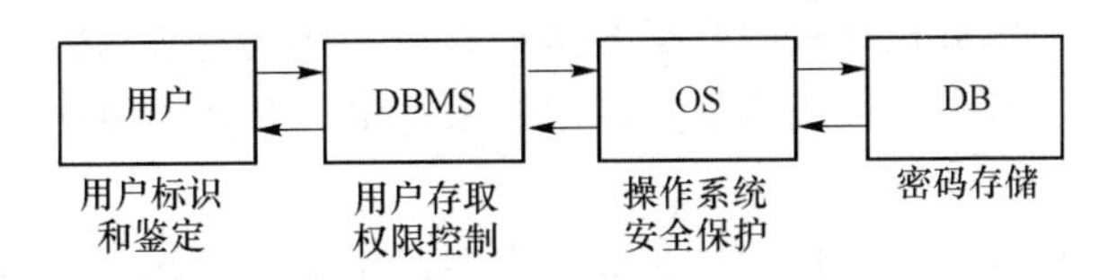

图 5.1　安全控制模型

根据图 5.1 的安全模型，当用户进入计算机系统时，系统首先根据输入的用户标识进行身份的鉴定，只有合法的用户才准许进入系统。

对已进入系统的用户，DBMS 还要进行存取控制，只允许用户进行合法的操作。

DBMS 是建立在操作系统之上的，安全的操作系统是数据库安全的前提。操作系统应能保证数据库中的数据必须由 DBMS 访问，而不允许用户越过 DBMS，直接通过操作系统或其他方式访问。

数据最后可以通过密码的形式存储到数据库中，能做到非法者即使得到了加密数据，也无法识别它的安全效果。

下面，本书就同数据库有关的用户标识和鉴定、存取控制、定义视图、数据加密及审计等几类安全性措施做一讨论。

1. 用户标识和鉴定

数据库系统是不允许一个未经授权的用户对数据库进行操作的。用户标识和鉴定是系统提供的最外层的安全保护措施，其方法是由系统提供一定的方式让用户标识自己的名字或身份，系统内部记录着所有合法用户的标识，每次用户要求进入系统时，由系统进行核实，通过鉴定后才提供机器的使用权。

用户标识和鉴定的方法有多种，为了获得更强的安全性，往往是多种方法并举，常用的方法有以下几种。

① 用一个用户名或用户标识符来标明用户的身份，系统以此来鉴定用户的合法性。如果正确，则可进入下一步的核实，否则，不能使用计算机，该方法称为单用户名鉴定法。

② 用户标识符是用户公开的标识，它不足以成为鉴别用户身份的凭证。为了进一步核实用户身份，常采用用户名与口令(Password)相结合的方法，系统通过核对口令判别用户身份的真伪。系统有一张用户口令表，为每个用户保持一个记录，包括用户名和口令两部分数据。用户先输入用户名，然后系统要求用户输入口令，为了保密，用户在终端上输入的口令不以明码显示在屏幕上，系统核对口令以鉴定用户身份，该方法称为用户名与口令联合鉴定法。

③ 通过用户名和口令来鉴定用户的方法简单易行，但该方法在使用时，由于用户名和口令的产生和使用比较简单，也容易被窃取，因此还可采用更复杂的方法。

例如,每个用户都预先约定好一个过程或者函数,鉴定用户身份时,系统提供一个随机数,用户根据自己预先约定的计算过程或者函数进行计算,系统根据计算结果辨别用户身份的合法性,这种方法可以称为透明公式鉴定法。

例如,让用户记住一个表达式,如 $T=X+X*Y+3*Y$,系统告诉用户 $X=1,Y=2$,如果用户回答 $T=9$,则证实了该用户的身份。当然,这是一个简单的例子,在实际使用中,还可以设计复杂的表达式,以使安全性更好。系统每次提供不同的 X,Y 值,其他人可能看到的是 X,Y 的值,但不能推算出确切的变换公式 T,从而无法得到 T 的正确值而不被系统证实。

2. 用户存取权限控制

用户存取权限指的是不同的用户对于不同的数据对象允许执行的操作权限。在数据库系统中,每个用户只能访问他有权存取的数据并执行有权使用的操作,因此,必须预先定义用户的存取权限。对于合法的用户,系统根据其存取权限的定义对其各种操作请求进行控制,确保合法操作。

存取权限由两个要素组成,数据对象和操作类型。定义一个用户的存取权限就是要定义这个用户可以在哪些数据对象上进行哪些类型的操作。

在数据库系统中,定义用户存取权限称为授权(Authorization)。第3章讨论SQL的数据控制功能时,已知道授权有两种:系统权限和对象权限。系统权限是由DBA授予某些数据库用户,只有得到系统权限,才能实施系统级权限的操作。对象权限可以由DBA授予,也可以由数据对象的创建者授予,使数据库用户具有对某些数据对象进行某些操作的权限。在系统初始化时,系统中至少有一个具有DBA权限的用户,DBA可以通过GRANT语句将系统权限或对象权限授予其他用户。对于已授权的用户可以通过REVOKE语句收回所授予的权限。

这些授权定义经过编译后以一张授权表的形式存放在数据字典中。授权表主要有3个属性,它们是用户标识、数据对象和操作类型。用户标识不但可以是用户个人,也可以是团体、程序和终端。在非关系系统中,存取控制的数据对象仅限于数据本身;而关系系统中,存取控制的数据对象不仅有基本表、属性列等数据本身,还有内模式、外模式和模式等数据字典中的内容,表5.1列出了关系系统中的存取权限。

对于授权表,一个衡量授权机制的重要指标就是授权粒度,即可以定义的数据对象的范围,在关系数据库中,授权粒度包括关系、记录和属性。

一般来说,授权定义中粒度越细,授权子系统就越灵活。

例如,表5.2是一个授权粒度很粗的表,它只能对整个关系授权。如U1拥有对关系 S 的一切权限;U2拥有对关系 C 的SELECT权和对关系SC的UPDATE权;U3只可以向关系SC中插入新记录。

表 5.1 关系系统中的存取权限

数据对象		操作类型
模式	模式	建立、修改、检索
	外模式	建立、修改、检索
	内模式	建立、修改、检索
数据	表	查询、插入、修改、删除
	属性列	查询、插入、修改、删除

表 5.2 授权表 1

用户标识	数据对象	操作类型
U1	关系 S	ALL
U2	关系 C	SELECT
U2	关系 SC	UPDATE
U3	关系 SC	INSERT
…	…	…

表 5.3 是一个授权粒度较为精细的表，它可以精确到关系的某一属性。U1 拥有对关系 *S* 的一切权限；U2 只能查询关系 *C* 的 CNO 属性和修改关系 SC 的 SCORE 属性；U3 可以删除关系 SC 中的记录。

表 5.3　授权表 2

用户标识	数据对象	操作类型
U1	关系 *S*	ALL
U2	关系 C.CNO	SELECT
U2	关系 SC.SCORE	UPDATE
U3	关系 SC	DELETE
…	…	…

衡量授权机制的另一个重要方面就是授权表中权限表示能力的强弱。在表 5.2 和表 5.3 中的授权只涉及关系、记录或属性的名字，而未提到具体的值。系统不必访问具体的数据本身，就可以决定执行这种控制，这种控制称为“值独立”的控制。

表 5.4 中的授权表不但可以对属性列授权，还可以提供与数值有关的授权，即可以对关系中的一组满足存取谓词的记录授权，如 U1 只能对非计算机系的学生进行操作。

对于提供与数据值有关的授权，系统必须能够支持存取谓词的授权操作。

表 5.4　授权表 3

用户标识	数据对象	操作类型	存取谓词
U1	关系 *S*	ALL	DEPT<>'计算机'
U2	关系 C.CNO	SELECT	
U2	关系 SC.SCORE	UPDATE	
U3	关系 SC	DELETE	
…	…	…	

可见授权粒度越细，授权子系统就越灵活，能够提供的安全性就越完善。但另一方面，如果用户比较多，数据库比较大，授权表将很大，而且每次数据库访问都要用到这张表做授权检查，这将影响数据库的性能。

所幸的是，在大部分数据库中，需要保密的数据是少数，对于大部分公开的数据，可以一次性地授权给 PUBLIC，而不必再对每个用户逐个授权。对于表 5.4 中与数据值有关的授权，可以通过另外一种数据库安全措施，即定义视图来实现安全保护。

3. 视图机制

为不同的用户定义不同的视图，可以限制各个用户的访问范围。通过视图机制把要保密的数据对无权存取这些数据的用户隐藏起来，从而自动地对数据提供一定程度的安全保护。

例如，U1 只能对非计算机系的学生进行操作，一种方法是通过授权机制对 U1 授权，如表 5.4 所示，另一种简单的方法就是定义一个非计算机系学生的视图。但视图机制的安全保护功能太不精细，往往不能达到应用系统的要求，其主要功能在于提供数据库的逻辑独立性。在实际应用中，通常将视图机制与授权机制结合起来使用，首先用视图机制屏蔽一部分保密数据,然后在视图上面再进一步定义存取权限。

4. 数据加密(Data Encryption)

前面介绍的几种数据库安全措施,都是防止从数据库系统窃取保密数据,不能防止通过不正常渠道非法访问数据,如偷取存储数据的磁盘,或在通信线路上窃取数据。为了防止这些窃密活动,比较好的办法是对数据加密。数据加密是防止数据库中数据在存储和传输中失密的有效手段。加密的基本思想是根据一定的算法将原始数据(Plain text,明文)加密成为不可直接识别的格式(Cipher text,密文),数据以密码的形式存储和传输。

加密方法有两种,一种是替换方法,该方法使用密钥(Encryption Key)将明文中的每一个字符转换为密文中的一个字符,另一种是转换方法,该方法将明文中的字符按不同的顺序重新排列。通常将这两种方法结合起来使用,就可以达到相当高的安全程度,如美国1977年制定的官方加密标准。数据加密标准(Data Encryption Standard,DES)就是使用这种算法的例子。

数据加密后,对于不知道解密算法的人,即使利用系统安全措施的漏洞非法访问数据,也只能看到一些无法辨认的二进制代码。合法的用户检索数据时,首先提供密码钥匙,由系统进行译码后,才能得到可识别的数据。

目前不少数据库产品提供了数据加密例行程序,用户可根据要求自行进行加密处理,还有一些未提供加密程序的产品也提供了相应的接口,允许用户用其他厂商的加密程序对数据加密。实际上,有些系统也支持用户自己设计加、解密程序,只是这样对用户提出了更高的要求。

用密码存储数据,在存入时需加密,在查询时需解密,这个过程会占用较多的系统资源,降低了数据库的性能。因此数据加密功能通常允许用户自由选择,只对那些保密要求特别高的数据,才值得采用此方法。

5. 审计(Audit)

前面介绍的各种数据库安全性措施,都可将用户操作限制在规定的安全范围内。但实际上任何系统的安全性措施都不是绝对可靠的,窃密者总有办法打破这些控制。对于某些高度敏感的保密数据,必须以审计作为预防手段。审计功能是一种监视措施,跟踪记录有关数据的访问活动。

审计追踪把用户对数据库的所有操作自动记录下来,存放在一个特殊文件中,即审计日志(Audit Log)中。记录的内容一般包括:操作类型,如修改、查询等;操作终端标识与操作者标识;操作日期和时间;操作所涉及的相关数据,如基本表、视图、记录和属性等;数据的前象和后象。利用这些信息,可以重现导致数据库现有状况的已发生的一系列事件,以进一步找出非法存取数据的人、时间和内容等。

使用审计功能会大大增加系统的开销,所以DBMS通常将其作为可选特征,提供相应的操作语句可灵活地打开或关闭审计功能。

例如,可使用如下SQL语句打开对表*S*的审计功能,对表*S*的每次成功的增加、删除、修改操作都作审计追踪:

```
AUDIT INSERT,DELETE,UPDATE ON S WHENEVER SUCCESSFUL
```

要关闭对表*S*的审计功能可以使用如下语句:

```
NO AUDIT ALL ON S
```

5.1.3 安全性控制的其他方法

1. 强制存取控制(MAC)

有些数据库系统的数据要求很高的保密性,通常具有静态的严格的分层结构,强制存取控制能实现这种高保密性要求。这种方法的基本思想在于为每个数据对象(文件、记录或字段等)赋予一定的密级,级别从高到低有绝密级、机密级、秘密级和公用级。每个用户也具有相应的级别,称为许可证级别。密级和许可证级别都是严格有序的,如:绝密>机密>秘密>公用。

在系统运行时,采用如下两条简单规则:① 用户 U 只能查看比它级别低或同级的数据;② 用户 U 只能修改和它同级的数据。在第②条中,用户 U 显然不能修改比它级别高的数据,也不能修改比它级别低的数据,这样主要是为了防止具有较高级别的用户将该级别的数据复制到较低级别的文件中。

强制存取控制是一种独立于值的控制方法,它的优点是系统能执行"信息流控制"。在前面介绍的授权方法中,允许凡有权查看保密数据的用户就可以把这种数据复制到非保密的文件中,造成无权用户也可接触保密数据。而强制存取控制可以避免这种非法的信息流动。注意:这种方法在通用数据库系统中应用不广泛,只是在某些专用系统中才有用。

2. 统计数据库的安全性

有一类数据库称为"统计数据库",例如,民意调查数据库,它包含大量的记录,但其目的只是向公众提供统计和汇总信息,而不是提供单个记录的内容。也就是说所查询的仅仅是某些记录的统计值,如求记录数、和、平均值等。在统计数据库中,虽然不允许用户查询单个记录的信息,但是用户可以通过处理足够多的汇总信息来分析出单个记录的信息,这就给统计数据库的安全性带来了严重的威胁。

如设有一个职工关系,包含工资信息。一般的用户只能查询统计数据,而不能查看个别的记录。有一个姓刘用户欲窃取姓张的工资数目,刘可通过下面两步实现:

① 用 SELECT 命令查找姓刘用户自己和其他 $n-1$ 个人(如 30 岁的女职工)的工资总额 A;

② 用 SELECT 命令查找姓张用户和上述同样的 $n-1$ 个人的工资总额 B。

随后,刘可以很方便地通过下列式子得到张的工资数是:

$$B-A+\text{“姓刘用户自己的工资数”}$$

这样,用户刘就窃取到了张的工资数目。统计数据库应防止上述问题的发生,上述问题产生的原因是两个查询包含了许多相同的信息(即两个查询的"交"),系统应对用户查询得到的记录数加以控制。

在统计数据库中,对查询应做下列限制:① 一个查询查到的记录个数至少是 n;② 两个查询查到的记录的"交"数目至多是 m。

系统可以调整 n 和 m 的值,使得用户很难在统计数据库中获取其他个别记录的信息,但要做到完全杜绝是不可能的。应限制用户计算和、个数、平均值的能力。如果一个破坏者只知道他自己的数据,那么已经证明,他至少要花 $1+(n-2)/m$ 次查询才有可能获取其他个别记录的信息。因而,系统应限制用户查询的次数在 $1+(n-2)/m$ 次以内。但是这个方法还不能防止两个破坏者联手查询导致数据的泄露。

保证数据库安全性的另一个方法是"数据污染",也就是在回答查询时,提供一些偏离正确值的数据,以免数据泄露。当然,这个偏离要在不破坏统计数据的前提下进行。此时,系统应该在准确性和安全性之间作出权衡,当安全性遭到威胁时,只能降低准确性的标准。

5.1.4 SQL Server 安全性概述

SQL Server 安全系统的构架建立在用户和用户组的基础上。Windows(这里的 Windows 代表 Windows NT 4.0、Windows 2000 及以上版本,下同)中的用户和本地组及全局组可以映射到 SQL Server 中的安全账户,也可以创建独立 Windows 账户的安全账户。

SQL Server 提供了 3 种安全管理模式,即标准模式、集成模式和混合模式,数据库设计者和数据库管理员可以根据实际情况进行选择。

1. 两个安全性阶段

在 SQL Server 中工作时,用户要经过两个安全性阶段:身份验证和授权(权限验证)。授权阶段使用登录账户标识用户并只验证用户连接 SQL Server 实例的能力。如果身份验证成功,用户即可连接到 SQL Server 实例,然后用户需有访问服务器上数据库的权限,为此需授予每个数据库中映射到用户登录的账户访问权限。权限验证阶段控制用户在 SQL Server 数据库中所允许进行的活动。

每个用户必须通过登录账户建立自己的连接能力(身份验证),以获得对 SQL Server 实例的访问权限,然后,该登录必须映射到用于控制在数据库中所执行的活动(权限验证)的 SQL Server 用户账户。如果数据库中没有用户账户,则即使用户能够连接到 SQL Server 实例,也无法访问该数据库。

2. 用户权限

登录创建在 Windows 中,而非 SQL Server 中。该登录随后被授予连接到 SQL Server 实例的权限,该登录在 SQL Server 内被授予访问权限。

当用户连接到 SQL Server 实例后,他们可以执行的活动由授予以下账户的权限确定:

① 用户的安全账户;

② 用户的安全账户所属 Windows 组或角色层次结构;

③ 用户若要进行任何涉及更改数据库定义或访问数据的活动,则必须有相应的权限。

管理权限包括授予或废除执行以下活动的用户权限:①处理数据和执行过程(对象权限);②创建数据库或数据库中的项目(语句权限);③利用授予预定义角色的权限(暗示性权限)。

3. 视图安全机制

SQL Server 通过限制可由用户使用的数据,可以将视图作为安全机制。用户可以访问某些数据,进行查询和修改,但是表或数据库的其余部分是不可见的,也不能进行访问。对 SQL Server 来说,无论在基础表(一个或多个)上的权限集合有多大,都必须授予、拒绝或废除访问视图中数据子集的权限。

4. 加密方法

SQL Server 支持加密或可以加密的内容为:①SQL Server 中存储的登录和应用程序角色密码;②作为网络数据包而在客户端和服务器端之间发送的数据;③SQL Server 中如下对象的定义内容:存储过程、用户定义函数、视图、触发器、默认值和规则等。

SQL Server 可使用安全套接字层(SSL)加密在应用程序计算机和数据库计算机上的 SQL Server 实例之间传输的所有数据。

新版 SQL Server 提高了加密性能,例如,以字节创建证书,用 AES256 对服务器主密钥(SMK)、数据库主密钥(DMK)和备份密钥的默认操作,对 SHA2(256 和 512)新的支持和对

SHA512 密码哈希的使用。强大的 SQL Server 功能有以下几个特点：① 利用内置加密层次结构；② 透明数据加密；③ 使用可扩展密钥管理；④ 标记代码模块。

5. 审核活动

SQL Server 提供审核功能，用以跟踪和记录每个 SQL Server 实例上已发生的活动（如成功和失败的记录）。SQL Server 还提供管理审核记录的接口，即 SQL 事件探查器。只有 sysadmin 固定安全角色的成员才能启用或修改审核，而且审核的每次修改都是可审核的事件。SQL Server 的审核功能从企业版扩展到所有版本，从而实现数据库审核的标准化并提供更好的性能和更丰富的功能。

5.2　完整性控制

5.2.1　数据库完整性概述

数据库的完整性是指保护数据库中数据的正确性、有效性和相容性，防止错误的数据进入数据库造成无效操作。

有关完整性的含义在第 1 章中已做简要介绍。例如，年龄属于数值型数据，只能含 0，1，…，9，不能含字母或特殊符号；月份只能用 1～12 之间的正整数表示；表示同一事实的两个数据应相同，否则就不相容，如一个人不能有两个学号。

显然，维护数据库的完整性非常重要，数据库中的数据是否具备完整性关系到数据能否真实地反映现实世界。

数据库的完整性和安全性是数据库保护的两个不同的方面。

安全性是保护数据库，以防止非法使用所造成数据的泄露、更改或破坏，安全性措施的防范对象是非法用户和非法操作；完整性是防止合法用户使用数据库时向数据库中加入不符合语义的数据，完整性措施的防范对象是不合语义的数据。

但从数据库的安全保护角度来讲，安全性和完整性又是密切相关的。

5.2.2　完整性规则的组成

为了实现完整性控制，数据库管理员应向 DBMS 提出一组完整性规则，来检查数据库中的数据，看其是否满足语义约束。这些语义约束构成了数据库的完整性规则，这组规则作为 DBMS 控制数据完整性的依据，它定义了何时检查、检查什么、查出错误又怎样处理等事项。具体地说，完整性规则主要由以下三部分构成。

① 触发条件：规定系统什么时候使用规则检查数据。

② 约束条件：规定系统检查用户发出的操作请求违背了什么样的完整性约束条件。

③ 违约响应：规定系统如果发现用户的操作请求违背了完整性约束条件，应该采取一定的动作来保证数据的完整性，即违约时要做的事情。

完整性规则从执行时间上可分为立即执行约束（Immediate Constraints）和延迟执行约束（Deferred Constraints）。

立即执行约束是指在执行用户事务过程中，某一条语句执行完成后，系统立即对此数据进行完整性约束条件检查；延迟执行约束是指在整个事务执行结束后，再对约束条件进行完整性检查,结果正确后才能提交。

例如,银行数据库中“借贷总金额应平衡”的约束就应该属于延迟执行约束,从账号 A 转一笔钱到账号 B 为一个事务,从账号 A 转出去钱后,账就不平了,必须等转入账号 B 后,账才能重新平衡,这时才能进行完整性检查。

如果发现用户操作请求违背了立即执行约束,则可以拒绝该操作,以保护数据的完整性;如果发现用户操作请求违背了延迟执行约束,而又不知道是哪个事务的操作破坏了完整性,则只能拒绝整个事务,把数据库恢复到该事务执行前的状态。

一条完整性规则可以用一个五元组(D,O,A,C,P)来形式化地表示。其中:

D(Data)代表约束作用的数据对象;

O(Operation)代表触发完整性检查的数据库操作,即当用户发出什么操作请求时需要检查该完整性规则;

A(Assertion)代表数据对象必须满足的语义约束,这是规则的主体;

C(Condition)代表选择 A 作用的数据对象值的谓词;

P(Procedure)代表违反完整性规则时触发执行的操作过程,如对于“学号不能为空”的这条完整性约束;

D 代表约束作用的数据对象为 SNO 属性;

O(Operation)当用户插入或修改数据时需要检查该完整性规则;

A(Assertion)SNO 不能为空;

C(Condition)A 可作用于所有记录的 SNO 属性;

P(Procedure)拒绝执行用户请求。

关系模型的完整性包括实体完整性、参照完整性和用户定义完整性。

对于违反实体完整性和用户定义完整性规则的操作一般都是采用拒绝执行的方式进行处理。而对于违反参照完整性的操作,并不都是简单的拒绝执行,一般在接受这个操作的同时,执行一些附加的操作,以保证数据库的状态仍然是正确的。

例如,在删除被参照关系中的元组时,应该将参照关系中所有的外码值与被参照关系中要删除元组主码值相对应的参照关系中的元组一起删除。

例如,要删除 S 关系中 SNO=‘S2’的元组,而 SC 关系中又有两个 SNO=‘S2’的元组,这时根据应用环境的语义,因为当一个学生毕业或退学后,他的个人记录从 S 关系中删除,选课记录也应随之从 SC 表中删除,所以应该将 SC 关系中所有 SNO=‘S2’的元组一起同时删除。

这些完整性规则都由 DBMS 提供的语句进行描述,经过编译后存放在数据字典中。数据进出数据库系统,这些规则就开始起作用,用于保障数据的正确性。

这样做的优点是:(1)完整性规则的执行由系统来处理,而不是由用户方处理;(2)规则集中在数据字典中,而不是散布在各应用程序之中,易于从整体上理解和修改,这样完整性保障效率也较高。

数据库系统的整个完整性控制都是围绕着完整性约束条件进行的,从这个角度来看,完整性约束条件是完整性控制机制的核心。

5.2.3 完整性约束条件的分类

1. 值的约束和结构的约束

从约束条件使用的对象来分,可把约束分为值的约束和结构的约束。

(1) 值的约束:即对数据类型、数据格式、取值范围等进行规定。

① 对数据类型的约束,包括数据的类型、长度、单位和精度等。例如,规定学生性别的数据类型应为字符型,长度为2。

② 对数据格式的约束,如规定出生日期的数据格式为YYYY.MM.DD。

③ 对取值范围的约束,例如,月份的取值范围为1～12,日期的取值范围为1～31。

④ 对空值的约束,空值表示未定义或未知的值,它与零值和空格不同。有的列值允许为空值,有的则不允许,例如,学号和课程号不可以为空值,但成绩可以为空值。

(2) 结构约束:即对数据之间联系的约束。

数据库中同一关系的不同属性之间,应满足一定的约束条件,同时,不同关系的属性之间也有联系,也应满足一定的约束条件。

常见的结构约束有如下5种。

① 函数依赖约束:说明了同一关系中不同属性之间应满足的约束条件,如2NF、3NF和BCNF这些不同的范式应满足不同的约束条件。大部分函数依赖约束都是隐含在关系模式结构中的,特别是对于规范化程度较高的关系模式,都是由模式来保持函数依赖的。

② 实体完整性约束:说明了关系主键(或主码)的属性列必须唯一,其值不能为全空或部分为空。

③ 参照完整性约束:说明了不同关系的属性之间的约束条件,即外部键(外码)的值应能够在被参照关系的主键值中找到或取空值。

④ 用户自定义完整性:从实际应用系统出发,按需定义属性之间要满足的约束条件。

⑤ 统计约束:规定某个属性值与关系多个元组的统计值之间必须满足某种约束条件。例如,规定系主任的奖金不得高于该系的平均奖金的50%,不得低于该系的平均奖金的15%,这里该系平均奖金的值就是一个统计计算值。

其中,实体完整性约束和参照完整性约束是关系模型的两个极其重要的约束,被称为关系的两个不变性,而统计约束实现起来开销很大。

2. 静态约束和动态约束

完整性约束从约束对象的状态可分为静态约束和动态约束。

(1) 静态约束

静态约束是指在数据库每一个确定状态时的数据对象所应满足的约束条件,它是反映数据库状态合理性的约束,这是最重要的一类完整性约束。上面介绍的值的约束和结构的约束均属于静态约束。

(2) 动态约束

动态约束是指数据库从一种状态转变为另一种状态时(数据库数据变动前后),新、旧值之间所应满足的约束条件,它是反映数据库状态变迁的约束。

例如,学生年龄在更改时只能增长,职工工资在调整时不得低于其原来的工资。

5.2.4 SQL Server完整性概述

SQL Server中数据完整性可分为4种类型:实体完整性、域完整性、引用完整性和用户定义完整性。另外,触发器和存储过程等也能以一定方式控制数据完整性。

1. 实体完整性

实体完整性将行定义为特定表的唯一实体。SQL Server支持如下实体完整性相关的约束。

① PRIMARY KEY 约束:在一个表中不能有两行包含相同的主键值,不能在主键内的任何列中输入 NULL 值。

② UNIQUE 约束:UNIQUE 约束在列集内强制执行值的唯一性,对于 UNIQUE 约束中的列,表中不允许有两行包含相同的非空值。

③ IDENTITY 属性:IDENTITY 属性能自动产生唯一标识值,指定为 IDENTITY 的列一般作为主键。

2. 域完整性

域完整性是指给定列的输入正确性与有效性。SQL Server 中强制域有效性的方法有:限制类型,如通过数据类型、用户自定义数据类型等实现;格式限制,如通过 CHECK 约束和规则等实现;列值的范围限定,如通过 PRIMARY KEY 约束、UNIQUE 约束、FOREIGN KEY 约束、CHECK 约束、DEFAULT 定义和 NOT NULL 定义等实现。

3. 引用完整性(即参照完整性)

SQL Server 引用完整性主要由 FOREIGN KEY 约束体现,它标识表之间的关系,一个表的外键指向另一个表的候选键或唯一键。

强制引用完整性时,SQL Server 禁止用户进行下列操作:

① 当主表中没有关联的记录时,将记录添加到相关表(即参照表)中;

② 更改主表中的值并导致相关表中的记录孤立;

③ 从主表中删除记录,但仍存在与该记录匹配的相关记录。

在 DELETE 或 UPDATE 所产生的所有级联引用操作的诸表中,每个表只能出现一次。多个级联操作中只要有一个表因完整性原因操作失败,整个操作将因失败而回滚。

4. 用户定义完整性

SQL Server 用户定义完整性主要由 Check 约束所定义的列级或表级约束体现,用户定义完整性还能由规则、触发器、客户端或服务器端应用程序灵活定义。

5. 触发器

SQL Server 触发器是一类特殊的存储过程,被定义为在对表或视图发出 UPDATE、INSERT或 DELETE 语句时自动执行。触发器可以扩展 SQL Server 约束、默认值和规则的完整性检查逻辑,一个表可以有多个触发器。

6. 其他机制

SQL Server 支持存储过程中制定约束规则,SQL Server 的并发控制机制能保障多用户存取数据时的完整性。

5.3 并发控制与封锁

5.3.1 数据库并发性概述

每个用户在存取数据库中的数据时,可能是串行执行,即每个时刻只有一个用户程序运行,也可能是多个用户并行地存取数据库。

数据库的最大特点之一就是数据资源是共享的,串行执行意味着一个用户在运行程序时,其他用户程序必须等到这个用户程序结束才能对数据库进行存取,这样数据库系统的利用率会极低。因此，为了充分利用数据库资源，很多时候数据库用户都是对数据库系统并行存取数据，但这样就会发生多个用户并发存取同一数据块的情况，如果对并发操作不加控制可能会产生操作冲突，破坏数据的完整性，即发生所谓的丢失更新、污读和不可重读等现象。

数据库的并发控制机制能解决这类问题，以保持数据库中数据在多用户并发操作时的一致性和正确性。

5.3.2　事务的基本概念

1. 事务(Transaction)的定义

在上一节中就曾提到过事务的概念，DBMS 的并发控制也是以事务为基本单位进行的，那么到底什么是事务呢?

事务是数据库系统中执行的一个工作单位，它是由用户定义的一组操作序列组成。

一个事务可以是一组 SQL 语句、一条 SQL 语句或整个程序，一个应用程序可以包括多个事务。事务的开始与结束可以由用户显式控制。如果用户没有显式地定义事务，则由 DBMS 按照缺省规定自动划分事务。在 SQL 语言中，定义事务的语句有 3 条，分别为 BEGIN TRANSACTION、COMMIT 和 ROLLBACK。

BEGIN TRANSACTION 表示事务的开始；COMMIT 表示事务的提交，即将事务中所有对数据库的更新写回到磁盘上的物理数据库中去，此时事务正常结束；ROLLBACK 表示事务的回滚，即在事务运行的过程中发生了某种故障，事务不能继续执行，系统将事务中对数据库的所有已完成的更新操作全部撤销，再回滚到事务开始时的状态。

2. 事务的特征

事务是由有限的数据库操作序列组成，但并不是任意的数据库操作序列都能成为事务，为了保护数据的完整性，一般要求事务具有以下 4 个特征。

① 原子性(Atomicity)：一个事务是一个不可分割的工作单位，事务在执行时，应该遵守"要么不做，要么全做"(Nothing or All)的原则，即不允许事务部分的完成，即使因为故障而使事务未能完成，它执行的部分操作也要被取消。

② 一致性(Consistency)：事务对数据库的操作使数据库从一个一致状态转变到另一个一致状态，所谓数据库的一致状态是指事务操作后数据库中的数据要满足各种完整性约束要求。

例如，银行企业中，"从账号 A 转移资金额 M 到账号 B"是一个典型的事务，这个事务包括两个操作，从账号 A 中减去资金额 M 和在账号 B 中增加资金额 M，如果只执行其中一个操作，则数据库处于不一致状态，账务会出现问题，也就是说，两个操作要么全做，要么全不做，否则就不能成为事务。可见事务的一致性与原子性是密切相关的。

③ 隔离性(Isolation)：如果多个事务并发地执行，应像各个事务独立执行一样，一个事务的执行不能被其他事务干扰，即一个事务内部的操作及使用的数据对并发的其他事务是隔离的。并发控制就是为了保证事务间的隔离性。

④ 持久性(Durability)：指一个事务一旦提交，它对数据库中数据的改变就应该是持久的，即使数据库因故障而受到破坏，DBMS 也应该能够恢复。

事务上述 4 个性质的英文术语的第一个字母分别为 A，C，I，D。因此，这 4 个性质也称为事务的 ACID 准则。下面是一个事务的例子，从账号 A 转移资金额 M 到账号 B：

```
BEGIN TRANSACTION
    READ A
```

```
A←A - M
IF A<0     /* A款不足 */
THEN
    BEGIN
        DISPLAY "A款不足"
        ROLLBACK
    END
ELSE      /* 拨款 */
    BEGIN
        B←B + M
        DISPLAY "拨款完成"
        COMMIT
    END
```

这是对一个简单事务的完整的描述。该事务有两个出口:当 A 账号的款项不足时,事务以 ROLLBACK(撤销)命令结束,即撤销该事务的影响;另一个出口是以 COMMIT(提交)命令结束,完成从账号 A 到账号 B 的拨款。在 COMMIT 之前,即在数据库修改过程中,数据可能是不一致的,事务本身也可能被撤销。只有在 COMMIT 之后,事务对数据库所产生的变化才对其他事务开放,这就可以避免其他事务访问不一致或不存在的数据。

5.3.3 并发操作与数据的不一致性

当同一数据库系统中有多个事务并发运行时,如果不加以适当控制,可能产生数据的不一致性。

例 5.1 并发取款操作。假设存款余额 $R=1000$ 元,甲事务 T_1 取走存款 200 元,乙事务 T_2 取走存款 300 元,如果正常操作,即甲事务 T_1 执行完毕再执行乙事务 T_2,存款余额更新后应该是 500 元。但是如果按照如下顺序操作,则会有不同的结果:

甲事务 T_1 读取存款余额 $R=1\,000$ 元;

乙事务 T_2 读取存款余额 $R=1\,000$ 元;

甲事务 T_1 取走存款 200 元,修改存款余额 $R=R-200=800$,把 $R=800$ 写回到数据库;

乙事务 T_2 取走存款 300 元,修改存款余额 $R=R-300=700$,把 $R=700$ 写回到数据库。

结果两个事务共取走存款 500 元,而数据库中的存款却只少了 300 元,得到这种错误的结果是由甲、乙两个事务并发操作引起的,数据库的并发操作导致的数据库不一致性主要有以下 3 种。

1. 丢失更新(Lost Update)

当两个事务 T_1 和 T_2 读入同一数据作修改,并发执行时,T_2 把 T_1 或 T_1 把 T_2 的修改结果覆盖掉,造成了数据的丢失更新问题,导致数据的不一致。

仍以例 5.1 中的操作为例进行分析。在表 5.5 中,数据库中 R 的初值是 1000,事务 T_1 包含 3 个操作:读入 R 初值(FIND R);计算($R=R-200$);更新 R(UPDATE R)。

事务 T_2 也包含 3 个操作:FIND R;计算($R=R-300$);UPDATE R。

如果事务 T_1 和 T_2 顺序执行,则更新后,R 的值是 500。但如果 T_1 和 T_2 按照表 5.5 所示的并发执行,R 的值是 700,得到错误的结果,原因在于在 t_6 时刻 T_2 更新时,丢失了 T_1 已对数据库的更新结果,因此,这个并发操作不正确。

表 5.5　丢失更新问题

时　间	事务 T_1	R 的值	事务 T_2
t_0		1000	
t_1	FIND R		
t_2			FIND R
t_3	$R=R-200$		
t_4			$R=R-300$
t_5	UPDATE R		
t_6		800	UPDATE R
t_7		700	

2. 污读(Dirty Read)

事务 T_1 更新了数据 R,事务 T_2 读取了更新后的数据 R,事务 T_1 由于某种原因被撤销,修改无效,数据 R 恢复原值。事务 T_2 得到的数据与数据库的内容不一致,这种情况称为“污读”(又名脏读)。

在表 5.6 中,事务 T_1 把 R 的值改为 800,但此时尚未做 COMMIT 操作,事务 T_2 将修改过的值 800 读出来,之后事务 T_1 执行 ROLLBACK 操作,R 的值恢复为 1000,而事务 T_2 仍在使用已被撤销了的 R 值 800。

原因在于在 t_4 时刻事务 T_2 读取了 T_1 未提交的更新操作结果,这种值是不稳定的,在事务 T_1 结束前随时可能执行 ROLLBACK 操作。

对于这些未提交的随后又被撤销的更新数据称为“脏数据”。如这里事务 T_2 在 t_4 时刻读取的就是“脏数据”。

3. 不可重读(Unrepeatable Read)

事务 T1 读取了数据 R,事务 T_2 读取并更新了数据 R,当事务 T_1 再读取数据 R 以进行核对时,得到的两次读取值不一致,这种情况从事务 T_1 角度称为“不可重读”。

在表 5.7 中,在 t_1 时刻事务 T_1 读取 R 的值为 1000,但事务 T_2 在 t_4 时刻将 R 的值更新为 700,所以 T_1 在 t_5 时刻所读取 R 的值 700 已经与开始读取的值 1000 不一致了。

表 5.6　污读问题

时　间	事务 T_1	R 的值	事务 T_2
t_0		1 000	
t_1	FIND R		
t_2	$R=R-200$		
t_3	UPDATE R		
t_4		800	FIND R
t_5	ROLLBACK		
t_6		1 000	

表 5.7　不可重读

时　间	事务 T_1	R 的值	事务 T_2
t_0		1 000	
t_1	FIND R	1 000	
t_2			FIND R
t_3			$R=R-300$
t_4		700	UPDATE R
t_5	FIND R	700	

产生上述3类数据不一致性的主要原因就是并发操作破坏了事务的隔离性,并发控制就是要求DBMS提供并发控制功能以正确的方式高度并发事务,避免并发事务之间的相互干扰造成数据的不一致性,保证数据库的完整性。

5.3.4 封锁及其产生问题的解决

实现并发控制的方法主要有两种:封锁(Lock)技术和时标(Timestamping)技术,这里只介绍封锁技术。

1. 封锁类型(Lock Type)

所谓封锁就是当一个事务在对某个数据对象(可以是数据项、记录、数据集、以至整个数据库)进行操作之前,必须获得相应的锁,以保证数据操作的正确性和一致性。

封锁是目前DBMS普遍采用的并发控制方法,基本的封锁类型有两种:排它锁和共享锁。

(1) 排它锁(Exclusive Lock)

排它锁又称写锁,简称为X锁,其采用的原理是禁止并发操作。当事务T对某个数据对象*R*实现X封锁后,其他事务要等T解除X封锁以后,才能对*R*进行封锁,这就保证了其他事务在T释放*R*上的锁之前,不能再对*R*进行操作。

(2) 共享锁(Share Lock)

共享锁又称读锁,简称为S锁,其采用的原理是允许其他用户对同一数据对象进行查询,但不能对该数据对象进行修改。当事务T对某个数据对象*R*实现S封锁后,其他事务只能对*R*加S锁,而不能加X锁,直到T释放*R*上的S锁,这就保证了其他事务在T释放*R*上的S锁之前,只能读取*R*,而不能再对*R*做任何修改。

2. 封锁协议(Lock Protocol)

封锁可以保证合理地进行并发控制,保证数据的一致性。

实际上,锁是一个控制块,其中包括被加锁记录的标识符及持有锁的事务的标识符等。在封锁时,要考虑一定的封锁规则,如何时开始封锁、封锁多长时间、何时释放等,这些封锁规则称为封锁协议。对封锁方式规定不同的规则,就形成了各种不同的封锁协议。

封锁协议在不同程序上对正确控制并发操作提供了一定的保证。

上面讲述过的并发操作所带来的丢失更新、污读和不可重读等数据不一致性问题,可以通过三级封锁协议在不同程度上给予解决,下面介绍三级封锁协议。

(1) 一级封锁协议

一级封锁协议的内容是:事务T在修改数据对象之前必须对其加X锁,直到事务结束。

具体地说,就是任何企图更新记录*R*的事务必须先执行"XLOCK *R*"操作,以获得对该记录进行更新的能力并对它取得X封锁。

如果未获准"X封锁",那么这个事务进入等待状态,一直到获准"X封锁",该事务才继续做下去。

该封锁协议规定事务在更新记录*R*时必须获得排它性封锁,使得两个同时要求更新*R*的并行事务之一必须在一个事务更新操作执行完成之后才能获得X封锁,这样就避免了两个事务读到同一个*R*值而先后更新时所发生的丢失更新问题。

利用一级封锁协议可以解决表5.5中的数据丢失更新问题,如表5.8所示。

事务 T_1 先对 R 进行 X 封锁(XLOCK),事务 T_2 执行"XLOCK R"操作,未获准"X 封锁",则进入等待状态,直到事务 T_1 更新 R 值以后,解除 X 封锁操作(UNLOCK X)。此后事务 T_2 再执行"XLOCK R"操作,获准"X 封锁",并对 R 值进行更新(此时 R 已是事务 T_1 更新过的值,R=800),这样就能得出正确的结果。

表 5.8　无丢失更新问题

时　间	事务 T_1	R 的值	事务 T_2
t_0	XLOCK R	1 000	
t_1	FIND R		
t_2			XLOCK R
t_3	$R=R-200$		WAIT
t_4	UPDATE R		WAIT
t_5	UNLOCK X	800	WAIT
t_6			XLOCK R
t_7			$R=R-300$
t_8			UPDATE R
t_9		500	UNLOCK X

一级封锁协议只有当修改数据时才进行加锁,如果只是读取数据并不加锁,所以它不能防止"污读"和"重读"数据。

(2) 二级封锁协议

二级封锁协议的内容是:在一级封锁协议的基础上,另外加上事务 T 在读取数据 R 之前必须先对其加 S 锁,读完后释放 S 锁。

所以二级封锁协议不但可以解决更新时所发生的数据丢失问题,还可以进一步防止"污读"。

利用二级封锁协议可以解决表 5.6 中的数据"污读"问题,如表 5.9 所示。

表 5.9　无污读问题

时　间	事务 T_1	R 的值	事务 T_2
t_0	XLOCK R	1 000	
t_1	FIND R		
t_2	$R=R-200$		
t_3	UPDATE R		
t_4		800	SLOCK R
t_5	ROLLBACK		WAIT
t_6	UNLOCK R	1 000	SLOCK R
t_7		1 000	FIND R
t_8			UNLOCK S

事务 T_1 先对 R 进行 X 封锁(XLOCK),把 R 的值改为 800,但尚未提交。这时事务 T_2 请

求对数据 R 加 S 锁,因为 T_1 已对 R 加了 X 锁,T_2 只能等待,直到事务 T_1 释放 X 锁。之后事务 T_1 因某种原因撤销,数据 R 恢复原值 1 000,并释放 R 上的 X 锁。事务 T_2 可对数据 R 加 S 锁,读取 R= 1 000,得到了正确的结果,从而避免了事务 T_2 读取"脏数据"。

二级封锁协议在读取数据之后,立即释放 S 锁,所以它仍然不能防止"重读"数据。

(3) 三级封锁协议

三级封锁协议的内容是:在一级封锁协议的基础上,另外加上事务 T 在读取数据 R 之前必须先对其加 S 锁,读完后并不释放 S 锁,而直到事务 T 结束才释放。

所以三级封锁协议除了可以防止更新丢失问题和"污读"数据外,还可进一步防止不可重读数据,彻底解决了并发操作所带来的 3 个不一致性问题。

利用三级封锁协议可以解决表 5.7 中的不可重读问题,如表 5.10 所示。

表 5.10 可重读问题

时　间	事务 T_1	R 的值	事务 T_2
t_0		1 000	
t_1	SLOCK R		
t_2	FIND R	1 000	
t_3			XLOCK R
t_4	FIND R	1 000	WAIT
t_5	COMMIT		WAIT
t_6	UNLOCK S		WAIT
t_7			XLOCK R
t_8		1 000	FIND R
t_9			$R=R-300$
t_{10}		700	UPDATE R
t_{11}			UNLOCK X

在表 5.10 中,事务 T_1 读取 R 的值之前先对其加 S 锁,这样其他事务只能对 R 加 S 锁,而不能加 X 锁,即其他事务只能读取 R,而不能对 R 进行修改。

所以当事务 T_2 在 t_3 时刻申请对 R 加 X 锁时被拒绝,使其无法执行修改操作,只能等待事务 T_1 释放 R 上的 S 锁,这时事务 T_1 再读取数据 R 进行核对,得到的值仍是 1 000,与开始所读取的数据是一致的,即可重读。

在事务 T_1 释放 S 锁后,事务 T_2 可以对 R 加 X 锁,进行更新操作,这样便保证了数据的一致性。

3. 封锁粒度(Lock Granularity)

封锁对象的大小称为封锁粒度。根据对数据的不同处理,封锁的对象可以是这样一些逻辑单元:字段、记录、表、数据库等。也可以是这样一些物理单元:页(数据页或索引页)、块等。封锁粒度与系统的并发度和并发控制的开销密切相关。

封锁粒度越小,系统中能够被封锁的对象就越多,并发度越高,但封锁机构复杂,系统开销也就越大。相反,封锁粒度越大,系统中能够被封锁的对象就越少,并发度越小,封锁机构简单，相应系统开销也就越小。

因此，在实际应用中，选择封锁粒度时应同时考虑封锁机制和并发度两个因素，对系统开销与并发度进行权衡，以求得最佳的效果。由于同时封锁一个记录的概率很小，一般数据库系统都在记录级上进行封锁，以获得更高的并发度。

4. 死锁和活锁

封锁技术可有效解决并行操作引起的数据不一致性问题，但也可产生新的问题，即可能产生活锁和死锁问题。

(1) 活锁(Livelock)

当某个事务请求对某一数据的排它性封锁时，由于其他事务一直优先得到对该数据的封锁与操作而使这个事务一直处于等待状态，这种状态形成活锁。

例如，事务 T_1 在对数据 R 封锁后，事务 T_2 又请求封锁 R，于是 T_2 等待，T_3 也请求封锁 R，当 T_1 释放了 R 上的封锁后，系统首先批准了 T_3 的请求，T_2 继续等待，然后又有 T_4 请求封锁 R，T_3 释放了 R 上的封锁后，系统又批准了 T_4 的请求……，T_2 可能一直处于等待状态，从而发生了活锁，如表 5.11 所示。

表 5.11　活锁

时　间	事务 T_1	事务 T_2	事务 T_3	事务 T_4
t_0	LOCK R			
t_1	…	LOCK R		
t_2	…	WAIT	LOCK R	
t_3	UNLOCK	WAIT	WAIT	LOCK R
t_4	…	WAIT	LOCK R	WAIT
t_5		WAIT		WAIT
t_6		WAIT	UNLOCK	WAIT
t_7		WAIT		LOCK R
t_8		WAIT		

避免活锁的简单方法是采用先来先服务的策略，按照请求封锁的次序对事务排队，一旦记录上的锁释放，就使申请队列中的第一个事务获得锁。有关活锁的问题不再详细讨论，因为死锁的问题较为严重与常见，这里主要讨论有关死锁的问题。

(2) 死锁(Deadlock)

在同时处于等待状态的两个或多个事务中，每个事务都在等待其中另一个事务解除封锁，它才能继续执行下去，结果造成任何一个事务都无法继续执行，这种状态称为死锁。

例如，事务 T_1 在对数据 R_1 封锁后，又要求对数据 R_2 封锁，而事务 T_2 已获得对数据 R_2 的封锁，又要求对数据 R_1 封锁，这样两个事务由于都不能得到全部所需封锁而处于等待状态，发生了死锁，如表 5.12 所示，事务

表 5.12　死锁

时　间	事务 T_1	事务 T_2
t_0	LOCK R_1	
t_1		LOCK R_2
t_2		
t_3	LOCK R_2	
t_4	WAIT	
t_5	WAIT	LOCK R_1
t_6	WAIT	WAIT
t_7	WAIT	WAIT

T_1、T_2 将会是永远等待状态。

① 死锁产生的条件

发生死锁的必要条件有以下4条。

a. 互斥条件：一个数据对象一次只能被一个事务所使用，即对数据的封锁采用排它式。

b. 不可抢占条件：一个数据对象只能被占有它的事务所释放，而不能被别的事务强行抢占。

c. 部分分配条件：一个事务已经封锁分给它的数据对象，但仍然要求封锁其他数据。

d. 循环等待条件：允许等待其他事务释放数据对象，系统处于加锁请求相互等待的状态。

② 死锁的预防

死锁一旦发生，系统效率将会大大下降，因而要尽量避免死锁的发生。在操作系统的多道程序运行中，由于多个进程的并行执行需要分别占用不同资源，也会发生死锁。要想预防死锁的产生，就得破坏形成死锁的条件。同操作系统预防死锁的方法类似，在数据库环境下，常用的方法有以下两种。

a. 一次加锁法

一次加锁法是每个事物必须将所有要使用的数据对象全部依次加锁，并要求加锁成功，只要一个加锁不成功，表示本次加锁失败，则应该立即释放所有已加锁成功的数据对象，然后重新开始从头加锁。一次加锁法的程序框图如图5.2所示。

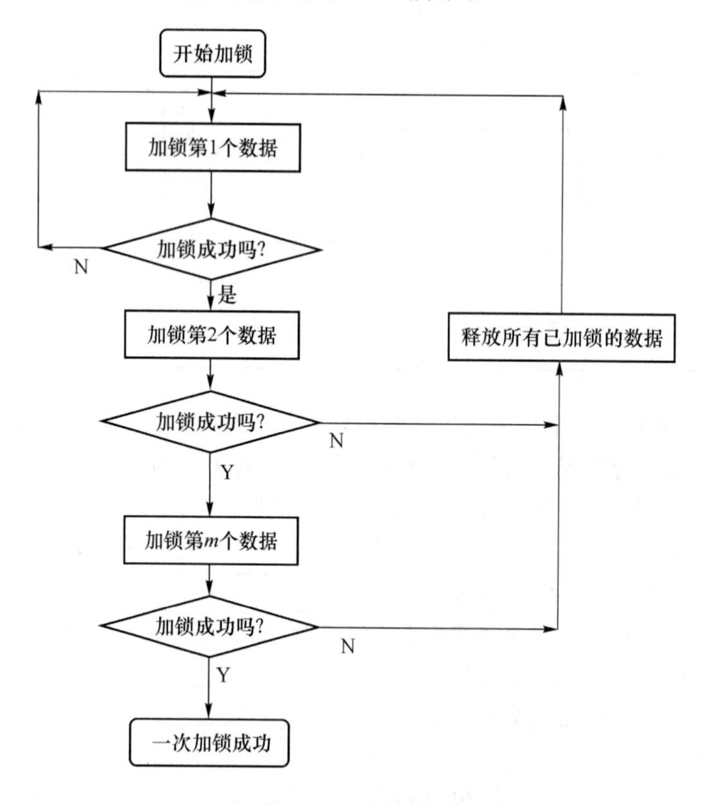

图5.2 一次加锁法

如表5.12发生死锁的例子，可以通过一次加锁法加以预防。

事务 T_1 启动后，立即对数据 R_1 和 R_2 依次加锁，加锁成功后，执行 T_1，而事务 T_2 等待，直到 T_1 执行完后释放 R_1 和 R_2 上的锁，T_2 继续执行，这样就不会发生死锁。

一次加锁法虽然可以有效地预防死锁的发生，但也存在一些问题。

首先，对某一事务所要使用的全部数据一次性加锁，扩大了封锁的范围，从而降低了系统的并发度。

其次，数据库中的数据是不断变化的，原来不要求封锁的数据，在执行过程中可能会变成封锁对象，所以很难事先精确地确定每个事务所要封锁的数据对象，这样只能在开始扩大封锁范围，将可能要封锁的数据全部加锁，这就进一步降低了并发度，影响了系统的运行效率。

b. 顺序加锁法

顺序加锁法是预先对所有可加锁的数据对象规定一个加锁顺序，每个事务都需要按此顺序加锁，在释放时，按逆序进行。

例如，对于表 5.12 发生的死锁，可以规定封锁顺序为 R_1，R_2，事务 T_1 和 T_2 都需要按此顺序加锁，T_1 先封锁 R_1，再封锁 R_2，当 T_2 再请求封锁 R_1 时，因为 T_1 已经对 R_1 加锁，T_2 只能等待，待 T_1 释放 R_1 后，T_2 再封锁 R_1，则不会发生死锁。

顺序加锁法同一次加锁法一样，也存在一些问题。因为事务的封锁请求可以随着事务的执行而动态地决定，所以很难事先确定封锁对象，从而更难确定封锁顺序，即使确定了封锁顺序，随着数据操作的不断变化，维护这些数据的封锁顺序需要很大的系统开销。

在数据库系统中，由于可加锁的目标集合不但很大，而且是动态变化的，可加锁的目标常常不是按名寻址，而是按内容寻址，预防死锁常要付出很高的代价，因而上述两种在操作系统中广泛使用的预防死锁的方法并不是很适合数据库的特点。

在数据库系统中，还有一种解决死锁的办法，即可以允许发生死锁，但在死锁发生后可以由系统及时自动诊断并解除已发生的死锁，从而避免事务自身不可解决的资源争用问题。

③ 死锁的诊断与解除

数据库系统中诊断死锁的方法与操作系统类似，可以利用事务依赖图的形式来测试系统中是否存在死锁。例如在图 5.3 中，事务 T_1 需要数据 R_1，但 R_1 已经被事务 T_2 封锁，那么从 T_1 到 T_2 划一个箭头，事务 T_2 需要数据 R_2，但 R_2 已经被事务 T_1 封锁，那么从 T_2 到 T_1 划一个箭头。如果在事务依赖图中沿着箭头方向存在一个循环（如图 5.3 所示），那么死锁的条件就形成了，系统就会出现死锁。

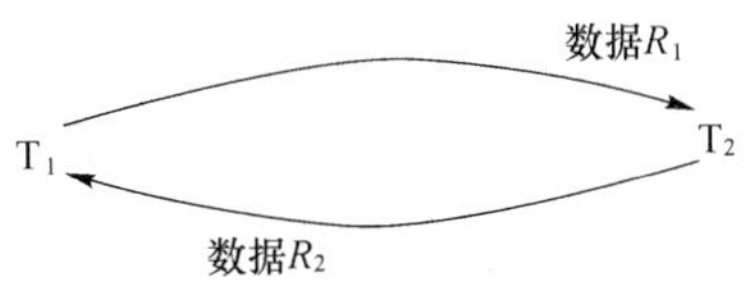

图 5.3　事务依赖图

如果已经发现死锁，DBA 从依赖相同资源的事务中抽出某个事务作为牺牲品，将它撤销，并释放此事务占用的所有数据资源，分配给其他事务，使其他事务得以继续运行下去，这样就有可能消除死锁。

在解除死锁的过程中，抽取牺牲事务的标准是根据系统状态及其应用的实际情况来确定的，通常采用的方法之一是选择一个处理死锁代价最小的事务，将其撤销，或从用户等级角度考虑，取消等级低的用户事务，释放其封锁的资源给其他需要的事务。

5.3.5 SQL Server 的并发控制机制

SQL Server 使用加锁技术确保事务完整性和数据库一致性。锁定可以防止用户读取正在由其他用户更改的数据,并可以防止多个用户同时更改相同数据。虽然SQL Server自动强制锁定,但可以通过了解锁定并在应用程序中自定义锁定来设计更有效的并发控制应用程序。

SQL Server提供如下8种锁类型:共享(S)、更新(U)、排它(X)、意向共享(IS)、意向排它(IX)、与意向排它共享(SIX)、架构(Sch)和大容量更新(BU),只有兼容的锁类型才可以放置在已锁定的资源上。SQL Server使用的主要锁类型描述如下:

① 共享(S),用于不更改或不更新数据的操作(只读操作如SELECT语句),资源上存在共享锁时,任何其他事务都不能修改数据;

② 更新(U),用于可更新的资源中。一次只有一个事务可以获得资源的更新锁。如果事务修改资源,则更新锁转换为排它(X)锁,否则锁转换为共享锁,防止当多个会话在读取、锁定以及随后可能进行的资源更新时发生死锁;

③ 排它(X),用于数据修改操作,如INSERT、UPDATE或DELETE。加排它锁后其他事务不能读取或修改排它锁锁定的数据,确保不会同时对同一资源进行多重更新;

④ 意向(I),用于建立锁的层次结构,表示SQL Server需要在层次结构中的某些底层资源上获取共享锁或排它锁。意向锁可以提高性能,因为SQL Server仅在表级检查意向锁来确定事务是否可以安全地获取该表上的锁,而无须检查表中的每行或每页上的锁以确定事务是否可以锁定整个表。意向锁又细分为意向共享(IS)、意向排它(IX)和与意向排它共享(SIX)。

在Transact-SQL语句使用中有如下缺省加锁规则:SELECT查询缺省时请求获得共享锁(页级或表级);INSERT语句总是请求独占的页级锁;UPDATE和DELETE查询通常获得某种类型的独占锁以进行数据修改;如果当前将被修改的页上存在读锁,则DELETE或UPDATE语句首先会得到修改锁,当读过程结束以后,修改锁自动改变为独占锁。

可以使用SELECT、INSERT、UPDATE和DELETE语句指定表级锁定提示的范围,以引导SQL Server使用所需的锁类型。当需要对对象所获得锁类型进行更精细控制时,可以使用手工锁定提示,如,HOLDLOCK、NOLOCK、PAGLOCK、READPAST、ROWLOCK、TABLOCK、TABLOCKX、UPDLOCK和XLOCK等,这些锁定提示取代了会话的当前事务隔离级别指定的锁。

如查询时可强制设定加独占锁,命令为:

```
select Sno from S with (tablockx) where DEPT = 'CS'
```

SQL Server具有多粒度锁定能力,允许一个事务锁定不同类型的资源。为了使锁定的成本减至最少,SQL Server自动将资源锁定在适合任务的级别。锁定在较小的粒度(如行)可以增加并发但需要较大的开销,因为如果锁定了许多行,则需要控制更多的锁。锁定在较大的粒度(如表)就并发而言是相当昂贵的,因为锁定整个表限制了其他事务对表中任意部分进行访问,但要求的开销较低,因为需要维护的锁较少。SQL Server可以锁定以下资源,如表5.13所示。

表5.13 资源加锁粒度表

资 源	描 述
RID	行标识符,用于单独锁定表中的一行
键	索引中的行锁,用于保护可串行事务中的键范围
页	8千字节(KB)的数据页或索引页
扩展盘区	相邻的8个数据页或索引页构成的一组
表	包括所有数据和索引在内的整个表
DB	数据库

事务准备接受不一致数据的级别称为隔离级别。隔离级别是一个事务必须与其他事务进行隔离的程度。较低的隔离级别可以增加并发,但代价是降低数据的正确性;相反,较高的隔离级别可以确保数据的正确性,但可能对并发产生负面影响。应用程序要求的隔离级别确定了 SQL Server 使用的锁定行为。

SQL-92 定义了 4 种隔离级别,SQL Server 支持所有这些隔离级别,如下是由低到高的这 4 种隔离级别:read uncommitted、read committed、repeatable read、serializable,除此外新版本 SQL Server(2005 及以后版本)新增快照 snapshot 隔离级别,默认情况下,SQL Server 在 read committed 隔离级别上操作。但是应用程序可能必须运行于不同的隔离级别。若要在应用程序中使用更严格或较宽松的隔离级别,可以使用 Transact-SQL 或通过数据库 API 来设置事务隔离级别和自定义整个会话的锁定,如:set transaction isolation level repeatable read 即设置为可重复读。

SQL Server 中 5 种隔离级别含义如下所示。

① read uncommitted:执行脏读或 0 级隔离锁定,这表示事务中不发出共享锁,也不接受排它锁。当设置该选项时,可以对数据执行未提交读或脏读,在事务结束前可以更改数据内的数值,行也可以出现在数据集中或从数据集消失。该选项的作用与在事务内所有语句中的所有表上设置 NOLOCK 相同。这是 4 个隔离级别中限制最小的级别。

② read committed:指定在读取数据时控制共享锁以避免脏读,但数据可在事务结束前更改,从而产生不可重复读取或幻影(又名幻读)数据,该选项是 SQL Server 的默认值。

③ repeatable read:锁定查询中使用的所有数据以防止其他用户更新数据,但是其他用户可以将新的幻影行插入数据集,且幻影行包括在当前事务的后续读取中。

④ serializable:在数据集上放置一个范围锁,以防止其他用户在事务完成之前更新数据集或将行插入数据集内。这是 4 个隔离级别中限制最大的级别。因为并发级别较低,所以应只在必要时才使用该选项。该选项的作用与在事务内所有 SELECT 语句中的所有表上设置 HOLDLOCK 相同。

⑤ snapshot:事务中任何语句所读取的数据都将是在该事务开始时便存在的数据的事务性一致版本。事务只能识别在其开始之前提交的数据修改,在当前事务中执行的语句将看不到在当前事务开始以后由其他事务所做的数据修改。事务中的语句所获取的已提交数据快照对应于该数据在事务开始时的状态。写操作(更新、插入和删除)始终与其他事务完全隔离,因此,snapshot 事务中的写操作可能与其他事务的写操作发生冲突。

下面是 SQL Server 支持的隔离级别允许的不同类型的行为如表 5.14 所示。

表 5.14 SQL Server 支持的隔离级别及行为

隔离级别	脏 读	不可重复读	幻 读	并发控制
未提交读(read uncommitted)	是	是	是	悲观
已提交读(read committed)(磁盘锁定)	否	是	是	悲观
已提交读(read committed)(内存快照)	否	是	是	乐观
可重复读(repeatable read)	否	否	是	悲观
快照隔离(snapshot)	否	否	否	乐观
可序列化/可串行读(serializable)	否	否	否	悲观

新版 SQL Server"快照隔离"功能扩展了 SQL Server 中的锁定框架,它使应用程序能够在发生任何数据修改之前查看值,这可防止应用程序被锁定,同时仍将提供真正已提交的数据。SQL Server 2008 的 Read Committed Snapshot 需要数据库管理员来激活,允许数据被只读事务读取,所以快照隔离对只读事务的并发控制效果是很好的。将 READ_COMMITTED_SNAPSHOT 数据库选项设置为 ON 可启用使用行版本控制的已提交读隔离。将 ALLOW_SNAPSHOT_ISOLATION 数据库选项设置为 ON 可启用快照隔离。

新版 SQL Server 内存优化表所支持的事务隔离级别提供与基于磁盘的表相同的逻辑保证,但用于提供隔离级别保证的机制有所不同。对于基于磁盘的表,将使用锁定实现大多数隔离级别保证,从而防止因阻塞发生冲突;对于内存优化表,将使用一种冲突检测机制来提供保证,从而无须使用锁。基于磁盘的表的 SNAPSHOT 隔离属于例外情况,该隔离与内存优化表的 SNAPSHOT 隔离类似,也通过冲突检测机制实现。

5.4 数据库的恢复

5.4.1 数据库恢复概述

虽然数据库系统中已采取一定的措施,来防止数据库的安全性和完整性的破坏,保证并发事务的正确执行,但数据库中的数据仍然无法保证绝对不遭受破坏,如计算机系统中硬件的故障、软件的错误、操作员的失误、恶意的破坏等都有可能发生,这些故障的发生影响数据库数据的正确性,甚至可能破坏数据库,使数据库中的数据全部或部分丢失。

因此,系统必须具有检测故障并把数据从错误状态中恢复到某一正确状态的功能,这就是数据库的恢复。

5.4.2 数据库恢复的基本原理及其实现技术

数据库恢复的基本原理十分简单,就是数据的冗余。数据库中任何一部分被破坏的或不正确的数据都可以利用存储在系统其他地方的冗余数据来修复,因此恢复系统应该提供两种类型的功能:一种是生成冗余数据,即对可能发生的故障做某些准备;另一种是冗余重建,即利用这些冗余数据恢复数据库。

生成冗余数据最常用的技术是登记日志文件和数据转储,在实际应用中,这两种方法常常结合起来一起使用。

1. 登记日志文件(Logging)

日志文件是用来记录事务对数据库的更新操作的文件。对数据库的每次修改,都将把被修改项目的旧值和新值写在一个称为运行日志的文件中,目的是为数据库的恢复保留依据。

典型的日志文件主要包含以下内容:① 更新数据库的事务标识(标明是哪个事务);② 操作的类型(插入、删除或修改);③ 操作对象;④ 更新前数据的旧值(对于插入操作而言,没有旧值);⑤ 更新后数据的新值(对于删除操作而言,没有新值);⑥ 事务处理中的各个关键时刻(事务的开始、结束及其真正回写的时间)。

日志文件是系统运行的历史记载,必须高度可靠,所以一般都是双副本的,并且独立地写在两个不同类型的设备上。日志的信息量很大,一般保存在海量存储器上。

在对数据库修改时，在运行日志中要写入一个表示这个修改的运行记录。为了防止在这两个操作之间发生故障后，运行日志中没有记录下这个修改，以后也无法撤销这个修改。为保证数据库是可恢复的，登记日志文件必须遵循两条原则（称为“先写日志文件”原则）：

① 登记的次序严格并发事务执行的时间次序；② 必须先写日志文件，后写数据库。

先写原则蕴涵了如下意义：如果出现故障，只可能在日志文件中登记所做的修改，但没有修改数据库，这样在系统重新启动进行恢复时，只是撤销或重做因发生事故而没有做过的修改，并不会影响数据库的正确性。而如果先写了数据库修改，而在运行记录中没有登记这个修改，则以后就无法恢复这个修改了，所以为了安全，一定要先写日志文件，后写数据库的修改。

2. 数据转储(Data Dump)

数据转储是指定期地将整个数据库复制到多个存储设备（如磁带、磁盘）上保存起来的过程，它是数据库恢复中采用的基本手段。

转储的数据文本称为后备副本或后援副本，当数据库遭到破坏后就可利用后援副本把数据库有效地加以恢复。转储是十分耗费时间和资源的，不能频繁地进行，应该根据数据库使用情况确定一个适当的转储周期。

按照转储方式转储可以分为海量转储和增量转储。海量转储是指每次转储全部数据库，增量转储每次只转储上次转储后被更新过的数据，上次转储以来对数据库的更新修改情况记录在日志文件中，利用日志文件就可进行这种转储，将更新过的那些数据重新写入上次转储的文件中，就完成了转储操作，这与转储整个数据库的效果是一样的，但花的时间要少得多。

按照转储状态转储又可分为静态转储和动态转储。静态转储期间不允许有任何数据存取活动，因而需在当前所有用户的事务结束之后进行，新用户事务又需在转储结束之后才能进行，这就降低了数据库的可用性；动态转储则不同，它允许转储期间继续运行用户事务，但产生的副本并不能保证与当前状态一致。解决的办法是把转储期间各事务对数据库的修改活动登记下来，建立日志文件，因此，备用副本加上日志文件就能把数据库恢复到某一时刻的正确状态。

5.4.3　数据库的故障及其恢复策略

数据库系统在运行中发生故障后，有些事务尚未完成就被迫中断，这些未完成事务对数据库所做的修改有一部分已写入物理数据库。

这时数据库就处于一种不正确的状态，或者说是不一致的状态，这时可利用日志文件和数据库转储的后备副本将数据库恢复到故障前的某个最近的一致性状态。

数据库运行过程中可能会出现各种各样的故障，这些故障可分为以下 3 类：事务故障、系统故障和介质故障。根据故障类型的不同，应该采取不同的恢复策略。

1. 事务故障及其恢复

事务故障（Transaction Failure）表示由非预期的、不正常的程序结束所造成的故障。

造成程序非正常结束的原因包括输入数据错误、运算溢出、违反存储保护和并行事务发生死锁等。

发生事务故障时，被迫中断的事务可能已对数据库进行了修改，为了消除该事务对数据库的影响，要利用日志文件中所记载的信息，强行回滚（ROLLBACK）该事务，将数据库恢复到修改前的初始状态。

为此，要检查日志文件中由这些事务所引起的发生变化的记录，取消这些没有完成的事务所做的一切改变。

这类恢复操作称为事务撤销(UNDO),具体做法如下:

(1) 反向扫描日志文件,查找该事务的更新操作;

(2) 对该事务的更新操作执行反操作,即对已经插入的新记录进行删除操作,对已删除的记录进行插入操作,对修改的数据恢复旧值,用旧值代替新值,这样由后向前逐个扫描该事务已做的所有更新操作,并做同样的处理,直到扫描到此事务的开始标记,事务故障恢复完毕。

因此,一个事务是一个工作单位,也是一个恢复单位。一个事务越短,越便于对它进行UNDO操作。如果一个应用程序运行时间较长,则应该把该应用程序分成多个事务,用明确的COMMIT语句结束各个事务。

2. 系统故障及其恢复

系统故障(System Failure)是指系统在运行过程中,由于某种原因,造成系统停止运转,致使所有正在运行的事务都以非正常方式终止,要求系统重新启动。引起系统故障的原因可能有硬件错误(如CPU故障)、操作系统或DBMS代码错误和突然断电等。

这时,内存中数据库缓冲区的内容全部丢失,存储在外部存储设备上的数据库并未破坏,但内容不可靠了。系统故障发生后,对数据库的影响有两种情况,如下所示。

一种情况是一些未完成事务对数据库的更新已写入数据库,这样在系统重新启动后,要强行撤销(UNDO)所有未完成事务,清除这些事务对数据库所做的修改。这些未完成事务在日志文件中只有BEGIN TRANSCATION标记,而无COMMIT标记。

另一种情况是有些已提交的事务对数据库的更新结果还保留在缓冲区中,尚未写到磁盘上的物理数据库中,这也使数据库处于不一致状态,因此应将这些事务已提交的结果重新写入数据库,这类恢复操作称为事务的重做(REDO)。这种已提交事务在日志文件中既有BEGIN TRANSCATION标记,也有COMMIT标记。

因此,系统故障的恢复要完成两方面的工作,既要撤销所有未完成的事务,还需要重做所有已提交的事务,这样才能将数据库真正恢复到一致的状态,具体做法如下。

① 正向扫描日志文件,查找尚未提交的事务,将其事务标识记入撤销队列,同时查找已经提交的事务,将其事务标识记入重做队列。

② 对撤销队列中的各个事务进行撤销处理,方法同事务故障中所介绍的撤销方法。

③ 对重做队列中的各个事务进行重做处理。进行重做处理的方法是:正向扫描日志文件,按照日志文件中所登记的操作内容,重新执行操作,使数据库恢复到最近某个可用状态。

系统发生故障后,由于无法确定哪些未完成的事务已更新过数据库,哪些事务的提交结果尚未写入数据库,这样系统重新启动后,就要撤销所有的未完成事务,重做所有的已经提交的事务。

但是,在故障发生前已经运行完毕的事务有些是正常结束的,有些是异常结束的,所以无须把它们全部撤销或重做。

通常采用设立检查点(CheckPoint)的方法来判断事务是否正常结束。每隔一段时间,如5分钟,系统就产生一个检查点,做下面一些事情:① 把仍保留在日志缓冲区中的内容写到日志文件中;② 在日志文件中写一个“检查点记录”;③ 把数据库缓冲区中的内容写到数据库中,即把更新的内容写到物理数据库中;④ 把日志文件中检查点记录的地址写到“重新启动文件”中。

每个检查点记录包含的信息有:在检查点时间的所有活动事务一览表和每个事务最近日

志记录的地址。

在重新启动时,恢复管理程序先从"重新启动文件"中获得检查点记录的地址,从日志文件中找到该检查点记录的内容,通过日志往回找,就能决定哪些事务需要撤销,恢复到初始的状态,哪些事务需要重做。为此利用检查点信息能做到及时、有效、正确地完成恢复工作。

3. 介质故障及其恢复

介质故障(Media Failure)是指系统在运行过程中,由于辅助存储器介质受到破坏,使存储在外存中的数据部分丢失或全部丢失。

这类故障比事务故障和系统故障发生的可能性要小,但这是最严重的一种故障,破坏性很大,磁盘上的物理数据和日志文件可能被破坏,这需要装入发生介质故障前最新的后备数据库副本,然后利用最近日志文件重做该副本后所运行的所有事务。

具体方法如下所示。

① 装入最新的数据库副本,使数据库恢复到最近一次转储时的可用状态。

② 装入最新的日志文件副本,根据日志文件中的内容重做已完成的事务。首先扫描日志文件,找出故障发生时已提交的事务,将其记入重做队列,然后正向扫描日志文件,对重做队列中的各个事务进行重做处理,方法是:正向扫描日志文件,对每个重做事务重新执行登记的操作,即将日志记录中"更新后的值"写入数据库。

这样就可以将数据库恢复至故障前某一时刻的一致状态了。

通过以上对3类故障的分析,可以看出故障发生后对数据库的影响有两种可能性,如下所示。

① 数据库没有被破坏,但数据可能处于不一致状态。这是由事务故障和系统故障引起的,这种情况在恢复时,不需要重装数据库副本,直接根据日志文件,撤销故障发生时未完成的事务,并重做已完成的事务,使数据库恢复到正确的状态,这类故障的恢复是系统在重新启动时自动完成的,不需要用户干预。

② 数据库本身被破坏,这是由介质故障引起的,这种情况在恢复时,把最近一次转储的数据装入,然后借助于日志文件,再在此基础上对数据库进行更新,从而重建了数据库。这类故障的恢复不能自动完成,需要DBA的介入,先由DBA重装最近转储的数据库副本和相应的日志文件的副本,再执行系统提供的恢复命令,具体的恢复操作由DBMS来完成。

数据库恢复的基本原理就是利用数据的冗余,来实现数据库的恢复,十分简单,实现的方法也比较清楚,但真正实现起来相当复杂,实现恢复的程序非常庞大,常常占整个系统代码的百分之十以上。

数据库系统所采用的恢复技术是否行之有效,不仅对系统的可靠程度起着决定性使用,而且对系统的运行效率也有很大的影响,是衡量系统性能优劣的重要指标。

5.4.4 SQL Server的备份和还原机制

SQL Server备份和还原组件为存储在SQL Server数据库中的关键数据提供重要的保护手段。SQL Server的备份和还原组件能用来创建数据库的副本,可将此副本存储在某个位置,以便一旦运行SQL Server实例的服务器出现故障时使用。如果运行SQL Server实例的服务器出现故障,或者如果数据库遭到某种程度的损坏,可以用备份副本重新创建或还原数据库。

除在本地存储中存储备份外,SQL Server还支持备份到Windows Azure Blob存储服务或从其还原、支持备份到URL、托管备份到Windows Azure等。另外,也可出于其他目的备份和还原数据库,如将数据库从一台服务器复制到另一台服务器。通过备份一台计算机上的数据库,再将该数据库还原到另一台计算机上,可以快速容易地生成数据库的副本。

SQL Server还原和恢复支持从整个数据库、数据文件或数据页的备份还原数据。现在还可以选择在备份过程中对备份文件进行加密。SQL Server提供以下完善的备份和还原功能:①完整数据库;②事务日志;③差异备份和还原;④文件或文件组备份和还原。这些选项允许根据数据库中数据的重要程度调整备份和还原进程。

SQL Server含有BACKUP和RESTORE备份和还原控制语句。用户可以直接从应用程序、Transact-SQL脚本、存储过程和触发器执行BACKUP和RESTORE语句。但是更常见的是使用SQL Server企业管理器定义备份调度,从而使SQL Server代理程序得以按照调度自动运行备份。数据库维护计划向导可用于定义和调度每个数据库的全套备份,这可使备份进程完全自动化,无须或只需很少的操作员操作。

备份可以在数据库正在使用时执行,从而可以为必须不间断运行的系统进行备份。

SQL Server的备份处理和内部数据结构已进行结构化,使备份在最大限度地提高数据传输率的同时,对事务吞吐量的影响保持最小。使备份和还原操作获得更快的数据传输率,从而使SQL Server能够支持超大型数据库(VLDB)。

还原与备份是两个互逆的操作,包括还原系统数据库、数据库备份以及顺序还原所有事务日志等。SQL Server支持自动还原和手工还原,自动还原实际上是一个容错功能。SQL Server在每次发生故障或关机后重新启动时都执行自动还原,在必要时,RESTORE语句将自动重新创建数据库。当中断的备份和还原操作重新开始时,将从接近中断点的位置开始。

SQL Server还提供了功能完备的导入/导出功能。

5.5 小结

数据库的重要特征是它能为多个用户提供数据共享。在多个用户使用同一数据库系统时,要保证整个系统的正常运转,DBMS必须具备一整套完整而有效的安全保护措施。本章从安全性控制、完整性控制、并发性控制和数据库恢复四方面讨论了数据库的安全保护功能。

数据库的安全性是指保护数据库,以防止因非法使用数据库所造成数据的泄露、更改或破坏。实现数据库系统安全性的方法有用户标识和鉴定、存取控制、视图定义、数据加密和审计等,其中,最重要的是存取控制技术和审计技术。

数据库的完整性是指保护数据库中数据的正确性、有效性和相容性。完整性和安全性是两个不同的概念,安全性措施的防范对象是非法用户和非法操作,完整性措施的防范对象是合法用户的不合语义的数据。

并发控制是为了防止多个用户同时存取同一数据,造成数据库的不一致性。事务是数据库的逻辑工作单位,并发操作中只有保证系统中一切事务的原子性、一致性、隔离性和持久性,才能保证数据库处于一致状态。并发操作导致的数据库不一致性主要有丢失更新、污读和不可重读3种。实现并发控制的方法主要是封锁技术,基本的封锁类型有排它锁和共享锁两种,3个级别的封锁协议可以有效解决并发操作的一致性问题。对数据对象施加封锁,会带来活锁和死锁问题,并发控制机制可以通过采取一次加锁法或顺序加锁法预防死锁的产生。死锁一旦发生,可以选择一个处理死锁代价最小的事务并将其撤销。

数据库的恢复是指系统发生故障后，把数据从错误状态中恢复到某一正确状态的功能。对于事务故障、系统故障和介质故障 3 种不同类型的故障，DBMS 有不同的恢复方法。登记日志文件和数据转储是恢复中常用的技术，恢复的基本原理是利用存储在日志文件和数据库后备副本中的冗余数据来重建数据库。

习　　题

一、选择题

1. 对用户访问数据库的权限加以限定是为了保护数据库的(　　)。
   A. 安全性　　B. 完整性　　C. 一致性　　D. 并发性
2. 数据库的(　　)是指数据的正确性和相容性。
   A. 完整性　　B. 安全性　　C. 并发控制　　D. 系统恢复
3. 在数据库系统中，定义用户可以对哪些数据对象进行何种操作被称为(　　)。
   A. 审计　　B. 授权　　C. 定义　　D. 视图
4. 脏数据是指(　　)。
   A. 不健康的数据　　B. 缺损的数据
   C. 多余的数据　　D. 被撤销的事务曾写入库中的数据
5. 设对并发事务 T_1,T_2 的交叉并行执行如下，执行过程中(　　)。

T_1	T_2
① READ(A)	
②	READ(A)
	$A=A+10$ 写回
③ READ(A)	

   A. 有丢失修改问题　　B. 有不能重复读问题
   C. 有读脏数据问题　　D. 没有任何问题
6. 若事务 T_1 已经给数据 A 加了共享锁，则事务 T_2(　　)。
   A. 只能再对 A 加共享锁
   B. 只能再对 A 加排它锁
   C. 可以对 A 加共享锁，也可以对 A 加排它锁
   D. 不能再给 A 加任何锁
7. 用于数据库恢复的重要文件是(　　)。
   A. 日志文件　　B. 索引文件　　C. 数据库文件　　D. 备注文件
8. 若事务 T_1 已经给数据对象 A 加了排它锁，则 T_1 对 A(　　)。
   A. 只读不写　　B. 只写不读
   C. 可读可写　　D. 可以修改，但不能删除
9. 数据库恢复的基本原理是(　　)。
   A. 冗余　　B. 审计　　C. 授权　　D. 视图
10. 数据备份可只复制自上次备份以来更新过的数据，这种备份方法称为(　　)。
   A. 海量备份　　B. 增量备份　　C. 动态备份　　D. 静态备份

二、填空题

1. 对数据库的保护一般包括________、________、________和________ 4个方面的内容。

2. 对数据库________性的保护就是指要采取措施,防止库中数据被非法访问、修改,甚至恶意破坏。

3. 安全性控制的一般方法有________、________、________、________和________ 5种。

4. 用户鉴定机制包括________和________两个部分。

5. 每个数据均需指明其数据类型和取值范围,这是数据________约束所必需的。

6. 在SQL中,________语句用于提交事务,________语句用于回滚事务。

7. 加锁对象的大小被称为加锁的________。

8. 对死锁的处理主要有两类方法,一是________,二是________。

9. 解除死锁最常用的方法是________。

10. 基于日志的恢复方法需要使用两种冗余数据,即________和________。

三、简单题

1. 简述数据库保护的主要内容。
2. 什么是数据库的安全性?简述DBMS提供的安全性控制功能包括哪些内容。
3. 什么是授权?什么是授权规则?关系数据库系统中用户可以有哪些权限?
4. 什么是数据库的完整性?DBMS提供哪些完整性规则,简述其内容。
5. 数据库的安全性保护和完整性保护有何主要区别?
6. 什么是事务?简述事务的ACID特性,事务的提交和回滚是什么意思?
7. 数据库管理系统中为什么要有并发控制机制?
8. 在数据库操作中不加控制的并发操作会带来什么样的后果?如何解决?
9. 什么是封锁?封锁的基本类型有哪几种?含义是什么?
10. 简述共享锁和排它锁的基本使用方法。
11. 什么是活锁?如何处理?
12. 什么是死锁?消除死锁的常用方法有哪些?请简述之。
13. 简述常见的死锁检测方法。
14. 数据库运行过程中可能产生的故障有哪几类?各类故障如何恢复?
15. 什么是数据恢复?为什么要进行数据恢复?
16. 什么是日志文件?为什么要在系统中建立日志文件?

第6章 数据库设计

本章要点

数据库设计的目标就是根据特定的用户需求及一定的计算机软硬件环境，设计并优化数据库的逻辑结构和物理结构，建立高效、安全的数据库，为数据库应用系统的开发和运行提供良好的平台。

数据库技术是研究如何对数据进行统一，有效地组织和管理以及加工处理的计算机技术，该技术已应用于社会的方方面面，大到一个国家的信息中心，小到个体私人小企业，都会利用数据库技术对数据进行有效地管理，达到提高生产效率和决策水平。目前，一个国家的数据库建设规模（指数据库的个数、种类）、数据库的信息量的大小和使用频度已成为衡量这个国家信息化程度的重要标志之一。

本章详细地介绍了设计一个数据库应用系统需经历的 6 个阶段，即需求分析、概念结构设计、逻辑结构设计、物理结构设计、数据库实施与运行维护，其中概念结构设计和逻辑结构设计是本章的重点，也是掌握本章的难点所在。

6.1 数据库设计概述

6.1.1 数据库设计的任务、内容和特点

1. 数据库设计的任务

数据库设计是指根据用户需求研制数据库结构并应用数据库的过程。具体地说，数据库设计是指对于给定的应用环境，构造最优的数据库模式，建立数据库及其应用系统，使之能有效地存储数据，满足用户的信息要求和处理要求，也就是把现实世界中的数据，根据各种应用处理的要求，加以合理组织，使之能满足硬件和操作系统的特性，利用已有的 DBMS 来建立能够实现系统目标的数据库。数据库设计的优劣将直接影响信息系统的质量和运行效果，因此，设计一个结构优化的数据库是对数据进行有效管理的前提和正确利用信息的保证。

2. 数据库设计的内容

数据库设计内容包括数据库的结构设计和数据库的行为设计两个方面。

数据库的结构设计是指根据给定的应用环境，进行数据库的模式设计或子模式的设计。它包括数据库的概念结构设计、逻辑结构设计和物理结构设计，即设计数据库框架或数据库结构。数据库结构是静态的、稳定的，一经形成后通常情况下是不容易也不需要改变的，所以结构设计又称为静态模式设计。

数据库的行为设计是指数据库用户的行为和动作。在数据库系统中,用户的行为和动作指用户对数据库的操作,这些要通过应用程序来实现,所以数据库的行为设计就是操作数据库的应用程序的设计,即设计应用程序、事务处理等,所以行为设计是动态的,行为设计又称为动态模式设计。

3. 数据库设计的特点

数据库设计既是一项涉及多学科的综合性技术,又是一项庞大的软件工程项目,具有如下特点:

① 数据库建设是硬件、软件和干件(技术和管理的界面)的结合;

② 数据库设计应该与应用系统设计相结合,也就是说要把行为设计和结构设计密切结合起来,是一种"反复探寻、逐步求精的过程",首先从数据模型开始设计,以数据模型为核心进行展开,将数据库设计和应用设计相结合,建立一个完整、独立、共享、冗余小和安全有效的数据库系统。

早期的数据库设计致力于数据模型和建模方法的研究,着重于应用中数据结构特性的设计,而忽视了对数据行为的设计。结构特性设计是指数据库总体概念的设计,所设计的数据库应具有最小数据冗余,能反映不同用户需求,能实现数据充分共享。行为特性是指数据库用户的业务活动,通过应用程序去实现,用户通过应用程序访问和操作数据库,用户的行为是和数据库紧密相关的。显然数据库结构设计和行为设计两者必须相互参照进行。

6.1.2 数据库设计方法简述

由于数据库设计是一项工程技术,需要科学理论和工程方法作为指导,否则,工程的质量很难保证。为了使数据库设计更合理、更有效,人们通过努力探索,提出了各种各样的数据库设计方法,在很长一段时间内数据库设计主要采用直观设计法。直观设计法也称手工试凑法,它是最早使用的数据库设计方法,这种方法与设计人员的经验和水平有直接的关系,缺乏科学理论和工程原则的支持,设计的质量很难保证,常常是数据库运行了一段时间以后又发现了各种问题,这样再进行重新修改,增加了维护的代价,因此不适应信息管理发展的需要。后来又提出了各种数据库设计方法,这些方法运用了软件工程的思想和方法,提出了数据库设计的规范,这些方法都属于规范设计方法,其中比较著名的有新奥尔良(New Orleans)法,它是目前公认的比较完整和权威的一种规范设计法,它将数据库设计分为4个阶段:需求分析(分析用户的需求)、概念结构设计(信息分析和定义)、逻辑结构设计(设计的实现)和物理结构设计(物理数据库设计),其后,S. B. Yao 等又将数据库设计分为5个步骤。目前大多数设计方法都起源于新奥尔良法,并在设计的每个阶段采用一些辅助方法来具体实现,下面简单介绍几种比较有影响的设计方法。

1. 基于 E-R 模型的数据库设计方法

基于 E-R 模型的数据库设计方法的基本思想是在需求分析的基础上,用 E-R 图构造一个反映现实世界实体与实体之间联系的企业模式,然后再将此企业模式转换成基于某一特定的 DBMS 的概念模式。

E-R 方法的基本步骤是:① 确定实体类型;② 确定实体联系;③ 画出 E-R 图;④ 确定属性;⑤ 将 E-R 图转换成某个 DBMS 可接受的逻辑数据模型;⑥ 设计记录格式。

2. 基于 3NF 的数据库设计方法

基于 3NF 的数据库设计方法的基本思想是在需求分析的基础上确定数据库模式中的全

部属性与属性之间的依赖关系，将它们组织在一个单一的关系模式中，然后再将其投影分解，消除其中不符合 3NF 的约束条件，把其规范成若干个 3NF 关系模式的集合。

3. 计算机辅助数据库设计方法

计算机辅助数据库设计是数据库设计趋向自动化的一个重要方面，其设计的基本思想不是要把人从数据库设计中赶走，而是提供一个交互式过程。一方面充分的利用计算机的速度快、容量大和自动化程度高的特点，完成比较规则的、重复性大的设计工作；另一方面又充分发挥设计者的技术和经验，做出一些重大的决策，人机结合，互相渗透，帮助设计者更好地进行数据库设计。常见的辅助设计工具有 ORACLE Designer、Sybase PowerDesigner 和 Microsoft Office Visio 等。

计算机辅助数据库设计主要分为需求分析、概念结构设计、逻辑结构设计和物理结构设计几个步骤。设计中，哪些可在计算机辅助下进行和能否实现全自动化设计是计算机辅助数据库设计需要研究的课题。

当然除了介绍的几种方法以外还有基于视图的数据库设计方法，基于视图的数据库设计方法是先从分析各个应用的数据着手，其基本思想是为每个应用建立自己的视图，然后再把这些视图汇总起来合并成整个数据库的概念模式，这里就不再详细介绍。

6.1.3　数据库设计的步骤

按照规范化的设计方法以及数据库应用系统开发过程，数据库的设计过程可分为以下 6 个设计阶段(如图 6.1 所示)：需求分析、概念结构设计、逻辑结构设计、物理结构设计、数据库实施和数据库运行与维护。

数据库设计中，前两个阶段是面向用户的应用要求，面向具体的问题，中间两个阶段是面向数据库管理系统，最后两个阶段是面向具体的实现方法。前 4 个阶段可统称为“分析和设计阶段”，后面两个阶段统称为“实现和运行阶段”。

数据库设计之前，首先必须选择参加设计的人员，包括系统分析人员、数据库设计人员和程序员、用户及数据库管理员。系统分析和数据库设计人员是数据库设计的核心人员，他们将自始至终参加数据库的设计，他们的水平决定了数据库系统的质量。用户和数据库管理员在数据库设计中也是举足轻重的人物，他们主要参加需求分析和数据库的运行维护，他们的积极参与不但能加速数据库的设计，而且也是决定数据库设计是否成功的重要因素，程序员是在系统实施阶段参与进来，分别负责编制程序和准备软硬件环境。

如果所设计的数据库应用系统比较复杂，还应该考虑是否需要使用数据库设计工具和 CASE 工具，以提高数据库设计的质量并减少设计工作量。

以下是数据库设计 6 个步骤的具体内容。

1. 需求分析阶段

需求分析是指准确了解和分析用户的需求，这是最困难、最费时、最复杂的一步，但也是最重要的一步，它决定了以后各步设计的速度和质量。需求分析做得不好，可能会导致整个数据库设计返工重做。

2. 概念结构设计阶段

概念结构设计是指对用户的需求进行综合、归纳与抽象，形成一个独立于具体 DBMS 的概念模型，此步是整个数据库设计的关键。

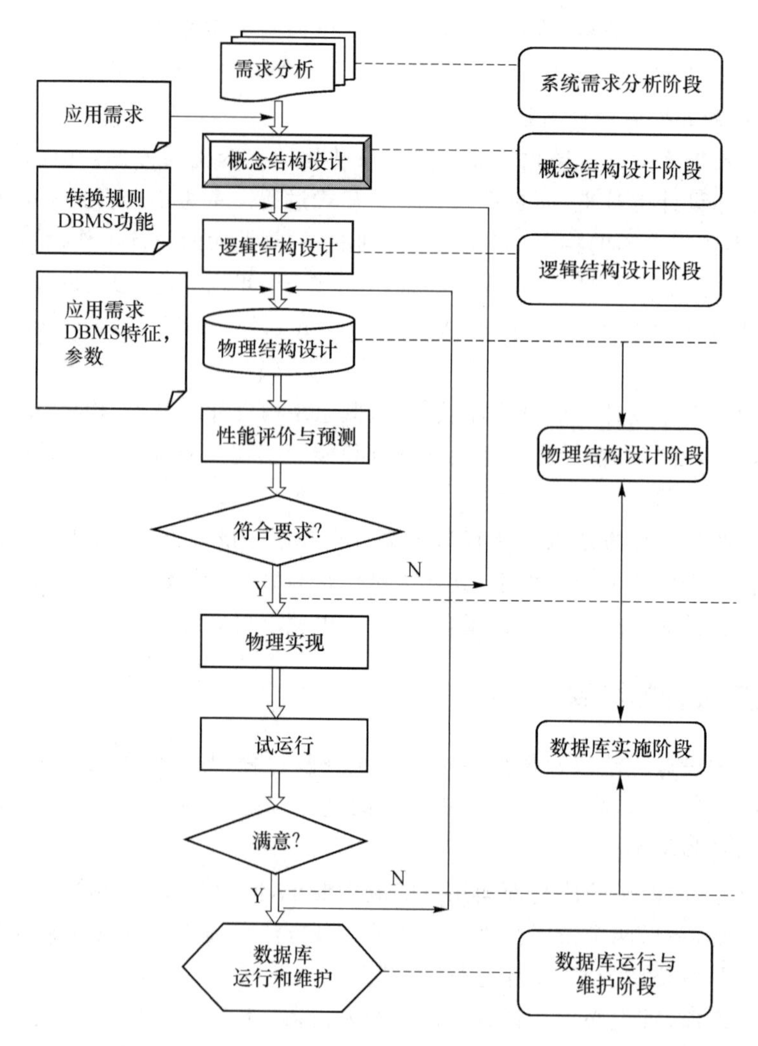

图 6.1　数据库设计步骤

3. 逻辑结构设计阶段

逻辑结构设计是指将概念模型转换成某个 DBMS 所支持的数据模型,并对其进行优化。

4. 物理结构设计阶段

物理结构设计是指为逻辑数据模型选取一个最适合应用环境的物理结构(包括存储结构和存取方法)。

5. 数据库实施阶段

数据库实施是指建立数据库,编制与调试应用程序,组织数据入库,并进行试运行。

6. 数据库运行与维护阶段

数据库运行与维护是指对数据库系统实际运行使用,并实时进行评价、调整与修缮。

可以看出,设计一个数据库不可能一蹴而就,它往往是上述各个阶段的不断反复。以上 6 个阶段是从数据库应用系统设计和开发的全过程来考察数据库设计的问题,因此,它既是数据库也是应用系统的设计过程。在设计过程中,努力使数据库设计和系统其他部分的设计紧密结合,把数据和处理的需求收集、分析和抽象,设计和实现在各个阶段同时进行、相互参照和补充,以完善数据和处理两个方面的设计。按照这个原则,数据库各个阶段的设计可用图 6.2 来描述。

设计各阶段	设计描述	
	数　据	处　理
需求分析	数据字典,全系统中数据项、数据流和数据存储的描述	数据流图和判定表(或判定树)、数据字典中处理过程的描述
概念结构设计	概念模型(E-R 图) 数据字典	系统说明书。包括: (1) 新系统要求、方案和概图 (2) 反映新系统信息的数据流图
逻辑结构设计	某种数据模型 关系模型	系统结构图 模块结构图
物理结构设计	存储安排 存取方法选择 存取路径建立	模块设计 IPO 表
系统实施	编写模式 装入数据 数据库试运行	程序编码 编译联结 测试
运行与维护	性能测试、转储/恢复数据库、数据库重组和重构	新旧系统转换、运行和维护(修正性、适应性和改善性维护)

图 6.2　数据库各个设计阶段的描述

在图 6.2 中有关处理特性的描述中,采用的设计方法和工具属于软件工程和管理信息系统等课程中的内容,本书不再讨论,这里重点介绍数据特性的设计描述以及在结构特性中参照处理特性设计以完善数据模型设计的问题。

按照这样的设计过程,经历这些阶段能形成数据库的各级模式,如图 6.3 所示。需求分析阶段,综合各个用户的应用需求;在概念结构设计阶段形成独立于机器特点和各个 DBMS 产品的概念模型,在本书中就是 E-R 图;在逻辑结构设计阶段将 E-R 图转换成具体的数据库产品支持的数据模型,如关系模型中的关系模式,然后根据用户处理要求的和安全性完整性要求等,在基本表的基础上再建立必要的视图(可认为是外模式或子模式);在物理结构设计阶段,

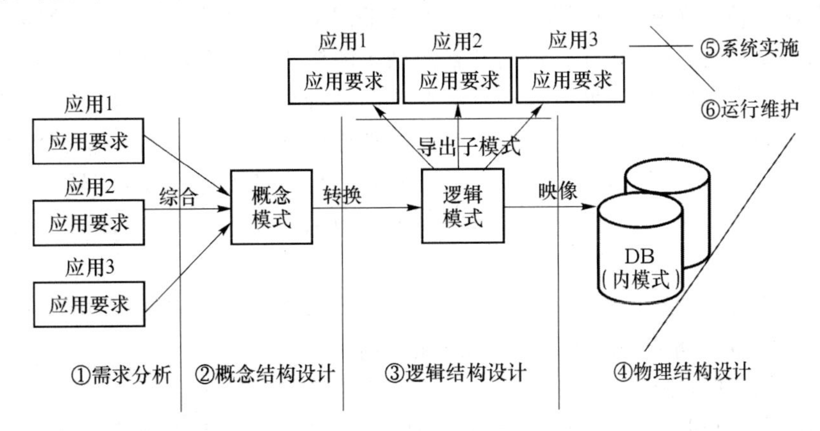

图 6.3　数据库设计过程与数据库各级模式

根据 DBMS 特点和处理性能等需要,进行物理结构设计(如存储安排、建立索引等),形成数据

库内模式;实施阶段开发设计人员基于外模式,进行系统功能模块的编码与调试;设计成功的话就进入系统的运行与维护阶段。

下面就以图 6.1 所示的规范化 6 步骤来进行介绍。

6.2 系统需求分析

需求分析简单地说是分析用户的要求,需求分析是设计数据库的起点,需求分析的结果是否准确地反映了用户的实际需求,将直接影响到后面的各个阶段的设计,并影响到设计结果是否合理与实用。也就是说如果这一步走的不对,获取的信息或分析结果就有误,那么后面的各步设计即使再优化也只能前功尽弃,因此,必须高度重视系统的需求分析。

6.2.1 需求分析的任务

需求分析的任务是通过详细调查现实世界要处理的对象(组织、部门、企业等),通过充分对原系统的工作概况的了解,明确用户的各种需求(数据需求、完整性约束条件、事物处理和安全性要求等),然后在此基础上确定新系统的功能,新系统必须充分考虑到今后可能的扩充和变化,不能只是按当前应用需求来设计数据库及其功能要求。

数据库需求分析的任务主要包括“数据或信息”和“处理”两个方面。

① 信息要求:指用户需要从数据库中获得信息的内容与性质,由信息要求可以导出各种数据要求。

② 处理要求:指用户有什么处理要求(如响应时间、处理方式等),最终要实现什么处理功能。

具体而言,需求分析阶段的任务包括以下几方面。

(1) 调查、收集、分析用户需求,确定系统边界

进行需求分析首先要调查清楚用户的实际需求,与用户达成共识,以确定这个目标的功能域和数据域。具体的做法如下。

① 调查组织机构情况,包括了解该组织的部门组成情况和各部门的职责等,为分析信息流程做准备。

② 调查各部门的业务活动情况,包括了解各部门输入和使用什么数据,如何加工处理这些数据,输出什么信息,输出到什么部门和输出结果的格式是什么,这是调查的重点。

③ 在熟悉业务的基础上,明确用户对新系统的各种要求,如信息、处理、完全性和完整性要求。因为,用户可能缺少计算机方面的知识,不知道计算机能做什么,不能做什么,从而不能准确地表达自己的需求,另外,数据库设计人员不熟悉用户的专业知识,不易理解用户的真正需求,甚至误解用户的需求,因此设计人员必须不断与用户深入交流,才能完全得到用户的真正要求。

④ 确定系统边界,即确定哪些活动由计算机和将来由计算机来完成,哪些只能由人工来完成,由计算机完成的功能是新系统应该实现的功能。

(2) 编写系统需求分析说明书

系统需求分析说明书也称系统需求规范说明书,是系统分析阶段的最后工作,是对需求分析阶段的一个总结,编写系统需求分析说明书是一个不断反复、逐步完善的过程。系统需求分析说明书一般应包括如下内容:

① 系统概况，包括系统的目标、范围、背景、历史和现状等；

② 系统的原理和技术；

③ 系统总体结构和子系统结构说明；

④ 系统总体功能和子系统功能说明；

⑤ 系统数据处理概述、工程项目体制和设计阶段划分；

⑥ 系统方案及技术、经济、实施方案可行性等。

完成系统需求分析说明书后，在项目单位的主持下要组织有关技术专家评审说明书内容，这也是对整个需求分析阶段结果的再审查，审核通过后由项目方和开发方领导签字认同。

随系统需求分析说明书可提供以下附件：

① 系统的软硬件支持环境的选择及规格要求(所选择的数据库管理系统、操作系统、计算机型号及其网络环境等)。

② 组织机构图、组织之间联系图和各机构功能业务一览图。

③ 数据流程图、功能模块图和数据字典等图表。

系统需求分析说明书及其附件内容，一经双方确认，它们就是设计者和用户方的权威性文献，是今后各阶段设计与工作的依据，也是评判设计者是否完成项目的依据。

6.2.2 需求分析的方法

调查了解了用户的需求以后，还需要进一步分析和表达用户的需求，用于需求分析的方法有很多种，主要的方法有自顶向下和自底向上两种，其中自顶向下的结构化分析方法(Structured Analysis，SA)是一种简单实用的方法。SA 方法是从最上层的系统组织入手，采用自顶向下、逐层分解的方法分析系统。

SA 方法把每个系统都抽象成图 6.4 的形式。图 6.4 只是给出了最高层次抽象的系统概貌，要反映更详细的内容，可将处理功能分解为若干个子系统，每个子系统还可以继续分解，直到把系统工作过程表示清楚为止。在处理功能逐步分解的同时，它们所用的数据也逐级分解，形成有若干层次的数据流图。

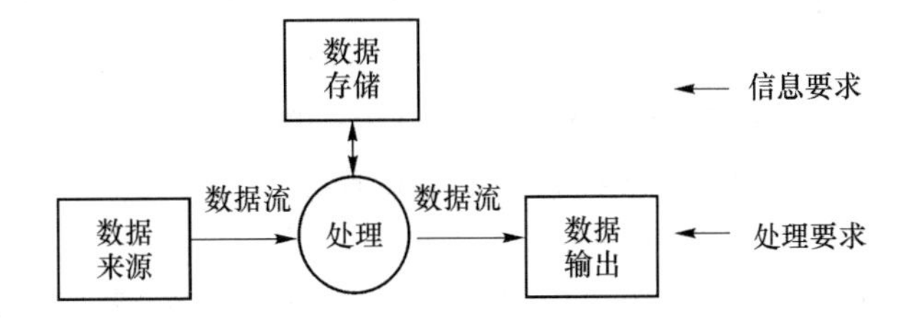

图 6.4　系统最高层数据抽象图

数据流图表达了数据和处理过程的关系。在 SA 方法中，处理过程的处理逻辑常常借助判定表和判定树来描述。系统中的数据则借助数据字典(DD)来描述。

下面介绍一下数据字典和数据流图

1. 数据字典

数据流图表达了数据和处理的关系，数据字典则是系统中各类数据描述的集合，是各类数据结构和属性的清单。它与数据流图互为解释，数据字典贯穿于数据库需求分析直到数据库运行的全过程，在不同的阶段其内容形式和用途各有区别，在需求分析阶段，它通常包含以下 5 个部分内容。

(1)数据项

数据项是不可再分的数据单位,对数据项的描述包括以下内容:

数据项描述={数据项名,数据项含义说明,别名,数据类型,长度,取值范围,取值含义,与其他数据项的逻辑关系,数据项之间的联系}

其中,取值范围、与其他数据项的逻辑关系定义了数据的完整性约束条件。

(2)数据结构

数据结构反映了数据之间的组合关系。

数据结构描述={数据结构名,含义说明,组成:{数据项或数据结构}}

(3)数据流

数据流是数据结构在系统内传输的路径。

数据流描述={数据流名,说明,数据流来源,数据流去向,组成:{数据结构},平均流量,高峰期流量}

- 数据流来源是说明该数据流来自哪个过程。
- 数据流去向是说明该数据流将到哪个过程去。
- 平均流量是指在单位时间(每天、每周、每月等)里的传输次数。
- 高峰期流量则是指在高峰时期的数据流量。

(4)数据存储

数据存储是数据结构停留或保存的地方,也是数据流的来源和去向之一。

数据存储描述={数据存储名,说明,编号,流入的数据流,流出的数据流,组成:{数据结构},数据量,存取方式}

- 流入的数据流:指出数据来源。
- 流出的数据流:指出数据去向。
- 数据量:每次存取多少数据,每天(或每小时、每周等)存取几次等信息。
- 存取方法:批处理 / 联机处理;检索 / 更新;顺序检索 / 随机检索。

(5)处理过程

处理过程的具体处理逻辑一般用判定表或判定树来描述,数据字典中只需要描述处理过程的说明性信息。

处理过程描述={处理过程名,说明,输入:{数据流},输出:{数据流},处理:{简要说明}}

其中简要说明主要说明该处理过程的功能及处理要求。

- 功能要求:该处理过程用来做什么。
- 处理要求:处理频度要求(如单位时间里处理多少事务、多少数据量)、响应时间要求等。

处理要求是后面物理结构设计的输入及性能评价的标准。

最终形成的数据流图和数据字典为"系统需求分析说明书"的主要内容,这是下一步进行概念结构设计的基础。

2. 数据流图

数据流图(Data Flow Diagram,DFD)表达了数据与处理的关系。

数据流图中的基本元素有:

① "○"圆圈表示处理,输入数据在此进行变换产生输出数据,其中注明处理的名称;

② "□"矩形描述一个输入源点或输出汇点,其中注明源点或汇点的名称;

③ “→”命名的箭头描述一个数据流，内容包括被加工的数据及其流向，流线上要注明数据名称，箭头代表数据流动方向；

④ “匚”向右开口的矩形框表示文件和数据存储，要在其内标明相应的具体名称。

一个简单的系统可用一张数据流图来表示。当系统比较复杂时，为了便于理解，控制其复杂性，可以采用分层描述的方法，一般用第一层描述系统的全貌，第二层分别描述各子系统的结构。如果系统结构还比较复杂，那么可以继续细化，直到表达清楚为止，在处理功能逐步分解的同时，它们所用的数据也逐级分解，形成若干层次的数据流图，数据流图表达了数据和处理过程的关系。

6.3　概念结构设计

6.3.1　概念结构设计的必要性

将需求分析得到的用户需求抽象为信息结构(即概念模型)的过程就是概念结构设计，它是整个数据库设计的关键。概念结构设计以用户能理解的形式来表达信息为目标，这种表达与数据库系统的具体细节无关，它所涉及的数据独立于 DBMS 和计算机硬件，可以在任何 DBMS 和计算机硬件系统中实现。

在进行功能数据库设计时，如果将现实世界中的客观对象直接转换为机器世界中的对象，就会感到比较复杂，注意力往往被牵扯到更多的细节限制方面，而不能集中在最重要的信息的组织结构和处理模式上，因此，通常是将现实世界中的客观对象首先抽象为不依赖任何 DBMS 支持的数据模型。故概念模型可以看成是现实世界到机器世界的一个过渡的中间层次。概念模型是各种数据模型的共同基础，它比数据模型更独立于机器且更抽象。将概念结构设计从设计过程中独立出来，可以带来以下好处：

① 任务相对单一化，设计复杂程度大大降低，便于管理；

② 概念模式不受具体的 DBMS 的限制，也独立于存储安排和效率方面的考虑，因此更稳定；

③ 概念模型不含具体 DBMS 所附加的技术细节，更容易被用户理解，因而更能准确地反映用户的信息需求。

设计概念模型的过程称为概念模型设计。

6.3.2　概念模型设计的特点

在需求分析阶段所得到的应用要求应该首先抽象为信息世界的结构，才能更好、更准确地用某一 DBMS 实现这些需求。

概念结构设计的特点有以下几点：

① 易于理解，从而可以用它和不熟悉计算机的用户交换意见，用户的积极参与是数据库设计成功的关键；

② 能真实、充分地反映现实世界，包括事物和事物之间的联系，能满足用户对数据的处理要求，它是对现实世界的一个真实模型；

③ 易于更改，当应用环境和应用要求改变时，容易对概念模型修改和扩充；

④ 易于向关系、网状和层次等各种数据模型转换。

人们提出了许多概念模型,其中最著名、最简单实用的一种是 E-R 模型,它将现实世界的信息结构统一用属性、实体以及实体间的联系来描述。

6.3.3 概念结构的设计方法和步骤

1. 概念结构的设计方法

设计概念结构的 E-R 模型可采用 4 种方法。

(1) 自顶向下,首先定义全局概念结构的框架,然后逐步细化,如图 6.5 所示。

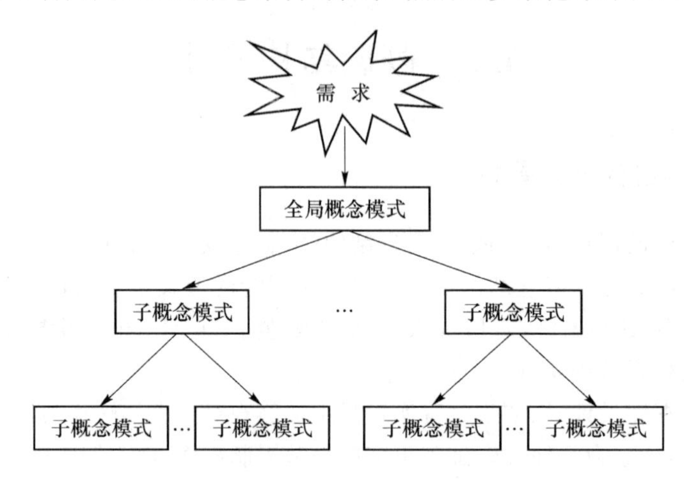

图 6.5 自顶向下的设计方法

(2) 自底向上,首先定义各局部应用的子概念结构,然后将它们集成起来,得到全局概念结构,如图 6.6 所示。

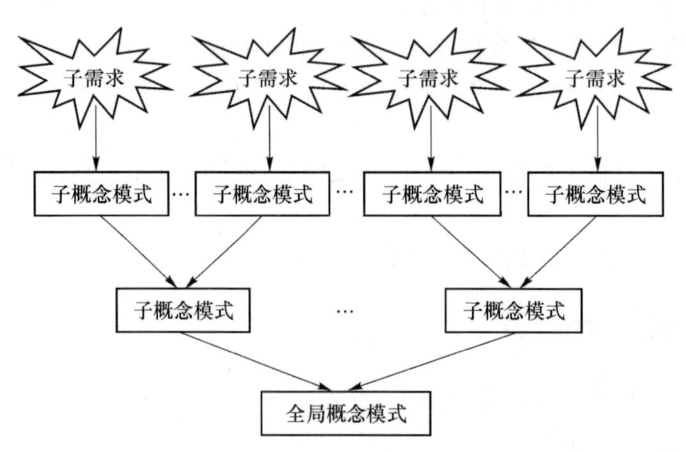

图 6.6 自底向上的设计方法

(3) 逐步扩张,首先定义最重要的核心概念结构,然后向外扩充,以滚雪球的方式逐步生成其他概念结构,直至总体概念结构,如图 6.7 所示。

(4) 混合策略,将自顶向下和自底向上相结合,用自顶向下策略设计一个全局概念结构的框架,以它为骨架集成由自底向上策略所设计的各局部概念结构。

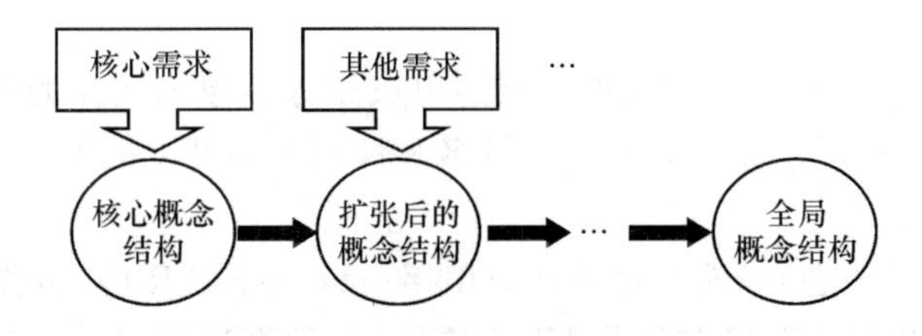

图 6.7　逐步扩张的设计方法

其中最常用的方法是自底向上，即自顶向下进行需求分析，再自底向上设计概念模式结构。

2. 概念结构设计的步骤

对于自底向上的设计方法来说，概念结构的步骤分为两步(如图 6.8 所示)。

① 进行数据抽象，设计局部 E-R 模型；

② 集成各局部 E-R 模型，形成全局 E-R 模型。

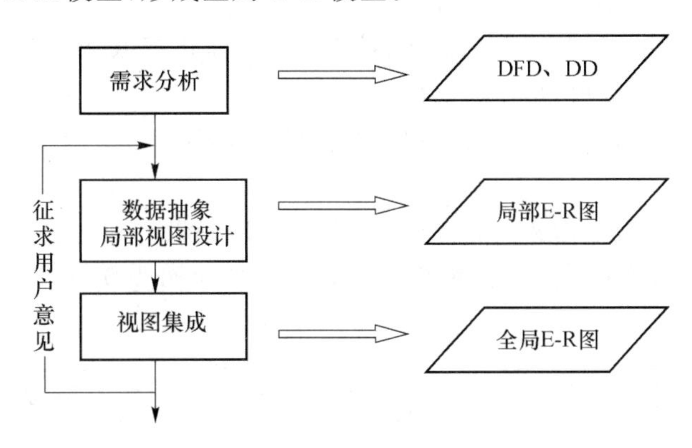

图 6.8　自底向上方法的设计步骤

3. 数据抽象与局部 E-R 模型设计

概念结构设计是对现实世界的抽象。所谓抽象就是对实际的人、物、事和概念进行人为的处理，它抽取人们关心的共同特性，忽略了非本质的细节，并把这些概念加以精确的描述，这些概念组成了某种模型。

(1) 数据抽象

在系统需求分析阶段，最后得到了多层数据流图、数据字典和系统需求分析说明书。建立局部 E-R 模型，就是根据系统的具体情况，在多层数据流图中选择一个适当层次的数据流图作为设计 E-R 图的出发点。

设计局部 E-R 模型一般要经历实体的确定与定义、联系的确定与定义和属性的确定等过程。设计局部 E-R 模型的关键就在于正确划分实体和属性，实体和属性在形式上并无可以明显区分的界限，通常是按照现实世界中事物的自然划分来定义实体和属性，将现实世界中的事物进行数据抽象，得到实体和属性。一般有分类和聚集两种数据抽象。

① 分类

定义某一类概念作为现实世界中一组对象的类型，将一组具有某些共同特性和行为的对象抽象为一个实体，对象和实体之间是“is member of ”的关系，例如，“王平”是学生当中的一员，她具有学生们共同的特性和行为，如在哪个班、学习哪个专业和年龄是多少等。

② 聚集

定义某个类型的组成成分,将对象的类型的组成成分抽象为实体的属性。抽象了对象内部类型和成分的“is part of”的语义,如学号、姓名和性别等都可以抽象为学生实体的属性。

(2) 局部视图设计

选择好一个局部应用之后,就要对局部应用逐一设计分 E-R 图,也称局部 E-R 图。将各局部应用涉及的数据分别从数据字典中抽取出来,参照数据流图,标定各局部应用中的实体、实体的属性和标识实体的键,确定实体之间的联系及其类型(1∶1,1∶n,m∶n)和联系的属性等。

实际上实体和属性是相对而言的,往往要根据实际情况进行必要的调整,在调整时要遵守两条原则:

① 属性不能再具有需要描述的性质,即属性必须是不可分的数据项,不能再由另一些属性组成;

② 属性不能与其他实体具有联系,联系只发生在实体之间。

符合上述两条特性的事物一般作为属性对待。为了简化 E-R 图的处置,现实世界中的事物凡能够作为属性对待的,应尽量作为属性。

例如,“学生”由学号、姓名等属性进一步描述,根据准则①,“学生”只能作为实体,不能作为属性。

再如,职称通常作为教师实体的属性,但在涉及住房分配时,由于分房与职称有关,也就是说职称与住房实体之间有联系,根据准则②,这时把职称作为实体来处理会更合适些,如图 6.9 所示。

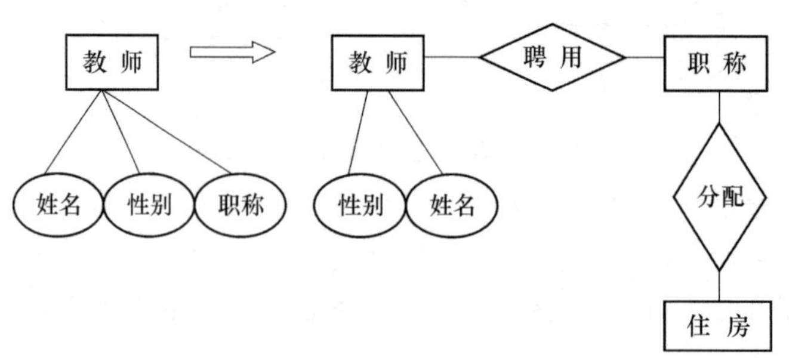

图 6.9 职称作为一个属性或实体

(3) 涉及扩展 E-R 模型的设计

①实体是有多方面性质的,也就是实体有属性来刻画,而属性没有,属性为含义明确、独立的最小信息单元,也即当属性还需进一步用其他信息来说明或描述时,属性可提升为实体,如图 6.10 所示的城市信息。

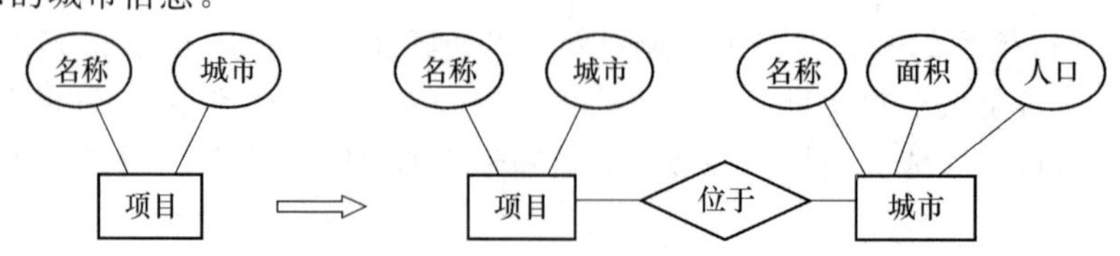

图 6.10 “城市”从属性到实体

② 单值属性应作为实体或联系的属性,而多值属性或多实体有相同属性值时,该属性可提升为实体。如图 6.11 所示的“电话”信息。另外,在允许有一定冗余的情况下,多值属性也

可用多个单值属性来表示，例如，产品往往有多种不同类型的价格，为此产品价格是多值属性，在数据库逻辑模式设计时，产品价格可分解为经销价格、代销价格、批发价格和零售价格等若干个单值属性（当然设计时产品价格也可以提升为价格实体来实现）。

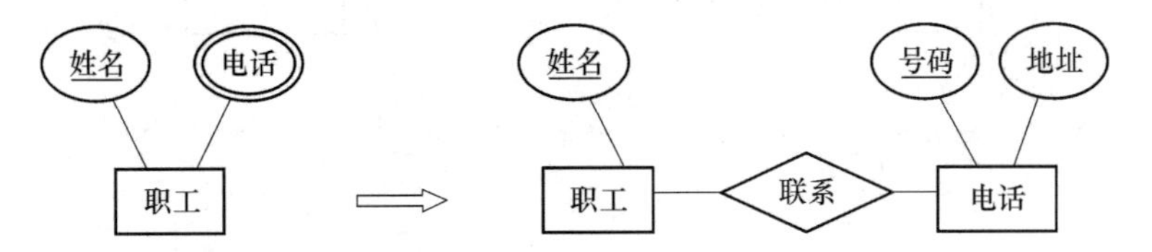

图 6.11　多值属性或属性有进一步来信息刻画时的再设计

③ 若实体中除了多值属性之外还有其他若干属性，则将该多值属性定义为另一实体，如图 6.12 所示。

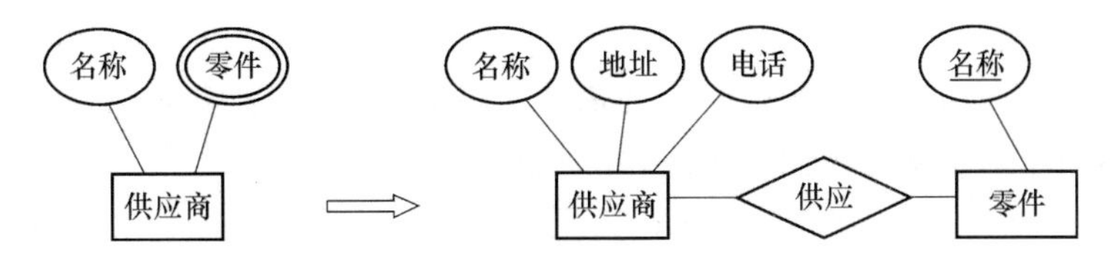

图 6.12　除多值属性外实体有其他若干属性时的再设计

下面举例说明局部 E-R 模型设计。

例 6.1　设有如下实体：

学生：学号、单位名称、姓名、性别、年龄、选修课程名

课程：编号、课程名、开课单位、任课教师号

教师：教师号、姓名、性别、职称、讲授课程编号

单位：单位名称、电话、教师号、教师姓名

上述实体中存在如下联系：

① 一个学生可选修多门课程，一门课程可为多个学生选修；

② 一个教师可讲授多门课程，一门课程可为多个教师讲授；

③ 一个系可有多个教师，一个教师只能属于一个系。

根据上述约定，可以得到学生选课局部 E-R 图和教师授课局部 E-R 图，分别如图 6.13 和图 6.14 所示。

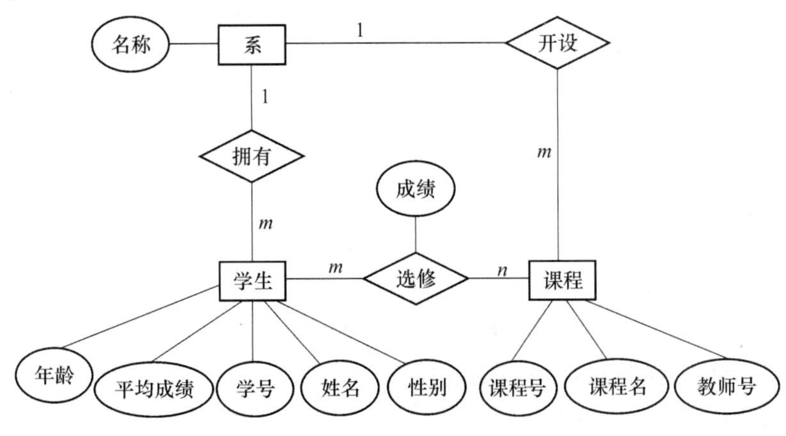

图 6.13　学生选课局部 E-R 图

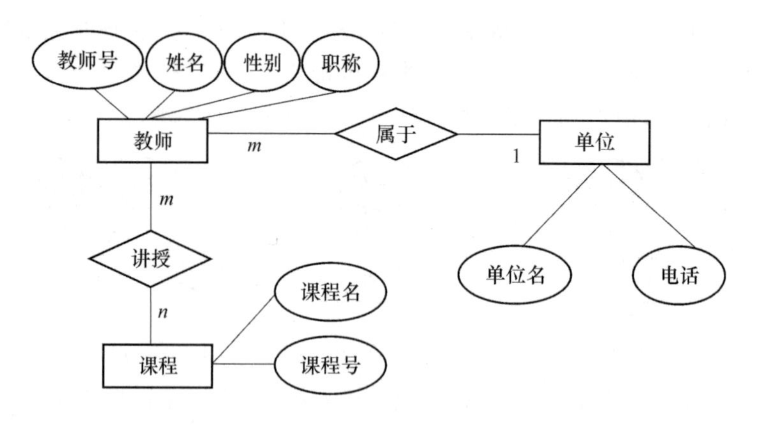

图 6.14 教师授课局部 E-R 图

4. 全局 E-R 模型设计

各个局部视图即分 E-R 图建立好后,还需要对它们进行合并,集成为一个整体的概念数据结构即全局 E-R 图,也就是视图的集成,视图的集成有两种方式。

(1) 一次集成法:一次集成多个分 E-R 图,通常用于局部视图比较简单时,如图 6.15 所示。

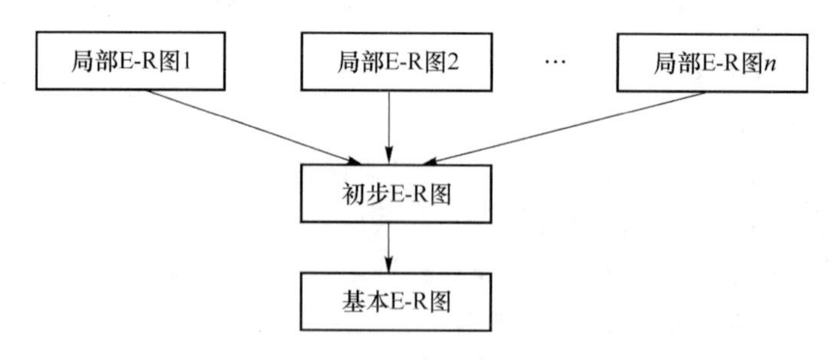

图 6.15 一次集成法

(2) 逐步累积式:首先集成两个局部视图(通常是比较关键的两个局部视图),以后每次将一个新的局部视图集成进来,如图 6.16 所示。

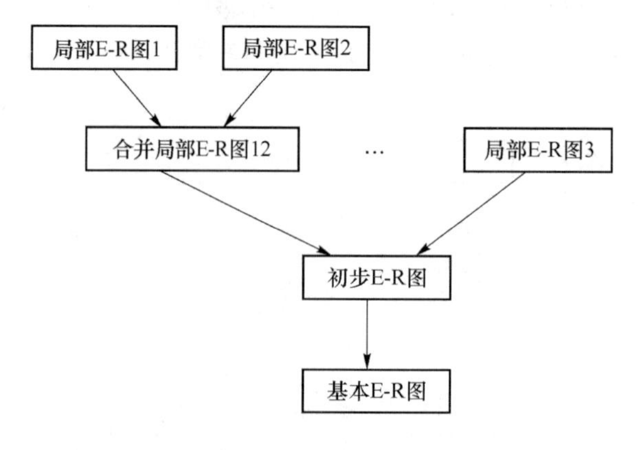

图 6.16 逐步累积式

由图 6.16 可知,不管用哪种方法,集成局部 E-R 图都分为两个步骤,如图 6.17 所示。

(1) 合并分 E-R 图,生成初步 E-R 图

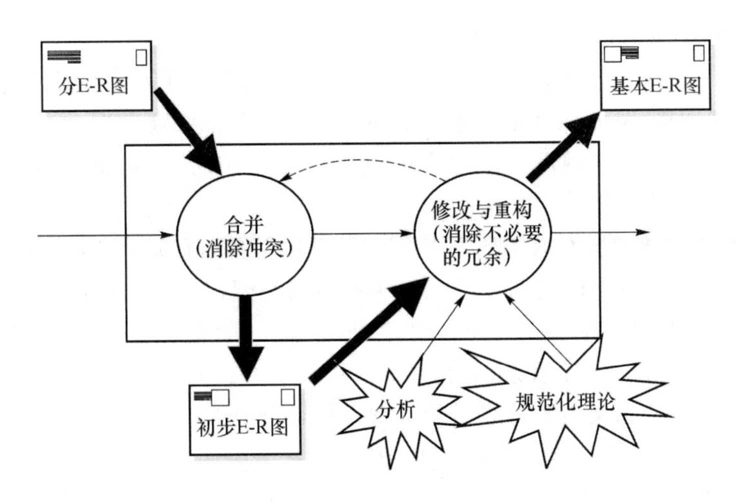

图 6.17　视图的集成

这个步骤将所有的局部 E-R 图综合成全局概念结构。全局概念结构不仅要支持所有的局部 E-R 模型，而且必须合理地完成一个完整、一致的数据库概念结构。由于各个局部应用所面向的问题不同且由不同的设计人员进行设计，所以各个分 E-R 图之间必定会存在许多不一致的地方，称之为冲突。因此合并分 E-R 图时并不能简单地将各个分 E-R 图画到一起，而是必须着力消除各个分 E-R 图中不一致的地方，以形成一个能为全系统中所有用户共同理解和接受的统一概念模型。合理消除各分 E-R 图的冲突是合并分 E-R 图的主要工作与关键所在。

E-R 图中的冲突有 3 种：属性冲突、命名冲突与结构冲突。

① 属性冲突

- 属性域冲突：属性值的类型、取值范围或取值集合不同。例如，由于学号是数字，因此某些部门（即局部应用）将学号定义为整数形式，而由于学号不用参与运算，因此另一些部门（即局部应用）将学号定义为字符型形式等。
- 属性取值单位冲突：例如，学生的身高，有的以米为单位，有的以厘米为单位，有的以尺为单位。

解决属性冲突的方法通常是用讨论、协商等行政手段加以解决。

② 命名冲突

命名不一致可能发生在实体名、属性名或联系名之间，其中，属性的命名冲突更为常见，一般表现为同名异义或异名同义。

- 同名异义：不同意义的对象在不同的局部应用中具有相同的名字，例如，局部应用 A 中将教室称为房间，局部应用 B 中将学生宿舍称为房间。
- 异名同义（一义多名）：同一意义的对象在不同的局部应用中具有不同的名字，例如，有的部门把教科书称为课本，有的部门则把教科书称为教材。

命名冲突可能发生在属性级、实体级、联系级上，其中，属性的命名冲突更为常见，解决命名冲突的方法通常是用讨论、协商等行政手段加以解决。

③ 结构冲突

有 3 类结构冲突，如下所示。

- 同一对象在不同应用中具有不同的抽象，例如，教师的职称在某一局部应用中被当作实体,而在另一应用中被当作属性。

解决方法:通常是把属性变换为实体或把实体变换为属性,使同一对象具有相同的抽象,变换时要遵循两个原则(见 6.3.3 中抽象为实体或属性的两个原则)。

- 同一实体在不同局部视图中所包含的属性不完全相同,或者属性的排列次序不完全相同。

解决方法:使该实体的属性取各分 E-R 图中属性的并集,再适当设计属性的次序。

- 实体之间的联系在不同局部视图中呈现不同的类型,例如,在局部应用 X 中 E1 与 E2 发生联系,而在局部应用 Y 中 E1、E2 和 E3 三者之间有联系;也可能实体 E1 与 E2 在局部应用 A 中是多对多联系,而在局部应用 B 中是一对多联系。

解决方法:根据应用语义对实体联系的类型进行综合或调整。

下面以例 6.1 中已画出的两个局部 E-R 图为例,来说明如何消除各局部 E-R 图之间的冲突,进行局部 E-R 模型的合并,从而生成初步全局 E-R 图(如图 6.18 所示)。

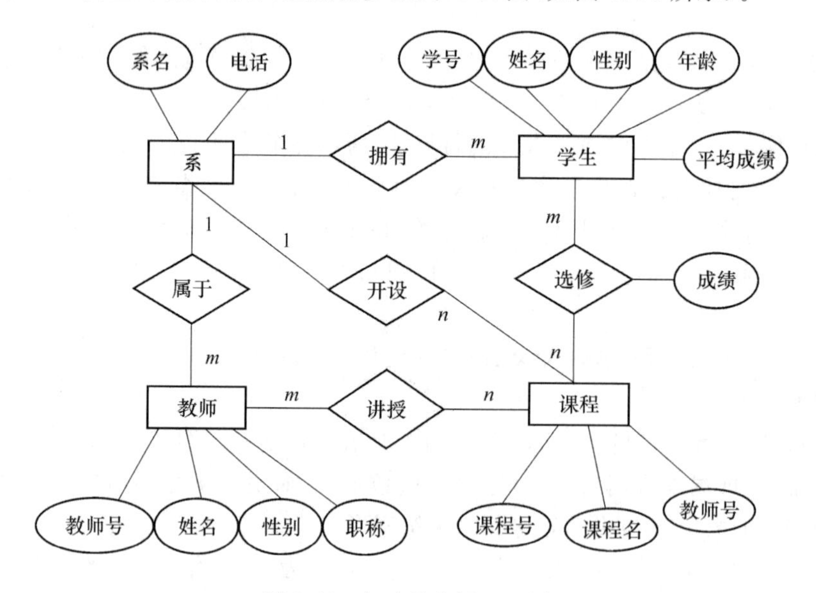

图 6.18　初步的全局 E-R 图

首先,这两个局部 E-R 图中存在着命名冲突,学生选课局部 E-R 图中的实体“系”与教师任课局部 E-R 图中的实体“单位”都是指系,即所谓异名同义,合并后统一改为“系”,这样属性“名称”和“单位”即可统一为“系名”。

其次,还存在着结构冲突,实体“系”和实体“课程” 在两个局部 E-R 图中的属性组成不同,合并后这两个实体的属性组成为各局部 E-R 图中的同名实体属性的并集。解决上述冲突后,合并两个局部 E-R 图,能生成初步的全局 E-R 图,如图 6.18 所示。

(2) 消除不必要的冗余,设计基本 E-R 图

在初步的 E-R 图中,可能存在冗余的数据和冗余的实体间联系,冗余的数据是指可由基本数据导出的数据,冗余的联系是指可由其他联系导出的联系。冗余数据和冗余联系容易破坏数据库的完整性,给数据库维护增加困难,当然并不是所有的冗余数据与冗余联系都必须加以消除,有时为了提高某些应用的效率,不得不以冗余信息作为代价。设计数据库概念模型时,哪些冗余信息必须消除,哪些冗余信息允许存在,需要根据用户的整体需求来确定。把消除不必要的冗余后的初步 E-R 图称为基本 E-R 图。采用分析的方法来消除数据冗余,以数据

字典和数据流图为依据，根据数据字典中关于数据项之间逻辑关系的说明来消除冗余。

前面图 6.13 和图 6.14 在形成初步 E-R 图后，“课程”实体中的属性“教师号”可由“讲授”这个联系导出。再可消除冗余数据“平均成绩”，因为“平均成绩”可由“选修”联系中的属性“成绩”经过计算得到，所以“平均成绩”属于冗余数据，还需消除冗余联系，其中“开设”属于冗余联系，因为该联系可以通过“系”和“教师”之间的“属于”联系与“教师”和“课程”之间的“讲授”联系推导出来，最后便可得到基本的 E-R 模型，如图 6.19 所示。

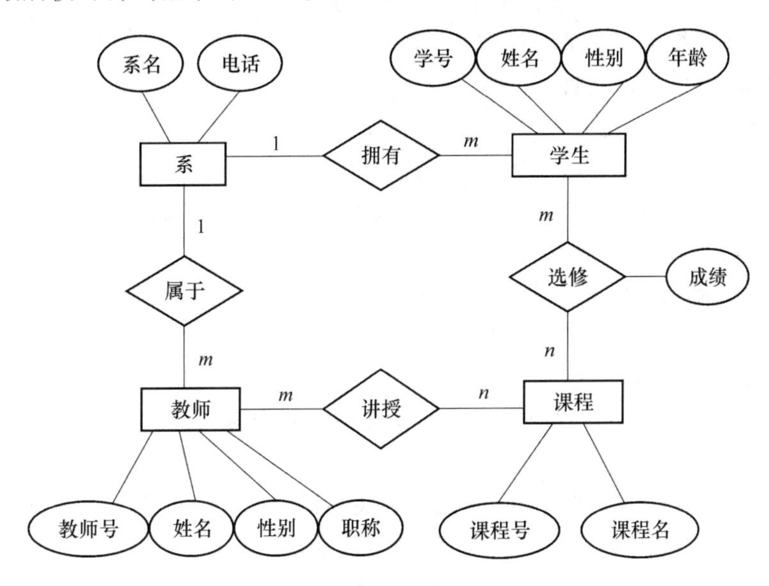

图 6.19　优化后的基本 E-R 图

6.4　逻辑结构设计

6.4.1　逻辑结构设计的任务和步骤

概念结构是各种数据模型的共同基础，为了能够用某一 DBMS 实现用户需求，还必须将概念结构进一步转化为相应的数据模型，这正是数据库逻辑结构设计所要完成的任务。

一般的逻辑结构设计分为以下 3 个步骤(如图 6.20 所示)

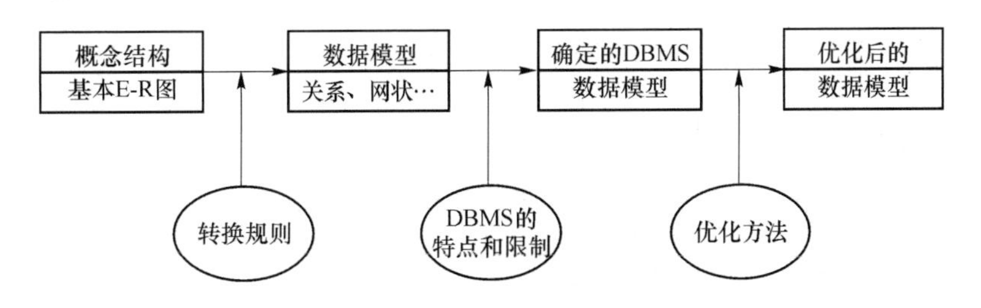

图 6.20　逻辑结构设计三步骤

- 将概念结构转化为一般的关系、网状和层次模型。
- 将转化来的关系、网状和层次模型向特定 DBMS 支持下的数据模型转换。
- 对数据模型进行优化。

6.4.2 初始化关系模式设计

1. 基本E-R模型转换原则

概念结构设计中得到的E-R图是由实体、属性和联系组成的，而关系数据库逻辑结构设计的结果是一组关系模式的集合，所以将E-R图转换为关系模型实际上是将实体、属性和联系转换成关系模式。在转换过程中要遵守以下原则。

(1) 一个实体转换为一个关系模式。

- 关系的属性：实体的属性。
- 关系的键：实体的键。

(2) 一个 $m:n$ 联系转换为一个关系模式。

- 关系的属性：与该联系相连的各实体的键以及联系本身的属性。
- 关系的键：各实体键的组合。

(3)一个 $1:n$ 联系可以转换为一个关系模式

- 关系的属性：与该联系相连的各实体的码以及联系本身的属性。
- 关系的码：n 端实体的键。

说明：一个 $1:n$ 联系也可以与 n 端对应的关系模式合并，这时需要把一端关系模式的码和联系本身的属性都加入到 n 端对应的关系模式中。

(4) 一个 $1:1$ 联系可以转换为一个独立的关系模式。

- 关系的属性：与该联系相连的各实体的键以及联系本身的属性。
- 关系的候选码：每个实体的码均是该关系的候选码。

说明：一个 $1:1$ 联系也可以与任意一端对应的关系模式合并，这时需要把任一端关系模式的码及联系本身的属性都加入到另一端对应的关系模式中。

(5) 3个或3个以上实体间的一个多元联系转换为一个关系模式。

- 关系的属性：与该多元联系相连的各实体的键以及联系本身的属性。
- 关系的码：各实体键的组合。

2. 基本E-R模型转换的具体做法

(1) 把一个实体转换为一个关系。先分析该实体的属性，从中确定主键，然后再将其转换为关系模式。

例6.2 以图6.19为例将4个实体分别转换为关系模式(带下划线的为主键)：

学生(<u>学号</u>,姓名,性别,年龄)

课程(<u>课程号</u>,课程名)

教师(<u>教师号</u>,姓名,性别,职称)

系(<u>系名</u>,电话)

(2) 把每个联系转换成关系模式。

例6.3 把图6.19中的4个联系也转换成关系模式：

属于(<u>教师号</u>,系名)

讲授(<u>教师号</u>,<u>课程号</u>)

选修(<u>学号</u>,<u>课程号</u>,成绩)

拥有(系名,<u>学号</u>)

(3) 3 个或 3 个以上的实体间的一个多元联系在转换为一个关系模式时，与该多元联系相连的各实体的主键及联系本身的属性均转换成为关系的属性，转换后所有得到的关系的主键为各实体键的组合。

例 6.4　图 6.21 表示供应商、项目和零件 3 个实体之间的多对多联系，如果已知 3 个实体的主键分别为"供应商号"、"项目号"与"零件号"，则它们之间的联系"供应"转换为关系模式：供应(供应号，项目号，零件号，数量)。

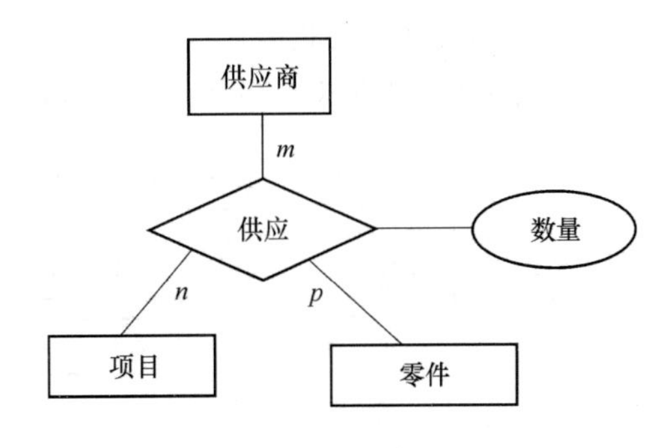

图 6.21　多个实体之间的联系

3. 涉及扩展 E-R 模型的转换原则及具体做法

(1) 多值属性：多值属性可转化为独立的关系，属性由多值属性所在实体的码与多值属性组成。

如对学生实体含有的所选课程多值属性(如图 6.22 所示)，可将所选课程多值属性转化为选课关系模式：选课(学号，所选课程号)。

(2) 复合属性：复合属性要将每个组合属性作为复合属性所在实体的属性或将组合属性组合成一个或若干个简单属性。

如图 6.23 所示，学生的出生日期由年、月、日复合而成，学生实体组成关系模式时可设计为学生(学号，姓名，出生年份，出生月份，出生日)或学生(学号，姓名，出生日期)(其中的出生日期为组合而成的简单属性)。

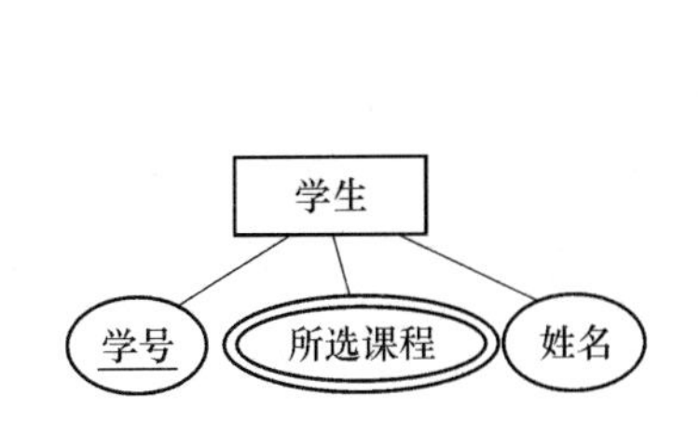

图 6.22　含多值属性的学生实体

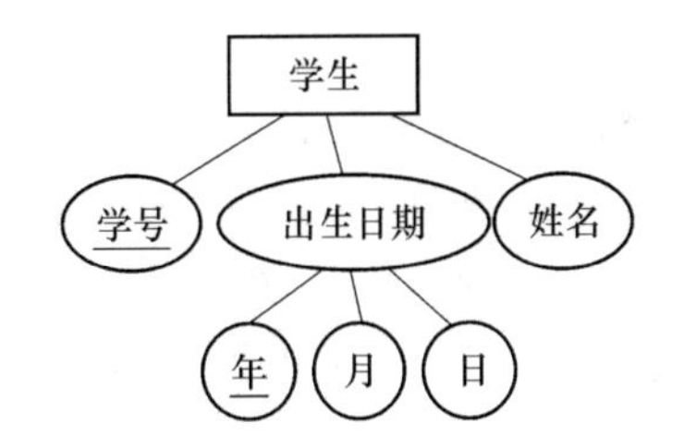

图 6.23　含复合属性的学生实体

(3) 弱实体集：弱实体集所对应的关系的码由弱实体集本身的分辨符再加上所依赖的强实体集的码组成，这样弱实体集与强实体集之间的联系已在弱实体集的组合码中体现出来了，如图 6.24 所示。

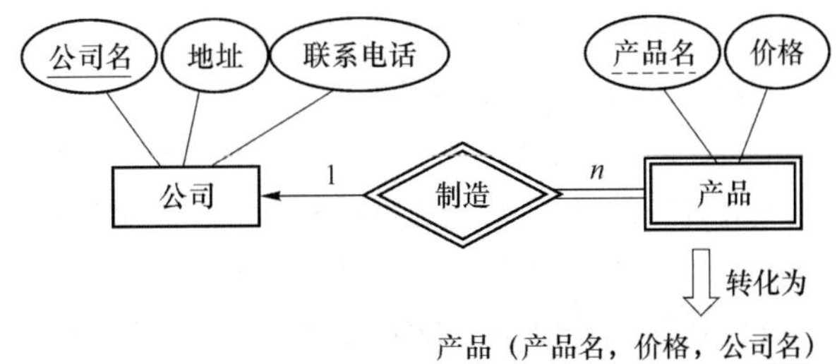

图 6.24　弱实体集"产品"转化为关系模式

(4) 含特殊化或普遍化的E-R图的一般转换方法:①高层实体集和低层实体集分别转为关系表;②低层实体集所对应的关系包括高层实体集的码,如图6.25中转化之一所示。

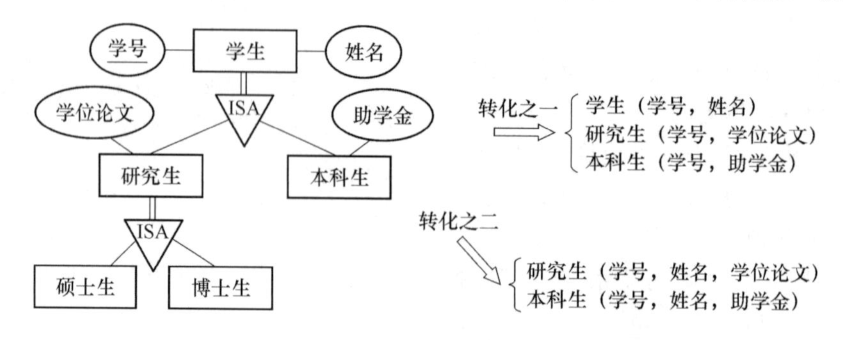

图6.25 含特殊化或普遍化的E-R图的一般转换方法

(5) 如果特殊化是不相交并且是全部的,即一个高层实体最多并且只能属于一个低层实体集,则可以不为高层实体集建立关系码,低层实体集所对应的关系包括上层实体集的所有属性,如图6.25中转化之二所示。

(6) 含聚集的E-R图的一般转换方法:当实体集A与B以及它们的联系R被整体看成实体集C时,C与另一实体集D构成联系S,则联系S所转化对应的关系模式的码是由联系R和实体集D的码组合构成的。如含聚集的图1.29(见第1章)的E-R图所示,联系的联系"使用"转化成的关系模式为:使用(机号,工号,项号),其码为联系"参加"的码(工号,项号)与机器实体集的码(机号)的组合。

(7) 含范畴的E-R图的一般转换方法:设实体T是基于实体$E_1,E_2,\cdots,E_n$的范畴,则可以把范畴T的码加入超实体集$E_1,E_2,\cdots,E_n$相应的关系模式中来反映相互的关系;也可以在范畴T对应转化的关系模式中设置放置超实体集$E_1,E_2,\cdots,E_n$各对应的码的属性来体现范畴的关系(这要求超实体集$E_1,E_2,\cdots,E_n$的码的域各不相交)。如含范畴的图1.30(见第1章)的E-R图所示,转换到关系模型时,方法之一可以把范畴"账户"的码(如账号)作为"单位"超实体集的属性,也作为"人"超实体集的属性;方法之二在范畴"账户"对应的关系模式中放置超实体"单位"或"人"的码的属性(如名称)。

6.4.3 关系模式的规范化

数据库逻辑结构设计的结果不是唯一的。为了进一步提高数据库应用系统的性能还应该根据应用需要适当地修改、调整数据模型的结构,也就是对数据库模型进行优化,关系模型的优化通常是以规范化理论为基础。方法为:

① 确定数据依赖,按需求分析阶段所得到的语义,分别写出每个关系模式内部各属性之间的数据依赖以及不同关系模式属性之间的数据依赖;

② 对于各个关系模式之间的数据依赖进行极小化处理,消除冗余的联系;

③ 按照数据依赖的理论对关系模式逐一进行分析,考查是否存在部分函数依赖、传递函数依赖和多值依赖等,确定各关系模式分别属于第几范式;

④ 按照需求分析阶段得到的各种应用对数据处理的要求,分析对于这样的应用环境这些模式是否合适,确定是否要对它们进行合并或分解;

⑤ 按照需求分析阶段得到的各种应用对数据处理的要求,对关系模式进行必要的分解或

合并，以提高数据操作的效率和存储空间的利用率。

6.4.4 关系模式的评价与改进

在初步完成数据库逻辑结构设计之后，在进行物理结构设计之前，应对设计出的逻辑结构（这里为关系模式）的质量和性能进行评价，以便改进。

1. 模式的评价

对模式的评价包括设计质量的评价和性能评价两个方面。设计质量的标准有：可理解性、完整性和扩充性。遗憾的是这些几乎没有一个是能够有效而严格地进行度量的，因此只能做大致估计。至于数据模式的性能评价，由于缺乏物理结构设计所提供的数量测量标准，因此，也只能进行实际性能评估，它包括逻辑数据记录存取数、传输量以及物理结构设计算法的模型等。常用逻辑记录存取（Logical Record Access，LRA）方法来进行数据模式性能的评价。

2. 数据模式的改进

根据对数据模式的性能估计，对已生成的模式进行改进。如果因为系统需求分析和概念结构设计的疏忽导致某些应用不能支持，则应该增加新的关系模式或属性。如果因为性能考虑而要求改进，则可使用合并或分解的方法。

（1）分解

为了提高数据操作的效率和存储空间的利用率，常用的方法就是分解，对关系模式的分解一般分为水平分解和垂直分解两种。

水平分解指把（基本）关系的元组分为若干子集合，定义每个子集合为一个子关系，以提高系统的效率。

垂直分解是指把关系模式 R 的属性分解为若干子集合，形成若干子关系模式。垂直分解的原则：经常在一起使用的属性从 R 中分解出来形成一个子关系模式。优点：可以提高某些事务的效率。缺点：可能使另一些事务不得不执行连接操作，从而降低了效率。

（2）合并

具有相同主键的关系模式，且对这些关系模式的处理主要是查询操作，而且经常是多关系的查询，那么可对这些关系模式按照组合频率进行合并，这样便可以减少连接操作而提高查询速度。

必须强调的是，在进行模式的改进时，决不能修改数据库信息方面的内容。假设，不修改信息内容无法改进数据模式的性能，则必须重新进行概念结构设计。

6.5 物理结构设计

数据库物理结构设计的任务是为上一阶段得到的数据库逻辑模式（即数据库的逻辑结构）选择合适的应用环境与物理结构，即确定有效地实现逻辑结构模式的数据库存储模式，确定在物理设备上所采用的存储结构和存取方法，然后对该存储模式进行性能评价和完善性改进，经过多次反复，最后得到一个性能较好的存储模式。

6.5.1 确定物理结构

物理结构设计不仅依赖于用户的应用要求，而且依赖于数据库的运行环境，即 DBMS 和设备特性。数据库物理结构设计内容包括记录存储结构的设计、存储路径的设计和记录集簇的设计。

1. 记录存储结构的设计

逻辑模式表示的是数据库的逻辑结构,其中的记录称为逻辑记录,而存储记录则是逻辑记录的存储形式,记录存储结构的设计就是设计存储记录的结构形式,它涉及不定长数据项的表示,数据项编码是否需要压缩和采用何种压缩,记录间互联指针的设置以及记录是否需要分割以节省存储空间等在逻辑结构设计中无法考虑的问题。

2. 关系模式的存取方法选择

数据库系统是多用户共享的系统,对同一个关系要建立多条存取路径才能满足多用户的多种应用要求。物理结构设计的第一个任务就是要确定选择哪些存取方法,即建立哪些存取路径。

DBMS 常用存取方法有:索引方法(目前主要是 B^+ 树索引方法)、聚簇(Cluster)方法和 HASH 方法。

(1) 索引方法

索引存取方法的主要内容:对哪些属性列建立索引;对哪些属性列建立组合索引;对哪些索引要设计为唯一索引。当然并不是越多越好,关系上定义的索引数过多会带来较多的额外开销,如维护索引和查找索引的开销。

(2) 聚簇

为了提高某个属性(或属性组)的查询速度,把这个或这些属性(称为聚簇码)上具有相同值的元组集中存放在连续的物理块称为聚簇。聚簇的用途:①大大提高按聚簇属性进行查询的效率,例如,假设学生关系按所在系建有索引,现在要查询信息系的所有学生名单。信息系的 500 名学生分布在 500 个不同的物理块上时,至少要执行 500 次 I/O 操作,如果将同一系的学生元组集中存放,则每读一个物理块可得到多个满足查询条件的元组,从而显著地减少了访问磁盘的次数;②节省存储空间,聚簇以后,聚簇码相同的元组集中在一起了,因而聚簇码值不必在每个元组中重复存储,只要在一组中存一次就行了。

(3) HASH 方法

当一个关系满足下列两个条件时,可以选择 HASH 存取方法:

① 该关系的属性主要出现在等值连接条件中或主要出现在相等比较选择条件中;

② 该关系的大小可预知且关系的大小不变或该关系的大小动态改变但所选用的 DBMS 提供了动态 HASH 存取方法。

6.5.2 评价物理结构

和前面几个设计阶段一样,在确定了数据库的物理结构之后,要进行评价,重点是时间和空间的效率。如果评价结果满足设计要求,则可进行数据库实施,实际上,往往需要经过反复测试才能优化物理结构设计。

6.6 数据库实施

数据库实施是指根据逻辑结构设计和物理结构设计的结果,在计算机上建立起实际的数据库结构,装入数据,进行测试和试运行的过程。数据库实施的工作内容包括:用 DDL 定义数据库结构、组织数据入库、编制与调试应用程序和数据库试运行。

6.6.1 建立实际数据库结构

确定了数据库的逻辑结构与物理结构后，就可以用所选用的 DBMS 提供的数据定义语言(DDL)来严格描述数据库结构(数据库各类对象及其联系等)。

6.6.2 装入数据

数据库结构建立好后，就可以向数据库中装载数据了。组织数据入库是数据库实施阶段最主要的工作。

数据装载方法有人工方法与计算机辅助数据入库方法两种。

1. 人工方法

适用于小型系统其步骤如下：

① 筛选数据，需要装入数据库中的数据通常都分散在各个部门的数据文件或原始凭证中，所以首先必须把需要入库的数据筛选出来；

② 转换数据格式，筛选出来的需要入库的数据，其格式往往不符合数据库要求，还需要进行转换，这种转换有时可能很复杂；

③ 输入数据，将转换好的数据输入计算机中；

④ 校验数据，检查输入的数据是否有误。

2. 计算机辅助数据入库

适用于中大型系统其步骤如下：

① 筛选数据；

② 输入数据，由录入员将原始数据直接输入计算机中，数据输入子系统应提供输入界面；

③ 校验数据，数据输入子系统采用多种检验技术检查输入数据的正确性；

④ 转换数据，数据输入子系统根据数据库系统的要求，从录入的数据中抽取有用成分，对其进行分类，然后转换数据格式，抽取、分类和转换数据是数据输入子系统的主要工作，也是数据输入子系统的复杂性所在；

⑤ 综合数据，数据输入子系统对转换好的数据根据系统的要求进一步综合成最终数据。

6.6.3 编制与调试应用程序

数据库应用程序的设计应该与数据库设计并行进行。在数据库实施阶段，当数据库结构建立好后，就可以开始编制与调试数据库的应用程序(包括在数据库服务器端创建存储过程、触发器等)。调试应用程序时由于真实数据入库尚未完成，可先使用模拟数据。

6.6.4 数据库试运行

应用程序调试完成，并且已有一小部分数据入库后，就可以开始数据库的试运行。数据库试运行也称为联合调试，其主要工作包括：

① 功能测试，实际运行应用程序，执行对数据库的各种操作，测试应用程序的各种功能；

② 性能测试，测量系统的性能指标，并分析是否符合设计目标。

数据库物理结构设计阶段在评价数据库结构估算时间和空间指标时，做了许多简化和假设,忽略了许多次要因素,因此结果必然很粗糙。数据库试运行则是要实际测量系统的各种性能指标(不仅是时间、空间指标),如果结果不符合设计目标,则需要返回物理结构设计阶段,调整物理结构,修改参数,有时甚至需要返回逻辑结构设计阶段,调整逻辑结构。

重新设计物理结构甚至逻辑结构,会导致数据重新入库。由于数据入库工作量实在太大,所以可以采用分期输入数据的方法。

- 先输入小批量数据供先期联合调试使用。
- 待试运行基本合格后再输入大批量数据。
- 逐步增加数据量,逐步完成运行评价。

在数据库试运行阶段,系统还不稳定,硬、软件故障随时都可能发生。系统的操作人员对新系统还不熟悉,误操作也不可避免,因此必须做好数据库的转储和恢复工作,尽量减少对数据库的破坏。

6.6.5 整理文档

在程序的编制和试运行中,应将发现的问题和解决方法记录下来,将它们整理存档为资料,供以后正式运行和改进时参考,全部的调试工作完成之后,应该编写应用系统的技术说明书,在系统正式运行时给用户,完整的资料是应用系统的重要组成部分。

6.7 数据库运行和维护

数据库试运行结果符合设计目标后,数据库就可以真正投入运行了。数据库投入运行标志着开发任务的基本完成和维护工作的开始,对数据库设计进行评价、调整、修改等维护工作是一个长期的任务,也是设计工作的继续和提高。

对数据库经常性的维护工作主要是由DBA完成的,包括3个方面的内容:数据库的转储和恢复;数据库的安全性和完整性控制;数据库性能的监督、分析和改进。

6.7.1 数据库的安全性和完整性

DBA必须根据用户的实际需要授予不同的操作权限,在数据库运行过程中,由于应用环境的变化,对安全性的要求也会发生变化,DBA需要根据实际情况修改原有的安全性控制。由于应用环境的变化,数据库的完整性约束条件也会变化,也需要DBA不断修正,以满足用户要求。

6.7.2 监视并改善数据库性能

在数据库运行过程中,DBA必须监督系统运行,对监测数据进行分析,找出改进系统性能的方法。

- 利用监测工具获取系统运行过程中一系列性能参数的值。
- 通过仔细分析这些数据,判断当前系统是否处于最佳运行状态。
- 如果不是,则需要通过调整某些参数来进一步改进数据库性能。

6.7.3 数据库的重组织和重构造

为什么要重组织数据库？因为数据库运行一段时间后，由于记录的不断增、删、改，会使数据库的物理存储变坏，从而降低数据库存储空间的利用率和数据的存取效率，使数据库的性能下降。因此要对数据库进行重新组织，即重新安排数据的存储位置，回收垃圾，减少指针链，改进数据库的响应时间和空间利用率，提高系统性能。DBMS一般都提供了供重组织数据库使用的实用程序，帮助DBA重新组织数据库。

数据库的重组织，并不改变原设计的逻辑和物理结构，而数据库的重构造则不同，它是指部分修改数据库的模式和内模式。

由于数据库应用环境发生变化，增加了新的应用或新的实体，取消了某些旧的应用，有的实体与实体间的联系也发生了变化等，使原有的数据库设计不能满足新的需要，必须要调整数据库的模式和内模式。例如，在表中增加或删除某些数据项，改变数据项的类型，增加或删除某个表，改变数据库的容量，增加或删除某些索引等。当然数据库的重构也是有限的，只能做部分修改。如果应用变化太大，重构也无济于事，说明此数据库应用系统的生命周期已经结束，应该设计新的数据库应用系统了。

6.8 UML简介*

6.8.1 概述

1. UML的概念和特点

统一建模语言(Unified Modeling Language，UML)是一种为面向对象开发系统的产品进行说明、可视化和编制文档的一种标准语言，是非专利的第三代建模和规约语言。UML使用面向对象设计的观念，但独立于任何具体的程序设计语言。

UML作为一种统一的软件建模语言具有广泛的建模能力。UML是在消化、吸收、提炼至今存在的所有软件建模语言的基础上提出的，集百家之所长，它是软件建模语言的集大成者。UML还突破了软件的限制，广泛吸收了其他领域的建模方法，并根据建模的一般原理，结合了软件的特点，因此具有坚实的理论基础和广泛性。UML不仅可以用于软件建模，还可以用于其他领域的建模工作。

UML立足于对事物的实体、性质、关系、结构、状态和动态变化过程的全程描述和反映。UML可以从不同角度描述人们所观察到的软件视图，也可以描述在不同开发阶段中的软件的形态。UML可以建立需求模型、逻辑模型、设计模型和实现模型等，但UML在建立领域模型方面存在不足，需要进行补充。

作为一种建模语言，UML有严格的语法和语义规范。UML建立在元模型理论基础上，包括4层元模型结构，分别是基元模型、元模型、模型和用户对象。4层结构层层抽象，下一层是上一层的实例。UML中的所有概念和要素均有严格的语义规范。

UML采用一组图形符号来描述软件模型，这些图形符号具有简单、直观和规范的特点，开发人员学习和掌握起来比较简单。所描述的软件模型，可以直观地理解和阅读，由于具有规范性，所以能够保证模型的准确、一致。

UML作为一种模型语言,能使开发人员专注于建立产品的模型和结构,而不是选用什么程序语言和算法实现。当模型建立之后,模型可以被UML工具转化成指定的程序语言代码,因此,UML可以用来描述企业过程和需求。IBM的Rational Rose和微软的Visio都是UML工具。

2. UML的出现与流行

公认的面向对象建模语言出现于20世纪70年代中期,从1989—1994年,其种类从不到10种增加到50多种。面向对象的分析与设计(OOA&D)方法的发展在20世纪80年代末至90年代中出现了一个高潮,UML是这个高潮的产物。它不仅统一了BOOCH、Rumnaugh和Jacobson的表示方法,而且对其做了进一步的发展,并最终统一为大众所接受的标准建模语言。1996年年底,UML已稳占面向对象技术市场的85%,成为可视化建模语言事实上的工业标准。1997年11月17日,OMG(对象管理组)采纳UML1.1作为基于面向对象技术的标准建模语言。

UML是一种可视化的建模语言,能够让系统构造者用标准和易于理解的方式建立起能够表达他们设计思想的系统蓝图,并且提供一种机制,以便于不同的人之间有效地共享和交流设计成果。

UML代表了面向对象方法的软件开发技术的发展方向,具有巨大的市场前景。

6.8.2 UML的构成

作为一种对客观系统的建模语言,UML提供了描述事物实体、性质、结构、功能、行为、状态和关系的建模元素,并通过一组图来描述由建模元素所构成的多种模型。

1. UML视图

UML提供4种视图来展示软件在开发过程中不同阶段的模型,这4种视图作为4个视角,从不同侧面展现软件,使人们对软件有一个全面的把握。如图6.26所示,4种视图分别是用例视图、逻辑视图、构件视图和部署视图。

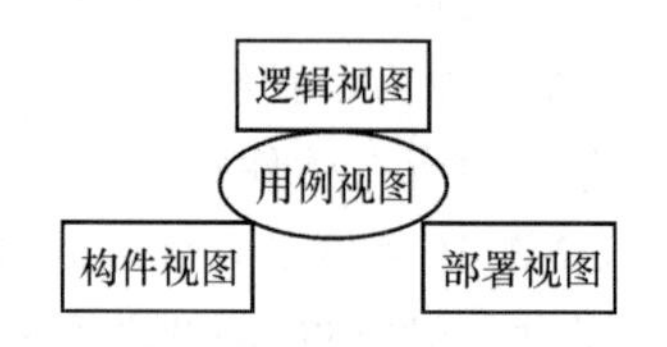

图6.26 UML视图

用例视图是向用户和开发人员展现的视图,主要展现软件能够外部提供的功能,所以,用例视图也被称为功能视图。用例视图用于描述软件和信息系统的需求,对需求进行建模。用例视图包括包图、用例图、类图、活动图和状态图等,其中包图用来对需求结构进行建模;用例图是用例视图中最重要的一种图,用来描述系统功能;在用例视图中有时也需要用类图来描述业务对象的关系;用活动图描述一些事务的处理流程;用状态图描述复杂业务对象的状态及其变化。

逻辑视图描述软件和信息系统逻辑结构和逻辑组成,是对系统的分析和设计的建模。逻辑视图包括包图、类图、顺序图、活动图和状态图等。包图用来建立软件的体系结构;类图描述系统的各种实体类、界面类和控制类的组成、关系和结构;顺序图用来描述为实现用例中规定的功能、系统相关构成要素之间的动态消息联系;活动图可以用来描述类中操作的算法流程;状态图用来描述类的状态。

构件视图是对软件的实现建模,描述软件的构件以及构件之间的相关关系。

部署视图描述软件和信息系统硬件的物理配置和节点布局。

2. UML 模型元素

UML 模型元素是模型的基本要素，每个模型元素有其确定的含义，称为模型元素的语义。模型元素有名字和表示模型元素的符号，并且应该遵循确定的建模规则。同一个模型元素可以出现在不同的图中。

UML 中的模型元素可以分为结构类、行为类、分组类和注释类 4 种类型。

(1) 结构类模型元素用来描述软件模型中的静态要素，UML 共定义了 7 种结构类模型元素，如图 6.27 所示。

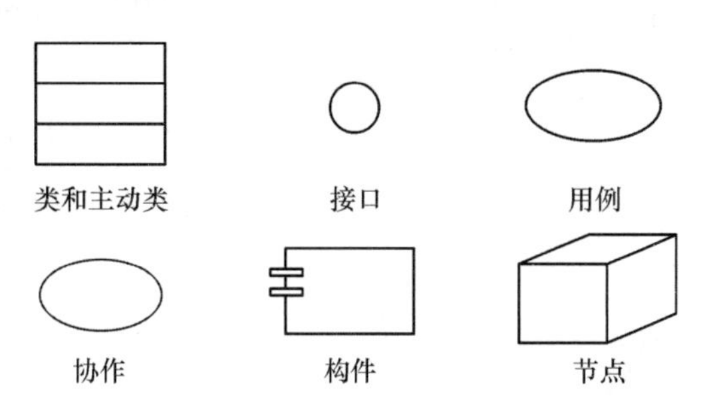

图 6.27 UML 的结构类模型元素

① 类：描述具有一组相同属性、相同操作和相同关系的对象。在图形上，类用带有类名、属性和操作的矩形框来表示。对象是类的实例，表示与类相同，对象的名字用下划线以与类相区别。

② 主动类：其对象至少拥有一个进程或线程的类，它能够启动控制活动。在分布式或多机系统中，同时会有多个并发执行的类，每一个处理单元上应该至少有一个主动类，以启动并控制该单元的执行。主动类与类的表示相同，其区别是边框比一般类粗。

③ 接口：描述一个类或一个构件的服务操作集。接口定义了一组操作的描述，而不是操作的实现，接口用小圆圈表示。

④ 用例：描述系统提供的一个功能。用例用含有用例名字的椭圆表示。

⑤ 协作：定义了一次交互，是由一组通过共同工作以提高某协作行为的角色和其他元素构成的一个实体。一个类可以参与几个协作，协作用包含协作名字的虚线椭圆表示。

⑥ 构件：软件的构成件，一个类、一个动态链接库和一张数据表都可以是构件，构件用带两个小方框的矩形框来表示。

⑦ 节点：表示能够独立运行的物理计算单元，可以是一个物理节点、客户机或服务器，节点用小立方体表示。

(2) 行为类模型元素，如图 6.28 所示，行为类模型元素用来描述动态行为，UML 提供了交互和状态机两个行为类模型元素。

① 交互：描述对象之间交互的消息，通过消息来传递一个交互信息。

② 状态机：一个对象在其生命周期中所经历的状态序列，状态机涉及状态、转移和事件。

(3) 分组类模型，UML 中分组模型元素是包，通过包来把若干个模型元素组织成为一个模型。

(4) 注释类模型元素，用来说明和标注其他模型元素。注释类模型元素只有一个，用折角的矩形框表示。

3. UML 模型元素之间的关系

UML 定义了模型元素之间的关系包括关联关系、泛化关系、依赖关系和实现关系，这几种关系的具体含义将在下面相应章节中介绍。

4. 图

如图6.29所示是一组模型元素的图形表示,用来描述一个具有确定含义的子模型。一个信息系统的模型应该包括多种图,UML共定义了10种图:用例图、类图、对象图、顺序图、协作图、状态图、活动图、构件图、配置图和包图。

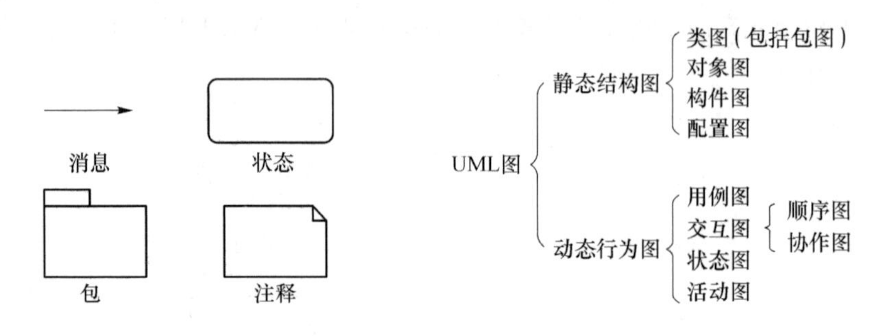

图6.28 UML的行为类模型元素　　图6.29 UML定义的图

6.8.3 UML的系统开发思路及开发阶段

1. 开发思路

从应用的角度看,当采用面向对象技术设计系统时,第一步是描述需求;第二步是根据需求建立系统的静态模型,以构造系统的结构;第三是描述系统的行为。其中,在第一步与第二步中所建立的模型都是静态的,包括用例图、类图(包括包图)、对象图、构件图和配置图5个图形,是标准建模语言UML的静态建模机制。其中,第三步中所建立的模型或者可以执行,或者表示执行时的时序状态或交互关系,它包括状态图、活动图、顺序图和协作图4个图形,是标准建模语言UML的动态建模机制。因此,标准建模语言UML的主要内容也可以归纳为静态建模机制和动态建模机制两大类。

在需求分析阶段,可以用用例来捕获用户需求。通过用例建模,描述对系统感兴趣的外部角色及其对系统(用例)的功能要求。分析阶段主要关心问题域的主要概念(如抽象、类和对象)和机制,需要识别这些以及它们相互间的关系,并用UML类图来描述。为实现用例,类之间需要协作,这可以用UML动态模型来描述。在系统分析阶段,只对问题域的对象(现实世界的概念)建模,而不考虑定义软件系统中技术细节的类(如处理用户接口、数据库、通信和并行性等问题的类),这些技术细节将在系统设计阶段引入,因此设计阶段为编码阶段提供更详细的规格说明。

2. 开发阶段

因此,基于UML的系统开发可分为5个阶段:需求分析、系统分析、系统设计、编码和测试阶段,具体说明如下所示。

(1) 需求分析阶段:UML语言利用用例来捕获客户的需求。通过用例模型,就可以使那些对系统感兴趣的外部参与者与他们要求系统具备的功能(即用例)一起被建模。外部参与者和用例之间是通过关系建模的,并且相互之间存在通信关联,或者被分解为更具体的层次结构。参与者和用例是由UML的用例图描述的。每一个用例都是用文本进行描述的,它确定了客户的需求,即在不考虑功能如何实现的情况下,客户所企盼的系统功能。需求分析不仅软件系统需求,业务过程同样也需要。

（2）系统分析阶段：分析阶段关注的是出现在问题域中的主要抽象（类和对象）和机制。被建模的类以及类之间的关系在 UML 的类图中被明确指定和描述。为了实现用例，各类之间需要相互协作，这种协作是由 UML 中的动态模型描述的。在分析阶段，只有在问题域（现实世界的概念）中的类才被建模，这里的类并不是那些在软件系统中定义了细节和解决方案的技术类。此阶段的类有用户界面类、数据库类、通信类和并发类等。

（3）系统设计阶段：在设计阶段，分析阶段的结果被扩展为一个技术解决方案。新类被加入进来，以提供以下一些技术基础结构：用户界面、处理对象存储的数据库、与其他系统的通信和与系统中各种设备的接口等。在分析阶段获得的问题域中的类被"嵌入"到此技术基础结构中，这样就能够同时改变问题域和基础结构。设计阶段将为随后的构建阶段产生详细的规格说明。

（4）编码阶段：在编码阶段（或称为构建阶段），设计阶段的类被转换为使用面向对象编程语言编制（不推荐使用过程语言）的实际代码，这一任务可能比较困难，也可能比较容易，主要取决于所使用的编程语言本身的能力。用 UML 创建分析模型和设计模型时，最好避免试图将模型转换为代码。在开发的早期阶段，模型是帮助理解和搭建系统结构的一种手段。这样，如果在早期阶段就考虑代码，势必达不到预期的目标，即创建简单和正确的模型，所以，编码是一个单独的阶段，也就是只有到了编码阶段，模型才被转换为代码。

（5）测试阶段：通常，一个系统需要经过单元测试、集成测试、系统测试和接受性测试。单元测试是对单个类或一组类的测试，一般情况下由编程者自己完成。集成测试是集成组件和类，以校验它们是否是像指定的那样进行合作。系统测试将系统看作一个"黑盒子"，检验系统是否具有最终用户所期望的功能。接受性测试与系统测试相似，它是由客户实施的，以验证系统是否满足客户的需求。不同的测试团队使用不同的 UML 图作为他们工作的基础：单元测试团队使用类图和类规格说明；集成测试团队一般使用组件图和协作图；系统测试团队则利用用例图检验最初在这些图中定义的系统行为。

6.8.4　用例图

1. 用例的概念

用例（Use Case）是外部使用者与系统之间，为达到确定目的所进行的一次交互活动。使用者（也被称为参与者或活动者）向系统提供某些交互要求，系统向使用者反馈所要的结果。在信息系统模型中，用例被用在需求分析中，用来描述系统的功能。

可以用一段自然语言描述一个用例。如"顾客网上购物"的用例可以描述为如图 6.30 所示的形式。

> 顾客通过网络浏览商品目录，找出所要的商品。需要用信用卡与商店结算，顾客给出自己的信用卡信息和送货地址，商店检查信用卡的有效性。当信用卡通过检查后，商店确定购货业务成交，商店确定发货时间，并给销售部发出发货通知。然后商店把发货信息通过电子邮件发送给顾客。

图 6.30　用例描述

上面这个用例包含图 6.31 所示的信息。

使用者：顾客。
系统：网络交易系统。
购物过程：
　　①顾客浏览商品目录，找出所要商品；
　　②顾客结账；
　　③顾客填写送货信息（产品信息、数量、送货地址和送货时间等）；
　　④系统把购货的相关信息给顾客；
　　⑤顾客填写信用卡信息；
　　⑥系统检查信用卡的有效性，以确认本次交易的有效性；
　　⑦系统确定发货时间，并给销售部发出发货通知；
　　⑧系统向顾客发出确定成交的电子邮件。
异常处理：信用卡失效。
第6步检查信用卡失效时，允许顾客重新输入信用卡信息，并重复⑦、⑧两步。

图 6.31　图 6.30 中用例所包含的信息

2. 用例图

(1) 用例图

用例图(Use Case Diagram)用来描述软件系统向一组参与者提供的一组相关的功能。在一个用例图中,有一个或多个参与者与一个或多个用例相互关联。一个系统的全部用例图构成该系统的功能需求模型的需求。图 6.32 是图书借阅管理的用例图。在用例图中,小人表示与系统进行交互的参与者,椭圆表示用例,椭圆中或在椭圆下面填写用例名。参与者与用例之间的连线表示参与者与系统之间的交互关系。用例之间存在着泛化、包含和扩展关系。

用例图反映使用者和系统的交互过程。使用者处于系统边界之外,用例图描述系统能够给使用者提供的功能,由系统边界把系统和使用者划分开来。

一个用例图反映具有一组相关功能的用例,用例图也可以分层分解和细化。上层用例图中的用例一般描述抽象度较高的系统功能,为了更清楚地反映用例所描述的功能,可以把一个用例分解成为一个下层的用例图。下层是对上层用例的分解,用例图可以逐层分解。

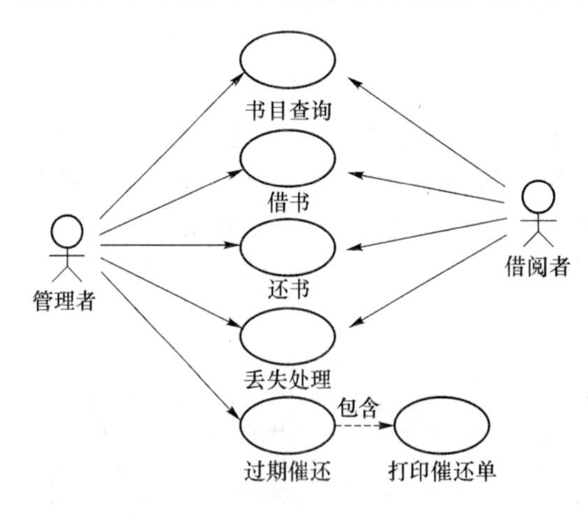

图 6.32　图书借阅管理用例图

(2) 参与者

参与者(Actor)也称使用者或活动者,表示与系统进行交互的外部实体。参与者通过系统的用例,来获得系统所提供的一项服务。参与者用小人来表示,下面标上参与者的名称,如图

6.32 中的“管理者”和“借阅者”等。

参与者可以是外部使用系统的用户，外部与系统存在信息交换关系的设备，也可以是与系统交互信息的外部其他系统。

(3) 用例的关系

用例除了与参与者存在关联关系之外，用例之间也存在泛化关系、包含关系和扩展关系。

① 泛化关系

当两个用例之间存在着一般与特殊关系时，用泛化关系来表示。如图 6.33 中的“收费”和“道路收费”之间是一般和特殊的关系，这两个用例之间存在泛化关系。

用例之间除了存在泛化关系外，参与者之间也可能存在泛化关系。例如，“客户”与“团体客户”和“个体客户”之间就存在泛化关系，如图 6.34 所示。

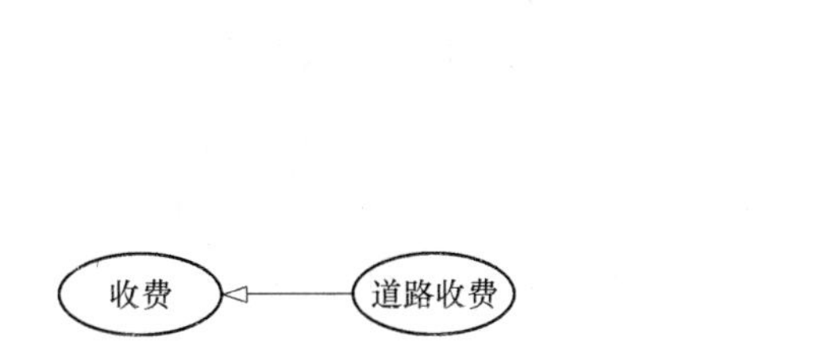

图 6.33　用例之间的泛化关系

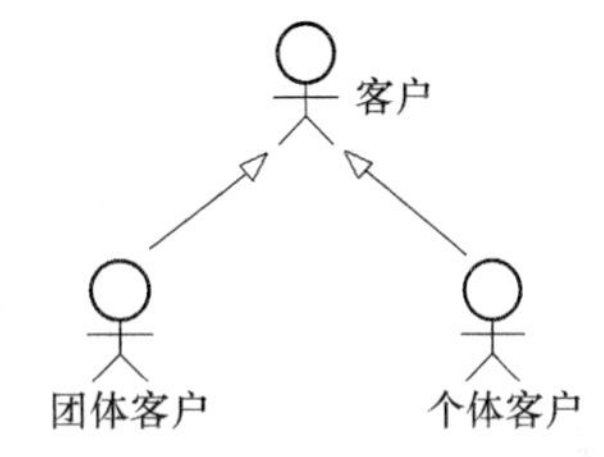

图 6.34　参与者之间的泛化关系

② 包含关系

包含关系用来描述一个用例的行为包含另外一个用例的行为，包含关系属于依赖关系，用带箭头的虚线来表示。图 6.35 描述了“售货”与“收款”两个用例之间存在包含关系。

③ 扩展关系

扩展关系用来描述一个用例的行为可能有条件地使用到另外一个用例的行为。扩展关系用箭头的虚线来表示，在虚线上标注“扩展”。图 6.36 描述了“画图”与“超界处理”两个用例之间存在扩展关系，只有出现超界时，才用到超界处理。

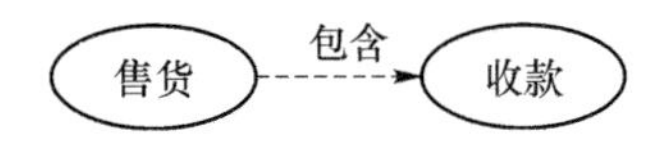

图 6.35　用例之间的包含关系

图 6.36　用例之间的扩展关系

6.8.5　类图

1. 概述

类图(Class Diagram)用来描述系统中的一些要素的静态结构。一个类图由一组类以及它们之间的关系构成。类描述事物以及事物的静态和动态性质，类的关系反映事物之间的联系，主要有关联关系、泛化关系、依赖关系和实现关系等。图 6.37 是一个书店销售管理类图的例子。

2. 对象和类

(1) 对象的概念

对象是系统中用来描述客观事物的一个实体，它是构成系统的一个基本单位，一个对象由一组属性和操作组成。对象既可以描述一个客观中存在的事物，也可以表示一个抽象概念。

对象的属性描述它所反映的客观事物的静态性质,对象的操作描述客观事物的动态性质。对象是系统中一个独立实体如一张桌子、一辆汽车和一个学生都是对象。

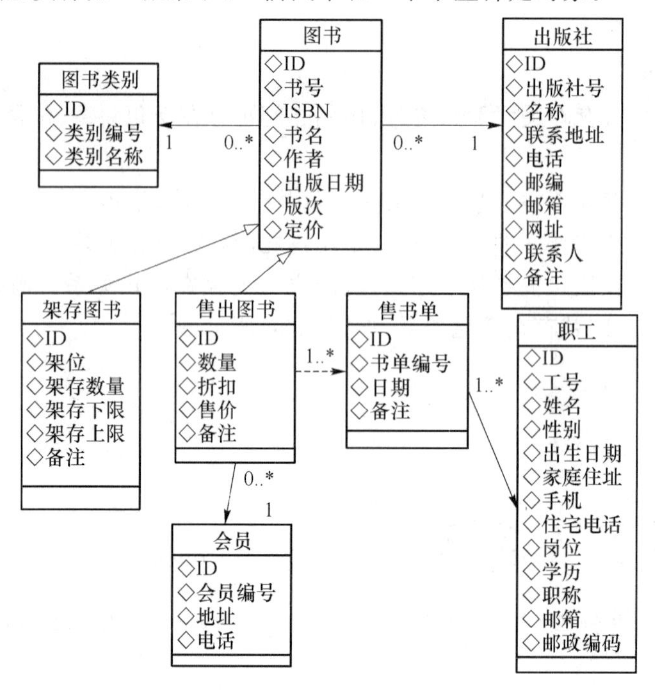

图 6.37　书店销售管理类图

(2) 类的概念

类用来描述具有相同性质的一组对象,例如,桌子就是一个类,所有桌子都具有桌子的性质,都属于这个类中的对象。

(3) 类的表示

数据抽象程度的不同,类可以有抽象表示、简化表示和规范表示等多种形式。

① 类的抽象表示

类在概念层次上采用抽象表示形式,把在概念层次上的类也称为概念类。概念类来源于业务领域中的客观实体,具有突出业务领域和突出概念性,并具有大粒度的特征。概念类分为边界类、控制类和实体类3种类型,并表示成为图6.38所示的形式。

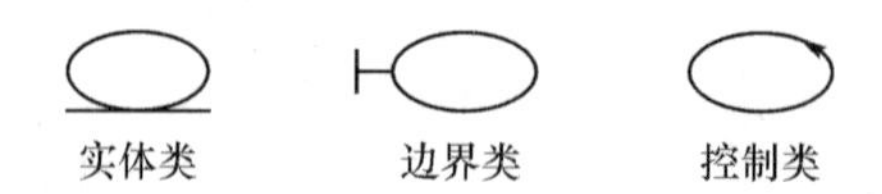

图 6.38　类的抽象表示

实体类是系统表示客观实体的抽象要素,如"图书"、"学生"、"书单"等都属于实体类。实体类一般对应着在业务领域中的客观事物,或者是具有较稳定的信息内容的系统元素。边界类是描述系统与外界之间交互的抽象要素。边界类是对外界与系统之间交互的抽象表示,并不表示交互的具体内容,以及交互界面的具体形式。控制类是表示系统对其他对象实施协调处理、逻辑运算的抽象要素。

② 类的简化表示

类在简化表示时用矩形来描述一个类,只填写类名,不表示类的属性和操作信息,如图6.39所示。在类图中仅需要反映类的总体结构,而不需要反映类的内部特性时,对类采用简化表示形式。

③ 类的规范表示

规范表示是类的一般表示形式，用来描述类的名称、类的属性和操作等信息，如图 6.40 所示。

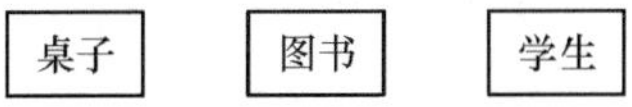

桌子　图书　学生

图 6.39　类的简化表示

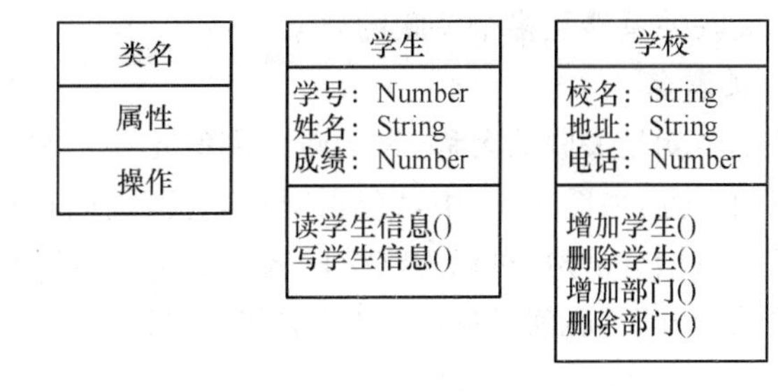

图 6.40　类的规范表示

(4) 属性

① 属性的概念

属性一般表示实体的特性或特征。在面向对象方法中，属性被定义为：属性用来表示对象的静态特性。每一个属性中的具体值称为属性值，对“人”这个对象来说，姓名、性别、出生年月、家庭住址、电话、体重、身高、血型、性格、爱好、职业、毕业院校和所学专业等都是该对象的属性，如赵晓，男，1966.10.2，西安石油大学 11 楼 103 号，8216381，63kg 等则是属性值。

② 属性的描述

一般在类中仅给出属性名。属性的完整描述形式为：

可视性 属性名[范围]：类型 = 值

如：# sex[男，女]：String = 男

其中，属性名用字符表示，如果用英文字符串，第一个字符的首字符用小写，如 name、studentSex；类型为属性值所取的数据类型，一般有整型、实型、字符型、布尔型和日期型等类型；等号后面如果有值，表示赋予新建立对象本属性的初始值，如性别：String = 男；可视性一般放在属性前面，表示该属性可以被其他对象访问的受限性。可视性一般分为如下 3 种形式。

a. ＋：公用(public)，表示该属性可以被其他外部对象访问。

b. ＃：保护(protected)，表示该属性仅能被本类以及所有子类的对象访问。

c. -：私有(private)，表示该属性不能被其他对象访问。

范围为可选项，指出本属性取值的范围或可选的值。如 0.. *，1..7 等。

(5) 操作

操作用来表示对象的行为或动态特性。操作的一般描述形式如下。

可视性 操作名(参数列表)：返回列表

如：# openfile(fileID：Number)

其中，操作名用字符串表示，如果用英文字符串，第一个字的首字符用小写；参数列表示可选项，参数之间用逗号隔开。可视性的含义与属性中的可视性含义相同。

3. 关联

(1) 关联的概念

关联本指事物之间存在的固有的牵连关系。在 UML 中，关联是对具有共同结构特征、关系和语义的不同模型元素中实例之间的链接描述。例如，张老师给计 2002-1 班上课，“教师”

类中的对象“张老师”就和“班级”类中的对象“计2002-1班”之间存在链接关系。关联是对对象之间链接关系的一种抽象称谓。

(2) 关联的要素

类之间通过一条连线表示关联。例如,图6.41中,“公司”与“职员”之间存在雇佣的关联关系。关联关系涉及多个关联的要素。

① 关联名

关联名就是关联的名称,表示两个模型元素之间存在的具体的关联关系。关联名标在关联关系的上方,如图6.41中,“公司”与“职员”之间存在“雇佣”的关联关系。如果两个类之间的关联关系十分清楚,可以省略关联名,例如,“教师”和“学生”之间存在“教学”关联关系,因为这个关系十分明确,就可以省略“教学”关联名。

② 关联的角色

角色是模型元素参与关联的特征,例如,在“公司”与“职员”之间的“雇佣”关联关系中,“公司”在关联中承担“雇主”的角色,而“职员”承担“雇员”的角色。在关联关系中,如果角色名和模型元素名相同,可以省略角色名,例如,“教师”和“学生”之间的教学关联关系,“教师”和“学生”在关联中的角色名也就是它的类名,可以在表示时省略角色名。

③ 关联的多重性

多重性描述关联中对象之间的链接数目。例如,图6.41中,“公司”与“职员”之间的多重性为一对多的关系,一个公司可以雇佣多个职员,一个职员只能被一个公司所雇佣。

关联的多重性有以下几种表示形式:

1	1
*	0到多
1..*	1到多
0..1	0或1

④ 导航

导航表示关联的链接方向,用箭头来表示导航。一个类到另一个类存在导航关系,表示从源类中的一个对象可以直接找到与该对象存在链接关系的目标类中对应对象。在关联线上标有一个箭头表示单向导航,两个箭头表示双向导航,不标箭头表示双向导航或导航关系还没有确定。例如,图6.41中,“职员”到“公司”之间存在单向导航关系。

⑤ 关联类

在关联关系中,有时类和类之间的关联信息需要通过类的形式表现出来,用来表示关联信息的类被称为关联类。例如,图6.42中,“公司”与“职员”之间存在雇佣关联关系,而雇佣关系中的雇佣期和合同协定等信息是雇佣关联信息,把这些信息通过“雇佣”关联类描述出来。

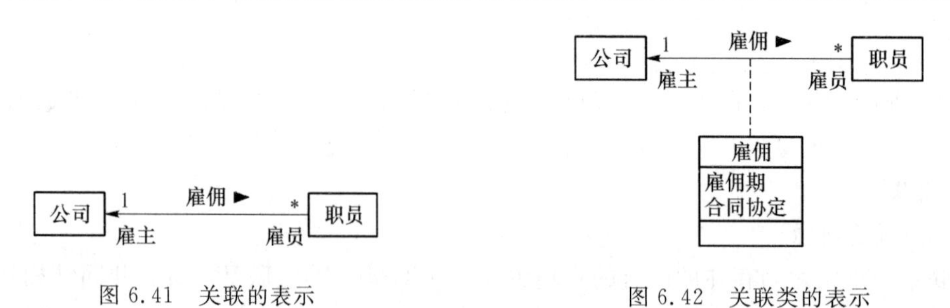

图6.41 关联的表示

图6.42 关联类的表示

(3) 关联的种类

根据参与关联的类的数目,可以把关联划分成为一元关联、二元关联和多元关联 3 种类型。

① 一元关联

一元关联表示一个类中的不同对象或同一对象之间存在的链接关系,也被称为自返关联,例如,图 6.43 中,"学生"类中存在班长对其他学生管理的关联关系;"教师"类中存在系主任对一般教师领导的关联关系。

② 二元关联

两个类之间存在的关联关系,图 6.41 表示两个类之间的关联关系。

③ 多元关联

3 个或 3 个以上类之间存在关联关系时,被称为多元关联。多元关联用菱形符号连接相互关联的类,如图 6.44 所示。

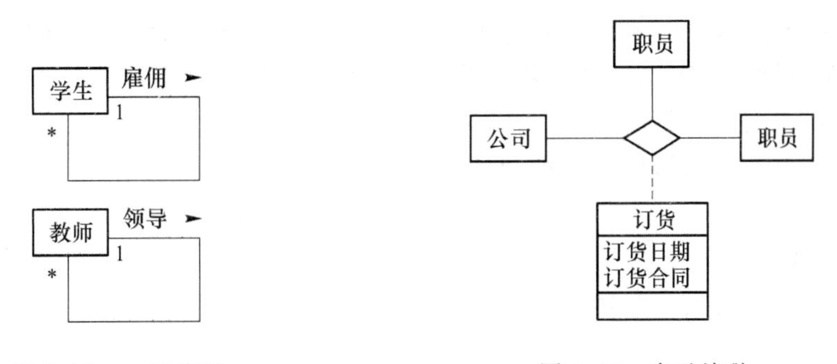

图 6.43　一元关联　　图 6.44　多元关联

4. 聚合与组合

(1) 整体与部分的组成关系

由部分构成整体的组成关系是客观世界事物之间普遍存在的一种基本关系。例如,计算机由主机、键盘、显示器和打印机等部件组成;汽车由发动机、车轮、车厢和驾驶室等组成。UML 用聚合和组合来描述事物的类之间的组成关系,组成关系是关联关系的一种特例。

(2) 聚合

聚合表示多个部分以聚集的方式构成整体。聚合表示事物之间相对松散的组成关系,在没有整体时,部分也可能存在,但这个时间部分的存在并不是以整体的部分的身份出现,它可能作为一个独立整体而存在,也可能作为另外一个整体的部分存在。例如,班级是由学生聚合而成的,但是如果新招来的学生还没有编排班级,学生仍然是存在的,但是,学校和学生之间就不是聚合关系。如果没有学校,也就不会有学生;从另一方面看,如果没有学生也就不会有学校。

聚合由直线在整体端增加小空心菱形来表示,如图 6.45 所示。

(3) 组合

组合表示整体与部分同存同亡的紧密组成关系。部分因整体而存在,如果整体不存在,部分就没有存在的必要,例如,人与心脏之间就是组合关系,心脏这个部分是因人这个整体而存在的,如果没有人,心脏就不会存在,也没有存在的意义。

组合由直线在整体端增加小实心菱形来表示,如图 6.46 所示。

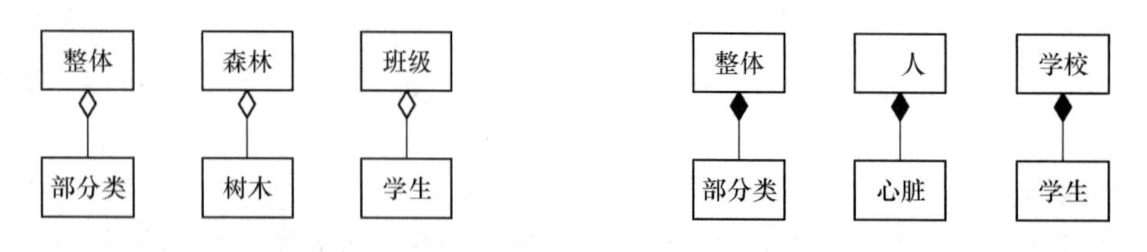

图 6.45　聚合的表示　　　　图 6.46　组合的表示

5. 泛化

(1) 泛化的概念

泛化具有抽象、概括和超越的含义。泛化指抽取事物的共性特征,形成超越特殊事物而具有普遍意义的一般事物的方法。泛化反映事物之间的特殊与一般关系,例如,“家具”是对“桌子”、“椅子”和“沙发”等特殊事物的泛化,“交通工具”是对“汽车”、“轮船”和“飞机”等事物的泛化。

在泛化关系中,把表示一般特性的实体称为超类,把表示特殊特性的实体称为子类。泛化与继承描述事物的同一种关系。继承是一类事物拥有或承接另一类事物的某些特性,成为自己所具有的特性。这样,这类事物除了具有自己独特特性之外,还具有所承接的另一事物的特性,这类事物属于具有特殊特性的事物,而具有被承接的特性的那类事物肯定属于具有一般特性的事物。

(2) 泛化的表示

泛化用三角符号表示,三角符号指向超类,表示对子类的泛化,如图 6.47 所示。

6. 依赖

(1)依赖关系的含义

依赖表示两个模型元素之间,一个模型元素的变化必然影响到另一个模型元素的两种模型元素之间的关系,例如,在教学管理系统中,课表依赖于课程,课程发生改变,课表也必须跟着改变,任课教师依赖于课表,课表改变,任课教师上课就要调整。

依赖关系可以表示两个类之间的关系,也可以表示两个包或组件之间的关系,因此,它是描述两个模型元素之间的语义联系。

(2) 依赖关系的表示

依赖关系用虚箭头来表示,箭头由依赖的模型元素指向被依赖的模型元素,例如,图 6.48 表示任课教师依赖课表,课表依赖课程。

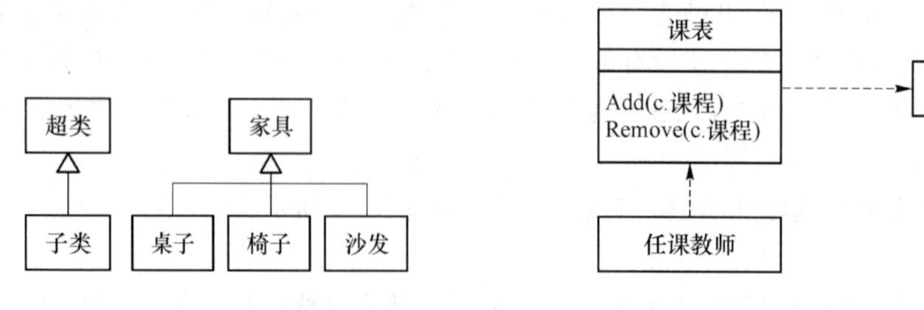

图 6.47　泛化的表示　　　　图 6.48　依赖关系的表示

在表示依赖的虚线上可以加一个关键字表示所属于的某种依赖关系。use 表示使用依赖,call 表示调用依赖,friend 表示友元依赖,access 表示访问依赖,import 表示引入依赖。

7. 实现

(1) 实现关系的含义

实现描述两个模型元素之间存在的一种语义关系,一个模型元素描述要实现的契约或规则,另外一个模型元素表示对契约的实现。一般情况下,用实现关系描述接口与类或构件之间的实现关系,接口描述操作的规则,类或构件表示对接口的实现。

(2) 实现关系的表示

实现关系用带虚线的三角箭头来表示,由实现的模型元素指向表示所要实现的规则或契约模型元素。图 6.49 表示由"账户代理"类来实现"账户代理"接口。

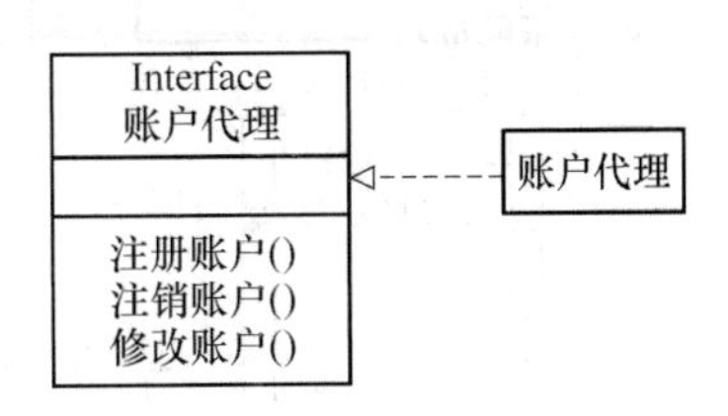

图 6.49　实现关系的表示

8. 对象图

对象图描述类图在某一时刻,类中对象相互之间的链接关系,相当于对类图在某时刻的一个快照。因为对象具有生命周期,不同时刻类图中的对象数目并不相同,因此,对应着同一幅类图,在不同时间会有不同的对象图。在描述系统的静态结构时,并不一定要绘制对象图,只有当需要反映某一时刻系统中对象相互之间的链接关系时,才需要画出对象图。

对象图中的节点是对象,节点用矩形框表示。对象名的格式为:对象名:类名,如C1:订单,省略对象名的对象被称为匿名对象,如:订单,图 6.50 是作者和图书类图的对象图。

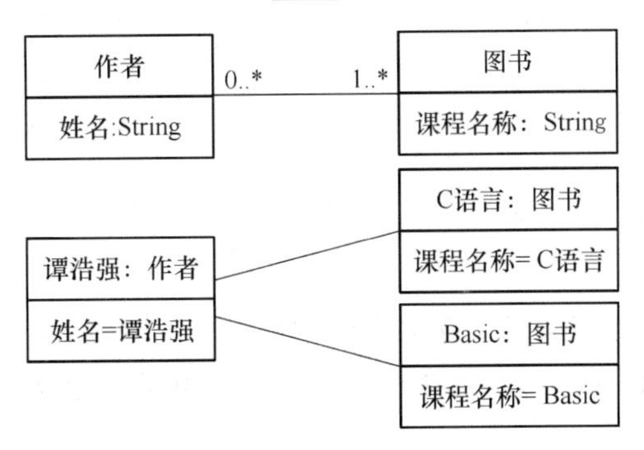

图 6.50　对象图

6.8.6　交互图

1. 概述

交互图描述一组对象合作完成一项工作时,相互之间传递消息的交互过程。交互图反映在系统运行过程中,对象之间的动态联系活动,以帮助人们理解和把握内部各对象之间的动态协作关系。

交互图分为顺序图和协作图两种形式。顺序图反映各对象之间的消息传送顺序,重点描述对象之间交互的时序关系,协作图反映为完成一件工作所参与的对象,以及对象之间的消息联系。

2. 顺序图

顺序图反映对象之间消息传送的时序关系。顺序图由对象、对象生命线、对象激活期和对象之间传输的消息等图形要素构成,图 6.51 是一个描述订货管理工作的顺序图。

在顺序图中,参与交互活动的对象用矩形框表示。在框中标注对象名,也可以采用匿名对象。对象的生命线表示对象的存活期，在对象下面用一条虚线表示。在对象生命线上的窄条为对象的激活期，表示对象在生存期内处在激活状态。消息是对象之间的通信信息，用带箭头的线段表示一个对象传送给另一个对象的消息，在消息上要注明消息名。虚线表示消息的返回。

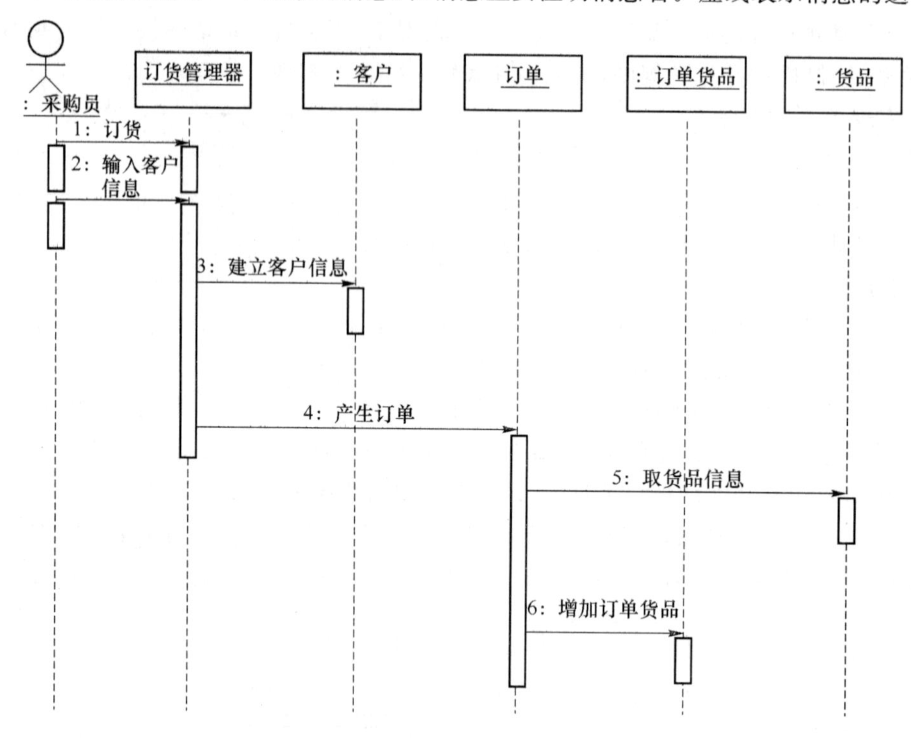

图 6.51　订货管理工作的顺序图

3. 协作图

协作图描述一组对象之间消息交互关系的协作结构。在协作图中，对象作为节点。存在消息交互关系的对象之间直线连接，并在直线上标注交互的消息名，图 6.52 是订货管理的协作图。

协作图与顺序图是等价的，包含的信息量相同，其差别是描述的角度不同。顺序图侧重于反映对象之间的消息交互时序，协作图重点描述对象之间的消息交互结构。

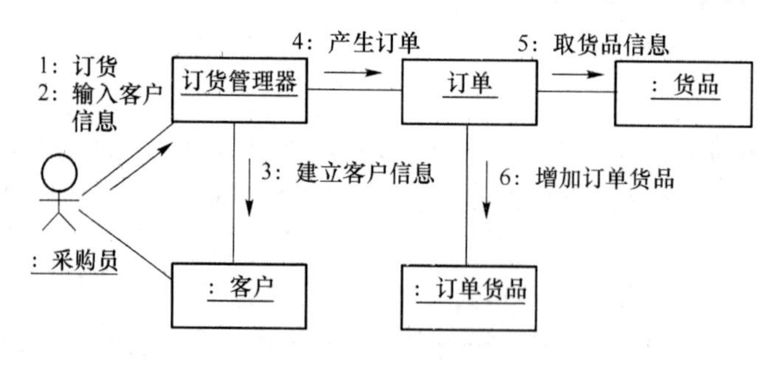

图 6.52　订货管理的协作图

6.8.7 状态图

状态图描述事物对象在其生存周期中所具有的各种状态，以及因事件激励状态的变化和相互关系。图 6.53 是书店图书的状态图,书店的图书要经过订购、库存、待销售、售出或报废等状态。

状态图中的节点是事物所处的状态。实心圆表示初始状态,带圆圈的实心圆表示结束状态。一副状态图中一般有一个初始态。箭头表示状态的切换,在箭头上标注状态切换的激发条件。例如,图 6.53 通过图书入库这个激发条件把图书从订购状态转换为库存状态。

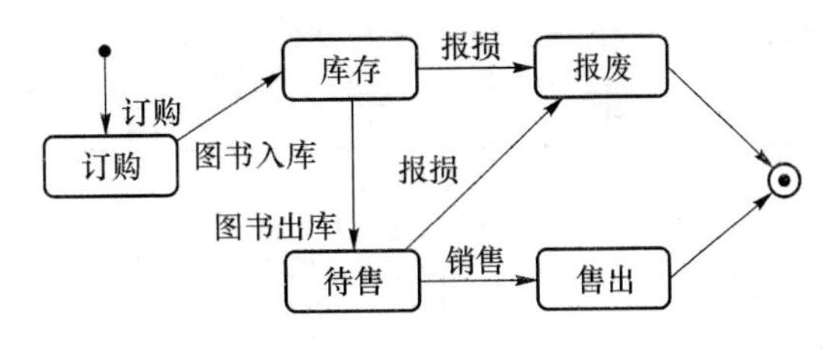

图 6.53 书店图书状态图

6.8.8 活动图

活动图用来描述事物发展变化的过程。活动图可以描述业务流程、工作流程和类中的操作流程等。图 6.54 是反映书店图书入库业务流程的活动图。采购员凭到货通知单到车站或邮局领取图书,并把到货的图书与图书订单进行核对,检查是否存在偏差。如果有偏差,则与运输部门或邮局进行联系;如果没有偏差,则领回图书。采购员领回图书之后,填写图书入库单,然后持入库单到书库入库。库管员把图书与入库单进行核对,如果发现有误,则请采购员修改入库单。如果核对无误,库管员登记入库账,并把入库图书收库,入库过程结束。

在活动图中,要表示出活动的开始和结束。圆形框表示活动,菱形框表示检查,用虚线隔开的两个部分称为泳道,表示两个实体所进行的活动,如图 6.54 所示。

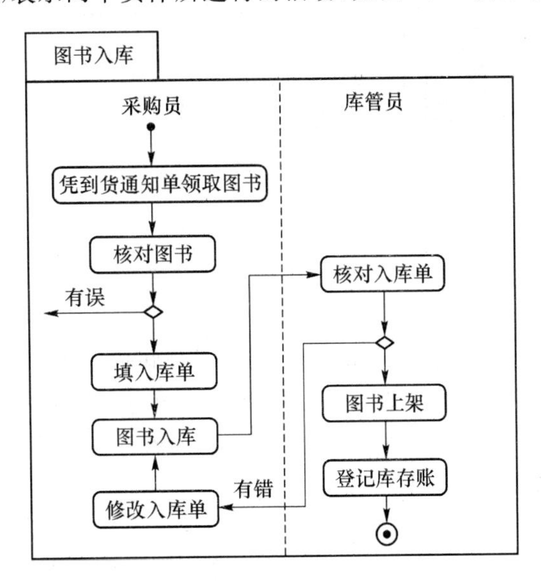

图 6.54 图书入库的活动图

6.8.9 构件图

构件可以是一段源程序代码、一个文本文件、一个二进制文件或一个可执行文件。基于构件开发的软件系统,由多个软件构件按照确定的关系构成软件系统。构件图用来描述构成软件系统的软构件以及它们之间的相互依赖关系。

在构件图中,带两个小棒的矩形框表示构件,构件之间的带箭头的虚线表示构件之间的依赖关系。图6.55是一个构件图的例子,该图包括售书界面、售书处理、退出处理、图书浏览和书务数据库5个构件。

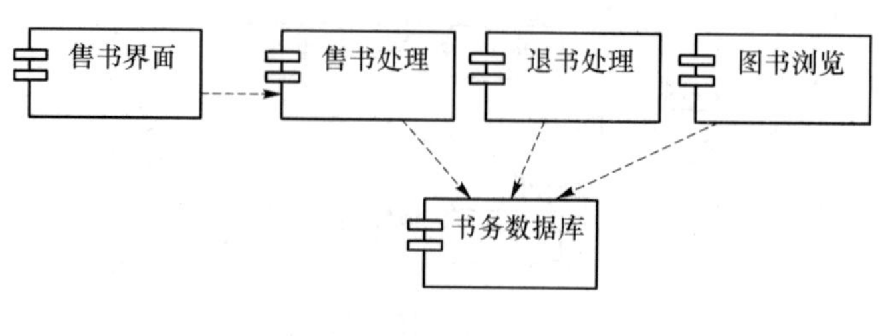

图6.55　构件图

6.8.10　配置图

配置图反映系统的物理节点的分布,以及各节点中构建的构成情况,图6.56是图书销售管理的配置图。

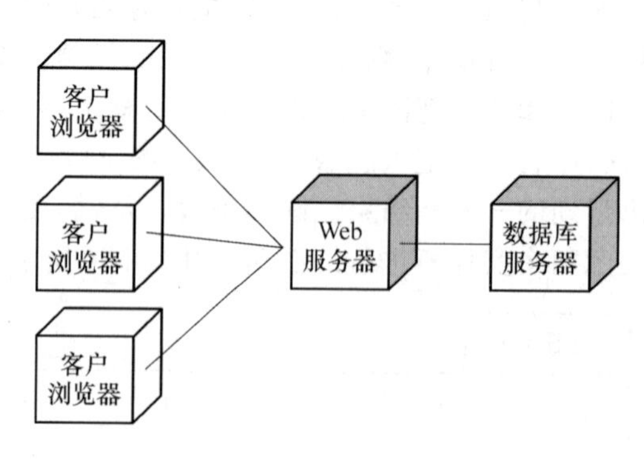

图6.56　配置图

6.8.11　包图

1. 包的含义

包是模型的组织单位。一个复杂的系统模型需要分解成为多个部分,每一部分用包来表示。包是UML的一种模型元素,可以用来表示模型、子模型、系统和子系统等系统模型单位,包表示为图6.57的形式。如果包中的内容被隐藏,包名就注在包的中间。如果包表示的内容要展现,包名写在上面的小框中。

2. 包间的关系

包与包之间可以存在依赖关系。图6.58描述教学管理系统中3个子系统的包之间的依赖关系。

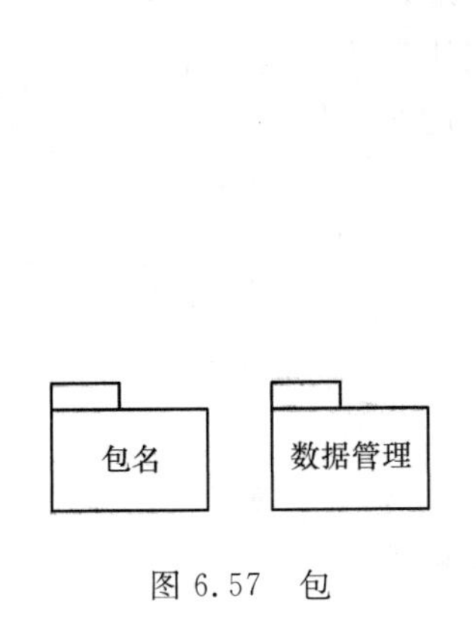

图 6.57　包

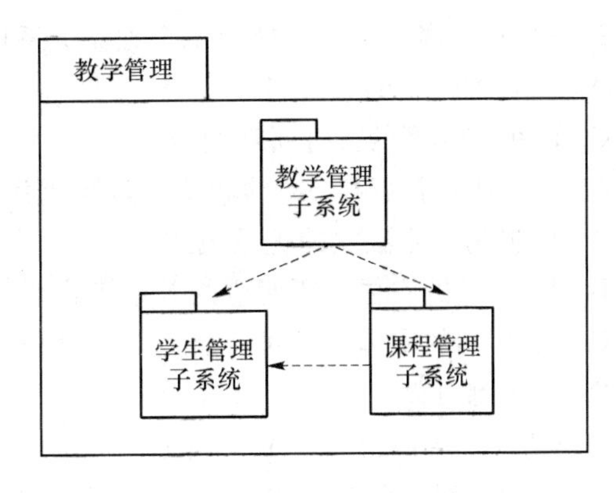

图 6.58　包的依赖

6.9　小　结

数据库设计这一章主要讨论数据库设计的方法和步骤，本章介绍了数据库设计的 6 个阶段：系统需求分析、概念结构设计、逻辑结构设计、物理结构设计、数据库及应用系统的实施和数据库及应用系统运行与维护。其中的重点是概念结构设计和逻辑结构设计，这也是数据库设计过程中最重要的两个环节。

学习本章，要努力掌握书中讨论的基本方法和开发设计步骤，特别要能在实际的应用系统开发中运用这些思想，设计符合应用要求的数据库应用系统。

习　题

一、选择题

1. 下列对数据库应用系统设计的说法中正确的是(　　)。
   A. 必须先完成数据库的设计，才能开始对数据处理的设计
   B. 应用系统用户不必参与设计过程
   C. 应用程序员可以不必参与数据库的概念结构设计
   D. 以上都不对
2. 在需求分析阶段，常用(　　)描述用户单位的业务流程。
   A. 数据流图　　B. E-R 图　　C. 程序流图　　D. 判定表
3. 下列对 E-R 图设计的说法中错误的是(　　)。
   A. 设计局部 E-R 图的过程中，能作为属性处理的客观事物应尽量作为属性处理
   B. 局部 E-R 图中的属性均应为原子属性，即不能再细分为子属性的组合
   C. 对局部 E-R 图集成时既可以一次实现全部集成，也可以两两集成，逐步进行
   D. 集成后所得的 E-R 图中可能存在冗余数据和冗余联系，应予以全部清除
4. 下列属于逻辑结构设计阶段任务的是(　　)。
   A. 生成数据字典　　B. 集成局部 E-R 图
   C. 将 E-R 图转换为一组关系模式　　D. 确定数据存取方法

5. 将一个一对多联系型转换为一个独立关系模式时,应取(　　)为关键字。

A. 一端实体型的关键属性　　B. 多端实体型的关键属性

C. 两个实体型的关键属性的组合　　D. 联系型的全体属性

6. 将一个 M 对 $N(M>N)$ 的联系型转换成关系模式时,应(　　)。

A. 转换为一个独立的关系模式

B. 与 M 端的实体型所对应的关系模式合并

C. 与 N 端的实体型所对应的关系模式合并

D. 以上都可以

7. 在从 E-R 图到关系模式的转化过程中,下列说法错误的是(　　)。

A. 一个一对一的联系型可以转换为一个独立的关系模式

B. 一个涉及 3 个以上实体的多元联系也可以转换为一个独立的关系模式

C. 对关系模型优化时有些模式可能要进一步分解,有些模式可能要合并

D. 关系模式的规范化程度越高,查询的效率就越高

8. 对数据库的物理结构设计优劣评价的重点是(　　)。

A. 时空效率　　B. 动态和静态性能

C. 用户界面的友好性　　D. 成本和效益

9. 下列不属于数据库物理结构设计阶段任务的是(　　)。

A. 确定选用的 DBMS　　B. 确定数据的存放位置

C. 确定数据的存取方法　　D. 初步确定系统配置

10. 确定数据的存储结构和存取方法时,下列策略中(　　)不利于提高查询效率。

A. 使用索引　　B. 建立聚簇

C. 将表和索引存储在同一磁盘上

D. 将存取频率高的数据与存取频率低的数据存储在不同磁盘上

二、填空题

1. 在设计分 E-R 图时,由于各个子系统分别面向不同的应用,所以各个分 E-R 图之间难免存在冲突,这些冲突主要包括__________、__________和__________ 3 类。

2. 数据字典中的__________是不可再分的数据单位。

3. 若在两个局部 E-R 图中都有实体“零件”的“重量”属性,而所用重量单位分别为公斤和克,则称这两个 E-R 图存在__________冲突。

4. 设有 E-R 图如图 6.59 所示,其中实体“学生”的关键属性是“学号”,实体“课程”的关键属性是“课程编码”,设将其中联系“选修”转换为关系模式 R,则 R 的关键字应为属性集__________。

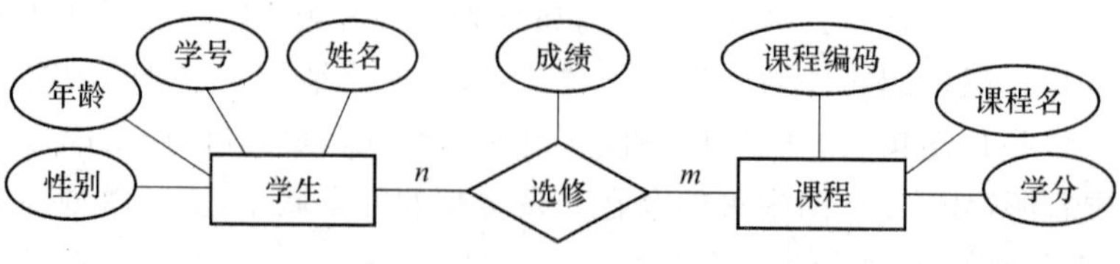

图 6.59　E-R 图

5. 确定数据库的物理结构主要包括三方面内容,即__________、__________

和__________。

6. 将关系 R 中在属性 A 上具有相同值的元组集中存放在连续的物理块上，称为对关系 R 基于属性 A 进行__________。

7. 数据库设计的重要特点之一要把______________设计和______________设计密切结合起来，并以__________________为核心而展开。

8. 数据库设计一般分为如下 6 个阶段：需求分析、________________________、________________________、物理结构设计、数据库实施、数据库运行与维护。

9. 概念结构设计的结果是得到一个与__________________________无关的模型。

10. 在数据库设计中，__________________________是系统各类数据的描述的集合。

三、简答题

1. 数据库设计分为哪几个阶段？每个阶段的主要工作是什么？

2. 在数据库设计中，需求分析阶段的设计目标是什么？调查的内容主要包括哪几个方面？

3. 数据库设计的特点是什么？

4. 什么是数据库的概念结构？试述概念结构设计的步骤。

5. 什么是 E-R 图？构成 E-R 图的基本要素是什么？

6. 用 E-R 图表示概念模式有什么好处？

7. 局部 E-R 图的集成主要解决什么问题？

8. 一个图书馆管理系统中有如下信息。

图书：书号、书名、数量、位置。

借书人：借书证号、姓名、单位。

出版社：出版社名、邮编、地址、电话、E-mail。

其中约定：任何人可以借多种书，任何一种书可以被多个人借，借书和还书时，要登记相应的借书日期和还书日期；一个出版社可以出版多种书籍，同一本书仅为一个出版社所出版，出版社名具有唯一性。

根据以上情况，完成如下设计：(1)设计系统的 E-R 图；(2)将 E-R 图转换为关系模式；(3)指出转换后的每个关系模式的关系键。

9. 有如下运动队和运动会两个方面的实体。

(1) 运动队方面

运动队：队名、教练姓名、队员姓名。

队员：队名、队员姓名、性别、项名。

其中，一个运动队有多个队员，一个队员仅属于一个运动队，一个队有一个教练。

(2) 运动会方面

运动队：队编号、队名、教练姓名。

项目：项目名、参加运动队编号、队员姓名、性别、比赛场地。

其中，一个项目可由多个队参加，一个运动员可参加多个项目，一个项目一个比赛场地。

请完成如下设计：①分别设计运动队和运动会两个局部 E-R 图；②将它们合并为一个全局 E-R 图；③合并时存在什么冲突，你是如何解决这些冲突的？

10. 设一个海军基地要建立一个舰队管理信息系统，它包括如下两个方面的信息。

(1) 舰队方面信息

① 舰队:舰队名称、基地地点、舰艇数量等。

② 舰艇:编号、舰艇名称、舰队名称、舰艇编入舰队日期等。

(2) 舰艇方面信息

① 舰艇:舰艇编号、舰艇名、武器名称等。

② 武器:武器编号、武器名称、武器生产日期、武器被装备日期、武器被使用的舰艇编号等。

③ 官兵:官兵证号、姓名、性别、入伍日期、所属舰艇编号、编入舰艇日期、舰艇官兵数量(数量>=10)等。

其中,一个舰队有多艘舰艇,一艘舰艇属于一个舰队;一艘舰艇安装多种武器,一种武器可安装于多艘舰艇上;一个官兵只属于一艘舰艇。

补充说明:舰艇编队、武器装备是会按形势变化而有所重新调整的。

请完成如下设计:

(1) 综合两方面的信息,设计系统的全局 E-R 图(含属性),注明联系类型;

(2) 将全局 E-R 图转换为关系模式(每个关系模式写成 $R(U,F)$ 形式,其中 R 为关系名属性集,U 为属性集,F 为函数依赖集),要求满足 3NF 范式以上;

(3) 指出转换后的每个关系模式的关系键。

说明:表名、属性名等均可使用汉字来标识,请多注意联系属性的确定。

第7章　SQL Server数据库管理系统*

本章要点

本章主要介绍SQL Server数据库的变迁，对SQL Server较新版本做了介绍，本章重点对SQL Server的Transact-SQL语言做了核心简要介绍，学习掌握Transact-SQL语言是使用好SQL Server数据库系统所必需的。

7.1　微软数据平台的进化

SQL Server数据库系统是微软不断进化着的数据平台，从SQL Server 2000开始，每一版的SQL Server都在技术上有着显著的提升与关注点，如：

SQL Server 2000，技术点是XML、KPI；

SQL Server 2005，技术点是ManagementStudio、镜像；

SQL Server 2008，技术点是“自助BI”，如压缩、基于策略的管理、可编程式访问；

SQL Server 2008 R2，技术点是Power Pivot（内存技术）、SharePoint集成、主数据服务；

SQL Server 2012，走向云端，如AlwaysOn、内存技术、Power View、云等。

SQL Server 2014，伴随云技术和应用的普及，SQL Server 2014版上会更加明显的“云”倾向。主要来看，SQL Server 2014的技术聚焦在：集成内存OLTP技术的数据库产品、关键业务和性能的提升、安全和数据分析以及混合云搭建等方面。

7.1.1　SQL Server 2014新特色

SQL Server 2014在2014年4月正式推出，它是微软最新一代数据库平台工具，支持管理Azure公有云数据。微软SQL Server 2014三大新特性：集成内存OLTP、BI和混合云搭建。微软正式发布SQL Server 2014强调了“数据文化”的重要性——鼓励好奇心、行动力以及实验实践。

微软SQL Server 2014的优势是：集成内存OLTP技术的数据库产品，安全和数据分析强大，以及混合云搭建便捷等。而正是由于SQL Server 2014的诸多新特性，使得Azure在企业混合云实践方面，评价很高。

SQL Server 2014版本包括网络版、标准版、企业版、开发者版、Express版和BI商务智能版等。SQL Server 2014各个版本支持的功能详见：http://msdn.microsoft.com/zh-cn/library/cc645993.aspx。

1. SQL Server 2014 主要功能特色

- 内存 OLTP:提供内置到核心 SQL Server 数据库中的内存 OLTP 功能,以显著提高数据库应用程序的事务速度和吞吐量,内存 OLTP 是随 SQL Server 2014 Engine 一起安装的,无须执行任何其他操作,不必重新编写数据库应用程序或刷新硬件即可提高内存性能。通过内存 OLTP,可以访问 SQL Server 中的其他丰富功能,同时利用内存性能。
- 内存可更新 ColumnStore:为现有 ColumnStore 的数据仓库工作负载提供更高的压缩率、更丰富的查询支持和可更新性,从而能提供更快的加载速度、查询性能、并发性和更低的单位 TB 价格。
- 将内存扩展到 SSD:利用 SSD(Solid State Drive,固态硬盘)将固态存储无缝化和透明化集成到 SQL Server 中,作为对数据库缓冲池的扩展,可进行更强的内存处理并减少磁盘 IO。
- 增强的高可用性:(1)新增 AlwaysOn 功能,可用性出现在支持多达 8 个辅助副本,这些副本随时可供读取,即使发生网络故障时也如此,故障转移群集实例现在支持 Windows群集共享卷,从而提高了共享存储利用率和故障转移复原能力;(2)改进了在线数据库操作,包括单个分区在线索引重建和管理表分区切换的锁定优先级,从而降低了维护停机影响。
- 加密备份:在本地部署和 Windows Azure 中提供备份加密支持。
- IO 资源管理:资源池现在支持为每个卷配置最小和最大 IOPS,从而实现更全面的资源隔离控制。
- 混合方案:(1)SQL Server 备份到 Azure,管理和自动完成将 SQL Server 备份到 Windows Azure 存储(从本地部署和 Windows Azure);(2)Azure 辅助副本 AlwaysOn,轻松将 Windows Azure 中的副本添加到本地部署可用性组中;(3)SQL XI(XStore 集成),支持 Windows Azure 存储 Blob 上的 SQL Server 数据库文件(从本地部署和 Windows Azure);(4)部署向导,轻松将本地部署 SQL Server 数据库部署到 Windows Azure 中。

2. Microsoft SQL Server 2014 Express 正式版介绍

Microsoft SQL Server 2014 Express 是免费的且包含丰富功能的 SQL Server 版本,这些版本是学习、开发和支持桌面、Web 及小型服务器应用程序的理想选择,且非常适合通过 ISV(Independent Software Vendors,独立软件开发商)进行再分发。SQL Server 2014 Express 版本包括 SQL Server 2014 Management Studio 的完整版本。

(1) LocalDB (SqlLocalDB)

LocalDB 是 Express 的一种轻型版本,该版本具备所有可编程性功能,在用户模式下运行,并且具有快速的零配置安装和必备组件要求较少的特点。如果需要通过简单方式从代码中创建和使用数据库,则可使用此版本。此版本可与 Visual Studio 之类的应用程序和数据库开发工具捆绑在一起,也可以与需要本地数据库的应用程序一起嵌入。

(2) Express (SQLEXPR)

Express 版本仅包含 SQL Server 数据库引擎,它最适合需要接受远程连接或以远程方式进行管理的情况。

(3) Express with Tools (SQLEXPRWT)

此程序包包含将 SQL Server 作为数据库服务器进行安装和配置所需的全部内容,其中包括 SQL Server 2014 Management Studio 的完整版本。可根据上述需求来选择 LocalDB 或 Express。

(4) SQL Server Management Studio Express (SQLManagementStudio)

此版本不包含数据库,只包含用于管理 SQL Server 实例(包括 LocalDB、SQL Express、SQL Azure、SQL Server 2012 Management Studio 的完整版本等)的工具。如果已有数据库且只需要管理工具,则可使用此版本。

(5) Express with Advanced Services (SQLEXPRADV)

此程序包包含 SQL Server Express 的所有组件,其中包括 SQL Server 2014 Management Studio 的完整版本。此包的下载大小大于"带有工具"的版本,因为它还同时包含"全文搜索"和 Reporting Services。

支持的操作系统:Windows 7、Windows 7 Service Pack 1、Windows 8、Windows 8.1、Windows Server 2008 R2、Windows Server 2008 R2 SP1、Windows Server 2012 和 Windows Server 2012 R2。

处理器:Intel 兼容的处理器,速度最低为 1 GHz 或更快的处理器。

RAM 内存:对于 SQL Server Express with Tools 和 SQL Server Express with Advanced Services,最少为 512 MB,对于随 SQL Server Express with Advanced Services 一起安装的 Reporting Services,最少为 4 GB。

硬盘空间:建议有 4.2 GB 的磁盘空间。

限制:Microsoft SQL Server Express 支持 1 个物理处理器、1 GB 内存和 10 GB 存储量。

7.1.2 SQL Server 2012 简介

1. 产品概述

作为新一代的数据平台产品,SQL Server 2012 不仅延续现有数据平台的强大能力,全面支持云技术与平台,而且能够快速构建相应的解决方案,实现私有云与公有云之间数据的扩展与应用的迁移。SQL Server 2012 提供对企业基础架构最高级别的支持——专门针对关键业务应用的多种功能与解决方案可以提供最高级别的可用性及性能。在业界领先的商业智能领域,SQL Server 2012 提供了更多更全面的功能以满足不同人群对数据以及信息的需求,包括支持来自不同网络环境的数据交互和全面的自助分析等创新功能。针对大数据以及数据仓库,SQL Server 2012 提供从数 TB 到数百 TB 全面端到端的解决方案。作为微软的信息平台解决方案,SQL Server 2012 的发布,可以帮助数以千计的企业用户突破性地快速实现各种数据体验,完全释放对企业的洞察力。

2. 版本介绍

SQL Server 2012 包含企业版(Enterprise)和标准版(Standard),另外新增了商业智能版(Business Intelligence)。SQL Server 2012 发布时还将包括 Web 版、开发者版本以及精简版(Express 版)。

Microsoft SQL Server Express 是一个功能强大且可靠的免费数据管理系统,它为 lightweight 网站和桌面应用程序提供丰富和可靠的数据存储。此下载具有易于部署以及可以快速设计原型的特点,它包括对 Sysprep(用于 Microsoft Windows 操作系统部署的 Microsoft 的系统准备实用工具)的支持。

SQL Server Express 也分为如下几种类型:(1)LocalDB(MSI 安装程序);(2)Express(仅包含数据库引擎);(3)Express with Tools(带 LocalDB);(4)SQL Server Management Studio Express(仅包含工具);(5)Express with Advanced Services(包含数据库引擎、Express Tools、Reporting Services 和全文搜索)。

3. 系统要求

支持的操作系统:Windows 7、Windows Server 2008 R2、Windows Server 2008 Service Pack 2、Windows Vista Service Pack 2。

32 位硬件系统:具有 Intel 1GHz(或同等性能的兼容处理器)或速度更快的处理器(建议使用 2 GHz 或速度更快的处理器)的计算机

4. 产品优势

- 安全性和高可用性:提高服务器正常运行时间并加强数据保护,无须浪费时间和金钱即可实现服务器到云端的扩展。
- 企业安全性及合规管理:内置的安全性功能及 IT 管理功能,能够在极大程度上帮助企业提高安全性能级别并实现合规管理。
- 安心使用:得益于卓越的服务和技术支持、大量值得信赖的合作伙伴以及丰富的免费工具,用户可以放心使用。
- 快速的数据发现:通过快速的数据探索和数据可视化对成堆的数据进行细致深入的研究,从而能够引导企业提出更为深刻的商业洞见。
- 可扩展的托管式自助商业智能服务:通过托管式自主商业智能、IT 面板及 SharePoint 之间的协作,为整个商业机构提供可访问的智能服务。
- 可靠、一致的数据:针对所有业务数据提供一个全方位的视图,并通过整合、净化、管理帮助确保数据置信度。
- 全方位的数据仓库解决方案:凭借全方位数据仓库解决方案,以低成本向用户提供大规模的数据容量,能够实现较强的灵活性和可伸缩性。
- 根据需要进行扩展:通过灵活的部署选项,根据用户需要实现从服务器到云的扩展。
- 解决方案的实现更为迅速:通过一体机和私有云/公共云产品,降低解决方案的复杂度并有效缩短其实现时间。
- 工作效率得到优化提高:通过常见的工具,针对在服务器端和云端的 IT 人员及开发人员的工作效率进行优化。
- 随心所欲扩展任意数据:通过易于扩展的开发技术,可以在服务器或云端对数据进行任意扩展。

SQL Server 参考网址:http://msdn.microsoft.com/zh-cn/sqlserver/default。

7.2 Transact-SQL 语言

Transact-SQL(T-SQL)是使用 SQL Server 的核心,与 SQL Server 实例通信的所有应用程序都通过将 T-SQL 语句发送到服务器进行通信,而不管应用程序的用户界面如何。T-SQL语言用于管理 SQL Server Database Engine 实例,创建和管理数据库对象,以及插入、检索、修改和删除数据。T-SQL 是按照国际标准化组织(ISO)和美国国家标准协会(ANSI)发布的 SQL 标准定义的语言的扩展。对用户来说,T-SQL 是可以与 SQL Server 数据库管理系统进行交互的唯一语言。掌握 SQL Server 的使用必须很好地掌握 T-SQL。下面简介 T-SQL 语言的基本概念、语法格式、运算符、表达式及基本语句和函数使用等。

7.2.1 语法约定

T-SQL 是使用 SQL Server 的核心,与 SQL Server 实例通信的所有应用程序都通过将 T-SQL语句发送到服务器运行(不考虑应用程序的用户界面)来实现使用 SQL Server 及其数据,应该说认真学习好 T-SQL 是深入掌握 SQL Server 的必经之路。表 7.1 反映出构成 T-SQL的主要内容。

表 7.1　Transact-SQL 元素

SQL 元素	说　明
标识符	表、视图、列、数据库和服务器等对象的名称 标识符的首字母必须是以下两种情况之一:所有在统一码(Unicode)2.0 标准规定的字符,包括 26 个英文字母 a~z 和 A~Z,以及其他一些语言字符,如汉字 标识符首字母后的字符可以是:所有在统一码(Unicode)2.0 标准规定的字符,包括 26 个英文字母 a~z和 A~Z,以及其他一些语言字符,如汉字、下划线“-”、“@”、“$”、“#”或 0,1,2,3,4,5,6,7,8,9。标识符不允许是 T-SQL 的保留字
数据类型	定义数据对象(如列、变量和参数)所包含的数据的类型。大多数 T-SQL 语句并不显式引用数据类型,但它们的结果受语句中所引用对象的数据类型之间的交互操作影响
函数	语法元素,可以接受零个、一个或多个输入值,并返回一个标量值或表格形式的一组值。示例包括将多个值相加的 SUM 函数、确定两个日期之间相差多少个时间单位的 DATEDIFF 函数、获取 SQL Server 实例名称的 @@SERVERNAME 函数或在远程服务器上执行 T-SQL 语句并检索结果集的 OPENQUERY函数
表达式	SQL Server 可以解析为单个值的语法单位。表达式的示例包括常量、返回单值的函数、列或变量的引用
表达式中的运算符	与一个或多个简单表达式一起使用,构造一个更为复杂的表达式。如表达式 PriceColumn * 1.1 中的乘号(*)使价格提高百分之十
注释	插入到 T-SQL 语句或脚本中,用于解释语句作用的文本段,SQL Server 不执行注释
保留关键字	保留下来供 SQL Server 使用的词,不应用作数据库中的对象名

利用 T-SQL 操作 SQL Server 及其数据的各种应用程序至少有:①通用办公效率应用程序;②使用图形用户界面 (GUI)的应用程序,使用户得以选择包含要查看的数据表和列;③使用通用语言语句确定用户要查看数据的应用程序;④将其数据存储于 SQL Server 数据库中的商业应用程序,这些应用程序可以包括供应商编写的应用程序和内部编写的应用程序;⑤使用 sqlcmd 之类的实用工具运行的 T-SQL 脚本;⑥使用 Visual C++或 Visual J++(使用 ADO、OLE DB 以及 ODBC 等数据库 API)之类的开发系统创建的应用程序;⑦从 SQL Server 数据库提取数据的网页;⑧分布式数据库系统,通过此系统将 SQL Server 中的数据复制到各个数据库或执行分布式查询;⑨数据仓库,从联机事务处理(OLTP)系统中提取数据,以及对数据汇总以进行决策支持分析,均可在此数据仓库中进行。下面来具体学习 T-SQL 语言。

1. 语法约定

表7.2列出了T-SQL参考的语法关系图中使用的约定,并进行了说明。

表7.2 T-SQL参考的语法约定

<table>
<tr><th>约　定</th><th>用　于</th></tr>
<tr><td>UPPERCASE(大写)</td><td>T-SQL关键字</td></tr>
<tr><td>Italic</td><td>用户提供的T-SQL语法的参数</td></tr>
<tr><td>Bold(粗体)</td><td>数据库名、表名、列名、索引名、存储过程、实用工具、数据类型名以及必须按所显示的原样键入的文本</td></tr>
<tr><td>下划线</td><td>指示当语句中省略了包含带下划线的值的子句时应用的默认值</td></tr>
<tr><td>|(竖线)</td><td>分隔括号或大括号中的语法项,只能选择其中一项</td></tr>
<tr><td>[ ](方括号)</td><td>可选语法项,不要键入方括号</td></tr>
<tr><td>{ }(大括号)</td><td>必选语法项,不要键入大括号</td></tr>
<tr><td>[,…n]</td><td>指示前面的项可以重复 n 次,每一项由逗号分隔</td></tr>
<tr><td>[…n]</td><td>指示前面的项可以重复 n 次,每一项由空格分隔</td></tr>
<tr><td>[;]</td><td>可选的T-SQL语句终止符,不要键入方括号</td></tr>
<tr><td><label> ::=</td><td>语法块的名称。此约定用于对可在语句中的多个位置使用的过长语法段或语法单元进行分组和标记。可使用的语法块的每个位置由括在尖括号内的标签指示:<label></td></tr>
</table>

2. 多部分名称

除非另外指定,否则,所有对数据库对象名的T-SQL引用将是由四部分组成的名称,格式如下:

```
server_name.[database_name].[schema_name].object_name
| database_name.[schema_name].object_name|schema_name.object_name
| object_name
```

其中,server_name指定链接的服务器名称或远程服务器名称。database_name:如果对象驻留在SQL Server的本地实例中,则指定SQL Server数据库的名称;如果对象在链接服务器中,则database_name将指定OLE DB目录。schema_name:如果对象在SQL Server数据库中,则指定包含对象的架构的名称;如果对象在链接服务器中,则schema_name将指定OLE DB架构名称。object_name:对象的名称。

引用某个特定对象时,明确标识对象为主,而不必总是指定服务器、数据库和架构供SQL Server Database Engine标识该对象。

若要省略中间节点,请使用句点来指示这些位置,表7.3显示了对象名的有效格式。

表7.3 对象名的有效格式

对象引用格式	说　明
server. database. schema. object	4个部分的名称
server. database. . object	省略架构名称
server. . schema. object	省略数据库名称
server. . . object	省略数据库和架构名称
database. schema. object	省略服务器名
database. . object	省略服务器和架构名称
schema. object	省略服务器和数据库名称
object	省略服务器、数据库和架构名称

3. 代码示例约定

除非专门说明，否则，在 T-SQL 参考中提供的示例都已使用 Management Studio 及其以下选项的默认设置进行了测试：ANSI_NULLS、ANSI_NULL_DFLT_ON、ANSI_PADDING、ANSI_WARNINGS、CONCAT_NULL_YIELDS_NULL、QUOTED_IDENTIFIER。

T-SQL 参考中的大多数代码示例都已在运行区分大小写排序顺序的服务器上进行了测试，测试服务器通常运行 ANSI/ISO 1252 代码页。

许多代码示例用字母 N 作为 Unicode 字符串常量的前缀。如果没有 N 前缀，则字符串被转换为数据库的默认代码页，此默认代码页可能不识别某些字符。

提示与技巧：许多代码示例使用分号(;)作为 T-SQL 语句终止符，虽然分号不是必需的，但使用它是一种很好的习惯。

7.2.2 运算符

运算符是一种符号，用来指定要在一个或多个表达式中执行的操作。SQL Server 所使用的运算符类别有：算术运算符、逻辑运算符、赋值运算符、字符串运算符、位运算符、一元运算符、比较运算符、复合运算符、集运算符、作用域解析运算符。

1. 算术运算符

算术运算符对两个表达式执行数学运算，这两个表达式可以是数值数据类型类别的一个或多个数据类型。算术运算符有+(加)、-(减)、*(乘)、/(除)、%(取模)。

%(取模)：返回一个除法运算的整数余数。例如，12 % 5 = 2，这是因为 12 除以 5，余数为 2。加(+)和减(-)运算符也可用于对 datetime 和 smalldatetime 值执行算术运算。

```
SELECT getdate(),getdate()-10,cast((getdate()-cast('2014-08-18' as datetime)) as int),cast
((getdate()-('2014-08-18')) as int) --查询当前日期、10 天前日期、日期间隔天数等
```

2. 逻辑运算符

逻辑运算符对某些条件进行测试，以获得其真实情况。逻辑运算符和比较运算符一样，返回带有 TRUE、FALSE 或 UNKNOWN 值的 Boolean 数据类型，如表 7.4 所示。

表 7.4 逻辑运算符

运算符	含 义
ALL	如果一组的比较都为 TRUE，那么就为 TRUE
AND	如果两个布尔表达式都为 TRUE，那么就为 TRUE
ANY	如果一组的比较中任何一个为 TRUE，那么就为 TRUE
BETWEEN	如果操作数在某个范围之内，那么就为 TRUE
EXISTS	如果子查询包含一些行，那么就为 TRUE
IN	如果操作数等于表达式列表中的一个，那么就为 TRUE
LIKE	如果操作数与一种模式相匹配，那么就为 TRUE
NOT	对任何其他布尔运算符的值取反
OR	如果两个布尔表达式中的一个为 TRUE，那么就为 TRUE
SOME	如果在一组比较中，有些为 TRUE，那么就为 TRUE

3. 赋值运算符

等号(=)是唯一的 T-SQL 赋值运算符。在以下示例中,将创建一个@MyCounter 变量,然后赋值运算符将 @MyCounter 设置为表达式的值(这里为 10)。

```
DECLARE @MyCounter INT; SET @MyCounter = 10;
```

也可以使用赋值运算符在列标题和定义列值的表达式之间建立关系。以下示例显示列标题 FirstColHeading 和 SecondColHeading。在所有行的列标题 FirstColHeading 中均显示字符串"xyz",然后,在 SecondColHeading 列标题中列出来自 Product 表的每个产品 ID。

```
USE AdventureWorks; -- 缺省时使用 AdventureWorks 或 AdventureWorks2012 数据库
SELECT FirstColHeading = 'xyz',SecondColHeading = ProductID FROM Production.Product;
```

提示与技巧:"="号是唯一的赋值运算符,它在条件表达式中又是"等于"比较运算符。

4. 字符串运算符

SQL Server 提供了以下字符串运算符。字符串串联运算符可以将两个或更多字符串或二进制字符串、列或字符串和列名的组合串联到一个表达式中。通配符字符串运算符可匹配字符串比较操作(如 LIKE 或 PATINDEX)中的一个或多个字符。

(1) "+"(字符串串联)为字符串表达式中的运算符,它将两个或多个字符串或二进制字符串、列或字符串和列名的组合串联到一个表达式中(字符串运算符)。

语法:expression + expression

参数 expression 为字符和二进制数据类型类别中的任何一个数据类型的有效表达式,但 image、ntext 和 text 数据类型除外。两个表达式必须具有相同的数据类型,或者其中一个表达式必须能够隐式转换为另一个表达式的数据类型。

在二进制字符串之间串联二进制字符串和任何字符串时,必须显式转换字符数据。

以下示例显示了对于二进制串联,何时必须使用 CONVERT(或 CAST),何时不需要使用 CONVERT(或 CAST)。

```
DECLARE @mybin1 varbinary(5), @mybin2 varbinary(5)
SET @mybin1 = 0xFF  SET @mybin2 = 0xA5
SELECT @mybin1 + @mybin2 -- 两个二进制字符串串联不需要 CONVERT 或 CAST 函数
-- 串联空格与两个二进制字符串就需要 CONVERT 或 CAST 函数
SELECT CONVERT(varchar(5),@mybin1) + ' ' + CONVERT(varchar(5), @mybin2)
-- 使用 CAST 情况
SELECT CAST(@mybin1 AS varchar(5)) + ' ' + CAST(@mybin2 AS varchar(5))
```

(2) "+="(字符串串联)将两个字符串串联起来并将一个字符串设置为运算结果。例如,如果变量 @x 等于"Adventure",则 @x +="Works"会接受 @x 的原始值,将"Works"添加到该字符串中并将 @x 设置为该新值"AdventureWorks"。

语法:expression += expression

参数:expression 为任何字符数据类型的任何有效表达式。

结果类型:返回为变量定义的数据类型。

SET @v1 += 'expression' 等同于 SET @v1 = @v1 + 'expression'。

(3) [ ](通配符——要匹配的字符):匹配指定范围内或者属于方括号所指定的集合中的任意单个字符,可以在涉及模式匹配的字符串比较(如 LIKE 和 PATINDEX)中使用这些通配符。

(4) [^](通配符——无须匹配的字符):匹配不在方括号之间指定的范围或集合内的任何单个字符。

(5) _(通配符——匹配一个字符):匹配涉及模式匹配的字符串比较操作(如 LIKE 和 PATINDEX)中的任何单个字符。

5. 位运算符

位运算符在两个表达式之间执行位操作,这两个表达式可以为整数数据类型类别中的任何数据类型,如表 7.5 所示。位运算符的操作数可以是整数或二进制字符串数据类型类别中的任何数据类型(image 数据类型除外),但两个操作数不能同时是二进制字符串数据类型类别中的某种数据类型,表 7.6 显示所支持的操作数数据类型。

表 7.5　位运算符

运算符	含　义
&(位与)	位与(两个操作数)
|(位或)	位或(两个操作数)
^(位异或)	位异或(两个操作数)

表 7.6　位运算符的操作数要求

左操作数	右操作数
binary	int、smallint 或 tinyint
bit	int、smallint、tinyint 或 bit
int	int、smallint、tinyint、binary 或 varbinary
smallint	int、smallint、tinyint、binary 或 varbinary
tinyint	int、smallint、tinyint、binary 或 varbinary
varbinary	int、smallint 或 tinyint

如 SELECT 12 & 7,12 | 7,12 ^ 7,其查询结果为:4,15,11。

6. 一元运算符

一元运算符只对一个表达式执行操作,该表达式可以是 numeric 数据类型类别中的任何一种数据类型。具体为:"+"(正)表示数值为正;"-"(负)表示数值为负;"~"(位非)表示返回数字的非。其中,"+"(正)和"-"(负)运算符可以用于 numeric 数据类型类别中任一数据类型的任意表达式,"~"(位非)运算符只能用于整数数据类型类别中任一数据类型的表达式。

如 SELECT +(-8),-(-8),~(-8),~8,其查询结果为:-8,8,7,-9。

~8 值的说明:$(8)_{10}=(0000000000001000)_2$,$(\sim 8)_{10}=(1111111111110111)_2=(-9)_{10}$。

7. 比较运算符

比较运算符测试两个表达式是否相同,除了 text、ntext 或 image 数据类型的表达式外,比较运算符可以用于所有的表达式。T-SQL 比较运算符有:=(等于)、>(大于)、<(小于)、>=(大于等于)、<=(小于等于)、<>(不等于)、!=(不等于,非 ISO 标准)、!<(不小于,非 ISO 标准)、!>(不大于,非 ISO 标准)。

具有 Boolean 数据类型的比较运算符的结果,它有 3 个值:TRUE、FALSE 和 UNKNOWN。返回 Boolean 数据类型的表达式称为布尔表达式。如:

```
DECLARE @MyProduct int; SET @MyProduct = 750;
IF (@MyProduct<>0) SELECT ProductID,Name,ProductNumber
FROM Production.Product WHERE ProductID = @MyProduct
```

自己动手:在 SQL Server 集成管理器查询窗口中通过"SELECT 含运算符表达式"形式了解并熟悉各种运算符及其组合的使用情况,如 SELECT 180 * 3.14-100。

8. 复合运算符

复合运算符执行一些运算并将原始值设置为运算的结果。例如,如果变量@x 等于 35,则@x+=2 会在@x 的原始值上加 2 并将@x 设置为该新值 (37)。

```
DECLARE @x1 int = 27;SET @x1 + = 2 ;SELECT @x1 AS Added_2;
```

T-SQL 提供了以下复合运算符:+=(加等于)、-=(减等于)、*=(乘等于)、/=(除等

于)、%=(取模等于)、&=(位与等于)、^=(位异或等于)、|=(位或等于)。

9. 作用域解析运算符

作用域解析运算符(::)提供对复合数据类型的静态成员的访问。复合数据类型是指包含多个简单数据类型和方法的数据类型。下面的示例演示如何使用作用域解析运算符访问hierarchyid类型的GetRoot()成员。

```
DECLARE @hid hierarchyid; SELECT @hid = hierarchyid::GetRoot();
PRINT @hid.ToString();   -- 结果为:/
```

10. 运算符优先级

当一个复杂的表达式有多个运算符时,运算符优先级决定执行运算的先后次序,执行顺序可能对结果值有明显的影响。运算符的优先级别如表7.7所示。在较低级别的运算符之前先对较高级别的运算符进行求值,如:

```
DECLARE @MyNumber int;
SET @MyNumber = 2 * (4 + (5 - 3)); -- 2 * (4 + 2)->2 * 6,结果为12
SELECT @MyNumber;
```

表7.7 运算符的优先级

级 别	运算符
1	~(位非)
2	*(乘)、/(除)、%(取模)
3	+(正)、-(负)、+(加)、+(连接)、-(减)、&(位与)、^(位异或)、|(位或)
4	=、>、<、>=、<=、<>、!=、!>、!<(比较运算符)
5	NOT
6	AND
7	ALL、ANY、BETWEEN、IN、LIKE、OR、SOME
8	=(赋值)

7.2.3 数据类型

在SQL Server中,每个列、局部变量、表达式和参数都具有一个相关的数据类型。数据类型是一种属性,用于指定对象可保存的数据的类型:整数数据、字符数据、货币数据、日期和时间数据、二进制字符串等。

SQL Server提供系统数据类型集,该类型集定义了可与SQL Server一起使用的所有数据类型,还可以在T-SQL或.NET Framework中定义自己的数据类型。别名数据类型基于系统提供的数据类型。用户定义类型从使用.NET Framework支持的编程语言之一创建类的方法和运算符中获取它们的特征。SQL Server提供了数据类型同义词以保持ISO兼容性,SQL Server中的数据类型归纳为下列类别:精确数字、近似数字、日期和时间、字符串、Unicode字符串、二进制字符串和其他数据类型。

精确数字:bigint、decimal、int、numeric、smallint、money、tinyint、smallmoney、bit。

近似数字:float、real。

日期和时间:datetime、smalldatetime、date、datetimeoffset、datetime2、time。

字符串:char、varchar、text。

Unicode 字符串:nchar、ntext、nvarchar。

二进制字符串:binary、varbinary、image。

其他数据类型:cursor、timestamp、hierarchyid、uniqueidentifier、sql_variant、xml、table、空间类型。

在 SQL Server 中,根据其存储特征,某些数据类型被指定为属于下列各组:①大值数据类型,如 varchar(max)、nvarchar(max)和 varbinary(max);②大型对象数据类型,如 text、ntext、image、varchar(max)、nvarchar(max)、varbinary(max)和 xml。

注意:sp_help 返回 −1 作为大值数据类型和 xml 数据类型的长度。

1. 数据类型优先级

当两个不同数据类型的表达式用运算符组合后,数据类型优先级规则指定将优先级较低的数据类型转换为优先级较高的数据类型。如果此转换不是所支持的隐式转换,则返回错误。当两个操作数表达式具有相同的数据类型时,运算的结果便为该数据类型。

SQL Server 对数据类型使用以下优先级顺序:用户定义数据类型(最高)→ sql_variant → xml→ datetimeoffset → datetime2 → datetime → smalldatetime → date → time → float → real → decimal→ money→ smallmoney→ bigint→ int→ smallint→ tinyint→ bit→ ntext→ text→ image→ timestamp→ uniqueidentifier → nvarchar(包括 nvarchar(max))→ nchar → varchar(包括 varchar(max))→ char→ varbinary(包括 varbinary(max))→ binary(最低)。

2. 数据类型转换

在以下情况下,可以转换数据类型。

① 当一个对象的数据移到另一个对象,或两个对象之间的数据进行比较或组合时,数据可能必须从一个对象的数据类型转换为另一个对象的数据类型。

② 将 T-SQL 结果列、返回代码或输出参数中的数据移到某个程序变量中时,必须将这些数据从 SQL Server 系统数据类型转换成该变量的数据类型。

在应用程序变量与 SQL Server 结果集列、返回代码、参数或参数标记之间进行转换时,支持的数据类型转换由数据库 API 定义。

(1) 隐式转换

隐式转换对用户不可见,SQL Server 会自动将数据从一种数据类型转换为另一种数据类型。例如,将 smallint 与 int 进行比较时,在比较之前 smallint 会被隐式转换为 int。GETDATE()隐式转换为日期样式 0,SYSDATETIME()隐式转换为日期样式 21。

(2) 显式转换

显式转换使用 CAST 或 CONVERT 函数,CAST 和 CONVERT 函数可将值(局部变量、列或其他表达式)从一种数据类型转换为另一种数据类型。CAST 函数可将数值 $157.27 转换为字符串“157.27”;如下所示:

```
CAST( $ 157.27 AS VARCHAR(10))
```

如果希望 T-SQL 程序代码符合 ISO 标准,请使用 CAST 而不要使用 CONVERT,如果要利用 CONVERT 中的样式功能,请使用 CONVERT 而不要使用 CAST。

从一个 SQL Server 对象的数据类型转换为另一种数据类型时,某些隐式和显式数据类型转换不受支持。例如,nchar 值无法被转换为 image 值,nchar 只能显式转换为 binary,而不支持隐式转换为 binary,但是,nchar 既可以显式也可以隐式转换为 nvarchar。

当处理 sql_variant 数据类型时,SQL Server 支持将其他数据类型的对象隐式转换为

sql_variant类型,但是,SQL Server 不支持从 sql_variant 数据隐式转换为其他数据类型的对象。

7.2.4 函数

SQL Server 提供了许多内置函数,同时也允许创建用户定义函数。

函数类型分类表见表 7.8。其中最常用的标量函数有:系统函数、聚合函数、数学函数、字符串函数、数据类型转换函数、日期和时间数据类型及函数、文本和图像函数、加密函数、逻辑函数、用户自定义函数等类。函数有确定性与排序规则情况。

表 7.8 函数类型分类表

函 数	说 明
行集函数	返回可在 SQL 语句中像表引用一样使用的对象
聚合函数	对一组值进行运算,但返回一个汇总值
排名函数	对分区中的每一行均返回一个排名值
标量函数	对单一值进行运算,然后返回单一值。只要表达式有效,即可使用标量函数

1. 系统函数

下列系统函数对 SQL Server 中的值、对象和设置进行操作并返回有关信息。它们是:$PARTITION、@@ERROR、@@IDENTITY、@@PACK_RECEIVED、@@ROWCOUNT、@@TRANCOUNT、BINARY_CHECKSUM、CHECKSUM、CONNECTIONPROPERTY、CONTEXT_INFO、CURRENT_REQUEST_ID、ERROR_LINE、ERROR_MESSAGE、ERROR_NUMBER、ERROR_PROCEDURE、ERROR_SEVERITY、ERROR_STATE、FORMATMESSAGE、GETANSINULL、GET_FILESTREAM_TRANSACTION_CONTEXT、HOST_ID、HOST_NAME、ISNULL、ISNUMERIC、MIN_ACTIVE_ROWVERSION、NEWID、NEWSEQUENTIALID、ROWCOUNT_BIG、XACT_STATE 等,举例介绍如下。

(1) @@ERROR:返回执行上一个 T-SQL 语句的错误号。

```
USE AdventureWorks2012;  GO -- 下面省略打开数据库的本命令
UPDATE HumanResources.EmployeePayHistory
SET PayFrequency = 4  WHERE BusinessEntityID = 1;
IF @@ERROR = 547 PRINT N'A check constraint violation occurred.';
```

(2) @@IDENTITY:返回最后插入的标识值的系统函数。

```
INSERT INTO Production.Location (Name, CostRate, Availability, ModifiedDate)
VALUES ('Damaged Goods', 5, 2.5, GETDATE()); GO
SELECT @@IDENTITY AS 'Identity';
```

(3) @@ROWCOUNT:返回受上一语句影响的行数。

```
UPDATE HumanResources.Employee
SET JobTitle = N'Executive' WHERE NationalIDNumber = 123456789
IF @@ROWCOUNT = 0 PRINT 'Warning: No rows were updated';
```

(4) @@TRANCOUNT:返回在当前连接上执行的 BEGIN TRANSACTION 语句的数目。

```
PRINT @@TRANCOUNT
BEGIN TRAN   -- BEGIN TRAN 命令使事务计数器加 1
    PRINT @@TRANCOUNT
```

```
    BEGIN TRAN
        PRINT @@TRANCOUNT
    COMMIT   -- COMMIT 命令使事务计数器减 1
    PRINT @@TRANCOUNT
COMMIT
PRINT @@TRANCOUNT   -- 结果 0 1 2 1 0
```

(5) ERROR_LINE:返回发生错误的行号,该错误导致运行 TRY…CATCH 构造的 CATCH 块。

语法:ERROR_LINE()

(6) ERROR_MESSAGE:返回导致 TRY…CATCH 构造的 CATCH 块运行的错误的消息文本。

语法:ERROR_MESSAGE()

(7) ERROR_NUMBER:返回错误的错误号,该错误会导致运行 TRY…CATCH 结构的 CATCH 块。

语法:ERROR_NUMBER()

(8) ERROR_PROCEDURE:返回发生错误而导致运行 TRY…CATCH 构造的 CATCH 块的存储过程或触发器的名称。

语法:ERROR_PROCEDURE()

(9) ERROR_SEVERITY:返回导致 TRY…CATCH 构造的 CATCH 块运行的错误的严重性。

语法:ERROR_SEVERITY()

(10) ERROR_STATE:返回导致 TRY…CATCH 构造的 CATCH 块运行的错误状态号。

语法:ERROR_STATE()

例 7.1　对 ERROR_LINE 等的使用。

```
BEGIN TRY
    SELECT 1/0;   -- 产生除 0 错误
END TRY
BEGIN CATCH
  SELECT ERROR_NUMBER() AS ErrorNumber,ERROR_SEVERITY() AS ErrorSeverity,
     ERROR_STATE() AS ErrorState,ERROR_PROCEDURE() AS ErrorProcedure,
     ERROR_LINE() AS ErrorLine,ERROR_MESSAGE() AS ErrorMessage;
END CATCH;
```

(11) ISNULL:使用指定的替换值替换 NULL。

语法:ISNULL(check_expression , replacement_value)

例 7.2　将 ISNULL 与 AVG 一起使用,示例查找所有产品的重量平均值。它用值 50 替换 Product 表的 Weight 列中的所有 NULL 项。

```
USE AdventureWorks2012; GO
SELECT AVG(ISNULL(Weight, 50)) FROM Production.Product;
```

2. 聚合函数

聚合函数对一组值执行计算,并返回单个值。除了 COUNT 以外,聚合函数都会忽略空值。聚合函数经常与 SELECT 语句的 GROUP BY 子句一起使用。

所有聚合函数均为确定性函数,这表示任何时候使用一组特定的输入值调用聚合函数,所返回的值都是相同的。有关函数确定性的详细信息,请参阅确定性函数和不确定性函数。O-

VER 子句可以跟在除 GROUPING 和 GROUPING_ID 以外的所有聚合函数的后面。

聚合函数只能在以下位置作为表达式使用:(1)SELECT 语句的选择列表(子查询或外部查询);(2)HAVING 子句。

T-SQL 提供下列聚合函数:AVG、CHECKSUM_AGG、COUNT、COUNT_BIG、GROUPING、GROUPING_ID、MAX、MIN、SUM、STDEV、STDEVP、VAR、VARP 等,具体略。

3. 数学函数

如表 7.9 中的标量函数通常基于作为参数提供的输入值执行计算,并返回一个数值。

表 7.9 T-SQL 的算术函数

函 数	功 能	函 数	功 能
ABS	给定数字表达式的绝对值	PI	PI 的常量值
ASIN	以弧度表示正弦为给定的 float 表达式	LOG10	给定 float 表达式的以 10 为底的对数
ACOS	以弧度表示余弦为给定的 float 表达式	POWER	指定表达式的指定幂的值
ATAN	以弧度表示的正切为给定的 float 表达式	ROUND	数字表达式并四舍五入为指定的长度或精度
ATN2	以弧度表示的角,其正切为两个指定的 float 表达式的商。它也称为反正切函数	RAND	0 到 1 之间的随机 float 值
COS	给定表达式中给定角度的三角余弦值	RADIANS	对于在数字表达式中输入的度数值返回弧度值
COT	给定表达式中指定角度的三角余切值	SIGN	指定表达式的正号(+1)、零(0)或负号(−1)
CEILING	大于或等于所给数字表达式的最小整数	SIN	给定角度的三角正弦值
DEGREES	相应的以度数为单位的角度	SQRT	给定表达式的平方根
EXP	所给的 float 表达式的指数值	SQUARE	给定表达式的平方
FLOOR	小于或等于所给数字表达式的最大整数	TAN	输入表达式的正切值
LOG	给定 float 表达式的自然对数		

算术函数(如 ABS、CEILING、DEGREES、FLOOR、POWER、RADIANS 和 SIGN)返回与输入值相同数据类型的值。三角函数和其他函数(包括 EXP、LOG、LOG10、SQUARE 和 SQRT)将输入值投影到 float 并返回 float 值。除了 RAND 外,所有数学函数都是确定性函数。每次用一组特定输入值调用它们时,所返回的结果相同。仅当指定种子参数时,RAND 才具有确定性,请参阅表 7.9。请类似执行命令:SELECT ABS(−10)、sin(pi()/4)、asin(1.0)、exp(1.0)、log(exp(1.0))、pi()、LOG10(10)、sqrt(SQUARE(3))、rand(),查看执行结果,了解各函数功能。

4. 字符串函数

字符串函数用于对字符和二进制字符串进行各种操作,它们返回对字符数据进行操作后得到的值。以下是这些字符串函数的函数名:ASCII、CHAR、CHARINDEX、CONCAT、DIFFERENCE、FORMAT、LEFT、LEN、LOWER、LTRIM、NCHAR、PATINDEX、QUOTENAME、REPLACE、REPLICATE、REVERSE、RIGHT、RTRIM、SOUNDEX、SPACE、STR、STUFF、SUBSTRING、UNICODE、UPPER,具体略。

5. 数据类型转换函数

在一般情况下,SQL Server 会自动完成数据类型的转换,例如,可以直接将字符数据类型或表达式与 DATETIME 数据类型或表达式比较,当表达式中用了 INTEGER、SMALLINT

或 TINYINT 时,SQL Server 也可将 INTEGER 数据类型或表达式转换为 SMALLINT 数据类型或表达式,这称为隐式转换。如果不能确定 SQL Server 是否能完成隐式转换或者使用了不能隐式转换的其他数据类型,就需要使用数据类型转换函数做显式转换了。

此类函数有 CAST、CONVERT、PARSE、TRY_CAST、TRY_CONVERT、TRY_PARSE。

(1) CAST 函数的语法格式如下:

```
CAST(expression AS data_type [(length)])
```

(2) CONVERT 函数的语法格式如下:

```
CONVERT(data_type[(length)], expression[,style])
```

用 CONVERT 函数的 Style 选项能以不同的格式显示日期和时间。Style 是将 DATETIME 和 SMALLDATETIME 数据转换为字符串时所选用的由 SQL Server 系统提供的转换样式编号,不同的样式编号有不同的格式输出,如表 7.10 所示。

表 7.10　DATETIME 和 SMALLDATETIME 类型数据的转换格式

不带世纪数位(yy)	带世纪数位(yyyy)	标　准	输入/输出
—	0 或 100(*)	默认值	mon dd yyyy hh:miAM(或 PM)
1	101	美国	mm/dd/yyyy
2	102	ANSI	yy. mm. dd
3	103	英国/法国	dd/mm/yy
4	104	德国	dd. mm. yy
5	105	意大利	dd-mm-yy
6	106	—	dd mon yy
7	107	—	mon dd, yy
8	108	—	hh:mm:ss
—	9 或 109(*)	默认值 + 毫秒	mon dd yyyy hh:mi:ss:mmmAM(或 PM)
10	110	美国	mm-dd-yy
11	111	日本	yy/mm/dd
12	112	ISO	Yymmdd
—	13 或 113(*)	欧洲默认值 + 毫秒	dd mon yyyy hh:mm:ss:mmm(24h)
14	114	—	hh:mi:ss:mmm(24h)
—	20 或 120(*)	ODBC 规范	yyyy-mm-dd hh:mm:ss[. fff]
—	21 或 121(*)	ODBC 规范(带毫秒)	yyyy-mm-dd hh:mm:ss[. fff]
…	…	…	…

执行如下 SELECT 命令,体会不同日期格式形式:

```
SELECT convert(varchar(10),getdate(),101)/*美国*/,
convert(varchar(10),getdate(),102)/*ANSI*/,convert(varchar(10),getdate(),110)/*美国*/,
convert(varchar(10),getdate(),120)/*ODBC*/,convert(varchar(10),getdate(),3)/*英国/
法国*/ --显示的日期格式形如:01/26/2006  2006.01.26  01-26-2006  2006-01-26  26/01/06
```

6. 日期和时间数据类型及函数

表 7.11 列出了 T-SQL 的日期和时间数据类型。

表7.11 日期和时间数据类型

数据类型	格 式	范 围	精确度	存储大小(字节)
time	hh:mm:ss[. nnnnnnn]	00:00:00.0000000 到 23:59:59.9999999	100 纳秒	3 到 5
date	YYYY-MM-DD	0001-01-01 到 9999-12-31	1 天	3
smalldatetime	YYYY-MM-DD hh:mm:ss	1900-01-01 到 2079-06-06	1 分钟	4
datetime	YYYY-MM-DD hh:mm:ss[. nnn]	1753-01-01 到 9999-12-31	0.00333 秒	8
datetime2	YYYY-MM-DD hh:mm:ss[. nnnnnnn]	0001-01-01 00:00:00.0000000 到 9999-12-31 23:59:59.9999999	100 纳秒	6 到 8
datetimeoffset	YYYY-MM-DD hh:mm:ss[. nnnnnnn] [+|-]hh:mm	0001-01-01 00:00:00.0000000 到 9999-12-31 23:59:59.9999999(以UTC时间表示)	100 纳秒	8 到 10

(1) 精度较高的系统日期和时间函数:SYSDATETIME()、SYSDATETIMEOFFSET()、SYSUTCDATETIME()。SQL Server 2014 使用 GetSystemTimeAsFileTime() Windows API 来获取日期和时间值,精确程度取决于运行 SQL Server 实例的计算机硬件和 Windows 版本,此 API 的精度固定为 100 纳秒。

(2) 精度较低的系统日期和时间函数:CURRENT_TIMESTAMP、GETDATE()、GETUTCDATE()。

(3) 用来获取日期和时间部分的函数:DATENAME(datepart,date)、DATEPART(datepart,date)、DAY(date)、MONTH(date)、YEAR(date)。

(4) 用来从部件中获取日期和时间值的函数:DATEFROMPARTS(year,month,day)、DATETIME2FROMPARTS(year,month,day,hour,minute,seconds,fractions,precision)、DATETIMEFROMPARTS(year,month,day,hour,minute,seconds,milliseconds)、DATETIMEOFFSETFROMPARTS(year,month,day,hour,minute,seconds,fractions,hour_offset,minute_offset,precision)、SMALLDATETIMEFROMPARTS(year,month,day,hour,minute)、TIMEFROMPARTS(hour,minute,seconds,fractions,precision)。

(5) 用来获取日期和时间差的函数:DATEDIFF(datepart,startdate,enddate)。

(6) 用来修改日期和时间值的函数:DATEADD(datepart,number,date)、EOMONTH(start_date[,month_to_add])、SWITCHOFFSET(DATETIMEOFFSET,time_zone)、TODATETIMEOFFSET(expression,time_zone)。

(7) 用来设置或获取会话格式的函数:@@DATEFIRST、SET DATEFIRST { number | @number_var }、SET DATEFORMAT { format | @format_var }、@@LANGUAGE、SET LANGUAGE { [N] 'language' | @language_var }、sp_helplanguage [[@language =]'language']。

(8) 用来验证日期和时间值的函数:ISDATE(expression)。

日期和时间函数用来操作 DATETIME 和 SMALLDATETIME 等类型的数据。与其他函数一样,可以在 SELECT 语句的 SELECT 和 WHERE 子句以及表达式中使用日期函数,下面举几个例子。

① DAY 函数：DAY 函数返回代表指定日期的天的日期部分的整数。

例 7.3　此示例返回从日期 08/28/2014 中返回的天数。

```
SELECT DAY('08/28/2014') AS '几号'
```

② DATEADD 函数：DATEADD 函数表示在向指定日期加上一段时间的基础上，返回新的 datetime 值。

语法格式：DATEADD(datepart,number,date)

其中参数 datepart 是规定应向日期的哪一部分增加新值的参数。表 7.12 列出了 SQL Server 识别的日期部分和缩写。

表 7.12　日期函数中 datepart 参数的取值

日期部分	缩　写	取值区段
Year	yy，yyyy	1753～9999 年份
Quarter	qq，q	1～4 刻
Month	mm，m	1～12 月
Dayofyear	dy，y	1～366 日
Day	dd，d	1～31 日
Week	wk，ww	1～54 周
Weekday	dw	1～7 周几
Hour	hh	0～23 小时
Minute	mi，n	0～59 分钟
Second	ss，s	0～59 秒
millisecond	ms	0～999 毫秒

③ DATEDIFF 函数：DATEDIFF 函数返回跨两个指定日期的日期和时间边界数。

例 7.4　此示例确定在 pubs 数据库中标题发布日期和当前日期间的天数。

```
USE pubs;SELECT DATEDIFF(day,pubdate,getdate()) AS no_of_days FROM titles
```

④ DATEPART 函数：DATEPART 函数表示返回代表指定日期的指定日期部分的整数。

DATEPART(dd,date)等同于 DAY(date)；DATEPART(mm,date)等同于 MONTH(date)；DATEPART(yy,date)等同于 YEAR(date)。

7. 文本与图像函数

以下标量函数可对文本或图像输入值或列执行操作，并返回有关该值的信息：PATINDEX(见前面介绍)、TEXTPTR、TEXTVALID。

(1) TEXTPTR 函数

TEXTPTR 函数的语法格式：TEXTPTR(column)

返回对应于 varbinary 格式的 text、ntext 或 image 列的文本指针值。检索到的文本指针值可用于 READTEXT、WRITETEXT 和 UPDATETEXT 语句。

(2) TEXTVALID 函数

TEXTVALID 函数的语法格式：TEXTVALID('table.column',text-pointer)。

TEXTVALID 函数用于检查指定的文本指针是否有效。如果有效，则返回 1，无效则返回 0，如果列未赋予初值，则返回 NULL 值。

提示与技巧:text列的标识符必须包含表名。在没有有效的文本指针的情况下,不能使用UPDATETEXT、WRITETEXT或READTEXT。

8. 加密函数

以下函数支持加密、解密、数字签名以及数字签名验证等(具体略)。

对称加密和解密:EncryptByKey、EncryptByPassPhrase、DecryptByKey、DecryptByPassPhrase、Key_ID、Key_GUID。非对称加密和解密:EncryptByAsmKey、DecryptByAsmKey、EncryptByCert、DecryptByCert、Cert_ID、AsymKey_ID、CertProperty。签名和签名验证:SignByAsymKey、VerifySignedByAsmKey、SignByCert、VerifySignedByCert。含自动密钥处理的对称解密:DecryptByKeyAutoCert。加密哈希运算:HASHBYTES。复制证书:CERTENCODED、CERTPRIVATEKEY。

9. 逻辑函数

以下标量函数执行逻辑运算。

(1) CHOOSE函数:在SQL Server中从值列表返回指定索引处的项。

语法:CHOOSE(index,val_1,val_2[,val_n])

例7.5 从所提供的值列表中返回第三项。

```
SELECT CHOOSE(3,'Manager','Director','Developer','Tester') AS Result;
```

结果是:Developer

(2) IIF函数:在SQL Server中,根据布尔表达式计算为true还是false,返回其中一个值。

语法:IIF(boolean_expression,true_value,false_value)

```
DECLARE @a int = 45, @b int = 40;
SELECT IIF(@a>@b, 'TRUE', 'FALSE' ) AS Result;    -- 结果是:TRUE
```

10. 用户自定义函数

在SQL Server和Windows Azure SQL Database中创建用户定义函数。用户定义函数是接受参数、执行操作(如复杂计算)并将操作结果以值的形式返回T-SQL或公共语言运行时(CLR)的例程,返回值可以是标量(单个)值或表。

使用CREATE FUNCTION语句创建可通过以下方式使用的重复使用的例程:(1)在T-SQL语句(如SELECT)中;(2)在调用该函数的应用程序中;(3)在另一个用户定义函数的定义中;(4)用于参数化视图或改进索引视图的功能;(5)用于在表中定义列;(6)用于为列定义CHECK约束;(7)用于替换存储过程。

在SQL Server中用户自定义函数作为一个数据库对象来管理,可以在Management Studio查询窗口中利用T-SQL命令来创建(CREATE FUNCTION)、修改(ALTER FUNCTION)和删除(DROP FUNCTION)它。

例7.6 自定义函数举例:

```
CREATE FUNCTION dbo.DaysBetweenDates(@D1 datetime,@D2 datetime) RETURNS INT
    AS BEGIN RETURN  (SELECT cast((@d2-@d1) as int)) END      -- 定义
Go  -- 如下命令为使用
SELECT dbo.DaysBetweenDates(getdate(),cast('2016-01-28' as datetime))
```

自己动手: 掌握函数只有多实践,能查阅了解其参数个数、次序与类型,并利用SELECT命令针对不同参数值测试函数值来具体掌握各函数的使用。

7.2.5 变量

T-SQL局部变量是可以保存单个特定类型数据值的对象。批处理和脚本中的变量通常用于:①作为计数器计算循环执行的次数或控制循环执行的次数;②保存数据值以供控制流语句测试;③保存存储过程返回代码要返回的数据值或函数返回值。

某些 T-SQL 系统函数的名称以两个@符号(@@)开头。在 SQL Server 的早期版本中,@@functions 被称为全局变量,在 SQL Server 2005 中不再这样认为。因为它们不具备变量的行为,它们的语法遵循函数的规则,为此@@functions 被称为是系统函数。当然使用@@functions 时,它们具有全局变量的某些特性。

SQL Server 提供以下语句来声明和设置局部变量:Declare @local_variable、SET @local_variable、SELECT @local_variable。下面做进一步介绍。

(1) DECLARE @local_variable

变量是在批处理或过程的主体中用 DECLARE 语句声明的,并用 SET 或 SELECT 语句赋值。游标变量可使用此语句声明,并可用于其他与游标相关的语句。除非在声明中提供值,否则声明之后所有变量将初始化为 NULL。语法:

```
DECLARE {{ @local_variable [AS] data_type|[ = value]}|{@cursor_variable_name CURSOR}
        }[,…n]|{@table_variable_name [AS] <table_type_definition>}
```

例 7.7 使用名为 @find 的局部变量检索所有姓氏以 Man 开头的联系人信息。

```
USE AdventureWorks2012; GO
DECLARE @find varchar(30);
/* 也可以直接定义并赋值: DECLARE @find varchar(30) = 'Man%'; */
SET @find = 'Man%';
SELECT p.LastName, p.FirstName, ph.PhoneNumber
FROM Person.Person AS p
JOIN Person.PersonPhone AS ph ON p.BusinessEntityID = ph.BusinessEntityID
WHERE LastName LIKE @find;
```

DECLARE 语句创建 3 个局部变量,并将每个变量初始化为 NULL。

```
DECLARE @LastName nvarchar(30),@FirstName nvarchar(20),@State nchar(2)
```

(2) SET @local_variable

将先前使用 DECLARE @local_variable 语句创建的指定局部变量设置为指定值。语法:

```
SET { @local_variable[.{ property_name | field_name }] = {expression| udt_name {.|::} method_
name }}|{ @SQLCLR_local_variable.mutator_method}
    |{ @local_variable{ += | -= | *= | /= | %= | &= | ^= | |= } expression}
    |{ @cursor_variable ={ @cursor_variable | cursor_name
        | { CURSOR [ FORWARD_ONLY | SCROLL ]
            [ STATIC | KEYSET | DYNAMIC | FAST_FORWARD ]
            [ READ_ONLY | SCROLL_LOCKS | OPTIMISTIC ][ TYPE_WARNING ]
        FOR select_statement [FOR {READ ONLY |UPDATE [ OF column_name[ ,…n ]]}]
          } } }
```

变量常用在批处理或过程中,作为 WHILE、LOOP 或 IF…ELSE 块的计数器。变量只能用在表达式中,不能代替对象名或关键字。若要构造动态 SQL 语句,请使用 EXECUTE。局部变量的作用域是其被声明时所在的批处理。

例 7.8 本例脚本创建一个小的测试表并向其填充 26 行。脚本使用变量来执行下列 3 个操作:①通过控制循环执行的次数来控制插入的行数;②提供插入整数列的值;③作为表达式一部分生成插入字符列的字母的函数。

```
CREATE TABLE TestTb(cola int, colb char(3)) -- 创建表
DECLARE @MyCounter int; /* 定义变量 */  SET @MyCounter = 0 /* 初始化变量 */
WHILE ( @MyCounter < 26)  -- 使用变量控制循环次数
```

```
BEGIN -- 自动生成列值并插入行到表
  INSERT INTO TestTb VALUES(@MyCounter,CHAR((@MyCounter + ASCII('a'))))
  SET @MyCounter = @MyCounter + 1   -- 循环控制变量加1
END
```

例 7.9 下面的批处理声明两个变量、为它们赋值并在 SELECT 语句的 WHERE 子句中予以使用:

```
USE Northwind  -- 如下定义两个变量
DECLARE @FirstNameVariable nvarchar(20),@RegionVariable nvarchar(30)
SET @FirstNameVariable = N'Anne'; SET @RegionVariable = N'WA' -- 设置值
SELECT LastName,FirstName,Title FROM Employees  -- 在 WHERE 子句中使用变量
WHERE FirstName = @FirstNameVariable OR Region = @RegionVariable
```

(3) SELECT @local_variable

指定使用 DECLARE @local_variable 创建的指定局部变量应设置为指定表达式。

要分配变量,建议使用 SET @local_variable 而不是 SELECT @local_variable。

语法:SELECT {@local_variable{ = | += |-= | *= |/= | %= |&= |^= | |= }expression }[,…n][;]

例 7.10 在此批处理中将@EmpIDVariable 设置为返回的最后一行的 EmployeeID 值,此值为 1。

```
USE Northwind; DECLARE @EmpIDVariable int
SELECT @EmpIDVariable = EmployeeID FROM Employees ORDER BY EmployeeID DESC
SELECT @EmpIDVariable
```

7.2.6 表达式

符号和运算符的一种组合,SQL Server 数据库引擎将处理该组合以获得单个数据值。简单表达式可以是一个常量、变量、列或标量函数。可以用运算符将两个或更多的简单表达式连接起来组成复杂表达式。语法:

```
{ constant|scalar_function|[table_name.]column |variable
    |(expression)|(scalar_subquery) |{unary_operator } expression
    |expression{ binary_operator }expression
    |ranking_windowed_function | aggregate_windowed_function }
```

说明如表 7.13 所示。

表 7.13 表达式语法说明表

术 语	定 义
constant	表示单个特定数据值的符号。constant 是一个或多个字母数字字符(字母 a～z、A～Z 和数字 0～9),也可以是符号(感叹号(!)、@符号、井号(#)等)。字符和日期时间值要用引号括起来,但二进制字符串和数字常量可以不用引号
scalar_function	一个 T-SQL 语法单元,用于提供特定服务并返回单个值。scalar_function 可以是内置标量函数(如 SUM、GETDATE 或 CAST 函数),也可以是标量用户定义函数
[table_name.]	表的名称或别名
Column	列的名称。在表达式中只允许有列的名称,不能指定由四部分组成的名称
local_variable	用户定义变量的名称。有关详细信息,请参阅 DECLARE @local_variable
(expression)	本主题中定义的任意一个有效表达式。括号是分组运算符,用于确保先运算括号内表达式中的运算符,然后再将结果与别的表达式组合

续 表

术　语	定　义
(scalar_subquery)	返回一个值的子查询。如 SELECT MAX(UnitPrice) FROM Products
{unary_operator}	只有一个数字操作数的运算符:“+”指示正数,“-”指示负数,“~”指示一的补数运算符。一元运算符只能用于计算结果数据类型属于数字数据类型类别的表达式
{binary_operator}	用于定义如何组合两个表达式以得到一个结果的运算符。binary_operator 可以是算术运算符、赋值运算符(=)、位运算符、比较运算符、逻辑运算符、字符串连接运算符(+)或一元运算符
ranking_windowed_function	任意 T-SQL 排名函数
Aggregate_windowed_unction	任意包含 Transact-SQLOVER 子句的聚合函数

如果没有支持的隐式或显式转换,则两个表达式将无法组合。

7.2.7　控制流

T-SQL 提供被称为控制流语言的特殊关键字,用于控制 T-SQL 语句、语句块和存储过程的执行流,这些关键字可用于临时 T-SQL 语句、批处理和存储过程中。

不使用控制流语言,则各 T-SQL 语句按其出现的顺序分别执行。控制流语言使用与程序设计相似的构造使语句得以互相连接、关联和相互依存。

当需要 T-SQL 进行某种操作时,这些控制流关键字非常有用。例如,当在一个逻辑块中包含多个 T-SQL 语句时,请使用 BEGIN…END 语句对。使用 IF…ELSE 语句对的情况是:IF(如果)满足某条件,则执行某些语句或语句块;而如果不满足此条件(ELSE 条件),则执行另一条语句或语句块。控制流语句不能跨越多个批处理或存储过程。

T-SQL 控制流语言关键字包括 BEGIN…END、IF…ELSE、CASE(表达式)、WHILE、CONTINUE、BREAK、WAITFOR、GOTO label、RETURN、THROW 和 TRY…CATCH 等。

以下是流程控制语句基本语法格式及使用的简单介绍。

1. BEGIN … END

BEGIN … END 语句用于将多个 T-SQL 语句组合为一个逻辑块。当控制流语句执行一个包含两条或两条以上 T-SQL 语句的语句块时,可以使用 BEGIN 和 END 语句。BEGIN 和 END 是控制流语言的关键字。语法格式:

```
BEGIN
    { 命令行 | 程序块 }          -- 或 {sql_statement | statement_block}
END
```

BEGIN 和 END 语句必须成对使用,BEGIN 或 END 语句均不能单独使用。BEGIN 语句行后为 T-SQL 语句块,最后,END 语句行指示语句块结束。BEGIN…END 语句块允许嵌套。

BEGIN 和 END 语句主要用于下列情况:①WHILE 循环需要包含语句块;②CASE 表达式的元素需要包含语句块;③IF 或 ELSE 子句需要包含语句块。

例 7.11　在本例中,BEGIN 和 END 定义一系列一起执行的 T-SQL 语句。如果没有包括 BEGIN…END 块,IF 条件仅使 ROLLBACK TRANSACTION 执行,而不返回打印信息。

```
USE pubs
CREATE TRIGGER deltitle ON titles FOR DELETE       -- 创建删除触发器
AS IF (SELECT COUNT( * ) FROM deleted,sales WHERE sales.title_id = deleted.title_id)>0
```

```
BEGIN
    ROLLBACK TRANSACTION; PRINT 'You can not delete a title with sales.'
END
```

2. IF…ELSE

IF…ELSE 的语法格式如下:

```
IF <条件表达式> {<命令行>|<程序块>}
[ELSE {<命令行>|<程序块>}]
```

IF 语句用于条件的测试,结果流的控制取决于是否指定了可选的 ELSE 语句。

(1) 指定 IF 而无 ELSE:IF 语句取值为 TRUE 时,执行 IF 语句后的语句或语句块;IF 语句取值为 FALSE 时,跳过 IF 语句后的语句或语句块。

(2) 指定 IF 并有 ELSE:IF 语句取值为 TRUE 时,执行 IF 语句后的语句或语句块,然后控制跳到 ELSE 语句后的语句或语句块之后的点;IF 语句取值为 FALSE 或 NULL 时,跳过 IF 语句后的语句或语句块,而执行 ELSE 语句后的语句或语句块。

例 7.12 下面的示例显示带有语句块的 IF 条件。如果 DB 原理书的平均价格不低于 15 元,那么就显示文本"DB 原理书的总价等于或高于 15 元";否则显示"书价不正确!"。

```
USE pubs
IF (SELECT AVG(price) FROM titles WHERE title = 'DB 原理')< 15
BEGIN PRINT '书价不正确!' END
ELSE  PRINT 'DB 原理书的总价等于或高于 15 元'
```

3. CASE 表达式

CASE 表达式计算条件列表并返回多个可能结果表达式之一(严格来说 CASE 不是控制流语句)。CASE 表达式具有两种格式:①简单 CASE 函数将某个表达式与一组简单表达式进行比较以确定结果;②CASE 搜索函数计算一组布尔表达式以确定结果。

两种格式都支持可选的 ELSE 参数。CASE 的语法格式为:

格式 1:

```
CASE <运算式>
    WHEN <运算式> THEN <运算式>
    …
    WHEN <运算式> THEN <运算式>
    [ELSE <运算式> ]
END
```

该语句的执行过程是:将 CASE 后面表达式的值与各 WHEN 子句中的表达式的值进行比较,如果二者相等,则返回 THEN 后的表达式的值,然后跳出 CASE 语句,否则返回 ELSE 子句中的表达式的值。ELSE 子句是可选项,当 CASE 语句中不包含 ELSE 子句时,如果所有比较失败,CASE 语句将返回 NULL。

例 7.13 从学生表 *S* 中,选取 SNO、SEX,如果 SEX 为"男"则输出"M",如果为"女"则输出"F"。

```
USE jxgl
SELECT SNO,SEX = CASE SEX
                    WHEN '男' THEN 'M'
                    WHEN '女' THEN 'F'
                 END
FROM S
```

格式 2：

```
CASE
    WHEN <条件表达式> THEN <运算式>
    …
    WHEN <条件表达式> THEN <运算式>
    ELSE <运算式>
END
```

该语句的执行过程是：首先测试 WHEN 后的表达式的值，如果其值为真，则返回 THEN 后面的表达式的值；否则测试下一个 WHEN 子句中的表达式的值，如果所有 WHEN 子句后的表达式的值都为假，则返回 ELSE 后表达式的值；如果在 CASE 语句中没有 ELSE 子句，则 CASE 表达式返回 NULL。

提示与技巧：CASE 命令可以嵌入到 T-SQL 命令中，如 SELECT 命令。

例 7.14 从 SC 表中查询所有同学选课成绩情况，凡成绩为空者输出“缺考”，小于 60 分的输出“不及格”，60 分至 70 分输出“及格”，70 分至 90 分输出“良好”，大于或等于 90 分的输出“优秀”。

```
SELECT SNO,CNO,SCORE =
       CASE
         WHEN SCORE IS NULL THEN '未考'
         WHEN SCORE <60 THEN '不及格'
         WHEN SCORE BETWEEN 60 AND 69 THEN '及格'
         WHEN SCORE BETWEEN 70 AND 89 THEN '良好'
         WHEN SCORE > = 90 THEN '优秀'
       END
FROM SC
```

自己动手： 不使用 CASE 表达式，是否能实现例 7.13 和例 7.14？可以尝试通过 IF 条件语句或自定义函数实现之。

4. WHILE(含 CONTINUE、BREAK 语句)

只要指定的条件为真，则 WHILE 语句重复语句或语句块。BREAK 语句退出最内层 WHILE 循环，CONTINUE 语句重新开始 WHILE 循环。如果没有其他行可以处理，则程序可能执行 BREAK 语句，如果要继续执行代码，则可执行 CONTINUE 语句。

WHILE(含 CONTINUE、BREAK 语句)的语法格式如下：

```
WHILE <条件表达式>
BEGIN
   { <命令行> | <程序块> }
   [ BREAK ]
   { <命令行> | <程序块> }
   [ CONTINUE ]
   { <命令行> | <程序块> }
END
```

例 7.15 判断是否有员工的奖金(规定工资的 30%为奖金)少于 300，如果有，则将所有员工的工资增加 500，直到所有员工的奖金都多于 300 或有员工的工资超过了 3000(运行本例需先创建含 SALARY 属性的表 EMPLOYEE)。

```
WHILE EXISTS(SELECT * FROM EMPLOYEE WHERE SALARY * 0.3<300)
BEGIN
    UPDATE EMPLOYEE SET SALARY = SALARY + 500
    IF (SELECT MAX(SALARY) FROM EMPLOYEE) > 3000 BREAK
```

```
    ELSE CONTINUE
END
```

5. WAITFOR

在达到指定时间或时间间隔之前,或者指定语句至少修改或返回一行之前,阻止执行批处理、存储过程或事务。

```
WAITFOR { DELAY 'time_to_pass' | TIME 'time_to_execute'
  | [(receive_statement)|(get_conversation_group_statement)][,TIMEOUT timeout] }
```

WAITFOR 命令用来暂时停止程序执行,直到所设定的等待时间已过或所设定的时间已到才继续往下执行。其中,“时间”必须为 DATETIME 类型的数据,但不能包括日期。

各关键字含义如下:①DELAY 用来设定等待的时间,最多可达 24 小时;②TIME 用来设定等待结束的时间点。

例 7.16 在两小时的延迟后执行存储过程 sp_helpdb。

```
BEGIN WAITFOR DELAY '02:00';  EXECUTE sp_helpdb; END;
```

6. GOTO label

GOTO 命令用来改变程序执行的流程,使程序跳到标有标识符的指定的程序行再继续往下执行。作为跳转目标的标识符可为数字与字符的组合,但必须以“:”结尾。在 GOTO 命令行,标识符后不必跟“:”。GOTO 语句的语法格式如下:

```
<标识符>:
    { <命令行> | <程序块> }
    GOTO <标识符>
```

7. RETURN

从查询或过程中无条件退出。RETURN 的执行是即时且完全的,可在任何时候用于从过程、批处理或语句块中退出。RETURN 之后的语句是不执行的。

语法:`RETURN [integer_expression]`

RETURN 命令用于结束当前程序的执行,返回到上一个调用它的程序或其他程序。在括号内可指定一个返回值,如果没有指定返回值,SQL Server 系统会根据程序执行的结果返回一个内定值,如:

0	程序执行成功	-1	找不到对象	-2	数据类型错误
-3	死锁	-4	违反权限原则	-5	语法错误
-6	用户造成的一般错误	-7	资源错误	-8	非致命的内部错误
-9	已达到系统的极限	-10,-11	致命的内部不一致错误	-12	表或指针破坏
-13	数据库破坏	-14	硬件错误		

8. THROW

引发异常,并将执行转移到 SQL Server 2014 中 TRY…CATCH 构造的 CATCH 块。

语法:
```
THROW [{error_number|@local_variable},
      {message|@local_variable },{state|@local_variable}][;]
```

以下示例演示如何使用 THROW 语句引发异常。

```
THROW 51000, 'The record does not exist.', 1;
```

下面是结果集:

```
Msg 51000, Level 16, State 1, Line 1
The record does not exist.
```

9. TRY…CATCH

对 T-SQL 实现与 Microsoft Visual C# 和 Microsoft Visual C++语言中的异常处理类似的错误处理。T-SQL 语句组可以包含在 TRY 块中,如果 TRY 块内部发生错误,则会将控制传递给 CATCH 块中包含的另一个语句组。语法：

```
BEGIN TRY
     { sql_statement| statement_block }
END TRY
BEGIN CATCH
     [{sql_statement| statement_block}]
END CATCH [;]
```

例 7.17　显示 TRY…CATCH 块在事务内的工作方式。TRY 块内的语句会生成违反约束的错误。

```
BEGIN TRANSACTION;
BEGIN TRY
    DELETE FROM Production.Product   --产生一个完整性错误
    WHERE ProductID = 980;
END TRY
BEGIN CATCH
  SELECT ERROR_NUMBER() AS ErrorNumber,ERROR_SEVERITY() AS ErrorSeverity
    ,ERROR_STATE() AS ErrorState,ERROR_PROCEDURE() AS ErrorProcedure
    ,ERROR_LINE() AS ErrorLine,ERROR_MESSAGE() AS ErrorMessage;
  IF @@TRANCOUNT>0 ROLLBACK TRANSACTION;
END CATCH;
IF @@TRANCOUNT > 0 COMMIT TRANSACTION;
```

10. 其他命令

(1) EXECUTE

EXECUTE 命令用来执行 T-SQL 批中的命令字符串、字符串或执行下列模块之一：系统存储过程、用户定义存储过程、标量值用户定义函数或扩展存储过程。

SQL Server 2005 扩展了 EXECUTE 语句，以使其可用于向链接服务器发送传递命令，此外，还可以显式设置执行字符串或命令的上下文，语法如下。

① 执行存储过程或函数：[{ EXEC | EXECUTE }]{ [@return_status =]{ module_name [;number] | @module_name_var } [[@parameter =] { value| @variable [OUTPUT] |[DEFAULT] }][,…n][WITH RECOMPILE]} [;]

② 执行字符串命令：{ EXEC | EXECUTE } ({@string_variable|[N]'tsql_string' } [+ …n])[AS { LOGIN | USER } = ' name '][;]

③ 向链接服务器发送传递命令：{ EXEC | EXECUTE }({ @string_variable | [N] 'command_string' } [+ …n] [{, { value | @variable [OUTPUT] } } […n]])[AS { LOGIN | USER } = ' name '][AT linked_server_name][;]

(2) KILL

KILL 命令用于终止某一过程的执行。

语法：KILL {spid | UOW} [WITH STATUSONLY]

(3) PRINT

PRINT 命令用于向客户端返回用户定义消息。

语法：PRINT msg_str | @local_variable | string_expr

(4) RAISERROR

RAISERROR 命令用于生成错误消息并启动会话的错误处理。

(5) 数据定义语言

数据定义语言(DDL)是用于定义SQL Server中的数据结构的语句,使用这些语句可以创建、更改或删除SQL Server实例中的数据结构。SQL Server中数据定义语言(DDL)主要有ALTER语句、CREATE语句、DISABLE TRIGGER、DROP语句、ENABLE TRIGGER、TRUNCATE TABLE和UPDATE STATISTICS。

(6) 数据操作语言

数据操作语言(DML)是用于检索和使用SQL Server 2014中的数据的词汇,使用这些语句可以从SQL Server数据库添加、修改、查询或删除数据。下面只列出了SQL Server使用的 主要DML语句:BULK INSERT、SELECT、DELETE、UPDATE、INSERT、UPDATETEXT、MERGE、WRITETEXT和READTEXT。

7.2.8 事务语句

事务是单个工作单元。如果某一事务成功,则在该事务中进行的所有数据修改均会提交,成为数据库中的永久组成部分。如果事务遇到错误且必须取消或回滚,则所有数据修改均被清除。SQL Server以下列事务模式运行。

自动提交事务:每条单独的语句都是一个事务。

显式事务:每个事务均以BEGIN TRANSACTION语句显式开始,以COMMIT或ROLLBACK语句显式结束。

隐式事务:在前一个事务完成时新事务隐式启动,但每个事务仍以COMMIT或ROLLBACK语句显式完成。

批处理级事务:只能应用于多个活动结果集(MARS),在MARS会话中启动的T-SQL显式或隐式事务变为批处理级事务,当批处理完成时没有提交或回滚的批处理级事务自动由SQL Server进行回滚。

SQL Server提供以下事务语句:BEGIN DISTRIBUTED TRANSACTION、ROLLBACK TRANSACTION、BEGIN TRANSACTION、ROLLBACK WORK、COMMIT TRANSACTION、SAVE TRANSACTION和COMMIT WORK。

7.2.9 批处理

批处理是包含一个或多个T-SQL语句的组,从应用程序一次性地发送到SQL Server进行执行,因此可以节省系统开销。SQL Server将批处理的语句编译为一个可执行单元,称为执行计划,批处理的结束符为"GO"。

1. GO

向SQL Server实用工具发出一批T-SQL语句已结束的信号。

语法:GO [count]

参数:count为一个正整数,代表GO之前的批处理将执行指定的次数。

2. 关于注释

在T-SQL中可使用两类注释符:①ANSI标准的注释符"--"用于单行注释;②与C语言相同的程序注释符号,即"/*……*/","/*"用于程序注释开头,"*/"用于程序注释结尾,可以将程序中多行文字标示为注释。

例 7.18　批中的注释没有最大长度限制，一条注释可以包含一行或多行，下面是一些有效注释的示例。

```
USE AdventureWorks;
-- 单行注释.
SELECT EmployeeID,Title FROM HumanResources.Employee;
GO
/* 多行注释的第一行
  多行注释的第二行   */
SELECT Name,ProductNumber,Color FROM Production.Product;
-- 在调试 T-SQL 命令时使用注释
SELECT ContactID, /* FirstName, */ LastName FROM Person.Contact;
-- 在代码行后使用注释
UPDATE Production.Product SET ListPrice = ListPrice * 0.9; -- 降低价格,赢得市场
```

自己动手：利用控制流语句，编写完成简单功能的批处理，领略 T-SQL 编程能力。

7.2.10　游标

Microsoft SQL Server 语句产生完整的结果集（查询得到的完整的结果集称为游标），但有时候最好对结果进行逐行处理。打开结果集中的游标，即可对结果集进行逐行处理。可以将游标分配给具有 cursor 数据类型的变量或参数。

T-SQL 游标主要用于存储过程、触发器和 T-SQL 脚本中，它们使结果集的内容可用于其他 T-SQL 语句。在存储过程或触发器中使用 T-SQL 游标的典型过程为：①声明 T-SQL 变量包含游标返回的数据，为每个结果集列声明一个变量，声明足够大的变量来保存列返回的值，并声明变量的类型为可从列数据类型隐式转换得到的数据类型；②使用 DECLARE CURSOR语句将 T-SQL 游标与 SELECT 语句相关联，另外，DECLARE CURSOR 语句还定义游标的特性，如游标名称以及游标是只读还是只进；③使用 OPEN 语句执行 SELECT 语句并填充游标；④使用 FETCH INTO 语句提取单个行，并将每列中的数据移至指定的变量中，然后，其他 T-SQL 语句可以引用那些变量来访问提取的数据值，T-SQL 游标不支持提取行块。⑤使用 CLOSE 语句结束游标的使用，关闭游标可以释放某些资源，如游标结果集及其对当前行的锁定，但如果重新发出一个 OPEN 语句，则该游标结构仍可用于处理。由于游标仍然存在，此时还不能重新使用该游标的名称。DEALLOCATE 语句则完全释放分配给游标的资源，包括游标名称，释放游标后，必须使用 DECLARE 语句来重新生成游标。

下面举个例子来说明 T-SQL 游标的使用。

例 7.19　使用嵌套游标生成报表并输出。

本例显示如何嵌套游标以生成复杂的报表，为每个供应商声明内部游标。

```
Use AdventureWorks; SET NOCOUNT ON;
DECLARE @vendor_id int,@vendor_name nvarchar(50),@msg varchar(80),@product nvarchar(50)
PRINT '-------- 供应商产品报告 --------'
DECLARE vendor_cursor CURSOR FOR SELECT VendorID, Name FROM Purchasing.Vendor WHERE PreferredVen-
dorStatus = 1 ORDER BY VendorID -- 定义外层游标
OPEN vendor_cursor                       -- 打开外层游标
FETCH NEXT FROM vendor_cursor INTO @vendor_id,@vendor_name -- 提取游标记录
WHILE @@FETCH_STATUS = 0                   -- 若提取成功则循环
BEGIN
    PRINT ' ';SELECT @msg = '----- 产品供应商为:' + @vendor_name;PRINT @msg
```

```
    DECLARE pr_cursor CURSOR FOR -- 基于外层游标所指向的供应商号定义内游标
      SELECT v.Name FROM Purchasing.ProductVendor pv, Production.Product v
      WHERE pv.ProductID = v.ProductID AND pv.VendorID = @vendor_id   -- 来自外游标的变量值
    OPEN pr_cursor                              -- 打开内部游标
    FETCH NEXT FROM pr_cursor INTO @product -- 取内部游标的下一个
    IF @@FETCH_STATUS <> 0 PRINT '          <<None>>'
    WHILE @@FETCH_STATUS = 0    -- 若提取成功循环
    BEGIN
        SELECT @msg = '          ' + @product; PRINT @msg
        FETCH NEXT FROM pr_cursor INTO @product -- 取内部游标的下一个
    END
    CLOSE pr_cursor; DEALLOCATE pr_cursor        -- 关闭内部游标并释放资源
    FETCH NEXT FROM vendor_cursor INTO @vendor_id,@vendor_name -- 取下一个
END
CLOSE vendor_cursor;DEALLOCATE vendor_cursor -- 关闭外部游标,并释放资源
```

自己动手: 检验本例,并对 S、SC、C 表实现类似功能,分行显示学生名及其各选修课程名。

7.3 小 结

本章主要介绍了 SQL Server 数据库系统的变迁及 SQL Server 的核心 Transact-SQL 语言。在 SQL Server 下,通过企业管理器、查询分析器或 SQL Server Management Studio 等界面交互操作及 Transact-SQL 语言等,可以完成如数据库、数据表、存储过程、视图、触发器、约束和默认等多种数据库对象的管理工作(包括创建、修改、查看和删除等)。

显然,Transact-SQL 语言是学好 SQL Server 的基础,而全面深入地使用好某种版本 SQL Server 还需在实际工作中逐步积累来实现。

习 题

1. 计算下列表达式的值。

① ABS(-5.5)+SQRT(16) * SQUARE(2)

② ROUND(456.789,2)-ROUND(345.678,-2)

③ SUBSTRING(REPLACE('北京大学','北京','清华'),3,2)

④ 计算今天距离 2028 年 8 月 1 日,还有多少年,多少月,多少日?

2. 使用 WHILE 语句求 1～100 之间的累加和,并输出结果。

3. 用 T-SQL 流程控制语句编写程序,求两个数的最大公约数和最小公倍数。

4. 用 T-SQL 流程控制语句编写程序,求斐波那契数列中小于 100 的所有数(斐波那契数列 1,2,3,5,8,13,…)。

5. 定义一个用户标量函数,用以实现判断并返回 3 个数中的最大数。

6. 请写出实现下面查询操作的 T-SQL 语句:从 SQL Server 实例数据库 AdventureWorks 中,查询出销售商品编号(ProductNumber)为 BK-M68B-42 的雇员的姓名(LastName 和 First-

Name)(模仿 7.2.10 节中的游标程序实现本操作)。

7. 在自己的计算机上安装 SQL Server 2005、2008、2012 或 2014 的某个版本。

8. 安装 SQL Server 的示例数据库和示例。

9. 操作并认识 SQL Server Management Studio 窗体界面。

10. 通过 SQL Server 联机丛书查阅 SQL Server 具有的新特点与新功能。

第8章　XML应用基础*

本章要点

XML是一种可扩展标记语言，主要被设计用来传输和存储数据。XML已经成为Internet上数据表示和数据交换的事实标准，有着广泛的应用前景。本章主要简单介绍XML的基本知识，包括XML的节点、标签、元素、属性、XML文档操作、XML数据库和XML数据的XQuery查询操作等，而XML的基本概念及其基本操作将是本章重点。

8.1　XML的基本知识

8.1.1　XML简介

1. 什么是XML

XML是可扩展标记语言(EXtensible Markup Language)的英文缩写，XML是一种标记语言，很类似HTML，XML的设计宗旨是传输、存储数据，而非显示数据，XML标签没有被预定义，使用者需要自行定义标签，XML被设计为具有自我描述性。XML是World Wide Web Consortium(W3C，http://www.w3.org)开发Web标准的国际组织的推荐标准，XML是于1998年2月10日成为W3C的推荐标准的。XML是独立于软件和硬件的信息传输或存储工具。

XML与HTML一样都是SGML(Standard Generalized Markup Language，标准通用标记语言)的一个子集。XML语言主要包含3个要素：Schema(模式)、XSL(eXtensible Stylesheet Language，可扩展样式语言)和XLL(eXtensible Link Language，可扩展链接语言)。其中，Schema规定了XML文件的逻辑结构，定义了XML文件中的元素、元素的属性以及元素和元素的属性之间的关系；XSL是用于规定XML文档样式的语言；XLL将进一步扩展目前Web上已有的简单链接。XML是可扩展的、平台无关的、支持国际化的标记语言，可以很轻松地表示结构化数据和半结构化数据。

XML是SGML的一部分，是SGML的一种特殊形式。XML也称为原语言，是一种能创造语言的语言，XML是Internet上的“世界语”，它为不同的应用程序之间进行数据交换提供了一个公用的平台。XML只负责数据的保存和传输，而不负责这些数据的显示，它实现了信息的数据与样式的分离。XML缩短了人和计算机之间的逻辑距离，它还是一种人和机器都能理解的语言。

2. XML 与 HTML 的主要差异

XML 与 HTML 的主要差异有以下几个方面。

(1) XML 不是 HTML 的替代,而是并存或互补关系。

(2) XML 和 HTML 为不同的目的而设计:①XML 被设计为传输和存储数据,其焦点是数据的内容;②HTML 被设计用来显示数据,其焦点是数据的外观与呈现。

(3) HTML 旨在显示信息,而 XML 旨在传输、存储信息。

3. XML 是不作为的

XML 是不作为的,是没有任何行为的,也许这有点难以理解,但是 XML 不会做任何事情。XML 被设计用来结构化、存储以及传输信息,它并不具备常见语言的基本功能——被计算机识别并运行。只有依靠另一种语言,来解释它,使它达到想要的效果或被计算机所接受。下面是 John 写给 George 的便签,存储为 XML:

```
<note>
  <to>George</to>
  <from>John</from>
  <heading>Reminder</heading>
  <body>Don't forget the meeting! </body>
</note>
```

这个标签有标题以及留言,它也包含了发送者和接受者的信息。但是,这个 XML 文档仍然没有做任何事情,它仅仅是包装在 XML 标签中的纯粹的信息。需要编写软件或者程序,才能传送、接收和显示出这个文档,为此,XML 是没有任何行为的。

XML 没什么特别的,它仅仅是纯文本而已。有能力处理纯文本的软件都可以处理 XML。不过,能够读懂 XML 的应用程序可以有针对性地处理 XML 的标签,标签的功能性意义依赖于应用程序的特性。

4. 通过 XML 可以发明自己的标签

上例中的标签没有在任何 XML 标准中定义过(如 <to> 和 <from>),这些标签是由文档的创作者发明的,这是因为 XML 没有预定义的标签。

在 HTML 中使用的标签(以及 HTML 的结构)是预定义的,HTML 文档只使用在 HTML 标准中定义过的标签(如<p>、<h1>等)。XML 允许创作者定义自己的标签和自己的文档结构。

5. XML 无所不在

当看到 XML 标准突飞猛进的开发进度,以及大批的软件开发商采用这个标准的日新月异的速度时,真的是不禁感叹这真是令人叹为观止。目前,XML 在 Web 中起到的作用不会亚于一直作为 Web 基石的 HTML。XML 无所不在,XML 是各种应用程序之间进行数据传输的最常用的工具,并且在信息存储和描述领域变得越来越流行。

8.1.2　XML 的用途

XML 应用于 Web 开发的许多方面,常用于简化数据的存储和共享。XML 的用途主要有以下几个方面。

1. XML 把数据从 HTML 分离

如果需要在 HTML 文档中显示动态数据,那么每当数据改变时将花费大量的时间来编辑 HTML。通过 XML,数据能够存储在独立的 XML 文件中,这样就可以专注于使用 HTML

进行布局和显示,并确保修改底层数据时不再需要对 HTML 进行任何的改变。通过使用几行 JavaScript,就可以读取一个外部 XML 文件,然后更新 HTML 中的数据内容。

2. XML 简化数据共享

在真实的世界中,计算机系统和数据使用不兼容的格式来存储数据。XML 数据以纯文本格式进行存储,因此提供了一种独立于软件和硬件的数据存储方法,这让创建不同应用程序可以共享的数据变得更加容易。

3. XML 简化数据传输(或交换)

通过 XML,可以在不兼容的系统之间轻松地交换数据。对开发人员来说,其中一项最费时的挑战一直是在因特网上的不兼容系统之间的交换数据。由于可以通过各种不兼容的应用程序来读取数据,以 XML 交换数据降低了这种复杂性。

4. XML 简化平台的变更

升级到新的系统(硬件或软件平台),总是非常费时的,必须转换大量的数据,不兼容的数据经常会丢失。XML 数据以文本格式存储,这使得 XML 在不损失数据的情况下,更容易扩展或升级到新的操作系统、新应用程序或新的浏览器。

5. XML 使数据更有用

由于 XML 独立于硬件、软件以及应用程序,XML 使数据更可用,也更有用。

不同的应用程序都能够便捷地访问数据,不仅仅在 HTML 页中,也可以从 XML 数据源中进行访问。通过 XML,数据可供各种阅读设备使用(手持的计算机、语音设备、新闻阅读器等),还可以供盲人或其他残障人士使用。

6. XML 用于创建新的 Internet 语言

很多新的 Internet 语言是通过 XML 创建的,其中的例子包括:

- XHTML——最新的 HTML 版本。
- WSDL——用于描述可用的 Web Service(Web 服务)。
- WAP 和 WML——用于手持设备的标记语言。
- RSS——用于 RSS feed 的语言。
- RDF 和 OWL——用于描述网络资源和本体。
- SMIL——用于描述针对 Web 的多媒体,如定义图形等。
- XML Schema——用于定义 XML 的结构和数据类型。
- XSLT——用来转换 XML 数据。
- SOAP——用来交换应用程序之间的 XML 数据。
- XPath 和 XQuery——用来访问 XML 数据。

XML 应用主要还可以分为两种类型:文档型和数据型。常见具体 XML 应用有以下几个方面。

① 自定义 XML+XSLT=>HTML,最常见的文档型应用之一。XML 存放整个文档的 XML 数据,然后 XSLT 将 XML 转换、解析,结合 XSLT 中的 HTML 标签,最终成为 HTML 显示在浏览器上。典型的例子就是 CSDN 上的帖子。

② XML 作为微型数据库,这是最常见的数据型应用之一。我们利用相关的 XML API(MSXML DOM、JAVA DOM 等)对 XML 进行存取和查询。留言板的实现中,就经常可以看到用 XML 作为数据库。在新版本的传统数据库系统中,XML 往往成为了一种新的 XML 数据类型,和“传统”相对的就是一种新形态的数据库,完全以 XML 相关技术为基础的数据库系

统。目前比较知名的有 eXist、Tamino、Timber、Natix、Sedna、BaseX 和 pureXML 等。

③ 作为信息传递的载体，为什么说是载体呢？因为这些应用虽然还是以 XML 为基本形态，但是都已经发展出具有特定意义的格式形态。最典型的就是 Web Service，将数据包装成 XML 来传递，但是这里的 XML 已经有了特定的规格，即 SOAP。这里还不得不说 AJAX，在 AJAX 应用中，相信也有一部分的应用是以自定义 XML 为数据，不过没有成为工业标准。

④ 应用程序的配置信息数据。最典型的就是 J2EE 配置 Web 服务器时用的 web.xml，这个应用估计是很容易理解的了。我们只要将需要的数据存入 XML，然后在我们的应用程序运行载入，根据不同的数据，做相应的操作。

总之，XML 是一种抽象的语言，它不如传统的程序语言那么具体，要深入的认识它，应该先从它的应用入手。

8.1.3　XML 树结构

XML 文档形成了一种树结构，它从“根部”开始，然后扩展到“枝叶”。

1. 一个 XML 文档实例

XML 使用了简单的具有自我描述性的语法：

```
<?xml version="1.0" encoding="ISO-8859-1"?>
<note>
  <to>George</to>
  <from>John</from>
  <heading>Reminder</heading>
  <body>Don't forget the meeting! </body>
</note>
```

第一行是 XML 声明，它定义 XML 的版本(1.0)和所使用的编码(ISO-8859-1＝Latin-1/西欧字符集)。下一行描述文档的根元素(像在说：“本文档是一个便签”)：<note>。接下来 4 行描述根的 4 个子元素(to，from，heading 以及 body)：

```
<to>George</to>
<from>John</from>
<heading>Reminder</heading>
<body>Don't forget the meeting! </body>
```

最后一行定义根元素的结尾：</note>。

从本例可以设想，该 XML 文档包含了 John 给 George 的一张便签。

XML 具有出色的自我描述性，你认同吗？

2. XML 文档形成一种树结构

XML 文档必须包含根元素，该元素是所有其他元素的父元素。

XML 文档中的元素形成了一棵文档树，这棵树从根部开始，并扩展到树的最底端。

所有元素均可拥有子元素：

```
<root>
  <child>
    <subchild>…</subchild>
  </child>
</root>
```

父、子以及同胞等术语用于描述元素之间的关系。父元素拥有子元素，相同层级上的子元素成为同胞(兄弟或姐妹)。所有元素均可拥有文本内容和属性(类似 HTML 中)。

图8.1表示下面的XML中的一棵文档树：

```
<bookstore>
<book category="COOKING">
  <title lang="en">Everyday Italian</title>
  <author>Giada De Laurentiis</author>
  <year>2005</year>
  <price>30.00</price>
</book>
<book category="CHILDREN">
  <title lang="en">Harry Potter</title>
  <author>J K. Rowling</author>
  <year>2005</year>
  <price>29.99</price>
</book>
<book category="WEB">
  <title lang="en">Learning XML</title>
  <author>Erik T. Ray</author>
  <year>2003</year>
  <price>39.95</price>
</book>
</bookstore>
```

例子中的根元素是<bookstore>，文档中的所有<book>元素都被包含在<bookstore>中。<book>元素有4个子元素：<title>、<author>、<year>和<price>。

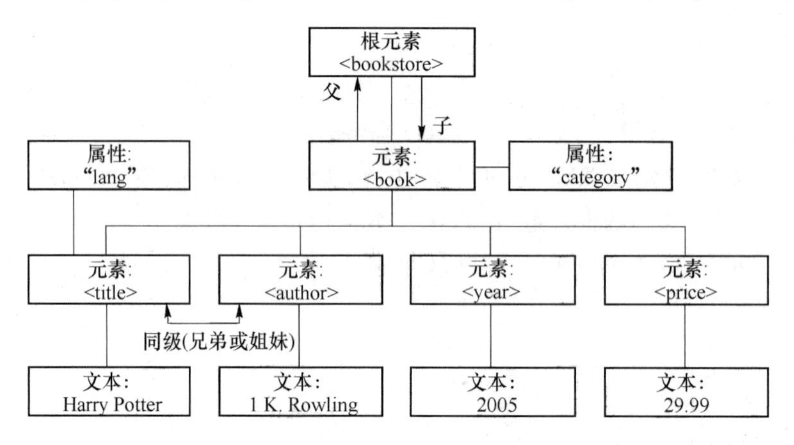

图8.1 XML树形结构

8.1.4 XML语法规则

XML的语法规则很简单，且很有逻辑。这些规则很容易学习，也很容易使用。

1. 所有XML元素都需有关闭标签

在HTML，经常会看到没有关闭标签的元素：

```
<p>This is a paragraph
<p>This is another paragraph
```

在XML中，省略关闭标签是非法的，所有元素都必须有关闭标签：

```
<p>This is a paragraph</p>
<p>This is another paragraph</p>
```

注释：也许已经注意到XML声明(XML第1行)没有关闭标签，这不是错误。声明不属于 XML 本身的组成部分，它不是 XML 元素，也不需要关闭标签。

2. XML 标签对大小写敏感

XML 元素使用 XML 标签进行定义，XML 标签对大小写敏感。在 XML 中，标签<Letter>与标签<letter>是不同的，必须使用相同的大小写来编写打开标签和关闭标签：

```
<Message>这是错误的。</message>
<message>这是正确的。</message>
```

注释：打开标签和关闭标签通常被称为开始标签和结束标签。

3. XML 必须正确地嵌套

在 HTML 中，常会看到没有正确嵌套的元素：<b><i>This text is bold and italic</b></i>

在 XML 中，所有元素都必须彼此正确地嵌套：<b><i>This text is bold and italic</i></b>

在上例中，正确嵌套的意思是：由于<i>元素是在<b>元素内打开的，那么它必须在<b>元素内关闭。

4. XML 文档必须有根元素

XML 文档必须有一个元素是所有其他元素的父元素，该元素称为根元素，如下的<root>：

```
<root>
  <child>
    <subchild>…</subchild>
  </child>
</root>
```

5. XML 的属性值须加引号

与 HTML 类似，XML 也可拥有属性（名称/值的对）。在 XML 中，XML 的属性值须加引号。请研究下面的两个 XML 文档，第一个是错误的，第二个是正确的。

```
<note date = 08/08/2008>
  <to>George</to>
  <from>John</from>
</note>
```

```
<note date = "08/08/2008">
  <to>George</to>
  <from>John</from>
</note>
```

在第一个文档中的错误是，<note>元素中的 date 属性没有加引号。

6. 实体引用(<,>,',",&)

在 XML 中，一些字符拥有特殊的意义。

如果把字符“<”放在 XML 元素中，会发生错误，这是因为解析器会把它当作新元素的开始，这样会产生 XML 错误：

```
<message>if salary < 1000 then</message>
```

为了避免这个错误，请用一个实体引用来代替“<”字符：

```
<message>if salary &lt; 1000 then</message>
```

在 XML 中，有表 8.1 所示的 5 个预定义的实体引用。

表 8.1　预定义的实体引用

实　体	特殊字符	字符名
<	<	小于
>	>	大于
&	&	和号
'	'	单引号
"	"	引号

注释：在 XML 中，只有字符"<"和"&"确实是非法的。大于号是合法的，但是用实体引用来代替它是一个好习惯。

7. XML 中的注释

在 XML 中编写注释的语法与 HTML 的语法很相似，格式：<! -- 注释内容 -- >

如：<! -- This is a comment -- >

8. XML 中的空格会被保留

HTML 会把多个连续的空格字符裁减为一个：

HTML： Hello my   name is David.

输出： Hello my name is David.

在 XML 中，文档中的空格不会被删节。

9. XML 以 LF 存储换行

在 Windows 应用程序中，换行通常以一对字符来存储：回车符(CR)和换行符(LF)。这对字符与打字机设置新行的动作有相似之处。在 Unix 应用程序中，新行以 LF 字符存储，而 Macintosh 应用程序使用 CR 来存储新行。

8.1.5 XML 元素

XML 文档包含 XML 元素。

1. 什么是 XML 元素

XML 元素指的是从(且包括)开始标签直到(且包括)结束标签的部分。

元素可包含其他元素、文本或者两者的混合物，元素也可以拥有属性。

```
<bookstore>
<book category="CHILDREN">
  <title>Harry Potter</title>
  <author>J K. Rowling</author>
  <year>2005</year>
  <price>29.99</price>
</book>
<book category="WEB">
  <title>Learning XML</title>
  <author>Erik T. Ray</author>
  <year>2003</year>
  <price>39.95</price>
</book>
</bookstore>
```

在上例中，<bookstore>和<book>都拥有元素内容，因为它们包含了其他元素。<author>只有文本内容，因为它仅包含文本。在上例中，只有<book>元素拥有属性(category="CHILDREN")。

2. XML 命名规则

XML 元素必须遵循以下命名规则：①名称可以含字母、数字以及其他字符；②名称不能以数字或者标点符号开始；③名称不能以字符"xml"(或者 XML、Xml)开始；④名称不能包含空格；⑤可使用任何名称，没有保留的字词。

3. 最佳命名习惯

① 使名称具有描述性，使用下划线的名称也很不错。

② 名称应当比较简短，如<book_title>，而不是<the_title_of_the_book>。

③ 避免"-"字符，如果按照这样的方式进行命名："first-name"，一些软件会认为你需要提取第一个单词。

④ 避免"."字符，如果按照这样的方式进行命名："first. name"，一些软件会认为"name"是对象"first"的属性。

⑤ 避免":"字符，冒号会被转换为命名空间来使用(稍后介绍)。

⑥ XML 文档经常有一个对应的数据库，其中的字段会对应 XML 文档中的元素。有一个实用的经验，即使用数据库的名称规则来命名 XML 文档中的元素。

⑦ 非英语的字母(如 é,ò,á)也是合法的 XML 元素名，不过需要留意当软件开发商不支持这些字符时可能出现的问题。

4. XML 元素是可扩展的(增加新元素)

XML 元素是可扩展的，以携带更多的信息。请看下面这个 XML 例子：

```
<note>
  <to>George</to>
  <from>John</from>
  <body>Don't forget the meeting! </body>
</note>
```

让我们设想一下，创建了一个应用程序，可将<to>、<from>以及<body>元素提取出来，并产生以下的输出：

```
MESSAGE
To: George
From: John
Don't forget the meeting!
```

想象一下，之后这个 XML 文档作者又向这个文档添加了一些额外的信息：

```
<note>
  <date>2008-08-08</date>
  <to>George</to>
  <from>John</from>
  <heading>Reminder</heading>
  <body>Don't forget the meeting! </body>
</note>
```

那么这个应用程序会中断或崩溃吗？不会。这个应用程序仍然可以找到 XML 文档中的<to>、<from>以及<body>元素，并产生同样的输出。XML 的优势之一，就是可以经常在不中断应用程序的情况下进行扩展。

8.1.6 XML 属性

XML 元素可以在开始标签中包含属性，类似 HTML。XML 属性(Attribute)提供关于元素的额外信息。

1. XML 属性

从 HTML，你会回忆起<img src="computer. gif">，"src"属性提供有关<img>元素的额外信息。在 HTML 中(以及在 XML 中)，属性提供有关元素的额外信息，如：

```
<img src = "computer.gif">
<a href = "demo.asp">
```

属性通常提供不属于数据组成部分的信息。在下面的例子中，文件类型与数据无关，但是对需要处理这个元素的软件来说却很重要。

```
<file type="gif">computer.gif</file>
```

XML属性必须加引号(单/双引号,如果属性值本身包含双引号,那么使用实体引用,或者可以使用单引号包围它)

属性值必须被引号包围,不过单引号和双引号均可使用。例如,一个人的性别,person标签可以写为<person sex="female"> 或者也可以写为<person sex='female'>。

注释:如果属性值本身包含双引号,那么有必要使用单引号包围它,如:

```
<gangster name='George "Shotgun" Ziegler'>
```

或者可以使用实体引用:

```
<gangster name="George &quot;Shotgun&quot; Ziegler">
```

2. XML元素与属性的使用对比

请看如下示例:

```
<person sex="female">
  <firstname>Anna</firstname>
  <lastname>Smith</lastname>
</person>
<person>
  <sex>female</sex>
  <firstname>Anna</firstname>
  <lastname>Smith</lastname>
</person>
```

在第一个例子中,sex是一个属性,在第二个例子中,sex则是一个子元素,两个例子均可提供相同的信息。

没有什么规矩可以告诉我们什么时候该使用属性,而什么时候该使用子元素。一般的经验是在HTML中,属性用起来很便利,但是在XML中,应该尽量避免使用属性。如果信息感觉起来很像数据,那么请使用子元素。

再看个示例(哪种方式相对好呢?),下面3个XML文档包含完全相同的信息:

第1个例子中使用了date属性:

```
<note date="08/08/2008">
  <to>George</to>
  <from>John</from>
  <heading>Reminder</heading>
  <body>Don't forget the meeting! </body>
</note>
```

第2个例子中使用了date元素:

```
<note>
  <date>08/08/2008</date>
  <to>George</to>
  <from>John</from>
  <heading>Reminder</heading>
  <body>Don't forget the meeting! </body>
</note>
```

第3个例子中使用了扩展的date元素(这是相对好的):

```
<note>
  <date>
    <day>08</day>
```

```
    <month>08</month>
    <year>2008</year>
  </date>
  <to>George</to>
  <from>John</from>
  <heading>Reminder</heading>
  <body>Don't forget the meeting! </body>
</note>
```

3. 尽量避免使用 XML 属性(尽量使用 XML 元素)

因使用属性而会引起一些问题如下：(1)属性无法包含多个值(子元素可以)；(2)属性无法描述树结构(子元素可以)；(3)属性不易扩展(为未来的变化)；(4)属性难以阅读和维护。

请尽量使用元素来描述数据，而仅仅使用属性来提供与数据无关的信息。

这不是 XML 应该被使用的方式，而是滥用了属性：

```
<note day="08" month="08" year="2008" to="George" from="John" heading="Reminder" body="Don't forget the meeting!">
</note>
```

4. 针对元数据的 XML 属性(有关数据的数据)

有时候会向元素分配 ID 引用，这些 ID 索引可用于标识 XML 元素，它起作用的方式与 HTML 中 ID 属性是一样的。这个例子正好演示了这种情况：

```
<messages>
  <note id="501">
    <to>George</to>
    <from>John</from>
    <heading>Reminder</heading>
    <body>Don't forget the meeting! </body>
  </note>
  <note id="502">
    <to>John</to>
    <from>George</from>
    <heading>Re: Reminder</heading>
    <body>I will not</body>
  </note>
</messages>
```

上面的 ID 仅仅是一个标识符，用于标识不同的便签，它并不是便签数据的组成部分。

在此极力想传递的理念是：元数据(有关数据的数据)应当存储为属性，而数据本身应当存储为元素。

8.2　XML 文档基本操作

XML 文档基本操作一般包括创建、查看、显示、读取、更新和传输等。把相关的 XML 文档放在一个目录下，利用文件系统来管理，提供查询、更改和增删操作。为更好地支持 XML，W3C 还制定了一些相关技术，如文档模式(DTD、XML Schema)、查询语言(XPath、XQuery 等)和编程接口(DOM、SAX 等)，来方便开发应用程序。将 XML 文档载入数据库时，会经过一个 XML 数据解析器。目前的数据解析器一般提供 SAX(Simple API for XML)和 DOM(Document Object Model)两种方式。SAX 和 DOM 是针对 XML 文档的两种不同的应用程序编程接口 API，其他常用解析方式还有 JDOM 和 DOM4J 等。

8.2.1 创建XML文件

通常,我们是在数据库中存储数据的。不过,如果希望数据的可移植性更强,就可以把数据存储到XML文件中,来看一个真实的由表单数据保存到XML文件的例子。下面的HTML表单(customers.htm)要求用户输入名字、国籍以及电子邮件地址。随后这些信息会被写到一个XML文件,以便存储。

```
<html>
<body><form action = "saveForm.asp" method = "post">
  <h1>请输入您的联系信息:</h1>
  <label>名字: </label><p><input type = "text" id = "firstName" name = "firstName"></p>
  <label>姓氏: </label><p><input type = "text" id = "lastName" name = "lastName"></p>
  <label>国家: </label><p><input type = "text" id = "country" name = "country"></p>
  <label>邮件: </label><p><input type = "text" id = "email" name = "email"></p>
  <p><input type = "submit" id = "btn_sub" name = "btn_sub" value = "Submit"><input type = "re-
set" id = "btn_res" name = "btn_res" value = "Reset"></p>
</form></body>
</html>
```

用于以上HTML表单的Action被设置为“saveForm.asp”。“saveForm.asp”文件是一个ASP页面,可循环遍历表单域,并把它们的值存储在一个XML文件中。

```
<% dim xmlDoc
  dim rootEl,fieldName,fieldValue,attID, p,i
  On Error Resume Next '如果有错误发生,不允许程序终止
  Set xmlDoc = server.CreateObject("Microsoft.XMLDOM")
  xmlDoc.preserveWhiteSpace = true
  Set rootEl = xmlDoc.createElement("customer") '创建并向文档添加根元素
  xmlDoc.appendChild rootEl
  for i = 1 To Request.Form.Count  '循环遍历 Form 集
    if instr(1,Request.Form.Key(i),"btn_") = 0 then  '除去表单中的 button 元素
      '创建 field 和 value 元素,以及 id 属性
      Set fieldName = xmlDoc.createElement("field")
      Set fieldValue = xmlDoc.createElement("value")
      Set attID = xmlDoc.createAttribute("id")
      attID.Text = Request.Form.Key(i)  '把当前表单域的名称设置为 id 属性的值
      fieldName.setAttributeNode attID  '把 id 属性添加到 field 元素
      fieldValue.Text = Request.Form(i)  '把当前表单域的值设置为 value 元素的值
      rootEl.appendChild fieldname  '将 field 元素作为根元素的子元素进行添加
      fieldName.appendChild fieldValue '将 value 元素作为 field 元素的子元素进行添加
    end if
  next
  '添加 XML processing instruction,并把它加到根元素之前
  Set p = xmlDoc.createProcessingInstruction("xml","version = '1.0'")
  xmlDoc.insertBefore p,xmlDoc.childNodes(0)
  xmlDoc.save "c:\Customer.xml" '保存 XML 文件
  set xmlDoc = nothing  '释放所有的对象引用
  set rootEl = nothing
  set fieldName = nothing
  set fieldValue = nothing
  set attID = nothing
  set p = nothing
```

```
  '测试是否有错误发生
  if err.number<>0 then  response.write("Error: No information saved.")
  else  response.write("Your information has been saved.")  end if
%>
```

XML 文件(Customer.xml)会由上面的代码生成,大致的样子是这样的:

```
<? xml version="1.0" ? >
<customer>
  <field id="firstName">
    <value>David</value>
  </field>
  <field id="lastName"> <value>Smith</value></field>
  <field id="country"> <value>China</value></field>
  <field id="email"> <value>mymail@myaddress.com</value></field>
</customer>
```

8.2.2 查看 XML 文件

在所有的现代浏览器中,可查看原始的 XML 文件,打开 XML 文件,XML 文档将显示为代码颜色化的根以及子元素。通过点击元素左侧的加号或减号,可以展开或收起元素的结构。如需查看不带有"+"和"-"符号的源代码,请从浏览器菜单中选择"查看源代码"。

```
  <?xml version="1.0" encoding="ISO-8859-1" ?>
  <!--  Edited with XML Spy v2007 (http://www.altova.com)  -->
- <breakfast_menu>
  - <food>
      <name>Belgian Waffles</name>
      <price>$5.95</price>
      <description>two of our famous Belgian Waffles with plenty of real maple syrup</description>
      <calories>650</calories>
    </food>
  - <food>
      <name>Strawberry Belgian Waffles</name>
      <price>$7.95</price>
      <description>light Belgian waffles covered with strawberries and whipped cream</description>
      <calories>900</calories>
    </food>
  + <food>
  + <food>
  - <food>
      <name>Homestyle Breakfast</name>
      <price>$6.95</price>
      <description>two eggs, bacon or sausage, toast, and our ever-popular hash browns</description>
      <calories>950</calories>
    </food>
  </breakfast_menu>
```

图 8.2 来自餐馆的早餐菜单(存储为 XML 数据)

注释:在 Netscape、Opera 以及 Safari 中,仅仅会显示元素文本,要查看原始的 XML,请右击页面,然后选择"查看源代码"。

由于 XML 文档不会携带有关如何显示数据的信息,XML 标签由 XML 文档的作者"发明",浏览器无法确定像<table>这样一个标签究竟描述一个 HTML 表格还是一个餐桌。在没有任何有关如何显示数据的信息的情况下,大多数的浏览器都会把 XML 文档显示为源代码。实际上,可以使用 CSS、XSL、JavaScript 以及 XML 数据岛等方法来解决 XML 数据如何显示的问题。

8.2.3 使用 XSLT 显示 XML

通过使用 XSLT(eXtensible Stylesheet Language Transformations),可以向 XML 文档添加显示信息。使用 XSLT 显示 XML,XSLT 是首选的 XML 样式表语言,XSLT 远比 CSS 更加完善。使用 XSLT 的方法之一是在浏览器显示 XML 文件之前,先把它转换为 HTML。具体见如下两文件。

Simplexsl. xml(部分):

```
<?xml version = "1.0" encoding = "ISO-8859-1"? >
<?xml-stylesheet type = "text/xsl" href = "simple.xsl"? >
<breakfast_menu>
  <food>
    <name>Belgian Waffles</name>
    <price> $ 5.95</price>
    <description>
      two of our famous Belgian Waffles
    </description>
    <calories>650</calories>
  </food>
</breakfast_menu>
```

XSLT 样式表(simple. xsl):

```
<?xml version = "1.0" encoding = "ISO-8859-1"? >
<! -- Edited with XML Spy v2007 (http://www.altova.com) -- >
<html xsl:version = "1.0" xmlns:xsl = "http://www.w3.org/1999/XSL/Transform" xmlns = "http://
www.w3.org/1999/xhtml">
  <body style = "font-family:Arial,helvetica,sans-serif;font-size:12pt;
        background-color: # EEEEEE">
   <xsl:for-each select = "breakfast_menu/food">
     <div style = "background-color:teal;color:white;padding:4px">
       <span style = "font-weight:bold;color:white"> <xsl:value-of select = "name"/></span>
       - <xsl:value-of select = "price"/>
     </div>
     <div style = "margin-left:20px;margin-bottom:1em;font-size:10pt">
       <xsl:value-of select = "description"/>
       <span style = "font-style:italic">
         (<xsl:value-of select = "calories"/> calories per serving)
       </span>
     </div>
   </xsl:for-each>
  </body>
</html>
```

8.2.4 使用 CSS 显示 XML

通过使用 CSS,可为 XML 文档添加显示信息。使用 CSS 来格式化 XML 文档是有可能的。在 XML 文档中含有类似“<? xml-stylesheet type="text/css" href="cd_catalog. css"? >”的内容,这样就把这个 XML 文件链接到 CSS 文件(这里是"cd_catalog. css")上了。

```
<?xml version = "1.0" encoding = "ISO-8859-1"? >
<?xml-stylesheet type = "text/css" href = "cd_catalog.css"? >
```

```
<CATALOG>
  <CD>
    <TITLE>Empire Burlesque</TITLE>
    <ARTIST>Bob Dylan</ARTIST>
    <COUNTRY>USA</COUNTRY>
    <COMPANY>Columbia</COMPANY>
    <PRICE>10.90</PRICE>
    <YEAR>1985</YEAR>
  </CD>
  <CD>
    <TITLE>Hide your heart</TITLE>
    <ARTIST>Bonnie Tyler</ARTIST>
    <COUNTRY>UK</COUNTRY>
    <COMPANY>CBS Records</COMPANY>
    <PRICE>9.90</PRICE>
    <YEAR>1988</YEAR>
  </CD>
  …
</CATALOG>
```

cd_catalog.css 文件内容：

```
CATALOG{ background-color: #ffffff;width: 100%;}
CD{ display: block;margin-bottom: 30pt;margin-left: 0; }
TITLE{ color: #FF0000;font-size: 20pt; }
ARTIST{ color: #0000FF;font-size: 20pt; }
COUNTRY,PRICE,YEAR,COMPANY{display:block;color: #000000;margin-left: 20pt;}
```

注释：使用 CSS 格式化 XML 虽然也流行，但不能代表 XML 文档样式化的未来。XML 文档应当使用 W3C 的 XSL 标准进行格式化。

8.3　XML 数据库简介

XML 数据库是一种支持对 XML 格式文档进行存储和查询等操作的数据管理系统。在系统中，开发人员可以对数据库中的 XML 文档进行查询、更新、导出和指定格式的序列化等。

目前 XML 数据库有 3 种类型。

① XML Enabled Database(XEDB)，即能处理 XML 的数据库。其特点是在原有的数据库系统上扩充对 XML 数据的处理功能，使之能适应 XML 数据存储和查询的需要。一般做法是在数据库系统之上增加 XML 映射层，这可以由数据库供应商提供，也可以由第三方厂商提供。映射层管理 XML 数据的存储和检索，但原始的 XML 元数据和结构可能会丢失，而且数据检索结果不能保证是原始 XML 形式。XEDB 的基本存储单位与具体实现紧密相关。

② Native XML Database(NXD)，即纯 XML 数据库。其特点是以自然的方式处理 XML 数据，以 XML 文档作为基本的逻辑存储单位，针对 XML 的数据存储和查询特点专门设计适用的数据模型和处理方法。

③ Hybrid XML Database(HXD)，即混合 XML 数据库。根据应用的需求，可以视其为 XEDB 或 NXD 的数据库，典型的例子是 Ozone。

XML 数据库是一个能够在应用中管理 XML 数据和文档集合的数据库系统。XML 数据库是 XML 文档及其部件的集合，并通过一个具有能力管理和控制这个文档集合本身及其所表示信息的系统来维护。XML 数据库是结构化数据和半结构化数据的存储库,持久的 XML 数据管理还包括数据的独立性、集成性、访问权限、视图、完备性、冗余性、一致性以及数据恢复等,这些文档是持久的并且是可以操作的。

与传统数据库相比,XML 数据库具有以下优势。

① XML 数据库能够对半结构化数据进行有效存取和管理。如网页内容就是一种半结构化数据,而传统关系数据库对于类似网页内容这类半结构化数据无法进行有效管理。

② 提供对标签和路径的操作。传统数据库语言允许对数据元素的值进行操作,不能对元素名称操作,半结构化数据库提供了对标签名称的操作,还包括了对路径的操作。

③ 当数据本身具有层次特征时,由于 XML 数据格式能够清晰表达数据的层次特征,因此 XML 数据库便于对层次化的数据进行操作。XML 数据库适合管理复杂数据结构的数据集,如果已经以 XML 格式存储信息,则 XML 数据库利于文档存储和检索,可以用方便实用的方式检索文档,并能够提供高质量的全文搜索引擎。另外 XML 数据库能够存储和查询异种的文档结构,提供对异种信息存取的支持。

8.3.1 XML 数据模型

如第 1 章所述,数据模型是数据库系统的核心,XML 数据模型同样是 XML 数据库的核心。根据 XML 数据自描述和不规则等特点,XML 数据模型可以用关系模型、面向对象模型、树模型和图模型等来表示,只是目前还没有一种 XML 数据模型能比较满意、非常适合地来管理 XML 数据。XML 数据模型仍然是 XML 数据管理领域研究的核心问题之一,未来的 XML 数据模型应能适合表达 XML 数据库复杂的数据结构和语义的精确定义,又能支持便捷与完备的 XML 数据的操作。这里简单介绍 XML 数据模型的当前状况。

传统数据模型(如关系模型和面向对象数据模型)来表示 XML 数据的结构和语义。这些方法的最大问题是:XML 数据上的一个操作需要用这些模型上的一系列操作来表示。因此显得力不从心。

面向对象模型可以方便地表达出 XML 数据的结构以及语义,但为了支持路径表达式查询,操作必须是面向过程的,需要复杂的数据导航,并不适应 XML 数据管理的需要,另外,由于 XML 数据半结构化的特点,为存储 XML 数据,将会产生大量磁盘碎片。

如果用关系模型或嵌套关系模型来描述 XML 数据的结构和语义,其操作需要用大量昂贵的 Join 操作来表示,也不适合 XML 数据管理的需要;此外,用关系和面向对象模型对 XML 数据的结构和语义进行描述,本质上是将 XML 数据的结构和语义映射到这两种数据模型,将 XML 数据查询操作的语义映射到相应模型的开销也很大。

树模型和图模型,这两种模型都是直观上的模型,不是严格意义上的数据模型,在有效表达 XML 数据以及 XML 数据操作的形式化定义方面有不足。如何利用数学的方法严格描述 XML 数据以及数据上的操作,进而完成 XML 数据查询的代数优化,成为 XML 数据管理领域一个十分重要的研究问题。

树模型把一个 XML 文档视为一棵树,把多个 XML 文档看作一个森林。因为树模型可以很容易地表达出 XML 数据的层次结构,在 XML 数据管理的研究中,人们自然地把它视为 XML 的直观数据模型。但它忽略了 XML 数据的一些特性,如 XML 数据的模式信息以及元素节点之间的引用关系。

图模型把 XML 数据视为一个有向图。直观上,图模型可以表达单个 XML 文档的语义。

但是,目前还没有研究给出图模型的精确定义。树模型和图模型都是对 XML 文档进行建模的,对于具有相同模式而具体数据不同的 XML 文档,这两种模型在表达上都认为它们是不同的,这并不适合数据管理的需要。

在树模型和图模型的基础上,研究者提出了一系列的 XML 操作代数:UnQL、SAL、TAX 和 OrientXA 等,其中,UnQL 和 SAL 基于图模型,TAX 和 OrientXA 基于树模型。只是这些 XML 数据模型上的操作代数系统还不够完备,例如,影响最为广泛的 Timber 中实现的 TAX (Tree Algebra for XML),以整个文档树作为操作的基本单位,在逻辑层提供选择、投影、连接等类似关系数据库的 9 种基本操作和 5 种附加操作,以匹配模式树得到实例树(Witness Tree)为基本操作方法。在物理层提出 7 种基本操作实现上述逻辑运算。Timber 依据 TAX 对 XML 查询语句进行改写和优化,但是效果并不理想。业界对 TAX 存在问题的看法是,过分地模仿了关系库的代数系统而忽略了对 XML 文档本身特点的考虑。

建立 XML 数据库数据模型的目的是对 XML 数据的结构和操作语义进行形式化描述,进而实现 XML 数据库查询优化。然而,已有的 XML 模型在以下方面存有不足:①无法表达 XML 数据的复杂语义;②没有给出完整的代数操作的定义;③在模型上没有给出数据修改操作的明确定义。

为此,一个非常好的 XML 数据库数据模型(从模型三要素来分述)应具有如下特点:

① 数据结构:模型数据结构的表达能力要强(可以便捷表达 XML 数据的结构),能方便表达 XML 数据的复杂语义。已有文档类型定义 DTD(Document Type Descriptors),用来描述 XML 文档的结构,类似于模式的概念。定义 XML 模式的另一个标准是 XML Schema,XML Schema 用来定义其文档的模式,支持对结构和数据类型的定义。

② 数据操作:具有从 XML 文档选择满足给定条件信息的能力(Doc selection);支持从 XML 数据库选择满足给定条件信息的能力(DB selection);支持 XML 数据上的 Join 操作(Joins);能表达查询结果的语义(Semantics of Result),能表达路径表达式(Path Expressions);具有构造新数据元素的机制(Construct);支持查询结果的聚集(Aggregate);支持查询结果的排序(Order);支持数据更新操作(Update);支持基于路径的数据更新操作(Update by Path);使用的方便性(Convenience);形式化描述表达性(形式化的模型可以直接用来进行查询优化,记为 formallized)。

③ 数据完整性:数据的完整性约束是数据模型中数据及其联系所具有的制约和依存规则,在数据发布、操作和交换中保持语义信息等方面发挥着重要作用。

描述元素或路径之间结构关系的完整性约束称为 XML 文档结构完整性约束。XML 完整性约束技术还包括:基于 XML 的数据交换中的函数依赖转换方法;面向 XML Schema 的键约束转换方法;基于 XPath 的 XML 文档键约束验证方法等。基于 XML 的关系数据发布,是在两种不同数据模型上进行的数据转换,应能保证满足各数据模型的完整性。DTD 或 XML Schema 定义里能实现基本的完整性约束。

XML 模式规范化理论的早期开拓者是宾夕法尼亚大学的樊文飞等人。从定义 XML 的键(key)和函数依赖到 XML 和 DTD 范式,再到基于约束的 XML 数据库的模式规范化,XML 数据库的模式规范化理论还在稳步地研究推进中。

8.3.2　XML 数据库系统介绍

XML 数据库系统从最初简单的查询引擎,不断地加入查询优化、事务处理、触发器、并发控制和代数系统等传统的数据库技术，一步步地从性能和功能上正在不断完善。

1. NXD类XML数据库系统

NXD类XML数据库产品，大致上可分为3大类型。

- 商业类：如Ipedo、Tamino、Natix、Xyleme等。其中，美国Ipedo公司的Ipedo XML Database和德国Software AG公司的Tamino(http://techcommunity.softwareag.com/web/guest/home)是其中的佼佼者，成为目前市场上的主流产品。
- 研究类或原型系统：如Stanford大学早期开发的Lore、密歇根大学安阿伯分校的Timber、西雅图华盛顿大学的Tukwila、威斯康星大学麦迪逊分校的Niagara、中国人民大学的OrientX和多伦多大学的Tox等。OrientX是中国人民大学最近几年开发的一个纯XML数据库管理系统(http://idke.ruc.edu.cn/orientx/index.html#features)。
- 开放源码类：其中影响较大的是Berkeley DB XML，美国的dbXML Group LLC公司的dbXML，美国eXcelon公司的eXcelon，荷兰的The Connection Factory公司研制的XHive/DB 、XDB、Xindice、Sedna、BaseX、XMLDB、TPoX、pureXML、eXist等。

2. XEDB类XML数据库系统

目前，数据库主流厂商Oracle、IBM、Mircosoft等都已经在各自的产品中提供了对SQL/XML的扩展函数及XQuery规范的支持。

SQL2003标准增加了对XML的支持，定义了数据库语言SQL与XML结合的方式，扩展的部分称为SQL/XML。主流数据库系统对XML的扩展与操作支持，如图8.3所示。XML数据与关系型数据可以并存，并能得到顺畅的处理。

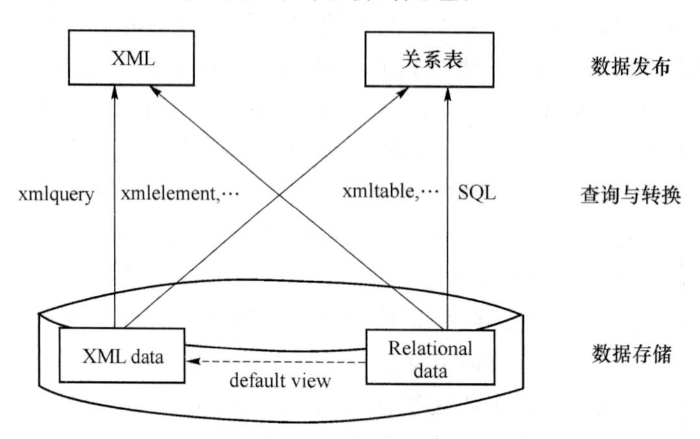

图8.3 XML和关系数据间的双向转换

SQL/XML定义了新的数据类型——XML数据类型——以及一组函数。SQL/XML实现了对XML数据的全面操作支持。目前，主流厂商加大XML支持力度，许多主流的关系数据库厂商都已经把XML支持结合到了相关产品中，或者提供可在其数据库中使用的XML工具即“XML-enabled数据库”或“Native-XML数据库”。

甲骨文也早在2000年推出Oracle9i第2版时，就将它定义为一个“完全一体化的XML和关系数据库”。甲骨文提供Java版本XML SQL实用工具把XML文档元素建模为一组嵌套表，通过使用甲骨文对象数据类型把对象引用链从数据库转换到XML文档的层次结构中，支持向数据库发送查询语句并返回XML文档，也可以将XML文档存储到其对象关系数据库中。Oracle 数据库 10g 第 2 版中的 Oracle XML DB 实现了 SQL/XML 标准版的特性。

IBM 从 DB2 7.0 开始提供了对 XML 的支持。从 7.0 开始，DB2 提供 DB2 XML Extender 在 XML 文档和 DB2 之间进行数据转换，以及 XML 文档与 DB2 表格之间的映射。

DB2 9.0 则提供了 pureXML 技术对原生态 XML 文档全面支持，它以树型存储方式来对待 XML 数据，保持 XML 数据的层次结构和灵活性，同时还支持传统的关系型数据。DB2 9.5引入的 XQuery Update Facility 允许在 XML 文档中重命名、插入、删除、替换或修改元素和属性，这可以简化 XML 数据的更新并提高效率。

SQL Server 通过扩展 SQL 语法，使得能够把关系数据库中检索得到的数据包装成 XML 文档形式，并将 XML 数据以内部格式存储为大二进制对象。

SQL Server 6.5 和 7.0 也进行了 XML 扩充，后来又加入 XML 输出选项，用以向其他系统传送信息。SQL Server 2005 还引入了一种称为 XML 的本机数据类型，允许表中有一个或多个 XML 类型的列，提供了 XML 数据操纵语言（对 Xquery 语言的一个扩展）对 XML 数据内容进行更新以及建立索引。此外，在 SQL Server 2005 中，加入了 Xquery 和本地 XML 数据类型等改进特性，以帮助企业实现内部系统与外部系统之间的无缝连接。

XML for SQL Server，又名 SQLXML，可帮助开发人员在扩展标记语言（XML）和相关数据之间架设起沟通的桥梁。如今 SQLXML4.0 已经成为了一种成熟的数据访问技术，我们可以把数据库中的关系数据和 XML 数据看成是同一数据的不同表现形式。

微软 XML 核心服务（MSXML）是本地（Win32）API，用于支持 XML 1.0 标准高性能的 XML 应用程序。System.Xml 是一组 API，支持根据一系列的标准处理 XML 的.NET 应用程序。支持的标准包括 XML1.0（包括 DTD 支持）、XML 命名空间（针对数据流和 DOM）、XSD 模式、XPath 表达式、XSLT 转换、DOM 级别 1 的核心和 DOM 级别 2 的核心。

XML 数据修改语言（XML、DML）是 XQuery 语言的扩展。根据 W3C 的定义，XQuery 语言缺少数据操作（DML）部分。XML DML 以及 XQuery 语言，提供了完整的功能查询和数据修改语言，可以使用它们对 XML 数据类型进行各种操作。

2001 年，Sybase ASE 从 12.0 开入就加入了 XML 功能，经过多年的应用，ASE 数据库对 XML 的支持日臻成熟和完善。同时，ASE 强化了文本搜索功能，可同时支持 XPATH/XQUERY 和 SQLX 两种方式，进一步扩展了 XML 的功能。同时，该软件还对文件系统中 XML 内容进行管理。这样，用户可以使用已有的数据库投资处理 XML 内容，而不需要使用专门的或定制的 XML 处理引擎，减少了对外部 XML 资源管理库的需求。

8.4　XML 数据查询

XQuery 是用于 XML 数据查询的语言，是 W3C 标准的一种语言。解释 XQuery 的最佳方式是：XQuery 相对于 XML，等同于 SQL 相对于关系数据库。XQuery 被设计用来查询 XML 数据，XQuery 也被称为 XML Query。

XQuery 的 FLWR 语句规范，有着与关系数据库的 SQL 完全类似的表达方式，使得它在一般用户眼里，也变得友好起来。

8.4.1　XQuery 简介

XQuery 被设计用来查询 XML 数据，实际上不仅仅局限于 XML 文件，还包括任何可以以XML形态呈现的数据,包括数据库。

1. 什么是XQuery

- XQuery是用于XML数据查询的语言,是W3C标准的一种语言。
- XQuery对XML的作用类似SQL对数据库的作用。
- XQuery建立在XPath表达式之上。
- XQuery被所有主要的数据库引擎支持(IBM、Oracle、Microsoft等)。
- XQuery是用来从XML文档查找和提取元素及属性的语言。

2. XQuery与XPath

XPath是一门在XML文档中查找信息的语言,XPath可用来在XML文档中对元素和属性进行遍历,XPath是W3C XSLT标准的主要元素,并且XQuery和XPointer都构建于XPath表达之上。

XQuery1.0和XPath 2.0共享相同的数据模型,并支持相同的函数和运算符。

3. XQuery是一个W3C推荐标准

XQuery与多种W3C标准相兼容,如XML、Namespaces、XSLT、XPath以及XML Schema。XQuery 1.0在2007年1月23日被确立为W3C推荐标准。为此,XQuery已被几乎所有主流关系数据库系统及各种XML数据库系统所支持。

4. XQuery的主要作用

XQuery可用于:提取信息以便在网络服务中使用;生成摘要报告;把XML数据转换为XHTML;为获得相关信息而搜索网络文档。

XQuery能方便地实现"从存储在名为cd_catalog.xml的XML文档中的CD集那里选取所有价格低于10美元的CD记录"这类问题。

补充:Xpath可以理解为是XQuery的一个子集。Xpath表达式在相关文献中被证明与查询模式树是等价的,这也与学术界推崇的模式树查询方式一致,使得实验室系统可以毫不困难地处理Xpath查询表达式,并能进行查询优化,这一点在XML数据库研究中显得颇有价值。

什么是XPath:①XPath使用路径表达式在XML文档中进行导航;②XPath包含一个标准函数库;③XPath是XSLT中的主要元素;④XPath是一个W3C标准,对XPath的理解是很多高级XML应用的基础。

XML中的链接被分为两个部分:XLink和XPointer。XLink和XPointer定义了在XML文档中创建超级链接的标准方法。XLink定义了一套标准的在XML文档中创建超级链接的方法,XPointer使超级链接可以指向XML文档中更多具体的部分(片断)。

什么是XLink:①XLink是XML链接语言(XML Linking Language)的缩写;②XLink是用于在XML文档中创建超级链接的语言;③XLink类似于HTML链接,但是更为强大;④XML文档中的任何元素均可成为XLink;⑤XLink支持简易链接,也支持可将多重资源链接在一起的扩展链接;⑥通过XLink,链接可在被链接文件外进行定义;⑦XLink是W3C推荐标准。

什么是XPointer:①XPointer是XML指针文件(XML Pointer Language)的缩写;②XPointer使超级链接可以指向XML文档中更多具体的部分(片断);③XPointer使用XPath表达式在XML文档中进行定位;④XPointer是W3C推荐标准。

8.4.2 XQuery实例

下面让我们通过研究一个例子来学习一些基础的XQuery语法。

1. XML实例文档

下面是将在例子中使用到的XML文档books.xml:

```
<? xml version="1.0" encoding="ISO-8859-1"? >
<bookstore>
<book category="COOKING">
  <title lang="en">Everyday Italian</title>
  <author>Giada De Laurentiis</author>
  <year>2005</year>
  <price>30.00</price>
</book>
<book category="CHILDREN">
  <title lang="en">Harry Potter</title>
  <author>J K. Rowling</author>
  <year>2005</year>
  <price>29.99</price>
</book>
<book category="WEB">
  <title lang="en">XQuery Kick Start</title>
  <author>James McGovern</author>
  <author>Per Bothner</author>
  <author>Kurt Cagle</author>
  <author>James Linn</author>
  <author>Vaidyanathan Nagarajan</author>
  <year>2003</year>
  <price>49.99</price>
</book>
<book category="WEB">
  <title lang="en">Learning XML</title>
  <author>Erik T. Ray</author>
  <year>2003</year>
  <price>39.95</price>
</book>
</bookstore>
```

如何从books.xml选取节点?

2. 使用函数

XQuery使用函数来提取XML文档中的数据。doc()函数用于打开books.xml文件:

```
doc("books.xml")
```

3. 使用路径表达式

XQuery使用路径表达式在XML文档中通过元素进行导航。

下面的路径表达式用于在books.xml文件中选取所有的title元素,如:

```
doc("books.xml")/bookstore/book/title
```

说明:/bookstore选取bookstore元素,/book选取bookstore元素下的所有book元素,而/title选取每个book元素下的所有title元素。

上面的XQuery可提取以下数据:

```
<title lang="en">Everyday Italian</title>
<title lang="en">Harry Potter</title>
<title lang="en">XQuery Kick Start</title>
<title lang="en">Learning XML</title>
```

4. 使用谓语

XQuery 使用谓语来限定从 XML 文档所提取的数据。

下面的谓语用于选取 bookstore 元素下的所有 book 元素,并且所选取的 book 元素下的 price 元素的值必须小于 30,如:

```
doc("books.xml")/bookstore/book[price<30]
```

上面的 XQuery 可提取到下面的数据:

```
<book category="CHILDREN">
  <title lang="en">Harry Potter</title>
  <author>J K. Rowling</author>
  <year>2005</year>
  <price>29.99</price>
</book>
```

8.4.3 XQuery FLWOR 表达式

FLWOR 是"For,Lct,Where,Orderby,Return"的只取首字母缩写。

怎样使用 FLWOR 从 books.xml 选取节点?

请看这个路径表达式:doc("books.xml")/bookstore/book[price>30]/title

上面这个表达式可选取 bookstore 元素下的 book 元素下所有的 title 元素,并且其中的 price 元素的值必须大于 30。

下面这个 FLWOR 表达式所选取的数据和上面的路径表达式是相同的:

```
for $x in doc("books.xml")/bookstore/book
where $x/price>30
return $x/title
```

结果是:<title lang="en">XQuery Kick Start</title>
<title lang="en">Learning XML</title>

通过 FLWOR,可以对结果进行排序:

```
for $x in doc("books.xml")/bookstore/book
where $x/price>30
order by $x/title
return $x/title
```

- for 语句把 bookstore 元素下的所有 book 元素提取到名为 $x 的变量中。
- where 语句选取了 price 元素值大于 30 的 book 元素。
- order by 语句定义了排序次序,将根据 title 元素进行排序。
- return 语句规定返回什么内容,在此返回的是 title 元素。

上面的 XQuery 表达式的结果:

```
<title lang="en">Learning XML</title>
<title lang="en">XQuery Kick Start</title>
```

8.4.4 XQuery FLWOR+HTML

如何在一个 HTML 列表中提交结果?请看下面的 XQuery FLWOR 表达式:

```
for $x in doc("books.xml")/bookstore/book/title
order by $x
return $x
```

上面的表达式会选取 bookstore 元素下的 book 元素下的所有 title 元素，并以字母顺序返回 title 元素。

现在，希望使用 HTML 列表列出书店中所有的书目，可以向 FLWOR 表达式添加<ul>和<li>标签：

```
<ul>
{
  for $x in doc("books.xml")/bookstore/book/title
  order by $x
  return <li>{$x}</li>
}
</ul>
```

以上代码的结果：

```
<ul>
  <li><title lang="en">Everyday Italian</title></li>
  <li><title lang="en">Harry Potter</title></li>
  <li><title lang="en">Learning XML</title></li>
  <li><title lang="en">XQuery Kick Start</title></li>
</ul>
```

现在希望去除 title 元素，而仅仅显示 title 元素内的数据。

```
<ul>
{
  for $x in doc("books.xml")/bookstore/book/title
  order by $x
  return <li>{data($x)}</li>
}
</ul>
```

结果将是一个 HTML 列表：

```
<ul>
  <li>Everyday Italian</li>
  <li>Harry Potter</li>
  <li>Learning XML</li>
  <li>XQuery Kick Start</li>
</ul>
```

8.4.5　XQuery 语法

XQuery 对大小写敏感，XQuery 的元素、属性以及变量必须是合法的 XML 名称。

XQuery 的基础语法规则如下。

（1）一些基本的语法规则

①XQuery 对大小写敏感；②XQuery 的元素、属性以及变量必须是合法的 XML 名称；③XQuery字符串值可使用单引号或双引号；④XQuery 变量由“$”并跟随一个名称来进行定义，如 $bookstore；⑤XQuery 注释被(：和：)分割，如(：XQuery 注释：)。

（2）XQuery 的条件表达式

“if-then-else”可以在 XQuery 中使用。请看下面的例子：

```
for $x in doc("books.xml")/bookstore/book
return  if ($x/@category="CHILDREN")
     then <child>{data($x/title)}</child>
     else <adult>{data($x/title)}</adult>
```

请注意“if-then-else”的语法:if 表达式后的圆括号是必需的,else 也是必需的,不过只写“else ()”也可以。

上面的例子的结果:

```
<adult>Everyday Italian</adult>
<child>Harry Potter</child>
<adult>Learning XML</adult>
<adult>XQuery Kick Start</adult>
```

(3) XQuery 的比较

在 XQuery 中有两种方法来比较值:①通用比较:=、!=、<、<=、>、>=;②值的比较:eq、ne、lt、le、gt、ge。这两种比较方法差异,请看下面的 XQuery 表达式。

① `$bookstore//book/@q>10`

如果 q 属性的值大于 10,上面的表达式的返回值为 true。

② `$bookstore//book/@q gt 10`

如果仅返回一个 q,且它的值大于 10,那么表达式返回 true;如果不止一个 q 被返回,则会发生错误。

8.4.6 XQuery 添加元素和属性

(1) 向结果添加元素和属性

正如在前面一节看到的,可以在结果中引用输入文件中的元素和属性:

```
for $x in doc("books.xml")/bookstore/book/title
order by $x
return $x
```

上面的 XQuery 表达式会在结果中引用 title 元素和 lang 属性,就像这样:

```
<title lang="en">Everyday Italian</title>
<title lang="en">Harry Potter</title>
<title lang="en">Learning XML</title>
<title lang="en">XQuery Kick Start</title>
```

以上 XQuery 表达式返回 title 元素的方式和它们在输入文档中被描述的方式是相同的。现在要如何向结果添加自己的元素和属性?

(2) 添加 HTML 元素和文本

现在,我们要向结果添加 HTML 元素,我们会把结果放在一个 HTML 列表中:

```
<html>
<body>
<h1>Bookstore</h1>
<ul>
{
  for $x in doc("books.xml")/bookstore/book
  order by $x/title
  return <li>{data($x/title)}. Category: {data($x/@category)}</li>
}
</ul>
</body>
</html>
```

以上 XQuery 表达式会生成下面的结果：

```
<html>
<body>
<h1>Bookstore</h1>
<ul>
  <li>Everyday Italian. Category: COOKING</li>
  <li>Harry Potter. Category: CHILDREN</li>
  <li>Learning XML. Category: WEB</li>
  <li>XQuery Kick Start. Category: WEB</li>
</ul>
</body>
</html>
```

(3) 向 HTML 元素添加属性

接下来，我们要把 category 属性作为 HTML 列表中的 class 属性来使用：

```
<html><body>
  <h1>Bookstore</h1>
  <ul>
  {
    for $ x in doc("books.xml")/bookstore/book
    order by $ x/title
    return <li class = "{data( $ x/@category)}">{data( $ x/title)}</li>
  }
</ul>
</body></html>
```

上面的 XQuery 表达式可生成以下结果：

```
<html><body>
    <h1>Bookstore</h1>
    <ul>
      <li class = "COOKING">Everyday Italian</li>
      <li class = "CHILDREN">Harry Potter</li>
      <li class = "WEB">Learning XML</li>
      <li class = "WEB">XQuery Kick Start</li>
    </ul>
</body></html>
```

8.4.7　XQuery 函数

XQuery 含有超过 100 个内建的函数，这些函数可用于字符串值、数值、日期以及时间比较、节点和 QName 操作、序列操作、逻辑值等。也可在 XQuery 中定义自己的函数。

(1) XQuery 内建函数

XQuery 函数命名空间的 URI：http://www.w3.org/2005/02/xpath-functions。

函数命名空间的默认前缀是“fn:”。

提示：函数经常被通过“fn:”前缀进行调用，如 fn:string()。不过，由于“fn:”是命名空间的默认前缀，所以函数名称不必在被调用时使用前缀。

说明：可以在 XPath 相关教程中找到完整的《内建 XQuery 函数参考手册》。

函数调用实例。函数调用可与表达式一同使用，请看下面的例子：

① 在元素中：

```
<name>{upper-case( $ booktitle)}</name>
```

② 在路径表达式的谓语中：

```
doc("books.xml")/bookstore/book[substring(title,1,5) = 'Harry']
```

③ 在 let 语句中：

```
let $name := (substring($booktitle,1,4))
```

(2) XQuery 用户定义函数

如果找不到所需的 XQuery 函数，可以编写自己的函数。可在查询中或独立的库中定义用户自定义函数。其语法为：

```
declare function 前缀:函数名($参数 AS 数据类型)
AS 返回的数据类型
{
  (:…函数代码… :)
};
```

关于用户自定义函数的注意事项：①请使用 declare function 关键词；②函数名须使用前缀；③参数的数据类型通常与在 XML Schema 中定义的数据类型一致；④函数主体须被花括号包围。

一个在查询中声明的用户自定义函数的例子：

```
declare function local:minPrice( $price as xs:decimal?, $discount as xs:decimal?)
AS xs:decimal?
{   let $disc := ($price × $discount) div 100
    return ($price - $disc)
};
(: 下面是调用上面的函数的例子 :)
<minPrice>{local:minPrice($book/price, $book/discount)}</minPrice>
```

XQuery 被设计来查询以 XML 形态存在的任何数据，包括数据库中数据。上面已了解了如何使用 FLWOR 表达式来查询 XML 数据，以及如何由选定的数据构造 XHTML 输出。

通过以上学习应该对 XQuery 可见一斑了。

习　题

1. 什么是 XML？XML 与 HTML 有什么主要不同？
2. XML 有哪些优点？XML 的主要用途有哪些？
3. XML 的语法规则有哪些？
4. 什么是 XML 的元素、属性？语法规则有哪些？
5. 对 XML 文档的操作有哪些？如何显示 XML 文档？
6. 什么是 XML 数据库？XML 数据库分哪几种类型？
7. XML 数据库有数据模型吗？若有采用的是什么模型？
8. 你了解哪些 XML 数据库？
9. 什么是 XQuery？它的主要作用是什么？
10. XQuery 与 XPath 的关系是什么？
11. XML 数据能更新吗？简述一般是如何实现对 XML 数据的更新的？
12. 请解释术语：XPath、DOM、DTD、XML Schema、XLink、XPointer。
13. XQuery 函数能起什么作用？

参考文献

［1］ 王珊，萨师煊．数据库系统概论．第四版．北京：高等教育出版社，2006.

［2］ 施伯乐，丁宝康．数据库技术．北京：科学出版社，2002.

［3］ 徐洁磐．现代数据库系统教程．北京：北京希望电子出版社，2003.

［4］ 李俊山，孙满囤，韩先锋，李艳玲．数据库系统原理与设计．西安：西安交通大学出版社，2003.

［5］ 王能斌．数据库系统教程．北京：电子工业出版社，2002.

［6］ 陈志泊，李冬梅，王春玲．数据库原理及应用教程．北京：人民邮电出版社，2002.

［7］ 钱雪忠，黄学光，刘肃平．数据库原理及应用．北京：北京邮电大学出版社，2005.

［8］ 钱雪忠，陶向东．数据库原理及应用实验指导．北京：北京邮电大学出版社，2005.

［9］ 钱雪忠，罗海驰，钱鹏江．数据库系统原理学习辅导．北京：清华大学出版社，2004.

［10］ 钱雪忠，周黎，钱瑛，周阳花．新编 Visual Basic 程序设计实用教程．北京：机械工业出版社，2004.

［11］ 钱雪忠，黄建华．数据库原理及应用．第 2 版．北京：北京邮电大学出版社，2007.

［12］ 钱雪忠，罗海驰，程建敏．SQL Server 2005 实用技术及案例系统开发．北京：清华大学出版社，2007.

［13］ 钱雪忠．数据库与 SQL Server 2005 教程．北京：清华大学出版社，2007.

［14］ 钱雪忠，罗海驰，陈国俊．数据库原理及技术课程设计．北京：清华大学出版社，2009.

［15］ 钱雪忠，李京．数据库原理及应用．第 3 版．北京：北京邮电大学出版社，2010.

［16］ 钱雪忠，陈国俊．数据库原理及应用实验指导．第 2 版．北京：北京邮电大学出版社，2010.

［17］ 钱雪忠，王燕玲，林挺．数据库原理及技术．北京：清华大学出版社，2011.

［18］ Alex Kriegel，Boris M. Trukhnov 著．陈冰译．SQL 宝典．北京：电子工业出版社，2003.

［19］ 邵佩英．分布式数据库系统及其应用．北京：科学出版社，2000.

［20］ Patrick O'Neil，Elizabeth O'Neil. DATABASE Principles，Programming，and Performance. Second Edition. 北京：高等教育出版社，2001.

［21］ Ramez Elmasri．数据库系统基础．第三版．北京：人民邮电出版社，2002.

［22］ Abraham Silberschatz．数据库系统概念．北京：机械工业出版社，2000.